Lecture Notes in Mathematics

Edited by A. Dold and B. Eckmann

856

Richard Lascar

Propagation des Singularités des Solutions d'Equations Pseudo-Différentielles à Caractéristiques de Multiplicités Variables

Springer-Verlag
Berlin Heidelberg New York 1981

Auteur

Richard Lascar
Université de Paris VII
Département de Mathématiques
2, Place Jussieu
75230 Paris Cédex 05
France

AMS Subject Classifications (1980): 58G16, 58G17, 58G 20

ISBN 3-540-10702-9 Springer-Verlag Berlin Heidelberg New York
ISBN 0-387-10702-9 Springer-Verlag New York Heidelberg Berlin

CIP-Kurztitelaufnahme der Deutschen Bibliothek
Lascar, Richard:
Propagation des singularités des solutions d'équations pseudo-différentielles à caractéristiques de multiplicités variables / Richard Lascar. - Berlin; Heidelberg; New York: Springer, 1981.
(Lecture notes in mathematics; Vol. 856)
ISBN 3-540-10702-9 (Berlin, Heidelberg, New York)
ISBN 0-387-10702-9 (New York, Heidelberg, Berlin)

Printing and binding: Beltz Offsetdruck, Hemsbach/Bergstr.
2141/3140-543210

Introduction

Le problème de base de la propagation des singularités des solutions d'équations aux dérivées partielles peut être formulé de la façon suivante :

Soit $P(x,D)$ un opérateur différentiel sur une variété Ω de classe C^∞ de dimension n, sans bord,

peut-on déterminer les singularités d'une solution $u \in \mathcal{D}'(\Omega)$ de l'équation :

$(*)$ $P(x,D)u = f$ dans Ω,

connaissant celles du second membre f ?

On entend ici par singularité de u l'ensemble des points du support singulier de u supp sing u, complèmentaire du plus grand ouvert dans lequel u est C^∞.

Quand la variété $\bar{\Omega}$ a un bord de classe C^∞ $\partial\bar{\Omega}$, on se pose le problème de déterminer les singularités d'une solution $u \in \mathcal{D}'(\bar{\Omega})$ (i.e. prolongeable) du problème au limite :

$$(*)' \begin{cases} P(x,D)u = f \quad \text{dans } \Omega \\ + \\ \text{conditions sur le bord (ex. Dirichlet, Cauchy...)}, \end{cases}$$

et au voisinage d'un point du bord on s'interesse à la régularité jusqu'au bord de u.

On désigne par m le degré de $P(x,D)$, par $p(x,\xi)$ le symbole principal de P. La fonction $p(x,\xi)$ est définie sur l'espace cotangent $T^*\Omega\setminus 0$ privé de la section nulle et est positivement homogène de degré m dans la fibre.

On introduit la variété caractéristique de P i.e. l'ensemble :

$$\Sigma = \{(x,\xi) \in T^*\Omega\setminus 0 \mid p(x,\xi) = 0\},$$

quand Σ est vide, P est dit "elliptique" et la réponse au problème $(*)$ est triviale :

$$\text{supp sing } u = \text{supp sing } Pu.$$

L'espace cotangent $T^*\Omega\setminus 0$ est muni d'une 2 forme symplectique canonique

$$\sigma_\Omega = \sum_{j=1}^{n} d\xi_j \wedge dx_j \quad \text{(en coordonnées locales)},$$

et à une fonction $p \in C^1(T^*\Omega\setminus 0)$ on associe le champ de vecteur hamiltonien H_p en posant :

$$\sigma_\Omega(t,H_p) = \langle dp,t\rangle \quad t \in T(T^*\Omega\setminus 0).$$

Les courbes intégrales (quand elles existent) du champ de vecteur H_p contenues dans $p^{-1}(0)$ sont dites bicaractéristiques de p.

Un opérateur pseudo-différentiel A est un opérateur de la forme :

$$C_0^\infty(\Omega) \ni f \to (Af)(x) = (2\pi)^{-n} \int e^{ix\xi}\, a(x,\xi)\, \hat{f}(\xi)d\xi$$

où la fonction $a(x,\xi)$ ne croit pas trop vite quand $\xi \to \infty$, c'est le cas quand a admet un développement asymptotique en fonctions homogènes (en ξ) $a \sim a_m + a_{m-1} + \dots$

L'opérateur A est alors dit "classique".

On localise les singularités d'une distribution dans l'espace cotangent en introduisant la notion de front d'onde :

un point $(x_0, \xi_0) \in T^*\Omega\setminus 0$ n'est pas dans le front d'onde de u noté $WF(u)$ si il existe un opérateur pseudo-différentiel classique A tel que :

$a_m(x_o,\xi_o) \neq 0$ et $Au \in C^\infty(\Omega)$.

L'ensemble $WF(u)$ est un cône fermé de $T^*\Omega \setminus 0$ qui se projette sur supp sing u. Il est avantageux de plonger l'algèbre des opérateurs différentiels dans celles des opérateurs pseudo-différentiels qui contient les "inverses" des opérateurs différentiels elliptiques. On est donc amené à traiter le problème (*) dans le cas où P est un opérateur pseudo-différentiel classique. Le résultat fondamental dans le cas des opérateurs à caractéristiques réelles simples a été obtenu par Hörmander en 1971 : Si le symbole principal $p(x,\xi)$ de $P(x,D)$ est réel et vérifie :

$$(x,\xi) \in T^*\Omega \setminus 0 \ , \ p(x,\xi) = 0 \Rightarrow dp(x,\xi) \neq 0,$$

pour toute distribution $u \in \mathcal{D}'(\Omega)$ $(WF(u) \setminus WF(Pu)$ est contenu dans Σ et est invariant par le flot de H_p dans $\Sigma \setminus WF(Pu)$.

A propos de la preuve de ce résultat nous allons évoquer un certain nombre de techniques qui seront utilisées, éventuellement sous forme de substituts convenables, dans les différents chapitres de cet ouvrage.

Les techniques de "simplification" des opérateurs à l'aide opérateurs Fourier Intégraux seront utilisées dans les chapitres I à IV, les techniques d'estimations à priori, en particulier les estimations de Carleman ou leurs versions microlocales, seront utilisées dans les chapitres I et IV, les techniques de solutions asymptotiques ou de "paramétrices"seront, elles, utilisées dans les chapitres II et III.

Pour terminer ce rapide survol des problèmes à caractéristiques simples, nous indiquerons que l'analogue du théorème de Hörmander pour le problème au limite (*)' a été obtenu recemment par Anderson, Eskin, Melrose, Sjöstrand, et Taylor. Dans cette question la difficulté provient de la présence éventuelle de bicaractéristiques tangentes au bord et c'est une situation assez analogue qui est rencontrée dans le chapitre III.

Quand on aborde l'étude d'équations dont les caractéristiques ne sont plus simples, i.e. quand $p(x,\xi)$ a des points critiques, on constate qu'il y a un grand nombre de situations différentes : la multiplicité des points de Σ peut être constante ou non, et les propriétés de régularité de l'équation $P(x,D)$ ne dépendent pas que du symbole principal p. On constate aussi que l'on ne dispose plus, à priori, d'un support géométrique pour la propagation des singularités, ainsi aux points critiques les bicaractéristiques sont réduites à leur point initial. Les phénomènes de propagation des singularités qui peuvent se produire sont assez divers : dans le chapitre II la propagation des singularités s'effectue le long d'arcs de bicaractéristiques "suturés" aux points critiques, dans les chapitres I, III, et IV c'est le phénomène de "réfraction conique", connu en optique des cristaux et en electromagnétique qui est rencontré.

Nous étudierons ici des problèmes à multiplicité variable dont l'origine est le problème de Cauchy hyperbolique dont nous décrivons succintement ci-dessous la situation locale. On désigne par Ω un ouvert de $\mathbb{R}^{N+1}$ dont la variable x est notée $x = (x_o,y)$, par $P(x,D)$ l'opérateur :

$$P(x,D) = D_0^m + \sum_{0\le k\le m-1} A_k(x,D_y)D_0^k \ , \quad \text{degré } A_k \le m-k,$$

et on étudie le problème :

$$(C) \quad \begin{cases} P(x,D)u = f & \text{dans } \Omega^+ = \{\Omega \cap x_0 > 0\} \\ D_0^j u = u_j \quad j = 0\ldots m-1 & \text{dans } \Omega' = \{\Omega \cap x_0 = 0\}. \end{cases}$$

Pour que le problème (C) soit bien posé à un sens raisonnable, il est nécessaire que p soit <u>hyperbolique</u>, i.e. que les racines en ξ_0 de l'équation :

$$(**) \qquad p(x,\xi_0,\eta) = 0 \qquad (x,\eta) \in \Omega \times (\mathbb{R}^N \setminus 0)$$

soient réelles.

Dans le cas où pour tout $(x,\eta) \in \Omega \times (\mathbb{R}^N \setminus 0)$ les racines de l'équation (* *) dont distinctes les solutions du problème (C) peuvent être décrites (mod. C^∞) à l'aide d'opérateurs Fourier-Intégraux. On a encore une description analogue des solutions du problème (C) dans le cas où les racines de l'équation (* *) sont de <u>multiplicités constantes</u>, moyennant une condition supplémentaire (<u>condition de Levi</u>) sur les termes d'ordre inférieur de P. La question posée étant alors de savoir ce qui se produit quand les <u>multiplicités</u> des racines <u>varient</u>.

Dans le cas où la multiplicité des racines est au plus double, on dispose d'un bon nombre d'éléments d'une théorie L^2 pour le problème (C) qui se réduit alors (au moins microlocalement près d'un point z_0 de $T^*\Omega' \setminus 0$) à un problème du type :

$$(P) \qquad P(x,D) = -D_0^2 + 2A_1(x,D_y)D_0 + A_2(x,D_y) \ ,$$

où A_1 (resp. A_2) est un opérateur pseudo-différentiel de degré 1 (resp.2).

On introduit l'ensemble N des points critiques de P

$$N = \{(x,\xi) \in T^*\Omega\setminus 0 \quad \eta \neq 0 \quad p(x,\xi) = dp(x,\xi) = 0\} \ ,$$

et aux points de N sont intrinsèquement définis le <u>symbole sous-principal</u> P_1^S de P et le hessien Q de $\frac{1}{2}p$, éventuellement lu comme une <u>application hamiltonienne</u> F. Des conditions nécessaires (et à peu près suffisantes) pour que le problème (C) soit bien posé ont été données par Ivrii, Petkov, et Hörmander. Ils ont prouvé que F a, au plus, un couple μ, $-\mu$, $\mu > 0$, de valeurs propres réelles, les autres valeurs propres étant de la forme $\pm i\lambda$ $\lambda \in \mathbb{R}$, et quand ce premier cas ne se produit pas ils ont montré que la condition suivante est nécessaire pour que le problème (C) soit bien posé :

$$(L) \qquad P_1^S(x,\xi) + \frac{1}{2} \sum_{\{\mu_j \in \operatorname{Spec} F\}} |\mu_j(x,\xi)| \ge 0 \qquad (x,\xi) \in N.$$

La question que nous étudions ici est celle de la détermination des singularités d'une solution de l'équation P ou d'une solution du problème (C).

Le cas qui apparait, à priori, le plus simple est celui où l'on a une factorisation C^∞ :

(F) $$p(x,\xi) = p_1(x,\xi)\, p_2(x,\xi)$$

microlocalement près d'un point σ_0 où $p_1(\sigma_0) = p_2(\sigma_0) = 0$, et où $dp_1(\sigma_0)$, $dp_2(\sigma_0)$ sont indépendants. Les valeurs propres de F sont alors $0, \mu, -\mu$, $\mu = \{p_1, p_2\}$, et microlocalement près de σ_0, Σ (resp. N) est la réunion (resp. l'intersection) des hypersurfaces $N_i = p_i^{-1}(0)$.
Il s'agit donc d'une situation typique d'<u>auto-intersection</u> de la variété caractéristique. La discussion se fait alors sur $\mu = \{p_1, p_2\}\big|_{p_1 = p_2 = 0}$.

Le cas de l'intersection symplectique normale :

$$\{p_1, p_2\}(\sigma_0) \neq 0$$

a été étudié par Alinhac, Ivrii, et Melrose, qui ont prouvé que dans cette situation on pouvait suturer les bicaractéristiques aux points de N et que les singularités se propageaient sur ces bicaractéristiques suturées.
Un cas tout à fait opposé est celui où :

$$\{p_1, p_2\} = 0 \quad \text{sur} \quad p_1 = p_2 = 0.$$

Cette fois un point de N ne peut plus être atteint comme un point limite sur une bicaractéristique issue d'un point de $\Sigma \setminus N$.
Ce cas est étudié dans un contexte plus général dans le chapitre I. Le phénomène de propagation de singularités mis en évidence est la réfraction conique, c'est à dire la dispersion éventuelle dans une variété intégrale de chaque point du front d'onde des données initiales.
Il était alors assez naturel d'étudier le cas où les hypersurfaces N_1 et N_2 sont en situation de <u>glancing</u> au point σ_0. Ceci est l'objet du chapitre II dans lequel nous construisons des paramètrices du problème de Cauchy qui mettent en évidence une propagation des singularités sur des arcs de bicaractéristiques suturés. Dans les chapitres III et IV on abandonne l'hypothèse de racines caractéristiques C^∞ (F), et on suppose que l'ensemble N des points critiques de p est un cône involutif lisse et on étudie les problèmes (*) et (*)' dans différentes situations où la condition (L) est ou non remplie. En particulier, l'étude du problème (*)' dans le chapitre III fait apparaître une <u>classification</u> <u>micro-microlocale</u> des points du bord en catégories <u>elliptiques</u>, <u>hyperboliques</u> et <u>glancing</u>, reliée à celles des travaux de Melrose, Taylor etc... cités plus haut. Enfin dans le chapitre IV nous faisons apparaître un lien entre la propagation des singularités et la propagation du support pour des opérateurs hyperboliques, un lien de ce genre ayant été établi par Sjöstrand pour des opérateurs elliptiques.

Nous tenons, tout particulièrement, à remercier le professeur L. Boutet de Monvel pour l'aide qu'il nous a apportée et pour l'intérêt qu'il a accordé à ce travail.

Sommaire

Chapitre I : Propagation des singularités pour des opérateurs pseudo-différentiels à caractéristiques de multiplicité variable

§0 Hypothèses et notations .... p I

§1 Enoncé des résultats .... p 5

§2 Quelques réductions .... p 8

§3 Etude d'un cas particulier .... p IO

§4 Etude du cas général .... p I6

§5 Le cas $d = 2$ .... p 2I

§6 Remarques sur la condition de Levi .... p 24

Références .... p 26

Chapitre II : Paramétrices microlocales pour un problème de Cauchy hyperbolique à caractéristiques de multiplicité variable.

§0 Introduction .... p 27

§1 Hypothèses et énoncé des résultats .... p 30

§2 Réduction à une forme normale .... p 34

§3 Principe de la construction des paramétrices .... p 40

§4 Quelques préparations .... p 44

§5 Etude asymptotique de q_0 dans l'ensemble Δ .... p 47

§6 Etude asymptotique de q_0 dans l'ensemble Γ .... p 50

§7 Quelques espaces de fonctions holomorphes .... p 62

§8 Résolution des équations de transport .... p 69

§9 Quelques espaces de symboles .... p 86

§10 Fin de la preuve des théorèmes .... p 92

Références .... p I04

Chapitre III : Paramétrices microlocales de problèmes aux limites pour une classe d'équations pseudo-différentielles à caractéristiques de multiplicité variable.

§1 Introduction .... p I09

§2 Une classification micromicrolocale des points du bord .... p II3

§3 Enoncé des résultats .... p II6

§4 Construction des paramétrices dans le cas $P_1^S|_N > 0$ .... p II9

§5 Le cas où $P_1^S|_N$ est nul sur $\partial\Omega$ .... p I35

§6 Le cas $P_1^S|_N < 0$ .... p I6I

§7 Calcul du WF' des paramétrices .... p I95

§8 Preuve du théorème 4 .... p 207

§9 Propagation des singularités .... p 2I5

Références .... p 220

Chapitre IV : Une relation entre la propagation des singularités et la propagation du support pour des opérateurs hyperboliques

§1 Enoncé des résultats .... p 223

§2 La preuve des théorèmes .... p 227

Références .... p 236

Index .... p 237

CHAPITRE I

PROPAGATION DES SINGULARITES POUR DES OPERATEURS PSEUDO-DIFFERENTIELS A CARACTERISTIQUES DE MULTIPLICITE VARIABLE

§0 Hypothèses et notations .... p I
§1 Enoncé des résultats .... p 5
§2 Quelques réductions .... p 8
§3 Etude d'un cas particulier .... p IO
§4 Etude du cas général .... p I6
§5 Le cas d = 2 .... p 2I
§6 Remarques sur la condition de Levi .... p 24
Références .... p 26.

Le problème de la détermination du front d'onde WF des solutions d'équations différentielles ou pseudo-différentielles, Pu = f, a été l'objet de nombreux travaux récents. Il est prouvé en particulier dans J.J. Duistermaat et L. Hörmander [6] que, si P est à caractéristiques rélles simples, $WF(u)\setminus WF(f)$ est une réunion de bicaractéristiques de P. Pour des opérateurs à caractéristiques de multiplicité constante divers résultats ont été obtenus par J. Chazarain [3], J. Sjöstrand [12], L. Boutet de Monvel [2] ou R. Lascar [9], il apparaît en particulier la délicate influence des termes d'ordre inférieur de P (comparez [12] avec [2].) Nous étudierons ici certains opérateurs à caractéristiques de multiplicité variable pour lesquels il se produit, quand les termes d'ordre inférieur vérifient une condition de type Levi, une réfraction canonique (cf. L. Ludwig - B. Granoff [10]).

Nous prouvons un résultat de propagation de régularité, ou de singularité, microlocal par une technique d'estimations de Carleman (c.f. [13], [3], [9] et [12]) et, pour terminer, nous mettons en évidence d'autres types de phénomènes de propagation lorsque la condition de Levi n'est pas remplie.

§ 0.- Hypothèses et notations

Soient X une variété C^∞ paracompacte de dimension n, $T^*X\setminus 0$ l'espace cotangent à X privé de la section nulle.

Nous utiliserons tout au long de cet article les résultats et les notations de J.J. Duistermaat - L. Hörmander [6] concernant les opérateurs pseudo-différentiels et Fourier-Intégraux. Nous désignerons par $OPS^m(X)$ l'ensemble des opérateurs pseudo-différentiels classiques sur X, de degré m, proprement supportés.

Soient P (resp. Q) un opérateur de $OPS^m(X)$, z un point de $T^*X\setminus 0$, on utilisera la notation :

$$P \equiv Q \qquad \text{au voisinage de } z$$

pour résumer :

Il existe un voisinage conique fermé Γ de z tel que :

$$u \in \mathcal{D}'(X) \quad , \quad WF(u) \subset \Gamma, \Rightarrow \quad Pu - Qu \in C^{\infty}(X) \ .$$

Soit $\Sigma_1,\ldots,\Sigma_d$ un ensemble d'hypersurfaces coniques de $T^*X\setminus\{0\}$, dont nous noterons par Σ l'intersection mutuelle $\Sigma = \bigcap_{j=1\ldots d} \Sigma_j$.

Nous supposerons que les intersections $\Sigma_i \cap \Sigma_j$ $i,j = 1\ldots d$ $j \neq i$ (resp. Σ) sont localement des sous-variétés <u>régulières involutives</u> et coniques de codimension 2 (resp. d).

On peut expliciter cette condition à l'aide d'équations locales des sous-variétés Σ_i.

Soient $p_j(x,\xi)$, $j = 1,\ldots,d$, des fonctions C^{∞} homogènes de degré 1, telles que $p_j(x,\xi) = 0$ soit une équation de Σ_j dans un voisinage conique Γ d'un point z de Σ. On obtient alors la condition :

(0.1) (i) Les crochets de Poisson $\{p_i,p_j\}$ $i,j = 1,\ldots,d$ sont nuls <u>sur</u> $\Sigma_i \cap \Sigma_j$.

(ii) Les champs hamiltoniens $H_{p_1},\ldots,H_{p_d}$, et le champ radial $r\frac{\partial}{\partial r}$ sont indépendants dans un voisinage conique de z.

Soit P(x,D) un pseudo-différentiel de $OPS^m(X)$ dont nous noterons par $p_m(x,\xi)$ le symbole principal homogène.

Soient k_i $i = 1,\ldots,d$, des entiers strictement positifs, et soit $k = \sum_{i=1}^{d} k_i$ leur somme. Nous ferons l'hypothèse :

(H) Pour tout sous-cône $\Gamma' \subset \Gamma$, à base compacte, il existe des constantes C et C' > 0 telles que pour tout $(x,\xi) \in \Gamma'$ on ait :

$$C'|\xi|^{m-k}\big(d_{\Sigma_1}(x,\xi)\big)^{k_1} \ldots \big(d_{\Sigma_d}(x,\xi)\big)^{k_d} \leq |p_m(x,\xi)| \leq C|\xi|^{m-k}\big(d_{\Sigma_1}(x,\xi)\big)^{k_1}\ldots$$
$$\ldots\big(d_{\Sigma_d}(x,\xi)\big)^{k_d} ,$$

où d_{Σ_i} , $i = 1,\ldots,d$, désigne une distance homogène de degré 1 à Σ_i.

Il en résulte que l'on peut, au voisinage de z, décomposer $p_m(x,\xi)$ sous la forme :

$$(0.2) \qquad p_m(x,\xi) = q(x,\xi)(p_1(x,\xi))^{k_1} \dots (p_d(x,\xi))^{k_d}$$

où $q(x,\xi)$ est un symbole homogène, elliptique, de degré m-k.

Nous imposerons également cette condition sur les termes d'ordre inférieur de P.

Si $p(x,\xi) \sim \sum_{j=0}^{\infty} p_{m-j}(x,\xi)$ est le développement asymptotique en termes homogènes du symbole complet p de P, cette condition porte sur les k premiers termes de ce développement (où k est la multiplicité totale $k = \sum_{i=1}^{d} k_i$).

Désignons par :

$$J = \{\alpha \in \mathbb{N}^d \ , \ \alpha = (\alpha_1,\dots,\alpha_d) \quad 0 \le \alpha_i \le k_i\} \ ,$$

et par I la partie de J formée des α de longueur $|\alpha| = \sum_{j=1}^{d} \alpha_j < k$.

Désignons par (L) la condition :

(L) Au voisinage de tout point z de Σ :

Il existe des opérateurs pseudo-différentiels $P_1,\dots,P_d$ de degré 1, dont les symboles principaux $p_1(x,\xi),\dots,p_d(x,\xi)$ vérifient la condition (0.1), des opérateurs A_α de degré m-k tels que :

$$(0.3) \qquad P(x,D) \equiv \sum_{\alpha \in J} A_\alpha(x,D)\, P_1(x,D)^{\alpha_1} \dots P_d(x,D)^{\alpha_d} \quad \text{au voisinage de } z.$$

Nous désignerons par $OPS^{m,k_1,\dots,k_d}(X,\Sigma_1,\dots,\Sigma_d)$ l'ensemble des opérateurs pseudo-différentiels de degré m vérifiant les conditions (H) et (L).
Cette classe ne dépend, en effet, que de la donnée des variétés Σ_j et des entiers $k_1,\dots,k_d$ en vertu du lemme :

<u>Lemme 0.1</u>.- La relation (0.3) est encore valable si l'on

i) modifie l'ordre des opérateurs P_j, $j = 1,\dots,d$,

ii) remplace les opérateurs pseudo-différentiels P_j par des opérateurs $\tilde{P}_j$ tels que :

$$\tilde{P}_j = Q_j\, P_j + R_j \ ,$$

où R_j (resp. Q_j) est un opérateur pseudo-différentiel (resp. pseudo-différentiel elliptique) de $OPS^0(X)$.

Démonstration. En vertu de la relation (0.1) (i), on a des relations du type :

(0.4) $$[P_i,P_j] = A_{ij}P_i + B_{ij}P_j + C_{ij} ,$$

avec des opérateurs A_{ij}, B_{ij}, C_{ij} de $OPS^0(X)$.

Pour prouver le point (i) montrons, par exemple, que si P admet la décomposition (0.3) il a une décomposition analogue avec P_1 remplacé par P_2 et réciproquement.

La relation (0.4) permet d'établir par récurrence :

(0.5) $$P_1^{r_1} P_2^{r_2} = P_2^{r_2} P_1^{r_1} + \sum_{\substack{0\le\alpha_1<r_1\\ 0\le\alpha_2<r_2}} B_{\alpha_1,\alpha_2} P_2^{r_2} P_1^{r_1}$$

où les B_{α_1,α_2} sont des opérateurs de $OPS^0(X)$.

Le point (i) est maintenant une conséquence immédiate de (0.5).

Pour prouver le point (ii) il suffit, compte tenu de (i), de prouver que l'on a encore une décomposition analogue à (0.3) en remplaçant P_1 par $\tilde{P}_1 = P_1 + R_1$, avec R_1 de degré 0. Pour cela, il est facile de voir qu'il suffit de vérifier que si P (resp. R) est de degré 1 (resp. 0), il existe des opérateurs $R_j \in OPS^0(X)$ pour $0 \le j < r$ tels que :

$$P^r R = RP^r + \sum_{0\le j<r} R_j P^j .$$

Le lemme est ainsi démontré.

Nous avons donc prouvé que les hypothèses (H) et (L) ne dépendent pas du choix de l'équation $p_j = 0$ de Σ_j ou du choix de l'opérateur P_j de symbole p_j, et nous avons justifié la notation $OPS^{m,k_1,\dots,k_d}(X,\Sigma_1,\dots,\Sigma_d)$

Quand $d = 1$ la condition (L) se réduit à la condition de Levi ordinaire et la propagation des singularités pour les opérateurs de cette classe a été étudiée par J. Chazarain [4].

Dans le cas où $d = 2$, $k_1 = k_2 = 1$, on a une description plus explicite de la classe $OPS^{m,1,1}(X,\Sigma_1,\Sigma_2)$. Si le symbole sous-principal de P est défini par :

$$p^s_{m-1}(x,\xi) = p_{m-1}(x,\xi) - \frac{1}{2i} \sum_{j=1}^{n} \frac{\partial^2 p_m}{\partial x_j \xi_j}(x,\xi) ,$$

les conditions (H) et (L) se résument par la réunion de la condition (H) et de :

$$p^s_{m-1} \text{ est } \underline{\text{nul}} \text{ sur } \Sigma_1 \cap \Sigma_2 \,.$$

Avant d'énoncer nos résultats, nous conclurons par quelques remarques simples mais utiles.

Remarques 0.2.-

i) Si z est un point de Σ et si $B_k(z)$ est la bicaractéristique nulle de p_k issue de z, k'hypothèse (0.1) (i) implique que $B_k(z)$ reste contenue dans Σ.

ii) Si P est un opérateur de $OPS^{m,k_1,\dots,k_d}(X,\Sigma_1,\dots,\Sigma_d)$, si z est un point voisin de Σ tel que $z \notin \Sigma_d$, il existe un opérateur $\tilde{P}_j$ de la classe à "d-1 hypersurfaces" $OPS^{m,k_1,\dots,k_{d-1}}(X,\Sigma_1,\dots,\Sigma_{d-1})$ tel que :

$$P \equiv \tilde{P}_d \quad \text{au voisinage de z.}$$

iii) Les classes $OPS^{m,k_1,\dots,k_d}$ sont stables par transformations intégrales de Fourier ; plus précisément, étant donné $\tilde{X}$ une autre variété de dimension n, $\emptyset$ un isomorphisme canonique homogène de $T^*X\backslash 0$ dans $T^*\tilde{X}\backslash 0$, et $\mathcal{F}$ un opérateur intégral de Fourier elliptique et proprement supporté associé à $\emptyset$, l'opérateur

$$\tilde{P} = \mathcal{F} P \mathcal{F}^{-1}$$

est dans la classe $OPS^{m,k_1,\dots,k_d}(\tilde{X},\tilde{\Sigma}_1,\dots,\tilde{\Sigma}_d)$ si P est dans la classe $OPS^{m,k_1,\dots,k_d}(X,\Sigma_1,\dots,\Sigma_d)$ et si les variétés $\tilde{\Sigma}_j$, j = 1,...,d, sont les images par $\emptyset$ des Σ_j.

§ 1.- Enoncé des résultats

Nous allons donner pour les opérateurs de la classe $OPS^{m,k_1,\dots,k_d}(X,\Sigma_1,\dots,\Sigma_d)$ un résultat de propagation de la régularité. Avant de l'énoncer précisément, nous rappelons qu'il a été observé par J. Sjöstrand [12] , J.M. Bony [1], (et probablement d'autres auteurs) que pour des opérateurs à caractéristiques involutives (et qui dans le cadre de la théorie C^∞ satisfont en plus à des conditions de type conditions de Levi) le problème de la propagation des singularités est lié à certaines propriétés de propagation de support. Dans le cadre de cette analogie notre résultat doit être rapproché du résultat suivant :

Soient P l'équation des ondes, L une hypersurface "space-like", z_o un point fixé hors de L, soient $\Gamma^+_{z_o}$ le cône d'influence de z_o, $L^-_{z_o}$ le demi-espace limité par L qui contient z_o, soient $D_{z_o} = \Gamma^+_{z_o} \cap L^-_{z_o}$, et $C_{z_o} = \Gamma^+_{z_o} \cap L^-_{z_o}$.
Si u est une distribution telle que Pu = 0 et telle que u et ses premières dérivées sont nulles au voisinage de C_{z_o} alors u est nulle au voisinage de D_{z_o}.

Nous revenons maintenant aux conditions de la section précédente.

Soit L une hypersurface de $T^*X\backslash 0$ transverse aux directions hamiltoniennes des hypersurfaces Σ_j, $j = 1,\ldots,d$.

Soit Γ un voisinage conique convenable d'un point $\bar{z}$ de $\Sigma \cap L$.

Soit z_o un point de Γ, $z_o \in \Sigma$, $z_o \notin L$, et soit F_{z_o} la d-feuille de Σ dans Γ contenant z_o.

On pose :

$$L_{z_o} = F_{z_o} \cap L,$$

L_{z_o} est une hypersurface de F_{z_o}, soit $L^-_{z_o}$ le demi-espace fermé limité par L_{z_o} dans F_{z_o} qui contient z_o (il est bien déterminé si Γ est assez petit).
Les caractéristiques nulles $B_i(z_o)$ de p_i rencontrent L_{z_o} pour $i = 1,\ldots,d$, et remplaçant éventuellement p_i par $-p_i$, on peut supposer que les demi-bicaractéristiques $B^+_i(z_o)$ $i = 1,\ldots,d$ rencontrent L_{z_o}.

On désigne par $\emptyset^t_i$ $i = 1,\ldots,d$ le flot de H_{p_i} dans Γ et par $\Gamma^+_{z_o}$ le conoïde :

$$\Gamma^+_{z_o} = \{z \in F_{z_o} \mid z \in \Gamma,\ z = \emptyset_1^{t_1}\ \emptyset_2^{t_2} \ldots \emptyset_d^{t_d}(z_o),\ t_i \geq 0,\ i = 1,\ldots,d\};$$

puis l'on pose

(1.1) $$D_{z_o} = \Gamma^+_{z_o} \cap L^-_{z_o},$$

(1.2) $$C_{z_o} = \Gamma^+_{z_o} \cap L_{z_o}.$$

On peut maintenant énoncer si z_o est assez voisin de $\bar{z}$:

<u>Théorème 1</u>.- Soit P un opérateur pseudo-différentiel de $OPS^{m,k_1,\ldots,k_d}(X,\Sigma_1,\ldots,\Sigma_d)$, soit u une distribution de $\mathcal{D}'(X)$ telle que :

$$WF(Pu) \cap D_{z_o} = \emptyset$$

et

$$WF(u) \cap C_{z_o} = \emptyset ,$$

alors

$$WF(u) \cap D_{z_o} = \emptyset .$$

Introduisant comme [1] l'ensemble microcaractéristique de P on peut formuler un corollaire.

Rappelons d'abord que si Σ est une variété involutive et que si z est un point de Σ, l'espace tangent normal $N_z(\Sigma) = T_z(T^*X\backslash 0)/T_z(\Sigma)$ à Σ en z peut être identifié à l'aide de la forme symplectique à l'espace cotangent en z à la d -feuille de Σ passant par z.

Or si p_m est une fonction nulle ainsi que ses dérivées d'ordre $\leq$ k-1 sur Σ, la propriété :

$$p_m(x + \varepsilon\,\delta x,\ \xi + \varepsilon\,\delta\xi) = o(\varepsilon^k)$$

où $z = (x,\xi) \in \Sigma$ et où $\zeta = (\delta x,\delta\xi) \in T_z(T^*X\backslash 0)$ ne dépend que de la classe de ζ modulo $T_z(\Sigma)$, et permet de définir micro-car P.

Nous renvoyons pour plus de détails à J.M. Bony [1].

Notre corollaire est :

<u>Corollaire</u>.- Soient z_o un point de Σ et ω un voisinage de z_o dans F_{z_o} . Soit φ une fonction C^∞ dans ω, réelle, telle que $\varphi(z_o) = 0$ et telle que $d\varphi(z_o) = \zeta_o$ est non nul. Soit ω^+ le demi-espace :

$$\omega^+ = \{z \in \omega \mid \varphi(z) > 0\}.$$

Si $(z_o,\zeta_o) \notin$ micro-car P, si $WF(u) \cap \omega^+ = \emptyset$ et si $WF(Pu) \cap \omega = \emptyset$, il existe un voisinage ω' de z_o tel que $WF(u) \cap \omega' = \emptyset$.

La preuve qui est basée sur des estimations de Carleman se fait par étapes ; la première consiste à opérer quelques réductions.

§ 2.- Quelques réductions

Soit P dans $OPS^{m,k_1,\dots,k_d}(X,\Sigma_1,\dots,\Sigma_d)$, en composant P par un opérateur elliptique convenable, on peut supposer que $m = k = \sum_{i=1} k_i$ et que :

$$P \equiv P_1^{k_1},\dots,P_d^{k_d} + \sum_{\alpha\in I} A_\alpha P_1^{1},\dots,P_d^{d} \text{ au voisinage de } z_o.$$

Nous construisons une transformation canonique qui "redresse" les hypersurfaces Σ_i, $i = 1,\dots,d$, simultanément ; la construction de cette transformation (qui est bien connue quand $d = 1$) est facile quand $d = 2$, mais plus délicate dans le cas général. Elle est effectuée dans [5] et nous en rappelons le résultat.

Lemme 2.1.- Soit $\Sigma_1,\dots,\Sigma_d$ un ensemble de d sous-variétés involutives de codimensions respectives $p_1,\dots,p_d$, et soit Σ l'intersection des Σ_i, $i = 1,\dots,d$. Nous supposons qu'en un point $\bar{z}$ de Σ :

(T) Il existe $p_1 + \dots + p_d$ fonctions réelles u_i^k, $1 \le i \le d$, $1 \le k \le p_i$ définies au voisinage de $\bar{z}$ dont les différentielles sont linéairement indépendantes et telles que pour $i = 1,\dots,d$, Σ_i soit définie par les équations :

$$\Sigma_i : u_i^1 = \dots = u_i^{p_i} = 0.$$

On suppose en outre :

(I) Les intersections $\Sigma_i \cap \Sigma_j$ sont involutives.

On peut alors choisir les fonctions u_i^k de sorte que l'on ait au voisinage de $\bar{z}$ les relations :

$$\{u_i^k, u_j^\ell\} = 0, \quad 1 \le i,j \le d, \quad 1 \le k \le p_i, \quad 1 \le \ell \le p_j .$$

Appliquant le résultat précédent, on peut construire au voisinage de $\bar{z}$ d-fonctions homogènes de degré 1 $u_1,\dots,u_d$, telles que $u_i = 0$ définisse localement Σ_i et telles que les crochets $\{u_i,u_j\}$ soient identiquement nuls. On en déduit (réduisant éventuellement Γ) un difféomorphismes canonique homogène $\phi : \Gamma \longmapsto T^*\mathbb{R}^n \setminus 0$ tel que (convenant de noter dans

$T^*\mathbb{R}^n = T^*\mathbb{R}^{n-d} \times T^*\mathbb{R}^d$ les variables $(x,\xi) = (x',\xi',x'',\xi'')$) $\emptyset(\Sigma_j)$ est définie par $\xi''_j = 0$. Si $\mathcal{F}$ est un opérateur intégral de Fourier associé à $\emptyset$ elliptique, on a $\mathcal{F}^{-1}P_j\mathcal{F} = D_{x''_j} + \rho_j$, où ρ_j est d'ordre 0 ; puis appliquant le lemme 0.1 et remplaçant P par $\mathcal{F}^{-1}P\mathcal{F}$ on se ramène au cas où :

$$(2.1) \qquad P \equiv D_{x''_1}^{k_1} \dots D_{x''_d}^{k_d} + \sum_{\substack{0\le\alpha_i\le k_i \\ |\alpha|<k}} a_\alpha(x',x'',D_{x'},D_{x''})\, D_{x''_1}^{\alpha_1} \dots D_{x''_d}^{\alpha_d} .$$

Pour prouver le théorème nous commencerons par nous "débarrasser" des singularités de u hors de Σ, pour cela prouvons :

<u>Lemme 2.2</u>- Dans les conditions de l'énoncé du théorème 1, il existe un voisinage conique Γ_o de D_{z_o} tel que :

$$WF(u) \cap \Gamma_o \subset \Sigma \cap \Gamma_o .$$

<u>Démonstration</u>.- Supposons l'assertion fausse, on peut alors construire une suite z_j de points de $\complement\Sigma$ tels que $z_j \to z'_o$ avec $z'_o \in D_{z_o}$ et $z_j \in WF(u)$. Puisque $z_j \notin \Sigma$ pour tout j on peut, en se réduisant éventuellement à une sous-suite, supposer que $z_j \in \Sigma_{h_1} \cap\dots\cap \Sigma_{h_r}$ et $z_j \notin \Sigma_\ell$ pour $\ell \neq h_1,\dots,h_r$ (les $h_1,\dots,h_r$ étant indépendants de j). Nous noterons $\Sigma_{(h)}$ l'intersection partielle $\Sigma_{h_1} \cap\dots\cap \Sigma_{h_r}$ et nous rappelerons que hors de Σ_j l'opérateur P est dans la classe à "d-1 surfaces" $OPS^{m,k_1,\dots,k_{j-1},k_{j+1},\dots,k_d}(X,\Sigma_1,\dots,\Sigma_{j-1},\Sigma_{j+1},\dots,\Sigma_d)$.

Etudions d'abord le cas $r = 1$, c'est-à-dire le cas où $z_j \in \Sigma_h$ et $z_j \notin \Sigma_\ell$ pour $\ell \neq h$; hors des variétés $\Sigma_\ell(\ell \neq h)$ l'opérateur P propage les singularités sur les courbes intégrales de H_{p_h} (cf. J. Chazarain [3]). La bicaractéristique de H_{p_h} partant à l'origine des temps de z'_o atteint L_{z_o} en un point z''_o de C_{z_o} au temps t_o, et si z''_j est le point atteint à l'instant t_o sur la bicaractéristique de H_{p_h} partant à l'instant initial de z_j, on a $z''_j \in WF(u)$ et $\lim_{j\to\infty} z''_j = z''_o$. On en déduit $z''_o \in WF(u) \cap C_{z_o}$, ce qui est une contradiction.

Etudions maintenant le cas $r \geq 2$. Soient z un point de $\Sigma_{(h)}$, M une hypersurface transverse aux $H_{p_{h_1}}, \ldots, H_{p_{h_r}}$, $M \not\ni z$, $F_z^{(h)}$ la r-feuille de $\Sigma_{(h)}$ contenant z ; posant $M_z^{(h)} = F_z^{(h)} \cap M$ on peut, comme plus haut, construire les ensembles $D_{z,M}^{(h)}, C_{z,M}^{(h)}$ (ils sont attachés à z, $\Sigma_{(h)}$ et M).

Prenons un point $z_o'' \in D_{z_o}$, $z_o'' \in F_{z_o'}^{(h)}$, tel que $z_o' \in D^{(h)}_{z_o'',L_{z_o'}^{(h)}}$ (on a noté $L_{z_o'}^{(h)} = L \cap F_{z_o'}^{(h)}$), on a $C^{(h)}_{z_o'',L_{z_o'}^{(h)}} \subset C_{z_o}$. Puis désignons par $\emptyset_j^{(h)^o}$ l'application de $F_{z_o'}^{(h)}$ sur $F_{z_j}^{(h)}$ qui envoie z_o' sur z_j et le flot de $H_{p_{h_j}}$ issu de z_o' sur celui issu de z_j au même temps, puis par z_j'' l'image de z_o'' par $\emptyset_j^{(h)}$, $L_{z_j}^{(h)}$ celle de $L_{z_o'}^{(h)}$, puis $D_{z_j''}^{(h)}$ et $C_{z_j''}^{(h)}$ celles de $D^{(h)}_{z_o'',L_{z_o'}^{(h)}}$ et $C^{(h)}_{z_o'',L_{z_o'}^{(h)}}$. On a $z_j \in D_{z_j''}^{(h)}$ de plus, si l'on prend j assez grand, on a $C_{z_j''}^{(h)} \cap WF(u) = \emptyset$. Et supposant que l'on a prouvé le théorème pour les opérateurs à "r surfaces" on contredit $z_j \in WF(u)$, ce qui termine la preuve de ce lemme.

Nous pouvons alors construire un opérateur pseudo-différentiel B de degré 0, à décroissance rapide hors de Γ_n, égal à l'identité dans un voisinage de D_{z_o}, et remplaçant u par Bu on se réduit à prouver :

si $WF(u) \cap C_{z_o} = \emptyset$, $WF(Pu) \cap D_{z_o} = \emptyset$, et $WF(u) \subset \Sigma$, alors $D_{z_o} \cap WF(u) = \emptyset$.

Nous allons voir que la propagation des singularités pour l'opérateur P(x,D) est lié à la propagation du support pour les opérateurs :

$$P_{x',\xi'}(x'',D_{x''}) = D_{x_1''}^{k_1} \ldots D_{x_d''}^{k_d} + \sum_{\alpha \in I} a_\alpha(x,\xi',0)\, D_{x_1''}^{\alpha_1} \ldots D_{x_d''}^{\alpha_d} .$$

Ce lien est clair dans certaines situations particulières que nous commencerons par étudier car elles représentent le cas général moyennant quelques simplifications techniques.

§ 3.- Etude d'un cas particulier

Désignons par $a_\alpha^o(x,D_x)$ la partie homogène de degré 0 de $a_\alpha(x,D_x)$ et supposons pour le moment que l'on ait la condition supplémentaire :

(S) Pour les $\alpha \in I$ tels que pour une valeur de i on ait $\alpha_i = k_i$, la différence $a_\alpha(x,D) - a_\alpha^o(x,D_{x'},0)$ est de degré -1 dans Γ.

Si l'on pose alors $P_o(x,D_x) = D_{x''_1}^{k_1} \ldots D_{x''_d}^{k_d} + \sum_{\alpha\in I} a_\alpha^o(x,D_{x'},0)\, D_{x''_1}^{\alpha_1} \ldots D_{x''_d}^{\alpha_d}$
on a :

(3.1) $u \in \mathcal{D}'(\mathbb{R}^n)$, $S_{(P-P_o)u}(x,\xi) \geq 1 + \inf_{\alpha\in I} S_{D^\alpha_{x''}u}(x,\xi)$ si $WF(u) \subset \Gamma$

(S_u est la fonction de régularité H^s microlocale de u).

On peut alors appliquer les techniques de J. Sjöstrand [12] et réduire le problème à prouver des estimations de Carleman pour les opérateurs différentiels (dans le cas général nous devrons utiliser des techniques "pseudo-différentielles")

$$P_{o,x',\xi'}(x'',D_{x''}) = D_{x''_1}^{k_1} \ldots D_{x''_d}^{k_d} + \sum_{\alpha\in I} a_\alpha^o(x,\xi',0)\, D_{x''_1}^{\alpha_1} \ldots D_{x''_d}^{\alpha_d} .$$

Indiquons brièvement comment l'on procède.

Soient $\psi \in C_o^\infty(\mathbb{R})$, non nulle, et $\chi(x',y',\xi') = |\xi'|^{n-d/4}\psi(|x'-y'|\ |\xi'|^{1/2})$.

Si u est une distribution dont le front d'onde ne rencontre pas les normalès aux variétés x" = c, on pose :

(3.2) $$T_\chi u(x,\xi') = \int \chi(x,y',\xi') e^{i\xi'.(x'-y')} u(y',x'')\, dy' .$$

$T_\chi u(x,\xi')$ est alors une fonction C^∞ en (x,ξ').

De plus si $f(x,\xi')$ est une fonction C^∞ en (x,ξ') l'on conviendra de poser : $F_f(x,\xi') = \sup \{s \mid (1 + |\xi'|)^s f(x,\xi')$ est dans L^2 dans un voisinage conique de $(x,\xi')\}$.

Dans ces conditions, J. Sjöstrand prouve :

Soit $g \in \mathcal{D}'(\mathbb{R}^n)$ $WF(g) \subset (\xi'' = 0)$, et soit $f(x,\xi')$ la fonction $T_\chi g$, on a la relation :

(3.3) $$F_f(x,\xi') = S_g(x,\xi',0) .$$

De plus l'opérateur T "commute suffisamment bien" avec les pseudo-différentiels du type $a(x,D_{x'})$ et l'on a (compte tenu de (3.1) et (3.3)), posant

$$Au(x,\xi') = P_o(x,\xi',D_{x''})(T_\chi u) - T_\chi(Pu)$$

$$(3.4)\qquad F_{Au}(x,\xi') \geq 1/2 + \inf_{\alpha\in I} S_{D^\alpha_{x''}u}(x,\xi',0),$$

$$\text{si } WF(u) \subset (\xi'' = 0) \text{ et } (x,\xi',0) \notin WF(Pu).$$

La construction de l'estimation de Carleman passe par un lemme dont nous aurons besoin dans tous les cas.

Lemme 3.1.- Soit Ω un ouvert de $\mathbb{R}^d$, et $P_k(D)$ l'opérateur différentiel

$P_k(D) = D_1^{k_1} \dots D_d^{k_d}$,

Soit $\varphi \in C^\infty(\Omega)$ telle que $\frac{\partial\varphi}{\partial x_j} \neq 0$ pour $j = 1,\dots,d$, en tout point $x \in \Omega$. Alors pour tout $K \subset\subset \Omega$ il existe $\tau_0 > 0$ et $C > 0$ tels que pour tout $v \in C_0^\infty(K)$ on ait pour $\tau > \tau_0$:

$$(3.5)\qquad \sum_{0\leq|\alpha|<k} \tau^{2|\alpha|} \int_\Omega |P_k^{(\alpha)}(v)|^2\, e^{2\tau\varphi} dx \leq C \int_\Omega e^{2\tau\varphi} |P_k(v)|^2\, dx$$

Démonstration.- Il est bien connu (voir par exemple Trèves [13]) que par localisation on se ramène à prouver (3.5) dans le cas où $\varphi = \langle x,N\rangle$, qui est alors par transformation de Fourier, conséquence de :

Soit $N \in \mathbb{R}^d\backslash\{0\}$, il existe $c > 0$ tel que pour $\tau > \tau_0$ et $\xi \in \mathbb{R}^d$ on ait :

$$(3.6)\qquad \sum_{0\leq|\alpha|<k} \tau^{2|\alpha|} |P_k^{(\alpha)}(\xi+i\tau N)|^2 \leq c\, |P_k(\xi+i\tau N)|^2 ,$$

si et seulement si N_j est non nul pour $j = 1,\dots,d$.

Rappelons que I est l'ensemble des d-uples $\alpha = (\alpha_1 \dots \alpha_d)$, $0 \leq \alpha_j \leq k_j$, $|\alpha| < k$, et désignons par I^* l'ensemble des α de I tels que $|\alpha| > 0$. Les dérivées $P_k^{(\alpha)}(\zeta)$ sont nulles si $\alpha \notin I$ et $P_k^{(\alpha)}(\zeta) = c_\alpha \zeta_1^{\beta_1} \dots \zeta_d^{\beta_d}$, $\beta_j = k_j - \alpha_j$ (c_α est une constante), par suite (3.6) est équivalent à :

$$(3.7)\qquad \sum_{\alpha\in I^*} \tau^{2|\alpha|} \prod_{j=1\dots d} (\xi_j^2 + \tau^2 N_j^2)^{k_j-\alpha_j} \leq c \prod_{j=1\dots d} (\xi_j^2 + \tau^2 N_j^2)^{k_j} .$$

Le terme de plus haut degré en τ dans le membre de droite de (3.7) est $\tau^{2k} \Pi N_j^{2k_j}$, le membre de gauche de (3.7) est également un polynôme en τ de degré au plus 2k dont les coefficients sont des polynômes en ξ et N et sont tous positifs . La contribution des termes de I^* de longueur k-1 est

$\tau^{2k}(\sum_{j=1}^{d} N_j^{2k_j})$ ce qui prouve la nécessité de la condition $N_j \neq 0$, $j = 1,\ldots,d$.

Pour voir que cette condition est suffisante, il suffit d'écrire (3.7) sous la forme :

$$(3.8) \qquad \sum_{\beta\in I^*} \prod_{j=1\ldots d} (\eta_j + N_j^2)^{\beta_j} \leq C \prod_{j=1\ldots d} (\eta_j + N_j^2)^{k_j} ,$$

où l'on a posé $\eta_i = \tau^{-2}\xi_i^2$ et où C doit être indépendante de $\eta \in (\mathbb{R}_+)^d$.

(3.8) est une conséquence triviale de $\sum_{\beta\in I^*} \prod_j (\eta_j + N_j^2)^{-\beta_j} \leq \sum_{\beta\in I^*} \prod_{j=1\ldots d} N_j^{-2\beta_j}$.

Il résulte du lemme (3.1) l'estimation :

$$\sum_{\alpha\in I^*} \tau^{2(k-|\alpha|)} \int |D_{x''}^{\alpha} v|^2 e^{2\tau\varphi} dx'' \leq C \int e^{2\tau\varphi} |P_k(D'')v|^2 dx''.$$

On a également $\tau^2 \int |v|^2 e^{2\tau\varphi} dx'' \leq C \int |D_{x_j''} v|^2 e^{2\tau\varphi} dx''$.

Il est alors facile de déduire : $\forall$ K ⊂⊂ Ω, il existe $\tau_o > 0$ et $C(\tau) \to 0$ quand $\tau \to \infty$, tels que si (x',ξ') est dans un voisinage conique fermé à base compacte Γ' de (x_o',ξ_o'), et si v est dans $C_o^\infty(K)$, $\tau \geq \tau_o$, on a :

$$(3.9) \qquad \sum_{\alpha\in I} \int e^{2\tau\varphi(x'')} |D_{x''}^{\alpha} v|^2 dx'' \leq C(\tau) \int e^{2\tau\varphi(x'')} |P_o(x,\xi',D_{x''})v|^2 dx'' .$$

Revenons maintenant aux conditions du théorème 1.

Soit $z_o = (x_o',x_o'',\xi_o',0)$, F_{z_o} est alors l'ensemble $\{(x_o',x'',\xi_o',0), x'' \in \mathbb{R}^d\}$, si $\psi(x,\xi) = 0$ est dans Γ_o une équation de L l'hypothèse de transversalité s'exprime par $\frac{\partial\psi}{\partial x_j''} \neq 0$, $j = 1,\ldots,d$.

Nous considérons $L_{z_o} = L \cap F_{z_o}$ comme une hypersurface de $\mathbb{R}^d$ d'équation $\psi_{z_o}(x'') = \psi(x_o',x'',\xi_o',0)$. Pour simplifier les écritures nous convenons d'omettre les indices z_o , de ne plus désigner la variable z de F_{z_o} que par x'', et nous supposerons de plus $x_o'' = 0$. Notons (e_k), $k = 1,\ldots,d$, la base canonique de $\mathbb{R}^d$, les bicaractéristiques de H_{p_h} sont les droites parallèles à e_h. Finalement les ensembles C_{z_o} et D_{z_o} définis en (1.1) et (1.2) sont, dans ces coordonnées et avec les conventions indiquées :

$$D = \{x_i'' \geq 0,\ i = 1,\dots,d,\ \psi(x'') \leq 0\}\ ,\ C = \{x_i'' \geq 0,\ i = 1,\dots,d,\ \psi(x'') = 0\}\ .$$

Désignons par θ la fonction $\theta(x'') = x_1'',\dots,x_d''$ et construisons les ensembles :

$$V_o = \{x'' | x_i'' \geq 0, i = 1,\dots,d \text{ et } \theta(x'') > k\} \cap \{x'' | \psi(x'') < 0\}\ ,$$

(3.10) $$V = \{x'' | x_i'' \geq 0, i = 1,\dots,d \text{ et } \theta(x'') > k'\} \cap \{x'' | \psi(x'') < \eta\}\ ,$$

$$W_o = \{x'' | x_i'' \geq 0 \text{ et } |\psi(x'')| < c\}\ ,$$

avec $0 < k' < k$ et $0 < \eta < \varepsilon$. (k, k', η, ε sont des constantes > 0).
On peut choisir ε assez petit pour que $WF(u) \cap \{(0,x'',\xi_o',0) | x'' \in W_o\} = \emptyset$,
puis si $\hat{x}''$ est un point arbitraire de $\mathring{D}$ on peut choisir k en sorte que $\hat{x}'' \in V_o$.

De plus, on a :

$$\overline{V}_o \subset V,$$

et

$$\theta(x'') \leq k \text{ dans } V \cap \complement V_o \cap \complement W_o.$$

Vérifions cette dernière assertion. La propriété $x'' \in V \cap \complement V_o \cap \complement W_o$ s'exprime par $(\theta(x'') > k'$ et $\psi(x'') < \eta)$ et $(\theta(x'') \leq k$ ou $\psi(x'') \geq 0$ et $(|\psi(x'')| \geq \varepsilon)$ **et dans** ces conditions $\psi(x'') \geq 0$ implique simultanément $\psi(x'') \geq \varepsilon$ et $\psi(x'') < \eta$, ce qui contredit $\eta < \varepsilon$.

Nous ferons usage des fonctions poids :

(3.11) (C) $$\varphi(x'') = C_1(\theta(x'') - k) + C_2\ .$$

Elles ont la propriété :

(3.12) $$\varphi(x'') > C_2 \text{ dans } V_o, \qquad \varphi(x'') < C_2 \text{ dans } V \cap \complement V_o \cap \complement W_o.$$

Le reste de la preuve de ce cas, qui suit la démarche de [12], sera seulement esquissé.

Soit $\zeta(x'') \in C_o^\infty(\mathbb{R}^d)$, $\zeta = 1$ au voisinage de V_o, supp $\zeta \subset V' \subset\subset V$.

Le commutateur $[P_o, \zeta]$ est de la forme $\sum_{\beta \in I} b_\beta D_{x''}^\beta$ avec $b_\beta = 0$ dans V_o.

Dans l'estimation (3.9) on introduit la fonction $\zeta(x'')\, v(x,\xi')$ où $v(x,\xi') = T_\chi u(x,\xi')$. On obtient avec des constantes uniformes pour

$(x'\xi') \in \Gamma'$, $\tau \geq \tau_o$:

$$\sum_{\alpha \in I} \int_V e^{2\tau\varphi} |D^\alpha_{x''}(\zeta v)|^2 \, dx'' \leq C \int_V e^{2\tau\varphi} |P_o(x,\xi',D_{x''})(\zeta v)|^2 dx'',$$

puis l'on déduit :

$$\sum_{\alpha \in I} \int_{\overline{V}_o} e^{2\tau\varphi} |D^\alpha_{x''} v|^2 dx'' \leq C \int_{V'} e^{2\tau\varphi} |\zeta P_o(x,\xi',D_{x''})v|^2 dx''$$

$$+ C \sum_{\alpha \in I} \int_{V' \setminus V_o} e^{2\tau\varphi} |D^\alpha_{x''} v|^2 dx'' . \tag{3.13}$$

Si maintenant on pose $w = Pu$ on a $P_o(x,\xi',D_{x''})v = T_\chi w + Au$, avec d'après (3.4) :

$$F_{Au}(x,\xi') \geq \frac{1}{2} + \inf_{\alpha \in I} S_{D^\alpha_{x''} u}(x,\xi',0).$$

De plus $v(x,\xi')$ (resp. $T_\chi w(x,\xi')$) est à décroissance rapide pour $x'' \in W_o$, $(x',\xi') \in \Gamma'$ (resp. $x'' \in V$, $(x',\xi') \in \Gamma'$) du moins si Γ' est assez petit.

On désigne par s un réel, par ν un entier, et appliquant (3.13) avec $\tau = \nu \log(1 + |\xi'|)$, on déduit pour tout réel N l'estimation :

$$\sum_{\alpha \in I} \int_{\overline{V}_o} (1+|\xi'|)^{2(\nu\varphi(x'')+s)} |D^\alpha_{x''} v|^2 dx'' \leq C_N [(1+|\xi'|)^{-N} + \tag{3.14}$$

$$+ \int_{V'} (1+|\xi'|)^{2(\nu\varphi+s)} |Au|^2 dx'' + \sum_{\alpha \in I} \int_{V' \setminus (V_o \cup W_o)} (1+|\xi'|)^{2(\nu\varphi+s)} |D^\alpha_{x''} v|^2 dx''.$$

On fait d'abord $\nu = 1$ et on prend s tel que $F_{D^\alpha_{x''} v}(x,\xi') > s$, pour $\alpha \in I$, $x'' \in V'$ et $(x,'\xi') \in \Gamma'$, de sorte que $F_{Au}(x,\xi') > s + \varphi(x'')$ (si l'on astreint φ à être inférieure à 1/2) d'après (3.4). On déduit alors de (3.14) :

$$F_{D^\alpha_{x''} v} > s + \varphi(x'') \quad x'' \in V', \ (x,\xi') \in \Gamma',$$

puis $F_{Au} > s + 2\varphi$, et on répète l'argument avec $\nu = 2$.

Finalement on obtient $S_u(x',x'',\xi',0) > s + \nu\varphi(x'')$ pour tout ν, $x'' \in V'$, $(x',\xi') \in \Gamma'$, d'où l'on déduit le théorème dans ce cas.

§ 4.- Etude du cas général

Cette étude suit les grandes lignes de la précédente, à la différence qu'il nous faudra travailler avec des estimations de Carleman pour des opérateurs pseudo-différentiels.

Commençons par indiquer les quelques espaces d'opérateurs pseudo-différentiels dont nous ferons usage.

On désigne par T^m l'ensemble des opérateurs pseudo-différentiels $a(x,D_{x'})$ de degré m sur $\mathbb{R}^{n-d}$, proprement supportés, dépendant de façon C^∞ de $x'' \in \mathbb{R}^d$.

Nous renvoyons à l'appendice de [11] pour les propriétés dont nous aurons besoin. On utilisera également les classes de symboles d'ordre variable de A. Unterberger [14]; ces classes notées $S^{\varphi,k}$ sont relatives à la donnée d'une fonction φ réelle de classe C^∞ sur $\mathbb{R}^n$ et d'un nombre réel k. On désigne par $OPS^{\varphi,k}$ et $H^{\varphi,k}$ les classes d'opérateurs pseudo-différentiels et les espaces de type Sobolev associés. Nous renvoyons à [14] pour plus de détails.

Soient Ω un ouvert de $\mathbb{R}^d$, $\varphi(x'')$ une fonction de classe C^∞ dans Ω satisfaisant aux conditions du lemme (3.1).

Etant donné K un compact de Ω, on peut déduire de (3.5) l'estimation :

$$(4.1) \qquad \sum_{\alpha\in I} \tau^2 \int |D^\alpha_{x''}v|^2 e^{2\tau\varphi(x'')}dx'' \leq c \int |P_k(D'')v|^2 e^{2\tau\varphi(x'')}dx'' ,$$

pour tout $v \in C^\infty_0(K)$ et $\tau \geq \tau_0$.

Donnons nous maintenant K' un compact de $\mathbb{R}^{n-d}$, $\psi(t)$ une fonction de $C^\infty(\mathbb{R})$ $0 \leq \psi(t) \leq 1$, $\psi(t) = 0$ pour $t \leq M/2$, $\psi(t) = 1$ pour $t \geq M$, où la constante M sera choisie assez grande.

Soit $u \in C^\infty_0(K' \times K)$, en introduisant dans l'estimation (4.1) la fonction $v = \psi(|\xi'|)\, \hat{u}(\xi',x'')$, le paramètre $\tau = \log(1 + |\xi'|)$, et en intégrant on obtient :

$$\sum_{\alpha\in I} \int (1+|\xi'|)^{2\varphi(x'')}(\mathrm{Log}\ 1+|\xi'|)^2 \psi(\xi')^2 |D^\alpha_{x''}\hat{u}(\xi',x'')|^2 d\xi' dx''$$

$$\leq C \int (1+|\xi'|)^{2\varphi(x'')} \psi(\xi')^2 |\widehat{P_k u}(\xi',x'')|^2 d\xi' \ dx'',$$

et si l'on introduit les opérateurs :

$$(4.2)\quad \Lambda_{\varphi,k}(x,D')u = \int \psi(\xi')(1+|\xi'|)^{\varphi(x'')}(\operatorname{Log}(1+|\xi'|))^{k}\hat{u}(\xi',x'')e^{i\xi'x'}d\xi' ,$$

on a :

$$\sum_{\alpha\in I} \| \Lambda_{\varphi,1}(x,D')D^{\alpha}_{x''}u\|^{2} \leq c \,\| \Lambda_{\varphi}P_{k}(D'')u\|^{2} ,$$

pour tout $u \in C^{\infty}_{0}(K' \times K)$.

En fait nous avons besoin d'une estimation pour l'opérateur :

$$P(x,D) = P_{k}(D_{x''}) + \sum_{\alpha\in I} a_{\alpha}(x,D)D^{\alpha}_{x''} .$$

Nous pouvons supposer que les a_{α} sont compactement supportés et à décroissance rapide dans un voisinage conique de $\xi' = 0$, que $\Lambda_{\varphi,1}$ et Λ_{φ} sont proprement supportés.

On pose $R_{\alpha} = [a_{\alpha},\Lambda_{\varphi}]$ (il s'agit d'opérateurs pseudo-différentiels sur $\mathbb{R}^{n}$ en vertu de l'hypothèse indiquée sur les a_{α}), puis

$$R\,u = \sum_{\alpha\in I} \| R_{\alpha}D^{\alpha}_{x''}u\|^{2} + \|u\|^{2}_{d,-N} ,$$

et on obtient :

$$(4.3)\quad \sum_{\alpha\in I} \| \Lambda_{\varphi,1}(x,D')D^{\alpha}_{x''}u\|^{2} \leq c(\| \Lambda_{\varphi}Pu\|^{2} + \sum_{\alpha\in I} \| \Lambda_{\varphi}D^{\alpha}_{x''}u\|^{2} + R\,u).$$

Soient maintenant V un ouvert relativement compact de $\mathbb{R}^{d}$, Γ' un voisinage conique ouvert assez petit de (x'_{0},ξ'_{0}) et soit $\zeta(x,D')$ un opérateur de T^{0} $\zeta(x,D) = \zeta(x'')\zeta'(x',D')$ $\operatorname{supp}\zeta \subset V$, $WF(\zeta') \subset \Gamma'$.

Nous avons besoin pour poursuivre d'expliciter certains commutateurs :

$$[D^{\alpha}_{x''},\zeta] = \sum_{\substack{\lambda\leq\alpha \\ |\lambda|<|\alpha|}} A^{\alpha}_{\lambda}(x,D')D^{\lambda}_{x''} ,$$

où les A^{α}_{λ} sont des opérateurs de T^{0} $A_{\lambda}(x,D') = \zeta^{\alpha}_{\lambda}(x'')\zeta'(x',D')$ avec $\operatorname{supp}\zeta^{\alpha}_{\lambda} \subset V$, $WF(\zeta')\subset\Gamma'$
or on a :

$$[P,\zeta] = [P_{k},\zeta] + \sum_{\alpha\in I} [a_{\alpha},\zeta]D^{\alpha}_{x''} + a_{\alpha}[D^{\alpha}_{x''},\zeta],$$

par conséquent $[P,\zeta]$ peut s'écrire sous la forme :

$$(4.4)\quad [P,\zeta] = \sum_{\alpha\in I} A_{\alpha}(x,D')D^{\alpha}_{x''} + \sum_{\alpha\in I} C_{\alpha}(x,D)D^{\alpha}_{x''} + \sum_{\substack{\alpha\in I \\ |\alpha|<k-1}} D_{\alpha}(x,D)A_{\alpha}(x,D')D^{\alpha}_{x''}$$

où les A_α désignent des opérateurs de T^0 de la forme $\zeta_\alpha(x'')\zeta'(x',D')$ $\operatorname{supp}\zeta_\alpha \subset V$, $WF(\zeta') \subset \Gamma'$, où les C_α désignent des opérateurs $OPS^{-1}(X)$ $WF(C_\alpha) \subset V \times \Gamma' \times \mathbb{R}^d$, et où les $D_\alpha \in OPS^0(X)$.

On applique l'estimation (4.3) à $\zeta(x,D')u$ et l'on obtient :

$$\sum_{\alpha\in I} \|\Lambda_{\varphi,1}(x,D')D^\alpha_{x''}\zeta u\|^2 \leq c(\|\Lambda_\varphi P\zeta u\|^2 + \sum_{\alpha\in I}\|\Lambda_\varphi D_{x''}\zeta u\|^2 + R\zeta u)$$

puis

$$(4.5)\qquad \sum_{\alpha\in I} \|\Lambda_{\varphi,1}(x,D')\zeta D^\alpha_{x''}u\|^2 \leq c(\|\Lambda_\varphi \zeta P u\|^2 + \sum_{\alpha\in I}\|\Lambda_\varphi \zeta(x,D')D^\alpha_{x''}u\|^2 + Tu$$

avec

$$Tu = \sum_{\alpha\in I}\|\Lambda_\varphi A_\alpha(x,D')D^\alpha_{x''}u\|^2 + \sum_{\substack{\alpha\in I\\ k=0 \text{ ou } 1}}\|\Lambda_{\varphi,k}B_\alpha(x,D')D^\alpha_{x''}u\|^2 + \sum_{\substack{\alpha\in I\\ |\alpha|<k-1}}\|\Lambda_\varphi D_\alpha A_\alpha(x,D')D^\alpha_{x''}u\|^2$$
$$+ \sum_{\alpha\in I}\|\Lambda_\varphi C_\alpha(x,D)D^\alpha_{x''}u\|^2 + R\zeta u$$

où les $B_\alpha(x,D')$ vérifient une propriété analogue à celles des A_α.

Soit $A_{\varphi,k}$ un opérateur pseudo-différentiel proprement supporté de symbole $(1+|\xi|)^\varphi(\mathrm{Log}(1+|\xi|))^k$, on peut munir l'espace $H^{\varphi,k}$ de la norme :
$\|u\|_{\varphi,k} = \|A_{\varphi,k}u\| + \|u\|_{-N}$.

Nous utiliserons la propriété (voir [14]) :

si $\varphi' < \varphi$, ou si $\varphi' \leq \varphi$ et $k' < k$, $\eta > 0$, il existe $C_\eta > 0$ tel que pour tout $u \in C_0^\infty(K' \times K)$, on ait :

$$\|u\|_{\varphi',k'} \leq \eta\|u\|_{\varphi,k} + C_\eta\|u\|_{-N}.$$

Soit Γ un cône $|\xi''| \leq c|\xi'|$, $\Lambda_{\varphi,k}$ est elliptique dans $T^{\varphi,k}$, plus précisément il existe $\Lambda'_{\varphi,k}$ dans $T^{-\varphi,-k}$ elliptique dans cette classe tel que $\Lambda'_{\varphi,k}\Lambda_{\varphi,k} = 1 + R$ et $\Lambda_{\varphi,k}\Lambda'_{\varphi,k} = 1 + R'$, avec R et R' dans $T^{-\infty}$. On en déduit que si C est un opérateur de OPS^0 avec $WF(C) \subset \Gamma$ on a :

$$(4.6)\qquad \|\Lambda_{\varphi',k'}Cu\|^2 \leq C(\eta^2\|\Lambda_{\varphi,k}Cu\|^2 + C_\eta\|u\|^2_{-N})$$

pour $\eta > 0$, u à support dans un compact fixé, C_η dépendant de η et de C.
Choisissant η assez petit, on déduit de (4.5) et (4.6) :

$$(4.7)\qquad \sum_{\alpha\in I}\|\Lambda_{\varphi,1}(x,D')\zeta D^\alpha_{x''}u\|^2 \leq c(\|\Lambda_\varphi \zeta P u\|^2 + T'u)$$

$$T'u = \sum_{\substack{\alpha \in I \\ k=0,1}} \| \Lambda_{\varphi,1} A_\alpha(x,D') D^\alpha_{x''} u \|^2 + \| \Lambda_\varphi C_\alpha(x,D) D^\alpha_{x''} u \|^2 + \sum_{\alpha \in I} \| \Lambda_\varphi D_t A_\alpha(x,D') D^\alpha_{x''} u \|^2 +$$

$$+ R\zeta u + \sum_{\substack{\alpha \in I \\ k=0,1}} \| \Lambda_{\varphi,k} (I-C)\zeta D^\alpha_{x''} u \|^2 + \| u \|^2_{-N}$$

avec des $A_\alpha(x,D')$ dans T^0, nuls pour $x'' \notin V$ et à décroissance rapide pour $(x',\xi') \notin \Gamma'$.

Soit maintenant $\overline{V}_0 \subset\subset V$, astreignons $\zeta(x'')$ à être égale à 1 pour $x'' \in V'_0$ un voisinage assez petit de V_0.

Il est utile de noter que les $A_\alpha(x,D')$ ont été obtenus à partir de commutateurs du type $[D^\alpha_{x''}, \zeta(x,D')]$ et donc qu'ils sont nuls pour $x'' \in V'_0$. Rappelons également que les opérateurs $\Lambda_{\varphi,k}$ conservent les supports en x''.

Dans V on écrit $1 = h + h' + h''$, avec h à support dans V'_0, h' à support dans un voisinage assez petit de $V \cap W_0$, h'' à support dans $V \setminus (\overline{V}_0 \cup \overline{W}_0)$, en sorte que l'on ait :

$$\Lambda_{\varphi,1} A_\alpha(x,D') = h' \Lambda_{\varphi,1} A_\alpha + h'' \Lambda_{\varphi,1} A_\alpha ,$$

nous avons désigné ici par V, V_0, W_0 les ensembles construits en (3.10). Réduisant éventuellement Γ', tenant compte de $WF(u) \subset (\xi'' = 0)$ et de $WF(Pu) \cap D_{z_0} = \emptyset$, on peut construire ζ en sorte que $\zeta(x,D')Pu \in C^\infty$.

En fait il nous faut régulariser u et considérer plutôt des opérateurs $\zeta'_\varepsilon(x',D')$ vérifiant les mêmes conditions que ζ', les $\zeta'_\varepsilon(x',D') \in T^{-\infty}$ formant un ensemble borné dans T^0 et convergeant faiblement vers ζ', ainsi les fonctions $\zeta_\varepsilon(x,D') D^\alpha_{x''} u$ sont C^∞ à support compact.

Soit maintenant $s(x'')$ une fonction du type (C) introduit en (3.11), et supposons que pour $\alpha \in I$ les $D^\alpha_{x''} u$ sont dans $H^{s,1}$ microlocalement dans $V \times \Gamma' \times \mathbb{R}^d$ (i.e. si B est un opérateur compactement supporté de OPS^0 dont le symbole est à décroissance rapide hors de $V \times \Gamma' \times \mathbb{R}^d$, $BD^\alpha_{x''} u$ est dans $H^{s,1}$ pour tout $\alpha \in I$), en particulier $\zeta(x,D') D^\alpha_{x''} u \in H^{s,1}$ **en vertu de $WF(u) \cap (\xi'=0) = \emptyset$**.

Désignons par $\tilde{\varphi}(x'')$ une autre fonction du type (C) avec $C_2 = 0$ et C_1 choisi en sorte que $\tilde{\varphi}(x'') < 1$ pour tout $x'' \in V$, et posons $\varphi = \tilde{\varphi} + s$.

Prouvons que les $\Lambda_{\varphi,1}(x,D')\zeta_\varepsilon D^\alpha_{x''} u$ sont bornés dans L^2. De la relation (4.7) on déduit :

$$(4.8) \qquad \sum_{\alpha \in I} \| \Lambda_{\varphi,1}(x,D')\zeta_\varepsilon D^\alpha_{x''} u \|^2 \leq c(\| \Lambda_\varphi \zeta_\varepsilon Pu \|^2 + T'_\varepsilon u),$$

$$T'_\varepsilon u = \sum_{\substack{\alpha\in I\\ k=0,1}} \| \Lambda_{\varphi,1} A_{\alpha,\varepsilon}(x,D') D^\alpha_{x''} u \|^2 + \| \Lambda_\varphi C_{\alpha,\varepsilon}(x,D) D^\alpha_{x''} u \|^2 + \qquad (4.8)$$

$$+ \| \Lambda_{\varphi,k}(I-C)\zeta_\varepsilon D^\alpha_{x''} u \|^2 + R\zeta_\varepsilon u + \| u \|^2_{-N} \quad .$$

Les $A_{\alpha,\varepsilon}$ (resp. $C_{\alpha,\varepsilon}$) ont les mêmes propriétés que les A_α (resp. C_α) et forment un ensemble borné d'opérateurs de T^0 (resp. OPS^{-1}) $\left(A_{\alpha,\varepsilon}(x,D') = \zeta_\alpha(x'') \zeta'_\varepsilon(x,D') \,,\; C_{\alpha,\varepsilon}(x,D) = [a_\alpha, \zeta_\varepsilon] \right)$. Prouvons donc que chacun des termes du membre de droite de (4.8) peut être borné indépendamment de ε. Ceci est évident pour $\| \Lambda_\varphi \zeta_\varepsilon P u \|$ et il n'y a à considérer que le cas des termes de $T'_\varepsilon u$, pour commencer rappelons que l'on a posé :

$$R\zeta_\varepsilon u = \sum_{\alpha\in I} \| [a_\alpha, \Lambda_\varphi] D^\alpha_{x''} (\zeta_\varepsilon u) \|^2 .$$

Pour chacun des termes $[a_\alpha, \Lambda_\varphi] D^\alpha_{x''}(\zeta_\varepsilon u)$, on peut écrire :

$$\| [a_\alpha, \Lambda_\varphi] D^\alpha_{x''} (\zeta_\varepsilon u) \| \le \sum_{\lambda \le \alpha} \| [a_\alpha, \Lambda_\varphi] \zeta_{\varepsilon,\lambda} D^\lambda_{x''} u \|$$

où les $\zeta_{\varepsilon,\lambda}$ forment un ensemble borné de T^0. Si l'on observe que les $[a_\alpha, \Lambda_\varphi]$ sont dans $S^{\varphi-1,1}$, que les $\zeta_{\varepsilon,\lambda} D^\lambda_{x''} u$ forment un ensemble borné de H^s, et que $\varphi - 1 < s$ en vertu de $\tilde\varphi(x'') < 1$ dans V, on obtient que les $\| [a_\alpha, \Lambda_\varphi] \zeta_{\varepsilon,\lambda} D^\lambda_{x''} u \|$ sont bornés. On a la même conclusion pour les $\| \Lambda_\varphi C_{\alpha,\varepsilon}(x,D) D^\alpha_{x''} u \|$, si l'on se souvient que les $C_{\alpha,\varepsilon}$ forment un ensemble borné d'opérateurs de OPS^{-1} et que $WF(C_{\alpha,\varepsilon}) \subset V \times \Gamma' \times \mathbb{R}^d$ (au sens des ensembles bornés).

Il reste donc à étudier les termes $\| \Lambda_{\varphi,k} A_{\alpha,\varepsilon}(x,D') D^\alpha_{x''} u \|$. On a :

$$(4.9) \qquad \| \Lambda_{\varphi,k} A_{\alpha,\varepsilon} D^\alpha_{x''} u \| \le \| h'(x'') \Lambda_{\varphi,k} A_{\alpha,\varepsilon} D^\alpha_{x''} u \| + \| h''(x'') \Lambda_{\varphi,k} A_{\alpha,\varepsilon} D^\alpha_{x''} u \| ,$$

avec $h' \Lambda_{\varphi,k} A_{\alpha,\varepsilon} D^\alpha_{x''} u = \Lambda_{\varphi,k} A_{\alpha,\varepsilon} h' D^\alpha_{x''} u$ en vertu d'une remarque précédente. Or h' a son support près de W_0 et $WF(u) \cap (W_0 \times \Gamma' \times \mathbb{R}^d) = \emptyset$; le premier terme du membre de droite de (4.9) est borné.

Soit maintenant B un opérateur de OPS^0, égal à 1 dans un cône $|\xi''| \le C|\xi'|$ et à support dans $|\xi''| \le C'|\xi'|$, on a alors $\Lambda_{\varphi,1} B \in S^{\varphi,1}$ et $h''(x'') \Lambda_{\varphi,1} B \in S^{s,1}$, car sur le support de h" on a $\tilde{\varphi} \le 0$ et donc $\varphi \le s$. On en déduit:

$$(4.10) \qquad \| h''\Lambda_{\varphi,1}A_{\alpha,\varepsilon}D^{\alpha}_{x''}u\| \leqslant \| h''\Lambda_{\varphi,1}BA_{\alpha,\varepsilon}D^{\alpha}_{x''}u\| + \| h''\Lambda_{\varphi,1}(I-B)A_{\alpha,\varepsilon}D^{\alpha}_{x''}u\|$$

Le premier terme du membre de droite de (4.10) est borné en vertu de la constatation précédente, le second car les $(I-B)D^{\alpha}_{x''}u$ sont C^{∞} et que $(I-B)A_{\alpha,\varepsilon} = A_{\alpha,\varepsilon}(I-B) - [B,A_{\alpha,\varepsilon}]$, les $[B,A_{\alpha,\varepsilon}]$ formant un ensemble borné d'opérateurs de OPS^{-1} avec $WF([B,A_{\alpha,\varepsilon}]) \subset V \times \Gamma' \times \mathbb{R}^d$. Par suite les operateurs $\Lambda_{\varphi,1}[B,A_{\alpha,\varepsilon}]$ forment un ensemble borné d'opérateurs de $S^{\varphi-1,1}$ avec $WF(\Lambda_{\varphi,1}[B,A_{\alpha,\varepsilon}]) \subset V \times \Gamma' \times \mathbb{R}^d$.
Le terme $\Lambda_{\varphi}D_{\alpha}A_{\alpha,\varepsilon}$ se traite comme ci-dessus en decomposant $\Lambda_{\varphi}D_{\alpha}A_{\alpha,\varepsilon} = \Lambda_{\varphi}D_{\alpha}A_{\alpha,\varepsilon}h' + \Lambda_{\varphi}D_{\alpha}A_{\alpha,\varepsilon}h''$.
Ceci termine cette vérification.

On déduit maintenant $\Lambda_{\varphi,1}\zeta D^{\alpha}_{x''}u \in L^2$, puis $\zeta D^{\alpha}_{x''}u \in H^{\varphi,1}$, $\alpha \in I$.

On a imposé à $\zeta(x,D')$ d'être égal à 1 pour $x'' \in V_0$, et on en déduit donc que les $D^{\alpha}_{x''}u$ sont dans $H^{\varphi,1}$ microlocalement dans $V_0 \times \Gamma' \times \mathbb{R}^d$; mais $\varphi = s + \tilde{\varphi}$ $\tilde{\varphi} \le 0$ dans $V\backslash(V_0 \cup W_0)$ et $WF(u) \cap (W_0 \times \Gamma' \times \mathbb{R}^d) = \emptyset$ de sorte que l'on a également $D^{\alpha}_{x''}u$, $\alpha \in I$, est $H^{s+\tilde{\varphi},1}$ microlocalement dans $V \times \Gamma' \times \mathbb{R}^d$.

On peut recommencer le raisonnement précédent avec s remplacé par $s + \tilde{\varphi}$ on obtient donc que les $D^{\alpha}_{x''}u$ sont $H^{s+\nu\tilde{\varphi}}$ microlocalement dans $V \times \Gamma' \times \mathbb{R}^d$ pour tout entier ν, faisant tendre $\nu \to +\infty$ on déduit comme au § 3 le théorème 1.

Nous laissons au lecteur le soin de prouver le corollaire.

Dans le cas d = 2, la situation géométrique est notablement plus simple, et on peut à l'aide du théorème 1 formuler un théorème de propagation des singularités.

§ 5.- Le cas d = 2

Théorème 2.- Soient $P \in OPS^{m,k_1,k_2}(X,\Sigma_1,\Sigma_2)$ et $u \in \mathcal{D}'(X)$.

Soit $z_0 \in \Sigma \cap WF(u)$ et Γ un voisinage conique de z_0 tel que $WF(Pu) \cap \Gamma = \emptyset$. Alors localement l'une des bicaractéristiques $B_1(z_0)$ ou $B_2(z_0)$ de H_{p_1} ou H_{p_2} est contenue dans $WF(u)$ si z_0 est un point frontière d'une composante de $\complement WF(u) \cap F_{z_0}$.

Démonstration.- Avec le choix des coordonnées que nous avons fait, z_0 est le point $(x_0',0,0,\xi_0',0,0)$, la feuille F_{z_0} de Σ contenant z_0 est le plan $F_{z_0} = \{(x_0',x_1,x_2,\xi_0',0,0) \mid (x_1,x_2) \in \mathbb{R}^2\}$. Si (e_1,e_2) est la base canonique de $\mathbb{R}^2$, les bicaractéristiques de P_1 ou de P_2 sont les droites parallèles à e_1

ou à e_2, et nous nous contenterons de noter par (x_1,x_2) les coordonnées du point courant de F_{z_0}.

Soient I un intervalle ouvert et borné de $\mathbb{R}$, et $\gamma : t \to (\gamma_1(t),\gamma_2(t))$ une application C^1 de $\overline{I}$ dans $\mathbb{R}^2$, vérifiant $\gamma_1'(t) \neq 0$ et $\gamma_2'(t) \neq 0$, $t \in I$. Désignons par z_i, $i = 1,2,3,4$ les points de coordonnées $(\inf_{t\in I} \gamma_1$ ou $\sup_{t\in I} \gamma_1$, $\inf_{t\in I} \gamma_2$ ou $\sup_{t\in I} \gamma_2)$; deux d'entre eux, par exemple z_1 et z_3 sont les points limites de γ et les bicaractéristiques issues de z_1 et z_3 se coupent en z_2 et z_4 ; le rectangle $R(z_1,z_2,z_3,z_4)$ (ou plutôt l'intérieur) est l'ensemble des points dont les deux bicaractéristiques s'appuient sur γ.

En appliquant la même méthode que dans la preuve du théorème précédent, on déduit :

$$\text{si} \quad \gamma(I) \cap WF(u) = \emptyset \quad \text{alors} \quad R(z_1,z_2,z_3,z_4) \cap WF(u) = \emptyset .$$

Considérons maintenant deux points z et z' de F_{z_0}, qui sont dans la même composante connexe de $\complement\, WF(u) \cap F_{z_0}$. On peut trouver une suite finie de points $z^0 = z, z^1,\ldots,z^n, z^{n+1} = z'$, tels que z^i $(i = 0,\ldots,n+1) \notin WF(u)$ et tels que les segments $[z_i,z_{i+1}]$ ne soient parallèles à aucune des directions e_1 ou e_2. Désignons par $R(z,z')$ le rectangle aux côtés parallèles aux directions e_1,e_2 ayant pour sommets opposés z et z'.

Nous allons prouver qu'alors $R(z,z') \cap WF(u) = \emptyset$. On procède par induction sur n ; ceci est déjà prouvé si $n = 0$; supposons prouvé que $R(z_0,z_n) \cap WF(u) = \emptyset$. On a également $R(z_n,z') \cap WF(u) = \emptyset$ et désignant par $R(z,z_n,z')$ le plus petit rectangle aux côtés parallèles aux directions e_1, e_2 contenant $R(z,z_n)$ et $R(z_n,z')$, on va prouver que $R(z,z_n,z') \cap WF(u) = \emptyset$. Soit z_n' le sommet opposé à z_n dans $R(z,z_n)$, distinguons alors deux cas :

a) les pentes des droites $z_n'z_n$ et z_nz' sont de même signe. On a alors :

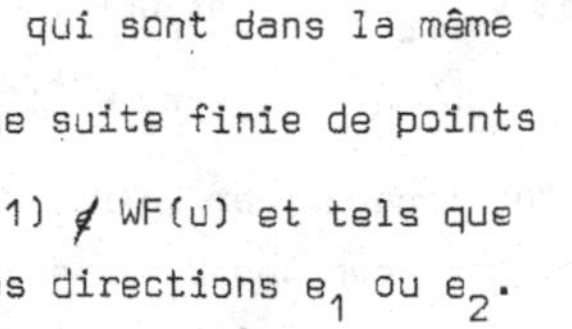

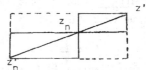

$$R(z,z_n,z') = R(z_n',z') ,$$

et notant que $z_n \notin WF(u)$, on peut raccorder z_n' à z' par un arc γ vérifiant les conditions précédentes et on déduit $R(z_n',z') \cap WF(u) = \emptyset$.

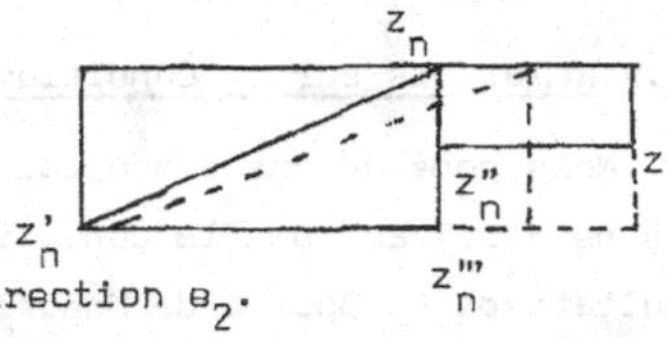

b) Les pentes des droites $z'_n z_n$ et $z_n z'$ sont opposées. Soient z''_n et z'''_n les sommets de $R(z',z_n)$ et $R(z_n,z)$ tels que les côtés $z_n z''_n$ et $z_n z'''_n$ soient adjacents. Supposons par exemple $z''_n \in [z_n, z'''_n]$ et que $z_n z''_n$ a la direction e_2. L'hypothèse $z_n \notin WF(u)$ implique : une partie T_n du segment $z_n z''_n$ n'est pas non plus dans $WF(u)$.

Joignons maintenant z'_n au côté dans la direction e_2 contenant z_n de $R(z_n,z')$ et en coupant $z_n z''_n$ dans T_n, on en déduit alors $[z_n, z'''_n] \cap WF(u) = \emptyset$. Il ne reste plus qu'à recommencer jusqu'à pouvoir joindre z'_n à un point du côté dans la direction e_2 de $R(z_n,z')$ contenant z' (par un segment qui ne rencontre pas $WF(u)$) et déduire enfin $R(z,z_n,z') \cap WF(u) = \emptyset$.

Supposons maintenant que le point z_o est dans $WF(u)$, s'il est intérieur à $WF(u) \cap F_{z_o}$ il est alors évident que localement les deux arcs de bicaractéristiques issues de z_o sont encore dans $WF(u)$, et il ne reste à prouver le théorème que dans le cas où z_o est un point frontière.

Supposons donc que z_o est un point frontière d'une composante connexe Ω de $\complement\, WF(u) \cap F_{z_o}$. Il y a donc une suite $z_1,\ldots,z_n,\ldots$ de points de Ω tels que $\lim_{n\to+\infty} z_n = z_o$; en appliquant la propriété précédente, on a pour tout n $R(z_1,z_n) \cap WF(u) = \emptyset$ et par suite $R(z_1,z_o) \cap WF(u) = \emptyset$.

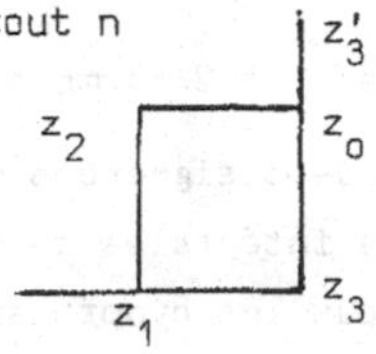

Désignons par z_2 et z_3 les autres sommets de $R(z_1,z_o)$, par un argument exactement analogue aux précédents, on voit : $[z_o,z_2]$ et $[z_o,z_3]$ sont dans $WF(u)$, ou si l'un des deux segments par exemple $[z_o,z_2]$ n'est pas entièrement contenu dans $WF(u)$, il y a un intervalle de centre z_o sur la droite $z_o z_3$ qui est dans $WF(u)$; et répétant ce raisonnement avec un autre point z'_1 éventuellement d'une autre composante connexe Ω' on déduit le théorème 2.

■

Remarque 5.1.- On ne peut, en général, espérer mieux qu'un énoncé affirmant que localement l'une des deux bicaractéristiques issues de z_o est dans $WF(u)$ comme le montre l'exemple suivant (cf. L. Hormander [7]) :

$$P = D_1 D_2,\quad u = \delta(x') \otimes (f(x_1)+g(x_2)),\quad f(x_1) = 1 \text{ si } |x_1| < 1,\ 0 \text{ ailleurs},$$

$$g(x_2) = -1 \text{ si } 2 < x_2 < 3,\quad 0 \text{ ailleurs}.$$

On a alors $Pu = 0$, $0 \in$ sing supp u, et aucune droite complète issue de 0 n'est dans $WF(u)$.

§ 6.- Remarques sur la condition de Levi

Nous considérons à nouveau des opérateurs $P(x,D)$ vérifiant la condition (H) mais ne vérifiant pas la condition (L). Nous appuyant pour l'essentiel sur les résultats de L. Boutet de Monvel [2] et R. Lascar [8], nous mettons en évidence des phénomènes de propagation de singularités très différents de ceux des théorèmes 1 et 2.

Décomposant P au voisinage d'un point z de Σ sous la forme :

$$P \equiv P_1^{k_1}, \ldots, P_d^{k_d} + R \ , \quad \text{où } R \text{ est de degré } k-1,$$

on suppose ici au lieu de (L) que l'on a :

(S) $p'_{m-1}\big|_{\Sigma}$ est réel et non nul.

De plus nous supposerons Σ munie de son feuilletage canonique et nous identifierons encore $N(\Sigma) = T(T^*X\backslash 0)/T(\Sigma)$ au fibré cotangent des feuilles.

Soit $z \in \Sigma$, $t \in N_z(\Sigma)$, posons :

(3.1) $\tilde{p}(z,t) = t_1^{k_1}, \ldots, t_d^{k_d} + p'_{m-1}(z)$, avec $t_i = \sigma_X(t, H_{p_i}(z))$

où σ_X est la 2-forme canonique de T^*X.

Nous désignerons par bicaractéristique de P dans Σ, les projections sur Σ des courbes intégrales de $H_{\tilde{p}}$ contenues dans $\tilde{p}^{-1}(0)$.
On a sous les hypothèses (H) et (S) :

<u>Théorème 3</u>.- Soient $z_o \in \Sigma$ et C un arc de bicaractéristique de P dans Σ passant par z_o. Si U est un voisinage conique de z_o assez petit, il existe une distribution $u \in \mathcal{D}'(X)$ telle que :

$$WF(Pu) \cap U = \emptyset \quad \text{et} \quad WF(u) \cap U = C \cap U.$$

<u>Démonstration</u>.- On se réduit au cas où P est l'opérateur, $P = D_{x''_1}^{k_1}, \ldots, D_{x''_d}^{k_d} + R$; avec si r est le symbole principal de R, $r(x,\xi',0)$ est réel et non nul en vertu de la condition (S) et au cas où z_o est le point $(0;\xi'_o,0)$.
C est la projection sur $\xi'' = 0$ d'une courbe $\tilde{C}$ $t \to (0,x''(t) \ ; \ \xi'_o,\xi''(t))$ satisfaisant aux équations :

$$\frac{dx''}{dt} = \frac{\partial\tilde{p}}{\partial\xi''} \ , \quad \frac{d\xi''}{dt} = -\frac{\partial\tilde{p}}{\partial x''} \ , \quad \text{où } \tilde{p}(x,\xi) = \xi''^{\,k_1}_1, \ldots, \xi''^{\,k_d}_d + r(x,\xi',0)$$

et aux conditions initiales $(x''(0) = 0\ ;\ \xi''(0) = \tilde{\xi}''_0)$ avec $\xi''_0 \neq 0$ et $\tilde{p}(0;\xi'_0,\xi''_0) = 0$. On désignera par $\tilde{\Gamma}$ un voisinage de $(0,\xi'_0,\xi''_0)$ stable par les dilatations $t_\lambda : (x,\xi) \to (x,\lambda^\ell \xi',\lambda\xi'')$, $\lambda > 0$, $\ell = k/k-1$, et ne rencontrant pas la variété $\xi' = 0$.

Dans $\tilde{\Gamma}$, P est un opérateur quasi-homogène (cf [9]), relativement au poids (k/k-1,1), de symbole $\tilde{p}(x,\xi)$, et en raffinant le résultat de [9] (théorème 6.1) on voit que l'on peut construire une distribution telle que :

(3.2) $Pu\ C^\infty$ <u>près</u> de 0, $\widetilde{WF}(u) = \tilde{C}$ <u>près</u> de 0, et $\widetilde{WF}(u) \subset \tilde{\Gamma}$,

($\widetilde{WF}$ désignant le front d'onde quasi-homogène construit dans [9]).

Il est important d'observer que contrairement au cas envisagé dans L. Boutet de Monvel [2], on n'a pas de renseignement, a priori, sur le front d'onde quasi-homogène d'une solution v de $Pv \in C^\infty$ (dans [2] l'hypothèse d'annulation "exacte" sur Σ implique $\widetilde{WF}(v)$ ne rencontre pas le cône $\xi' = 0$).

De (3.2) et de la relation $\widetilde{WF}(u) \subset \xi' \neq 0 \Longrightarrow WF(u) = \underset{\xi''=0}{\mathrm{proj}}(\widetilde{WF}(u))$, on déduit le théorème 3. ∎

Considérons maintenant dans $X \subset \mathbb{R}^3$ l'opérateur :

(3.4) $$P = D^{k_1}_{x''_1} D^{k_2}_{x''_2} + b(x)\, D^h_{x'} + \sum_{|\alpha| \leq h-1} a_\alpha(x) D^\alpha_x ,$$

où b(x) est réel et non nul, et où $0 < h \leq k-1$.

On désigne par <u>courbes caractéristiques</u> de P les projections sur X des courbes intégrales du champ de vecteurs :

$$H'_{p'} = \frac{\partial p'}{\partial \xi''_1}\frac{\partial}{\partial x''_1} + \frac{\partial p'}{\partial \xi''_2}\frac{\partial}{\partial x''_2} - \frac{\partial p'}{\partial x''_1}\frac{\partial}{\partial \xi''_1} - \frac{\partial p'}{\partial x''_2}\frac{\partial}{\partial \xi''_2} ,$$

où $p' = \xi''^{k_1}_1\, \xi''^{k_2}_2 + b(x)\xi'^h$,

contenus dans $p'^{-1}(0)$, ainsi que les droites de direction (0,1,0) ou (0,0,1).

On a alors en utilisant les résultats de [9] :

(3.5) Soient P l'opérateur de (3.4), U un voisinage d'un point $x_0 \in X$, et $u \in \mathcal{D}'(X)$ telle que $Pu \in C^\infty(U)$.

Si $x_0 \in$ supp sing u, il existe une "courbe bicaractéristique" C de P telle que : $C \cap U \subset$ supp sing u.

REFERENCES

[1] J.M. BONY : Extension du théorème de Hölmgren - Séminaire Goulaouic-Schwartz 1976.

[2] L. BOUTET de MONVEL : Propagation des singularités des solutions d'équations analogues à l'équation de Schrödinger - Proceedings of conference on F.I.O. Nice 1974 (Springer Lecture Notes).

[3] J. CHAZARAIN : Propagation des singularités pour une classe d'opérateurs à caractéristiques multiples et résolubilité locale - Ann. Inst. Fourier 24-1 (1974).

[4] J.J.DUISTERMAAT : On Carleman estimates for pseudo-differential operators - Inv. Math. 17 (1972).

[5] A. GRIGIS et R. LASCAR : Equations locales d'un système de sous-variétés involutives - Compte-rendus Acad. Sciences Paris 283 série A (1976).

[6] J.J. DUISTERMAAT et L. HÖRMANDER : Fourier Integral Operators II - Acta Math. 128 (1972).

[7] L. HÖRMANDER : On the singularities of solutions of equ. with const. coefficient, Israël Journ. of Math 13 (1972).

[8] R. LASCAR : Propagation des singularités des solutions d'équations pseudo-différentielles quasi-homogènes - à paraître Ann. Inst. Fourier (1977).

[9] R. LASCAR : Propagation des singularités pour une classe d'opérateurs pseudo-différentiels à caractéristiques de multiplicité variable - Compte-rendus Acad. Sciences série A - 341 (1976).

[10] D. LUDWIG et B. GRANOFF : Propagation of singulatities along characteristics with non uniform multiplicity - Journ. of Math. Analysis and Appl. 21 (1968).

[11] J. SJÖSTRAND : Operators of principal type with interior boundary conditions.

[12] J. SJÖSTRAND : Propagation of singularities for operators with multiple involutive characteristics - Report 11 Inst. Mittag Leffer (1975).

[13] F. TREVES : Linear Partial Diff. Operator - Gordon Breach (New-York)

[14] A. UNTERBERGER : Resolutions d'équations aux dérivées partielles dans des espaces de distributions d'ordre de régularité variable - Ann. Inst. Fourier 21-2 (1971).

CHAPITRE II

PARAMETRICES MICROLOCALES POUR UN PROBLEME DE CAUCHY HYPERBOLIQUE A CARACTERISTIQUES DE MULTIPLICITE VARIABLE

§0 Introduction .... p 27

§1 Hypothèses et énoncé des résultats .... p 30

§2 Réduction à une forme normale .... p 34

§3 Principe de la construction des paramétrices .... p 40

§4 Quelques préparations .... p 44

§5 Etude asymptotique de q_o dans l'ensemble Δ .... p 47

§6 Etude asymptotique de q_o dans l'ensemble Γ .... p 50

§7 Quelques espaces de fonctions holomorphes .... p 62

§8 Résolution des équations de transport .... p 69

§9 Quelques espaces de symboles .... p 86

§10 Fin de la preuve des théorèmes .... p 92

Références .... p 104

§ 0. Introduction.

Nous utilisons dans cet article les notations usuelles pour les fonctions et les distributions.

X désignera un ouvert de R^{N+1}, $T^*X = X \times R^{N+1}$ l'espace fibré cotangent à X. Une fonction $a(x,\xi)$ C^∞ sur T^*X qui ne "croit pas trop vite quand ξ tend vers l'∞" permet de définir l'opérateur pseudo-différentiel :

$$a(x,D)f = (2\pi)^{-N-1} \int e^{i\xi x} a(x,\xi)\hat{f}(\xi)\, d\xi + Rf$$

pour $f \in C_o^\infty(X)$, où R est un opérateur à noyau C^∞.

Nous referons d'une façon générale à L. Hörmander [10] pour les résultats que nous utiliserons sur la théorie des opérateurs pseudo-différentiels et des opérateurs intégraux de Fourier.

En particulier nous dirons qu'un opérateur pseudo-différentiel est classique si $a(x,\xi)$ admet un développement asymptotique (au sens de [10]) en fonctions homogènes :

$$a(x,\xi) \sim \sum_{j=0}^{+\infty} a_{m-j}(x,\xi) \qquad (0.1)$$

où a_{m-j} est une fonction (positivement) homogène de degré $m-j$ par rapport à ξ, et où a_m est appelé symbole principal de A.
Nous rappelons qu'un opérateur linéaire continu $K : C_0^\infty(X) \to C^\infty(X)$ est défini par un noyau distribution $k \in \mathcal{D}'(X \times X)$. On dira que K est proprement supporté si les deux projections du support de k sur X sont des applications propres.
On peut maintenant rappeler la définition du front d'onde $WF(u)$ d'une distribution $u \in \mathcal{D}'(X)$:

$\sigma \in T^*X \setminus 0$ n'est pas élément de $WF(u)$ s'il existe un opérateur pseudo-différentiel A proprement supporté et satisfaisant à (0.1) tel que :

$$a_m(\sigma) \neq 0 \quad \text{et} \quad Au \in C^\infty(X).$$

Il est prouvé dans [10] que $WF(u)$ est un ensemble conique fermé de $T^*X \setminus 0$ se projetant sur le support singulier de la distribution u.
D'une façon générale si P est un opérateur (pseudo-) différentiel on a :

$$WF(Pu) \subset WF(u) \subset WF(Pu) \cup \text{car } P,$$

où l'on a désigné par car P la variété caractéristique de P, i.e. l'ensemble des zéros du symbole prinicipal $p(x,\xi)$.
Nous sommes concernés dans cet article par le cas où P est un opérateur hyperbolique par rapport à une hypersurface S de X et par la détermination des singularités d'une solution u de $Pu = 0$ connaissant les singularités des traces de u sur S.
Quand l'opérateur P est strictement hyperbolique par rapport à S la réponse est connue et elle consiste dans le "principe de Huygens généralisé" énoncé par Courant et Lax [8]. On peut reformuler ce résultat en termes de la notion de front d'onde en disant que le front d'onde de u s'obtient par translation le long des bicaractéristiques de p des points caractéristiques situés "au-dessus" des singularités des traces de u.
Un résultat analogue tient encore (cf. [7]) quand les caractéristiques sont de multiplicité constante et qu'est satisfaite une condition supplémentaire sur les termes d'ordre inférieur de l'opérateur P dite condition de Levi. Dans le cas d'équations à caractéristiques de multiplicité variable des phénomènes plus complexes se produisent et la situation n'est plus complètement élucidée. Pour plus de détails nous renvoyons à la section §1 et aux références qui y sont citées.
Pour ce qui est des méthodes utilisées on peut penser que la méthode de l'"optique géométrique" (cf. D. Ludwig [17]), qui permet de construire des solutions asymptotiques pour des équations à caractéristiques de multiplicité constante, ne peut être utilisée dans ces situations.
Pour la résumer brièvement, notre méthode consiste à réduire l'opérateur P à une forme normale grace à un résultat de R. Melrose [21] et à construire alors des solutions "presque" exactes par l'étude du comportement asymptotique des solutions

de diverses équations différentielles du second ordre dépendant de paramètres non bornés (pour laquelle nous renvoyons d'une façon générale à Y. Sibuya [28], [27]). Nos techniques sont dans l'ensemble reliées à celles de S. Alinhac [1], [2].

§1. Hypothèses et énoncé des résultats.

On se propose d'étudier, dans cet article les singularités des solutions d'un problème de Cauchy hyperbolique

$$P(x,D)u = f \qquad (1.1)$$

dans un ouvert X de $\mathbb{R}^{N+1}$ avec des données sur une hypersurface non caractéristique, disons l'hyperplan $x_0 = 0$ si $x = (x_0,\ldots,x_N)$ sont les coordonnées de $\mathbb{R}^{N+1}$.
Désignons par $x = (x_0,x')$, $x' = (x_1,\ldots,x_N)$ le point courant de $\mathbb{R}^N$, $\xi = (\xi_0, \xi')$, $\xi' = (\xi_1',\ldots,\xi_N')$, celui de $(\mathbb{R}^N)^*$; désignons par $p(x,\xi)$ le symbole principal homogène de l'opérateur différentiel $P(x,D)$.
L'hypothèse d'hyperbolicité signifie que les racines de l'équation

$$p(x,\xi_0,\xi') = 0, \qquad (x,\xi') \in X \times (\mathbb{R}^N \setminus 0),$$

sont réelles; nous ne considérons dans cet article que le cas où ces racines sont de multiplicité au plus double, et s'expriment comme des fonctions C^∞ de $(x,\xi') \in X \times (\mathbb{R}^N \setminus 0)$.
On introduit l'ensemble N des valeurs critiques de p :

$$N = \{(x,\xi) \in (T^*X \setminus 0), \quad \xi' \neq 0, \quad p(x,\xi) = dp(x,\xi) = 0\} ,$$

et en chaque point de N le hessien Q de p.
Désignant par $\sigma_X = \sum_{j=0}^{N} d\xi_j \wedge dx_j$ la 2-forme symplectique sur T^*X, on associe (cf. Ivrii-Petkov [16]) à la forme quadratique Q une application linéaire F, dite application hamiltonienne de p, par la relation

$$\sigma_X(Fz,z') = Q(z,z') \qquad z,z' \in T(T^*X).$$

Il est montré dans Ivrii-Petkov [16] et Hörmander [11] que le problème (1.1) est relié au spectre de F et aux formes normales de Q obtenues par des changements de coordonnées symplectiques; il est prouvé en particulier que F a ses valeurs propres imaginaires à l'exception au plus d'un couple μ, $-\mu$, avec $\mu > 0$. Quand ce dernier cas occure le problème de Cauchy est bien posé sans restrictions sur les termes d'ordre inférieur de P et le problème (1.1) est étudié dans Ivrii [12] , [13], et Alinhac [1] , [2]. Quand dans un voisinage conique d'un point $(\bar{x},\bar{\xi})$ de N, $p(x,\xi)$ se décompose sous la forme :

$$p(x,\xi) = p_1(x,\xi)\, p_2(x,\xi),$$

avec des fonctions C^∞ p_1 et p_2, les valeurs propres de F sont 0, μ ou $-\mu$ avec $\mu = \{p_1,p_2\}(\bar{x},\bar{\xi})$.
Le cas où $\mu = 0$ quand $p_1 = p_2 = 0$ est étudié dans [16], les formes normales de Q sont alors en tout point de N du type $-\xi_0^2+x_1^2$, dans le cas où $\mu \neq 0$ on obtient comme forme normale de Q $\mu(x_0^2-\xi_0^2)$. Nous étudions dans cet article un cas où les formes normales de Q ne sont pas aux points critiques d'un type constant, en particulier le rang de la forme symplectique ne sera pas constant sur N.

Désignons par X' l'hyperplan $x_0 = 0$, par i l'injection $X' \hookrightarrow X$ qui induit une application $i^* : T^*_{X'}X \to T^*X'$.

Nous étudions microlocalement prés d'un point $z_0 = (x'_0, \xi'_0) \in T^*X' \setminus 0$ le problème de Cauchy sur X' pour l'opérateur :

$$P(x,D) = -(D_0 - \Lambda_1(x,D'))(D_0 - \Lambda_2(x,D')) + M(x,D') \qquad (1.2)$$

où Λ_1, Λ_2, M sont des opérateurs pseudo-différentiels classiques sur X' dépendant de façon C^∞ de x_0, de degré 1, ils définissent des opérateurs linéaires continus de $C_0^\infty(X)$ dans $C^\infty(X)$.

Nous supposerons Λ_1, Λ_2 et M proprement supportés en sorte que $P(x,D)$ définisse une action continue $C^\infty(R_{x_0}, \mathcal{D}'(X'))$ dans $C^\infty(R_{x_0}, \mathcal{D}'(X'))$.

Nous supposerons que z_0 est un point caractéristique double pour le problème de Cauchy i.e. :

$$i^{*-1}(z_0) \cap p^{-1}(0) \text{ est réduit à un seul point } \sigma_0.$$

On désigne par $\lambda_1(x,\xi')$ (resp. $\lambda_2(x,\xi')$) le symbole principal de Λ_1 (resp. Λ_2), et on fait l'hypothèse :

(H_0) Les hypersurfaces $N_i = \{(x,\xi) \in (T^*X \setminus 0),\ \xi' \neq 0,\ \xi_0 = \lambda_i(x,\xi')\}$ $i = 1,2$, sont glancing au point σ_0 au sens de Melrose [22].

Posant

$$p_i(x,\xi) = \xi_0 - \lambda_i(x,\xi') \qquad i = 1,2,$$

on peut traduire l'hypothèse (H_0) par les conditions :

(i) dp_1, dp_2, et ω le covecteur radial sont indépendants en σ_0.

(ii) on a les relations :

$$\{p_1, p_2\}(\sigma_0) = 0$$

$$\{p_1, \{p_1, p_2\}\}(\sigma_0) \neq 0$$

$$\{p_2, \{p_2, p_1\}\}(\sigma_0) \neq 0.$$

On introduit alors

$$N = N_1 \cap N_2 \qquad (1.2)',$$

$$G = \{(x,\xi) \in (T^*X \setminus 0),\ \xi' \neq 0,\ p_1(x,\xi) = p_2(x,\xi) = \{p_1, p_2\}(x,\xi) = 0\} \qquad (1.3)$$

Il résulte de l'hypothèse (H_0) que les hypersurfaces N_i ($i = 1$ ou 2) et X' ont au point σ_0 une intersection symplectiquement normale (i.e. la direction hamiltonienne de N_i n'est pas tangente à X' en σ_0); il résulte également de (H_0) que l'intersection de N et de X' en σ_0 est transverse.

La condition suivante précise la situation des caractéristiques et de la variété des

des données de Cauchy :

(H_1) $N \cap X' = G$, et la condition (2.1) est vérifiée.

Par conséquent, au voisinage de σ_o, la variété caractéristique Σ de P est la réunion $N_1 \cup N_2$, les caractéristiques étant doubles sur $N = N_1 \cap N_2$; le rang de $\sigma_X|N$ n'est pas constant, il est égal à $2N$ dans $N \setminus G$ et $2(N-1)$ dans G.

De l'hypothèse (H_o) (condition (ii).) il vient que les deux bicaractéristiques de p_1 et p_2 issues de σ_o sont constituées, au voisinage de σ_o, de points non singuliers de Σ à l'exception du point σ_o lui-même.

Nous désignerons ces courbes par :

$$\gamma_i : I \ni t \to \gamma_i(t) \qquad (1.4),$$

où I est un intervalle ouvert contenant 0, où $\gamma_i(0) = \sigma_o$, et où

$$(\gamma_i)_* \frac{d}{dt} = H_{p_i} \quad ;$$

Nous supposerons I assez petit pour que $\gamma_i(I) \cap N_j = \{\sigma_o\}$ $j \neq i$, et nous noterons $I^{\pm} = I \cap R_{\pm}$.

Nous ajouterons sur le symbole sous-principal de P, p_1^s, la condition nécessaire (dans le cas différentiel) de [16] pour que le problème de Cauchy soit bien posé (au sens de [16]).

Désignant par p (resp. p^1) le terme homogène de degré 2 (resp. 1) dans le développement asymptotique du symbole total de P, on obtient p_1^s en posant :

$$p_1^s(x,\xi) = p^1(x,\xi) - \frac{1}{2i} \sum_{j=o}^{N} \frac{\partial^2 p}{\partial x_j \, \partial \xi_j}(x,\xi),$$

et on notre hypothèse s'énonce :

(H_2) $\quad p_1^s /_N$ est nul sur G.

Désignons par Γ' un voisinage conique fermé de σ_o disjoint de $N(X')$, par

$$\pi_i : (T^*X' \setminus 0) \to (T^*_{X'}X \setminus 0) \cap N_i \qquad i = 1,2$$

les relévements de i^*, et introduisons les ensembles

$C_i(\Gamma') = \{(\sigma,z) \in (T^*X \setminus 0) \times (T^*X' \setminus 0),\ \sigma \in \Gamma',\ z \in i^*\Gamma'$ tels qu'il existe un segment de bicaractéristique de p_i joignant $\pi_i(z)$ et $\sigma\}$ (1.5).

Désignons par $X^{\pm}$ le demi-espace ouvert $X \cap x_o \gtrless 0$.

Nous vérifierons dans la section 2 l'assertion :

(1.6) Si Γ' est assez petit, pour tout $z \in i^*\Gamma'$ il existe au plus un point $\xi_i^{\pm}(z) \in (T^*_{X^{\pm}}X \setminus 0) \cap N_j$ tel que $(\xi_i^{\pm}(z),z) \in C_i(\Gamma')$ $\quad i \neq j$. La propriété (1.6) nous permet de former pour $i,j = 1,2$, $i \neq j$, les ensembles :

$C^{\pm}_{j,i}(\Gamma') = \{(\sigma,z) \in (T^*X^{\pm} \setminus 0) \times (T^*X' \setminus 0),\ \sigma \in \Gamma',\ z \in i^*\Gamma'$ tels que il existe un segment de bicaractéristique nulle de p_j joignant $\xi_i^{\pm}(z)$ et σ, et $\pm x_o(\sigma) \geq \pm x_o(\xi_i^{\pm}(z))\}$ (1.7).

On désigne par $C_i^{\pm}(\Gamma')$ les parties de $C_i(\Gamma')$ situées au-dessus de $x_o \gtrless 0$, par

$\omega^{\pm}$ un voisinage de $(0,x'_0)$ dans $X^{\pm}$, par γ un voisinage conique de z_0 dans $T^*X' \setminus 0$, $\gamma \subset i^* \Gamma'$.

Enfin, on note $\mathcal{D}'_{\partial}(\bar{X}^{+})$ l'espace des distributions sur $X^{\pm}$ prolongeables et régulières au bord, et on peut énoncer notre résultat de construction de paramètrices microlocales pour le problème de Cauchy :

<u>Théorème 1</u>. Si P vérifie (H_0), (H_1), (H_2), il existe pour $i = 0,1$, des opérateurs linéaires continus $E_i^{\pm} : \mathcal{D}'(X') \to \mathcal{D}'_{\partial}(X^{+})$ tels que :

(i) $P(x,D)\, E_i^{\pm} f\big|_{\omega^{\pm}} \in C^{\infty}(\omega^{+})$,

(ii) $D_0^j E_i^{\pm} f\big|_{X'} - \delta_{i,j} f \in C^{\infty}(X')$ si $WF(f) \subset \gamma$, $i,j = 0,1$,

(iii) $WF(E_i^{\pm} f) \subset (C_1^{\pm}(\Gamma') \cup C_2^{\pm}(\Gamma') \cup C_{1,2}^{\pm}(\Gamma') \cup C_{2,1}^{\pm}(\Gamma') \circ WF(f) \cup (i^{*-1}(WF(f)) \cap P^{-1}(0))$.

Avant de poursuivre nous ferons quelques remarques sur le résultat du théorème 1. Les paramètrices $E_i^{\pm}$ seront construites explicitement quand P aura été réduit à un "modèle" par conjugaison par des opérateurs Fourier-Intégraux et on aura de cette façon une description des paramètrices construites.

On peut, déjà, observer à propos de leurs singularités (cf. relation (iii)) la présence d'une part des $C_i^{\pm}(\Gamma')$, qui sont des parties de relations canoniques C^{∞}, homogènes de $(T^*X^{+} \setminus 0) \times (T^*X' \setminus 0)$, et d'autre part des $C_{i,j}^{\pm}(\Gamma')$, qui n'ont bien entendu pas une telle propriété de régularité, mais qui rendent compte de l'effet de branchement des singularités des solutions de P aux points caractéristiques doubles.

Un tel phénomène de branchement a été mis en évidence dans les travaux [1], [2], [13], [14], alors que dans les cas décrits dans [15], [17] des effets de réfraction conique se produisent.

L'hypothèse (H_0) implique que les points $\gamma_i(I^{\pm})$ $i = 1,2$, introduits en (1.4), sont des points non singuliers de la variété caractéristique de P pour lesquels on peut appliquer le résultat de [10]. Le résultat ci-dessous indique que les singularités d'une solution u de $Pu = 0$ sont constituées dans chaque demi-espace d'arc de bicaractéristiques, les singularités des traces de u sur X' se propageant effectivement à raison d'au moins un arc par demi-espace.

<u>Théorème 2</u>. Soit $u \in \mathcal{D}'_{\partial}(\bar{X}^{\pm})$ et soit $Pu = f$.
Si $z_0 \notin WF_b(f)$ et si $\gamma_i(I^{\pm}) \cap WF(u) = \emptyset$ $i = 1,2$,
alors

$$z_0 \notin WF(D_0^j u /_{X'}) \qquad j = 0,1,\ldots$$

On commence maintenant la preuve du théorème 1 par quelques réductions.

§2. Réduction à une forme normale.

L'objet de cette section est de montrer que le résultat de Melrose [22] permet, convenablement adapté pour tenir compte du rôle spécial joué ici par l'hyperplan X', d'obtenir une forme réduite pour le système (N_1, N_2, σ_0) et par suite pour l'opérateur P.

Soit J_{N_i} $i = 1,2$ les involutions de N induites par les relations bicaractéristiques $\mathcal{C}_i$ de N_i.

Soit $\mathcal{C}'$ la relation bicaractéristique de X', et soit $J_{X'} C^\infty$ $N \to N$ définie au voisinage de σ_0 par $(J_{X'}(z), z) \in \mathcal{C}_1 \circ \mathcal{C}' \circ \mathcal{C}_2$, $J_{X'}(z) = z$ si $z \in G$ et $J_{X'}(z) \notin$ composante connexe de $N \setminus G$ qui contient z si $z \notin G$.

(2.1) $$J_{X'}^2 = 1, \quad J_{N_1} J_{X'} = J_{X'} J_{N_2} .$$

Les hypersurfaces $\bar{N}_1 : \xi_0 = 0$, $\bar{N}_2 : x_0^2 \xi_{N-1} = \xi_0 + \xi_N$ sont glancing au point $\bar{\sigma}_0 = (0, x_0'; 0, \bar{\xi}_0')$, $\bar{\xi}_0' = (0, \ldots, 1, 0)$; $\bar{N}_1, \bar{N}_2, X'$ vérifient (2.1).

Proposition 2.1.

Il existe un voisinage conique U de σ_0 (resp. $\bar{U}$ de $\bar{\sigma}_0$) un difféomorphisme symplectique, homogène, ϕ de U sur $\bar{U}$, un difféomorphisme symplectique homogène ϕ_0 de i^*U sur $i^*\bar{U}$ tel que :

(i) $\phi(\sigma_0) = \bar{\sigma}_0$, $\phi_0(z_0) = \bar{z}_0$, $\phi(N_i \cap U) = \bar{N}_i \cap \bar{U}$ $\quad i = 1,2$.

(ii) si $\mathcal{R}_0 \subset (T^*X' \setminus 0) \times (T^*X \setminus 0)$ est la relation :

$((x',\xi'), (\bar{x}, \bar{\xi})) \in \mathcal{R}_0$ si $\bar{x}_0 = 0$ et $i^*((\bar{x}, \bar{\xi})) = (x', \xi')$,

si $\mathcal{C}$ (resp. $\mathcal{C}_0$) est le graphe de ϕ (resp. ϕ_0) on a :

$\mathcal{R}_0 \circ \mathcal{C} = \mathcal{C}_0 \circ \mathcal{R}_0$.

Démonstration. Au moyen d'un changement de coordonnées symplectiques de la forme : $(x, \xi) \to (X(x,\xi), \Xi(x,\xi))$, $X_0 = x_0$, $\Xi_0 = \xi_0 - \lambda_1(x, \xi')$, X', Ξ' fonctions de (x, ξ') seuls, on peut se ramener à prouver la proposition quand $\sigma_0 = (0, x_0'; 0, \xi_0)$ et N_1 est $\xi_0 = 0$.

Du théorème de préparation de Malgrange et de l'hypothèse (H_0) il résulte que la sous-variété N_2 a une équation de la forme :

(2.3) $N_2 : x_0^2 = a(x', \xi) x_0 + b(x', \xi)$,

avec $a(x_0', 0, \xi_0') = b(x_0', 0, \xi_0') = 0$, $\frac{\partial b}{\partial \xi_0}(x_0', 0, \xi_0') \neq 0$, et $d_{x',\xi'} b(x_0', 0, \xi_0') \neq 0$, effectuant un nouveau changement de coordonnées symplectiques dans les variables (x', ξ') seules cette fois, on peut supposer :

$$\xi_0' = (0, \ldots, 1, 0), \quad b(x', 0, \xi') = \xi_N / \xi_{N-1} \qquad (2.4).$$

Désignons par $(\bar{x},\bar{\xi})$ des coordonnées locales telles que :

$$N_1 : \bar{\xi}_0 = 0 \ , \ N : \bar{x}_0^2\,\bar{\xi}_{N-1} = \bar{\xi}_N, \ \bar{\xi}_0 = 0 \ . \ G : \bar{x}_0 = \bar{\xi}_0 = \bar{\xi}_N = 0.$$

Rappelons (cf. [22]) que dans un voisinage conique U_i de σ_0 assez petit les relations bicaractéristiques de N_i $i = 1,2$, permettent de construire des involutions C^∞ $J_{N_i} : N\cap U_i \to N\cap U_i$ de points fixes $G\cap U_i$.

J_{N_1} est ici : $J_{N_1} : (\bar{x}_0,\ldots,\bar{x}_N, \bar{\xi}_1,\ldots,\bar{\xi}_{N-1}) \to (-\bar{x}_0,\ldots,\bar{x}_N, \bar{\xi}_1,\ldots,\bar{\xi}_{N-1})$.

$\mathcal{B}_{N_1} = (N\cap U_1)/J_{N_1}$ peut être muni d'une structure de contact, induite par celle de de S^*X, avec bord $\partial B_{N_1} = (G\cap U_1)/J_{N_1}$, de dimension $2N-1$.

J_{N_2} induit dans $\mathcal{B}_{N_1}$ des applications $\delta^\pm$ (ayant des singularités sur ∂B_{N_1}) inverses l'une de l'autre.

Nous avons des coordonnées locales $(\bar{x}',\bar{\xi}') = (\bar{x}_1,\ldots,\bar{x}_N, \bar{\xi}_1,\ldots,\bar{\xi}_N)$, $\bar{\xi}_N \geq 0$, dans $\mathcal{B}_{N_1}$ et nous pouvons construire deux inverses $\sigma^\pm$ de la projection $\pi : N \to B_{N_1}$

$$\sigma^\pm(\bar{x}',\bar{\xi}') = (\pm(\frac{\bar{\xi}N}{\bar{\xi}N-1})^{1/2},\bar{x}',0,\bar{\xi}') \ ,$$

les applications $\delta^\pm$ étant obtenues par :

$$\delta^\pm = \pi\circ J_{N_2}\circ\sigma^\pm$$

Bien entendu les applications $\sigma^\pm$ sont indépendantes des coordonnées et sont relatives à chacune des composantes connexes de $N\backslash G$.

On définit dans B_{N_1} au voisinage de $\pi\sigma_0$ $\lambda^\pm = \pi\circ J_{X'}\circ\sigma^\pm$, et par (2.1) :

$$\lambda^+\lambda^- = 1 \ , \ \lambda^-\lambda^+ = 1 \ , \ \lambda^{+2} = \delta^+ \ , \ \lambda^{-2} = \delta^- \ \text{au voisinage de } \pi\sigma_0.$$

On peut expliciter ces applications pour le système $(\bar{N}_1,\bar{N}_2,\bar{\sigma}_0)$:

$$\lambda^\pm(x_1,\ldots,x_N,\xi_1,\ldots,\xi_N) = (x_1,\ldots,x_{N-1} \pm 1/3(\xi_N/\xi_{N-1})^{3/2},\ x_N \mp (\xi_N/\xi_{N-1})^{1/2},\ \xi_1,\ldots,\xi_N)$$

Le point clé de notre démonstration est le résultat (cf. Melrose [22] Proposition (7.14)):

(2.5) il existe un système de coordonnées symplectiques homogènes dans B_{N_1} au voisinage de $\pi\sigma_0$ $\tilde{x}_1,\ldots,\tilde{x}_N$, $\tilde{\Xi}_1,\ldots,\tilde{\Xi}_N$, telles que :

(i) ∂B_{N_1} est donné par $\tilde{\Xi}_N = 0$ ($\tilde{\Xi}_N \geq 0$ dans B_{N_1}),

(ii) $\tilde{x}_1,\ldots,\tilde{x}_{N-2}$, $\tilde{\Xi}_1,\ldots,\tilde{\Xi}_N$ sont invariantes sous l'action de $\lambda^\pm$,

(iii) $(\lambda^\pm)^*\,\tilde{x}_{N-1} = \tilde{x}_{N-1} \pm 1/3(\tilde{\Xi}_N/\tilde{\Xi}_{N-1})^{3/2}$,

$(\lambda^\pm)^*\,\tilde{x}_N = \tilde{x}_N \mp (\tilde{\Xi}_N/\tilde{\Xi}_{N-1})^{1/2}$

On pose $X_j = \pi^*\tilde{X}_j$, $\Xi_j = \pi^*\tilde{\Xi}_j$ $j = 1,\dots,N$, qui sont définies sur N et sont J_{N_1} invariantes. On peut donc étendre ces fonctions en des fonctions homogènes définies sur N_1, constantes sur les bicaractéristiques de N_1 (i.e. indépendantes de $\bar{x}_0$) et vérifiant les conditions de crochets sur N_1 :

$$\{X_j, \Xi_k\} = \delta_{j,k} , \quad \{X_j, X_k\} = \{\Xi_j, \Xi_k\} = 0 \quad j,k = 1,\dots,N$$

(La $\bar{x}_0$-invariance permet de définir sans ambiguités les crochets sur N_1).
On définit une fonction C^∞ sur N en posant

$$X_0^2 = \Xi_N / \Xi_{N-1} , \quad X_0 x_0 \geq 0 \qquad (2.6),$$

puis on définit :

$$Q = -X_0 + X_N \qquad (2.7)$$

De $J^*_{X'}(X_N) = X_N - X_0$, $J^*_{X'}(X_0) = -X_0$, il vient $J^*_{N_2}(Q) = Q$, $J^*_{X'}(X_N) = Q$.
Maintenant il est essentiel de choisir un "bon" prolongement de Q à un voisinage de σ_0 dans $T^*X\backslash 0$; observant que l'intersection $N_2 \cap X'$ est symplectique on prouve qu'il existe un prolongement $\bar{Q}$ de Q tel que :

$$(2.8) \qquad \bar{Q}|_{N_2\cap X'} = X_N|_{N_1\cap X'}, \quad H_{\bar{Q}|X'} \text{ est tangent à } X' , \quad H_{\bar{Q}}|_{N_2} \text{ est tangent à } N_2 .$$

De plus de $dQ(\sigma_0) = d\bar{x}_N - d\bar{x}_0$ il vient que $H_{\bar{Q}}|_{N_2}$, qui est tangent à N_2, est transverse à N dans N_2 (N_2 est donc le $H_{\bar{Q}}|_{N_2}$ flot hors de N), et il vient que $H_{\bar{Q}}$ est transverse à N_1.
On étend maintenant $X_1,\dots,X_N$, $\Xi_0,\dots,\Xi_N$ à un voisinage conique de σ_0 en résolvant les équations :

$$(2.9) \qquad H_{\bar{Q}}(X_j) = 0, \quad H_{\bar{Q}}(\Xi_k) = 0 , \quad j = 1,\dots,N , \quad k = 1,\dots,N-1,$$
$$H_{\bar{Q}}(\Xi_0) = 1, \quad H_{\bar{Q}}(\Xi_N) = -1$$

avec comme valeurs initiales $\Xi_0 = 0$ sur N_1, et pour $j = 1,\dots,N$
X_j, Ξ_j ont pour valeurs initiales sur N_1 les fonctions (indépendantes de $\bar{x}_0$) définies plus haut. On détermine ensuite X_0 en posant

$$X_0 = X_N - \bar{Q} ,$$

et on prouve que l'on a les relations :

$$(2.10) \qquad \text{(i)} \quad X_0^2 = \Xi_0/\Xi_{N-1} + \Xi_N/\Xi_{N-1} \quad \text{sur } N_2,$$

$$\text{(ii)} \quad \{X_j, \Xi_k\} = \delta_{j,k}, \quad \{X_j, X_k\} = 0 , \quad \{\Xi_j, \Xi_k\} = 0 , \quad j,k = 0,\dots,N.$$

L'assertion (2.10) (i) résulte de

$$\{\bar{Q}, (X_N - \bar{Q})^2 - \Xi_0 / \Xi_{N-1} - \Xi_N / \Xi_{N-1}\} = 0 ,$$

et de ce que (2.10) (i) est vraie sur N. L'assertion (2.10) (ii) se prouve comme dans [22].

On observe que l'on a $\dot{X}_0 = 0$ sur $N_1 \cap X'$ car X_0 est nul sur $G = N \cap X'$ et car $N_1 \cap X'$ est le H_{X_N} flot hors de $N \cap X'$, X' étant le $H_{\bar{Q}}\big|_{X'}$ flot hors de $N_1 \cap X'$ on déduit de $H_{\bar{Q}}(X_0) = 0$:

$$X_0 \text{ est nul sur } X' \tag{2.11}$$

On obtient également :

Les X_j, Ξ_j, $j = 1,\dots,N$, sont, restreints à X', indépendants de ξ_0 (2.12),

qui est une conséquence directe des relations :

$$H_{X_0}(X_j) = H_{X_0}(\Xi_j) = 0 \quad j = 1,\dots,N, \quad H_{X_0} = v \frac{\partial}{\partial \xi_0} \text{ quand } x_0 = 0, \quad v \neq 0.$$

Les relations (2.11) et (2.12) achèvent la preuve de la Proposition (2.1)

Nous sommes maintenant en mesure de simplifier l'opérateur P. Désignons par r_0 l'opérateur de trace sur X', c'est un opérateur Fourier intégral associé à la relation $\mathcal{R}_0$, par $\mathfrak{F}$ (resp. $\mathfrak{F}_0$) un opérateur Fourier intégral proprement supporté associé à une partie fermée du graphe de $\emptyset^{-1}$ (resp. $\emptyset_0^{-1}$). On peut choisir $\mathfrak{F}$ et $\mathfrak{F}_0$ en sorte que

$$WF(r_0 \mathfrak{F} - \mathfrak{F}_0 r_0) \not\ni (z_0, \bar{\sigma}_0) \tag{2.13},$$

et en sorte qu'il existe des opérateurs Fourier intégraux proprement supportés $\mathfrak{F}'$, $\mathfrak{F}_0'$ sur X et X' respectivement tels que :

$$\bar{\sigma}_0 \notin WF(\mathfrak{F}'\mathfrak{F} - I), \quad \bar{z}_0 \notin WF(\mathfrak{F}_0' \mathfrak{F}_0 - I) \tag{2.14}.$$

Il existe des opérateurs pseudo-différentiels $\bar{P}$, $\bar{Q}$, $\bar{R}$, proprement supportés, $\bar{Q}$ elliptique de degré 0, $\bar{R}$ à décroissance rapide près de $\bar{\sigma}_0$ tels que :

$$\mathfrak{F}' P \mathfrak{F} = \bar{Q}\,\bar{P} + \bar{R} \tag{2.15},$$

le symbole principal $\bar{p}(x,\xi)$ de $\bar{P}$ étant

$$\bar{p}(x,\xi) = -\xi_0(\xi_0 - x_0^2 \xi_{N-1} - \xi_N) \tag{2.16},$$

le symbole sous-principal de $\bar{P}$ satisfaisant encore à l'hypothèse (H_2).

C'est une adaptation facile de la procédure classique du théorème de préparation que de voir que l'on peut, quitte à modifier $\bar{Q}$ et $\bar{R}$, supposer que $\bar{P}$ a encore la forme (1.2).

Le problème est essentiellement réduit à prouver le théorème 1 pour un opérateur tel que $\bar{P}$, nous donnerons cependant quelques détails à la section §10 , en particulier sur le problème de l'ajustement des traces.

Nous noterons maintenant P au lieu de $\bar{P}$ l'opérateur étudié, il est commode de partir d'une forme plus symétrique des caractéristiques de P que la forme (2.16), quitte du reste à la détruire au cours de la démonstration, et l'on supposera :

$$p(x,\xi) = p_1(x,\xi)\, p_2(x,\xi) \qquad (2.17),$$

avec $p_1(x,\xi) = \xi_0 - x_0^2\, \xi_{N-1} - \xi_N$, $p_2(x,\xi) = \xi_0 + x_0^2\, \xi_{N-1} + \xi_N$.

Nous terminerons cette section par une définition et quelques notations.

<u>Définition (2.2)</u> : Désignons par $S^m_{\rho',\rho'',\delta,\nu}(\bar{\mathbb{R}}_+ \times \mathbb{R}^N \times (\mathbb{R}^N\setminus 0))$ l'ensemble des fonctions $a(x,\xi)$ C^∞ sur $\bar{\mathbb{R}}_+ \times \mathbb{R}^N \times (\mathbb{R}^N\setminus 0)$ satisfaisant aux estimations :

$\forall K \subset\subset \bar{\mathbb{R}}_+^{N+1}$, $\forall \alpha \in (\mathbb{Z}_+)^{N+1}$, $\forall \beta \in (\mathbb{Z}_+)^N$, il existe $C_{\alpha,\beta,K}$ tel que :

$$|D_x^\alpha D_\xi^\beta a(x,\xi)| \leq C_{\alpha,\beta,K}(1+|\xi|)^{m-\rho'|\beta|+(\rho'-\rho'')\beta_N+\delta|\alpha'|+\nu\alpha_0} \qquad (2.18)$$

pour $x \in K$, $\xi \in \mathbb{R}^N$ $|\xi| \geq 1$.

Quand P a la forme (2.17), les paramétrices E_i $i = 0,1$, que nous allons construire dans $x_0 \geq 0$ peuvent se décrire sous la forme

$$E_i f(x) = \sum_{\sigma\in\{-1,+1\}} \int e_\sigma^i(x,\xi)\, e^{i\sigma(x_0^3/3\,\xi_{N-1}+x_0\xi_N)+ix'\xi}\, \hat{f}(\xi)\, d\xi \; +$$

$$+ \sum_{\sigma\in\{-1,+1\}} \int f_\sigma^i(x,\xi)\, e^{i\sigma(x_0^3/3\,\xi_{N-1}+x_0\xi_N+4/3(-\xi_N/\xi_{N-1})^{3/2}\xi_{N-1})+ix'\xi}\, \hat{f}(\xi)\, d\xi \qquad (2.19)$$

Les fonctions e_σ^i, f_σ^i sont des symboles du type $(\rho',\rho'',\delta,\nu)$ avec $\rho'>0$, $\rho''>0$, $\delta<1$, $\nu<1$ au sens de (2.18), leurs ordres dépendent des valeurs et des variations du symbole sous-principal de P.

Nous faisons remarquer que les derniers termes du membre de droite de (2.19) contiennent des fonctions phases qui ne sont pas de classe C^∞, leurs singularités reflètent précisèment celles des relations $C^+_{1,2}$ et $C^+_{2,1}$ introduites en (1.7).

Introduisons le changement de variable :

$$T = x_0$$
$$X_1 = x_{N-1} - \varepsilon\, x_0^3/3$$
$$X_j = x_j \qquad 2 \leq j \leq N-2$$
$$X_{N-1} = x_1$$
$$X_N = x_N - \varepsilon\, x_0 ,$$

qui transforme pour $\varepsilon = 1$ (resp. $\varepsilon = -1$) l'opérateur $P_1(x,D)$ (resp. $P_2(x,D)$) en D_T, et l'opérateur P en l'opérateur :

$$P(T,X,D_T,D_X) = D_T^2 - 2\varepsilon(T^2 D_{X_1} + D_{X_N})D_T + 2i\varepsilon T D_{X_1} + R(T,X,D_T,D_X)$$

où A_1 (resp. A_0, B_0, C_0) est un opérateur pseudo-différentiel sur $\mathbb{R}^N$ de degré 1 (resp. 0) dépendant de façon C^∞ de T, proprement supporté.

Pour alléger les notations, on conviendra par la suite de noter t au lieu de T, x au lieu de X, et de décomposer $x = (x_1,\dots,x_N) = (x',x'')$, $x' = (x_1,\dots,x_N)$, $x'' = x_N$, $\xi = (\xi_1,\dots,\xi_N) = (\xi',\xi'')$, $\xi' = (\xi_1,\dots,\xi_{N-1})$, $\xi'' = \xi_N$.

On supposera également, ce qui n'est pas restrictif, que le symbole a_1 de A_1 est nul pour (t,x) hors d'un voisinage compact de l'origine.

§3. Principe de la construction des paramétrices

Soit $P(t,x,D_t,D_x)$ l'opérateur pseudo-différentiel obtenu en (2.21) après les réductions effectuées dans le paragraphe 2.
Une des caractéristiques de P étant exprimée par $\tau = 0$, la recherche d'une solution asymptotique $\mathcal{E}(t,x,\xi) \in C^\infty(\bar{R}_+^{N+1} \times (R^N \setminus 0))$ de $P\mathcal{E} = O(|\xi|^{-\infty})$ par la méthode de l'optique géométrique conduit à chercher $\mathcal{E}$ sous la forme :

$$\mathcal{E}(t,x,\xi) = q(t,x,\xi)e^{ix\cdot\xi},$$

$q(t,x,\xi) \in S^{\nu}_{1,o,o}(\bar{R}_+^{N+1} \times (R^N \setminus 0))$ étant une somme asymptotique $\sum_{j=o}^{\infty} q_j(t,x,\xi)$ de fonctions homogènes déterminées par la résolution "d'équations de transport", c'est-à-dire d'équations différentielles du premier ordre le long des bicaractéristiques. Dans le cas d'espèce, il s'agirait de résoudre des équations du type :

$$-2\varepsilon(t^2\xi_1'+\xi'')D_t q + (2i\varepsilon\, t\xi_1'+r_1(t,x,\xi,0))q = f, \tag{3.1}$$

qui sont évidemment dégénérées aux points :

$$S = \{(t,x,\xi) \in \bar{R}_+^{N+1} \times (R^N \setminus 0),\ \ t^2\xi_1'+\xi'' = 0\}, \tag{3.2}$$

qui forment une hypersurface conique passant par le point $(0;\xi_o)$ $\xi_o = (1,0,\ldots,0)$, au voisinage duquel nous voulons construire $q(t,x,\xi)$.
La méthode que nous utilisons pour surmonter cette difficulté est grosso-modo celle de S. Alinhac [1], [2], avec des différences sensibles dans le détail. Elle consiste à remplacer l'équation du premier ordre (3.1) par une équation du second ordre, en cherchant q dans une classe de symboles, moins réguliers que la classe $S^{\nu}_{1,o,o}$, pour lesquels il peut se produire que le symbole $D_t^2 q$, par exemple, n'est plus négligeable devant les symboles intervenant dans (3.1).
Dans [1], [2] on réalise cette construction par un procédé de "stretching", nous verrons que dans notre situation non seulement ceci n'est pas possible, mais encore que l'on ne peut en aucun cas espérer que $q(t,x,\xi)$ soit partout un symbole d'une classe $S^{\nu}_{\rho,\rho'',\delta}$ (cf. (2.18)) avec $\delta < 1$.
Soit $q(t,x,\xi) \in C^\infty(\bar{R}_+^{N+1} \times G)$, où G est un voisinage conique de ξ_o dans $(R^N \setminus 0)$, posons

$$\mathcal{P}(q) = e^{-i\xi\times} P(t,x,D_t,D_x)(e^{i\xi x}q) \tag{3.3}$$

Nous allons partager $\bar{R}_+^{N+1} \times G$ en diverses zones non coniques Λ, précisées plus loin, et allons chercher dans chaque zone Λ deux solutions asymptotiques "indépendantes" $q^{\Lambda}(t,x,\xi)$ et $q'^{\Lambda}(t,x,\xi)$ sous forme d'une superposition $q^{\Lambda} = \sum_{j=o}^{\infty} q_j^{\Lambda}$, $q'^{\Lambda} = \sum_{j=o}^{\infty} q_j'^{\Lambda}$ de fonctions "déterminées" par la résolution d'une équation différentielle ordinaire du second ordre dans la variable t :

$$(E_1)\quad \mathcal{P}_o(t,x,D_t,\xi) = D_t^2 - 2\varepsilon(t^2\xi_1'+\xi'')D_t + 2i\varepsilon\, t\xi_1' + t\xi_1'\alpha(x,\xi) + \beta(x,\xi)\xi_1' \tag{3.4}$$

où $\alpha(x,\xi)$ et $\beta(x,\xi)$ sont des fonctions de $S^{0}_{1,1/3}(\mathbb{R}^N \times (\mathbb{R}^N \setminus 0))$ explicitées en (4.6). Les solutions de (3.4) seront "déterminées" par leur comportement asymptotique par rapport au paramètre $|\xi|, |\xi| \to \infty$.

Pour expliquer comment on opère de tels choix nous allons faire subir à l'équation différentielle (E_1) quelques transformations.

Désignons par φ la fonction

$$\varphi(t,x,\xi) = \varepsilon\,(t^3/_3\ \xi'_1 + t\xi") \qquad (3.5),$$

transmuant l'opérateur $\mathbb{P}_0$ par $e^{i\varphi}$, on obtient un opérateur :

$$(E_2) \qquad \mathbb{N}_0(t,x,D_t,\xi) = \partial_t^2 + (t^2\xi'_1 + \xi")^2 - t\xi'_1\alpha(x,\xi) - \xi'_1\beta(x,\xi).$$

On posera :

$$r = \xi'_1, \quad y = \xi"/_{\xi'_1}, \quad w = (x, \xi'_{2}/_{\xi'_1}, \ldots, \xi'_{N-1}/_{\xi'_1})$$

on considérera les fonctions des variables (t,x,ξ) exprimées à l'aide des variables (t,y,w,r) sans changer de notations, on désignera par W l'ensemble décrit par w lorsque (x,ξ) varie dans $\mathbb{R}^N \times G$.

L'équation $\mathbb{N}_0 k = 0$ devient par le changement de variables :

$$\begin{cases} \rho = t\,\xi_1'^{\,1/3}\, e^{-i\varepsilon'\pi/6} \\ \mu = \xi"/_{\xi'_1}\ \xi_1'^{\,2/3}\, e^{-i\varepsilon'\pi/3} \end{cases}, \qquad \varepsilon' = \pm 1 \qquad (3.6)$$

ou le changement de variables :

$$\begin{cases} \rho' = t\,\xi_1'^{\,1/3}\, e^{-i5\varepsilon'\pi/6} \\ \mu' = \xi"/_{\xi'_1}\ \xi_1'^{\,2/3}\, e^{i\varepsilon'\pi/3} \end{cases}, \qquad \varepsilon' = \pm 1 \qquad (3.6)'$$

L'équation :

$$(E_3)_{\varepsilon'} \qquad \frac{d^2}{d\rho^2} - ((\rho^2+\mu) + \rho\alpha_{\varepsilon'}(\mu,w,r) + \beta_{\varepsilon'}(\mu,w,r)) = 0 \qquad (3.7),$$

ou l'équation :

$$(E_3)'_{\varepsilon'} \qquad \frac{d^2}{d\rho'^2} - \left[(\rho'^2+\mu')^2 + \rho'\alpha'_{\varepsilon'}(\mu',w,r) + \beta'_{\varepsilon'}(\mu,w,r)\right] \qquad (3.7)'$$

avec $\alpha_{\varepsilon'}(\mu,w,r) = -i\varepsilon'\alpha(x,\xi)$, . $\beta_{\varepsilon'}(\mu,w,r) = e^{i\varepsilon'\pi/3}\,\xi_1'^{\,1/3}\beta(x,\xi)$, et des expressions analogues pour $\alpha'_{\varepsilon'}$ et $\beta'_{\varepsilon'}$.

Les variables ρ et μ définies par (3.6) et (3.6)' décrivent des droites complexes et peuvent tendre vers l'infini sur ces droites, dans une direction pour ρ et dans les deux pour μ, quand (t,x,ξ) décrit un voisinage conique de $(0,\xi_0)$ dans $\bar{\mathbb{R}}^{N+1}_+ \times (\mathbb{R}^N \setminus 0)$.

Il est donc nécessaire d'avoir des renseignements sur le comportement asymptotique des solutions des équations du type (3.7).

Considérons l'équation différentielle :

$$(E_4) \qquad \frac{d^2}{d\rho^2} - Q(\rho,\mu,\alpha,\beta) = 0,$$

où pour ρ, μ, α, β dans $\mathbb{C}$ on a posé $Q(\rho,\mu,\alpha,\beta) = (\rho^2+\mu)^2 + \rho\alpha + \beta$.

Le théorème (6.1) de [23] prouve que l'équation (E_4) a une unique solution $\mathcal{R}(\rho,\mu,\alpha,\beta)$ dépendant holomorphiquement de ρ_1, μ, α, et β, et ayant le comportement asymptotique :

$$\mathcal{R}(\rho,\mu,\alpha,\beta) \simeq \rho^{-1-\alpha/2}\left(1+\sum_{N=1}^{\infty} A_N(\mu,\alpha,\beta)\rho^{-N/2}\right) \exp\left(-\rho^3/3 - \rho\mu\right), \tag{3.8}$$

$$\frac{d\mathcal{R}}{d\rho}(\rho,\mu,\alpha,\beta) \simeq \rho^{1-\alpha/2}\left(-1+\sum_{N=1}^{\infty} B_N(\mu,\alpha,\beta)\,\rho^{-N/2}\right) \exp\left(-\rho^3/3 - \rho\mu\right),$$

avec des développements valides uniformément pour (μ,α,β) dans un compact quand ρ tend vers l'∞ dans un sous-secteur fermé de $|\arg\rho| < \pi/2$.

On définira alors les fonctions :

$$k_{\varepsilon'}(t,x,\xi) = \mathcal{R}(\rho,\mu,\alpha_{\varepsilon'},\beta_{\varepsilon'}), \tag{3.9}$$

en substituant dans $\mathcal{R}$ les expressions obtenues par le changement de variable (3.6); de la même façon en substituant les expressions obtenues après le changement de variables (3.6)', on obtient des fonctions :

$$l_{\varepsilon'}(t,x,\xi) = \mathcal{R}(\rho',\mu',\alpha'_{\varepsilon'},\beta'_{\varepsilon'}). \tag{3.10}$$

On obtiendra deux ensembles de solutions indépendantes de l'équation (E_1) introduite en (3.4) en posant :

$$(3.11) \qquad \begin{aligned} q_0(t,x,\xi) &= k_{-\varepsilon}(t,x,\xi)e^{i\varphi(t,x,\xi)} \\ q_0'(t,x,\xi) &= k_{\varepsilon}(t,x,\xi)e^{i\varphi(t,x,\xi)} \end{aligned}.$$

et

$$(3.12) \qquad \begin{aligned} p_0(t,x,\xi) &= l_{\varepsilon}(t,x,\xi)e^{i\varphi(t,x,\xi)} \\ p_0'(t,x,\xi) &= l_{-\varepsilon}(t,x,\xi)e^{i\varphi(t,x,\xi)} \end{aligned}.$$

Le plan de la démonstration du théorème 1 peut maintenant être précisé :

- Dans les sections 5 et 6 nous nous attacherons à obtenir une représentation aussi précise que possible des fonctions définies en (3.11) et (3.12).
- Nous résumerons ces résultats dans la section 7 en introduisant le formalisme adéquat.

- Dans la section 8 nous étudierons l'équation non homogène

$$\mathbb{P}_o\, u = f.$$

- Nous définirons dans la section 9 des classes de symboles destinées à justifier la superposition des solutions que nous effectuerons.
- Nous achèverons la preuve du théorème 1 dans la section 10 par diverses constructions complèmentaires.

Enfin la prochaine section sera réservée à quelques préparations aux sections 5, 6 et 8.

§4. Quelques préparations.

Nous allons introduire la partition de $\bar{\mathbb{R}}_+^{N+1} \times G$ que nous utiliserons tout au long de cet article puis le système d'équations de transport étudié dans la section 8. Les formules (3.6) et (3.6)' nous incitent à distinguer diverses régions dans $\bar{\mathbb{R}}_+^{N+1} \times G$ selon que $y = \xi''/\xi_1'$ est négatif grand, positif grand, ou petit devant $|\xi|^{-2/3}$. Soit M,T un nombre réel positif que nous choisirons plus loin assez grand, on définit le recouvrement ouvert $\bar{\mathbb{R}}_+^{N+1} \times G^T$:

$$\bar{\mathbb{R}}_+^{N+1} \times G^T = \Gamma \cup \Delta_0 \cup \Delta \ ,$$

ayant désigné par $G^T = \{\xi \in G,\ \xi_1' > T\}$, et ayant posé :

$$\Gamma = \{(t,x,\xi) \in \bar{\mathbb{R}}_+^{N+1} \times G \,|\, \xi_1' > T,\ \xi'' < -M\xi_1'^{1/3}\}, \tag{4.1}$$

$$\Delta_0 = \{(t,x,\xi) \in \bar{\mathbb{R}}_+^{N+1} \times G \,|\, \xi_1' > T, |\xi''| < 2M\ \xi_1'^{1/3}\},$$

$$\Delta = \{(t,x,\xi) \in \bar{\mathbb{R}}_+^{N+1} \times G \,|\, \xi_1' > T,\ \xi'' > M\xi_1'^{1/3}\}.$$

On désigne par χ une fonction de $C^\infty(\mathbb{R})$, $\chi(t) = 1$ pour $t \leq -M/2$, $\chi(t) = 0$ pour $t \geq -M/4$, et on pose pour $\xi \in G$:

$$z(\xi) = \chi(\xi''/\xi_1'^{1/3})(-\xi''/\xi_1')^{1/2} \tag{4.2}$$

Nous allons construire dans chacune des zones Γ, Δ_0 ou Δ des solutions asymptotiques en résolvant le système d'équations de transports que nous allons indiquer ci-dessous, et en ajoutant des termes complémentaires convenables.

Ce système d'équation est obtenu en réordonnant formellement le développement asymptotique usuel :

$$\mathbb{P}q = e^{-i\xi x}P(e^{i\xi.x}q) \sim \sum_{\alpha,k} \frac{i^{|\alpha|+k}}{\alpha!\,k!}\ D_\tau^k D_\xi^\alpha p(t,x,\xi,0) D_t^k D_x^\alpha q(t,x,\xi) \tag{4.3}.$$

Rappelons les notations de (2.21), on a posé

$$P = D_t^2 - 2\varepsilon(t^2 D_{x_1'} + D_{x''})D_t + 2i\varepsilon\ tD_{x_1'} + R$$

où

$$R = tA_1 + A_0(t^2D_{x_1'} + D_{x''}) + B_0D_t + C_0$$

Il n'est pas restrictif de supposer que l'opérateur pseudo-différentiel A_1 (resp. A_0) est homogène de degré 1 (resp. 0) (c'est-à-dire que son symbole total admet un développement asymptotique en termes homogènes réduit à un seul terme). Si $b(t,x,\xi)$ (resp. $c(t,x,\xi)$) désigne le symbole total de $B_0(t,x,D_x)$ (resp. $C_0(t,x,D_x)$) on notera $b \sim \sum_{j=0}^{\infty} b_{-j}$ (resp. $c \sim \sum_{j=0}^{\infty} c_{-j}$) son développement asymptotique en termes homogènes.

Soit $A(t,x,D_x)$ un opérateur pseudo-différentiel homogène de degré m de symbole $a(t,x,\xi)$.
On développe chacune des dérivées $D_\xi^\alpha a(t,x,\xi)$ par la formule de Taylor sur $t = z(y,w,r)$, $y = -z^2(y,w,r)$, avec les notations de (3.6) et (4.2), on obtient pour tout entier N :

$$1/\alpha!\, D_\xi^\alpha a = \sum_{p+q<N} a_q^{\alpha p}(z,-z^2,w) r^{m-|\alpha|}(t-z(y,w,r))^p (y+z^2(y,w,r))^q$$
$$+ \sum_{p+q=N} r^{m-|\alpha|}(t-z(y,w,r))^p (y+z^2(y,w,r))^q \; a'^{\alpha p}_{N,q}(t,y,z,-z^2,w)$$

avec des fonctions $a_q^{\alpha p}(x_1,\dots,x_3)$ (resp. $a'^{\alpha p}_{N,q}(x_1,\dots,x_5)$) dans $C^\infty(\mathbb{R}^2 \times W)$ (resp. $C^\infty(\mathbb{R}^4 \times W)$).

On associe à l'opérateur A les opérateurs différentiels $\mathcal{A}_l$, $l \geq 0$ obtenus par :

$$\mathcal{A}_l = \sum_{3|\alpha|+p+2q=l} a_q^{\alpha p}(z,-z^2,w) r^{m-|\alpha|}(t-z(y,w,r))^p (y+z^2(y,w,r))^q D_x^\alpha \tag{4.3}$$

Procédant de la sorte sur les opérateurs A_1, A_o, B_{-k}, C_{-k} on définit des opérateurs différentiels $\mathcal{A}_{1,l}$, $\mathcal{A}_{o,l}$, $\mathcal{B}_{-k,l}$, $\mathcal{C}_{-k,l}$, $l \geq 0$, $k \geq 0$.
$[\mathcal{A}_1]$ étant la somme formelle $\sum_{j=o}^\infty \mathcal{A}_{1,j}$ on écrit $t[\mathcal{A}_1]$ sous la forme $\sum_{i=o}^\infty \widetilde{\mathcal{A}}_{1,j}$ en posant :

$$\widetilde{\mathcal{A}}_{1,o} = t\,\mathcal{A}_{1,o} + z\,\mathcal{A}_{1,1},$$

et pour $j \geq 1$

$$\widetilde{\mathcal{A}}_{1,j} = (t-z)\,\mathcal{A}_{1,j} + z\,\mathcal{A}_{1,j+}.$$

Enfin nous posons

$$\mathbb{R}_j = \widetilde{\mathcal{A}}_{1,j} + (t^2\xi' + \xi'')\mathcal{A}_{o,j-1} + \mathcal{A}_{o,j-1} D_{x''} + (t^2 \mathcal{A}_{o,j-1} D_{x'} + \sum_{3k+l=j-1} \mathcal{B}_{-k,l} D_t$$
$$+ \sum_{3k+l=j-2} \mathbb{C}_{-k,l} \quad j \geq 0, \tag{4.4}$$

en convenant de $\mathcal{A}_{o,1} = \mathcal{A}_{o,-2} = \mathcal{B}_{-k,-1} = \mathcal{C}_{-k,-1} = \mathbb{C}_{-k,-2} = 0$.

Il nous sera utile d'expliciter :

$$\mathcal{A}_{1,o} = r\, a_1(z,-z^2,\omega,1),$$
$$\mathcal{A}_{1,1} = r(t-z)\,\frac{\partial a_1}{\partial t}(z,-z^2,\omega,1),$$

et donc

$$\mathbb{R}_o = t\xi_1' a(x,\xi) + z(\xi)\xi_1' b(x,\xi),$$

ayant posé

$$a(x,\xi) = (a_1(z,-z^2,\omega,1) + z\frac{\partial a_1}{\partial t}(z,-z^2,\omega,1)),$$

$$b(x,\xi) = -z\frac{\partial a_1}{\partial t}(z,-z^2,\omega,1). \qquad (4.5)$$

On a ainsi réordonné $[\mathbb{R}] = \sum_{j=0}^{\infty} \mathbb{R}_j$, nous obtiendrons un système d'équations de transports $[\mathbb{P}] = \sum_{j=0}^{\infty} \mathbb{P}_j$ en posant :

$$\mathbb{P}_0 = D_t^2 - 2\varepsilon(t^2\xi_1' + \xi'')D_t + 2i\varepsilon t\xi_1' + \mathbb{R}_0,$$

$$\mathbb{P}_1 = -2\varepsilon D_t D_{x''} + 2i\varepsilon t\, D_{x_1'} - 2\varepsilon t^2 D_t D_{x_1'} + \mathbb{R}_1,$$

$$\mathbb{P}_j = \mathbb{R}_j \qquad j \geq 2.$$

Le système d'équation de transports sera le système triangulaire :

$$\mathbb{P}_0 q_j = -\sum_{k=1}^{j} \mathbb{P}_k q_{j-k} \quad j > 0, \text{ et } \quad \mathbb{P}_0 q_0 = 0.$$

L'opérateur différentiel $\mathbb{P}_0$ a la forme indiquée en (3.4). Des relations (3.7), (3.7)' (4.2) et (4.5) il vient que les développements (3.8) permettent d'obtenir une représentation des fonctions q_0 et q_0' introduites en (3.11) valide dans toute zone $|\xi''| \leq C|\xi|^{1/3}$, $t \geq 0$:

$$q_0(t,x,\xi) = |\xi|^{2/3\, m_\varepsilon}(|\xi|^{-1/3}+t)^{2m_\varepsilon} h_0(t,x,\xi),$$

$$q_0'(t,x,\xi) = |\xi|^{2/3\, m_\varepsilon}(|\xi|^{-1/3}+t)^{2m_{-\varepsilon}} h_0'(t,x,\xi)\exp 2i\varepsilon(t^{2/3}\xi_1' + t\xi''), \qquad (4.6)$$

où l'on a posé :

$$m_\varepsilon = \mathrm{Re}(\mu_\varepsilon), \qquad \mu_\varepsilon = -1/2 - i\varepsilon\, a/4(x,\xi), \qquad (4.7)$$

et où h_0 et h_0' désignent des symboles de $S^0_{\rho',\rho'',\delta,\nu}$ qui seront précisés plus loin. Par contre les développements (3.8) ne fournissent pas d'informations sur q_0 ou q_0' quand $\xi''/\xi_1'^{1/3}$ n'est pas borné, et c'est la raison des études des sections 5 et 6.

§5. Etude asymptotique de $q_0(t,x,\xi)$ dans l'ensemble Δ.

Nous commencerons par observer que quand (t,x,ξ) décrit la zone Δ de (4.1), il se produit dans l'équation $(E_1)_{\varepsilon'}$ de (3.7) qui a permis de définir q_0 et q_0' une certaine simplification dans la mesure où $\beta_{\varepsilon'}$ est alors nulle et où $\alpha_{\varepsilon'}$ n'est plus qu'une fonction bornée de w seulement.
L'étude des fonctions q_0 et q_0' se réduit alors à celle de la solution $\mathcal{R}(\rho,\mu,\alpha)$ précisée en (3.8) de l'équation :

$$(E_4)\qquad \frac{d^2}{d\rho^2} - Q(\rho,\mu,\alpha) = 0,$$

$$Q(\rho,\mu,\alpha) = (\rho^2+\mu)^2 + \alpha\rho.$$

quand (ρ,μ,α) varient dans l'un ou l'autre des domaines $\mathcal{D}_\pm$ ci-dessus :

$$\mathcal{D}_\pm = \{(\rho,\mu,\alpha)\in\mathbb{C}^3 \mid |\arg\rho \mp \pi/6|< \rho_0 \text{ ou } |\rho|<r_0,\quad |\arg\mu \mp \pi/3|< \rho_0,\ |\mu|>M,\ |\alpha|<R \tag{5.1}$$

où ρ_0, r_0, et $1/M$ désignent des réels positifs assez petits, et où R est fixé assez grand. On énonce le résultat principal de cette section.

Proposition 5.1. Si ρ_0, r_0 et $1/M$ sont assez petits, il existe une fonction $H_\pm$ holomorphe et bornée dans $\mathcal{D}_\pm$ telle que l'on ait :

$$\mathcal{R}(\rho,\mu,\alpha) = H_\pm(\rho,\mu,\alpha)\,(\rho^2+\mu)^{-1/2-\alpha/4}\exp(-\rho^3/3-\mu\rho), \tag{5.2}$$

pour $(\rho,\mu,\alpha)\in\mathcal{D}_\pm$.

Démonstration.

Si r_0 et $1/M$ sont assez petits on peut réaliser :

$$|\arg Q(\rho,\mu,\alpha)| \leq \pi - 1/2\rho_0,\quad |Q(\rho,\mu,\alpha)| \geq c|\mu|^2,\quad |Q(\rho,\mu,\alpha)| \geq c|\rho|^4, \tag{5.3}$$

pour $(\rho,\mu,\alpha)\in\mathcal{D}_\pm^* = \{(\rho,\mu,\alpha)\in\mathbb{C}^3 \mid 0<\pm\arg\rho<1/4(\pi-\rho_0)$ ou $|\rho|<r_0$, $0<\pm\arg\mu<1/2(\pi-\rho_0)$ $|\alpha|<R$

On écrit l'équation (E_4) sous forme du système :

$$u' = A(\rho,\mu,\alpha)u$$

où $$A(\rho,\mu,\alpha) = \begin{pmatrix} 0 & 1 \\ Q(\rho,\mu,\alpha) & 0 \end{pmatrix}$$

La transformation

$$u = Q(\rho,\mu,\alpha)^{-1/4}\begin{pmatrix} 1 & 1 \\ Q(\rho,\mu,\alpha)^{1/2} & -Q(\rho,\mu,\alpha)^{1/2} \end{pmatrix}\begin{pmatrix} 1 & -g(\rho,\mu,\alpha) \\ g(\rho,\mu,\alpha) & 1 \end{pmatrix} v$$

conduit au système :

$$v' = \mathbb{B}(\rho,\mu,\alpha)v,$$

où

$$\mathcal{B} = Q^{1/2}\begin{pmatrix} 1 & 0 \\ 0 & -1 \end{pmatrix} + \frac{1}{1+g^2}\, S,$$

où

$$S = hg \begin{pmatrix} 1 & -g \\ -g & -1 \end{pmatrix} - \frac{dg}{d\rho} \begin{pmatrix} g & -1 \\ 1 & g \end{pmatrix} ,$$

et où

$$h(\rho,\mu,\alpha) = 1/4\, Q^{-1} \frac{dQ}{d\rho}(\rho,\mu,\alpha), \quad g(\rho,\mu,\alpha) = 1/8\, Q^{-3/2} \frac{dQ}{d\rho}(\rho,\mu,\alpha).$$

Il est facile de déduire de (5.3) que :

$$\sup_{\substack{0 < \pm \arg < 1/4(\pi - \rho_0) \\ |\alpha| < R}} \int_{\substack{\mathrm{Im}\,\sigma = \mathrm{Im}\,\rho \\ \mathrm{Re}\,\sigma \geq \mathrm{Re}\,\rho}} \frac{\| S(\sigma,\mu,\alpha) \|}{|1+g^2(\sigma,\mu,\alpha)|} \, |d\sigma| \tag{5.4}$$

tend vers 0 quand $|\mu| \to +\infty$, $0 \leq \pm \arg \mu \leq 1/2(\pi - \rho_0)$.

Le changement de fonction inconnue :

$$v = w \exp - \int_0^p Q^{1/2}(\sigma,\mu,\alpha)dr$$

conduit au système :

$$\begin{aligned} w_1' &= 2Q^{1/2} w_1 + s_{11} w_1 + s_{12} w_2 \\ w_2' &= s_{21} w_1 + s_{22} w_2 \end{aligned} \tag{5.5}$$

où l'on a posé $\frac{1}{1+g^2} \quad S = \begin{pmatrix} s_{11} & s_{12} \\ s_{21} & s_{22} \end{pmatrix}$

En ramenant le système (5.5) aux équations intégrales :

$$w_1(\rho,\mu,\alpha) = - \int_{\substack{\mathrm{Im}\,\sigma = \mathrm{Im}\,\rho \\ \mathrm{Re}\,\sigma \geq \mathrm{Re}\,\rho}} (s_{11} w_1 + s_{12} w_2)(\sigma,\mu,\alpha) \exp(2 \int_\sigma^p Q^{1/2}(\tau,\mu,\alpha)d\tau),$$

$$w_2(\rho,\mu,\alpha) = 1 - \int_{\substack{\mathrm{Im}\,\sigma = \mathrm{Im}\,\rho \\ \mathrm{Re}\,\sigma \geq \mathrm{Re}\,\rho}} (s_{21} w_1 + s_{22} w_2)(\sigma,\mu,\alpha) d\sigma ,$$

on prouve que la condition (5.4) assure l'existence d'une solution $\mathcal{L}$ de l'équation (E_4) de la forme :

$$\mathcal{L}(\rho,\mu,\alpha) = (1+F(\rho,\mu,\alpha)) \quad (\rho,\mu,\alpha)^{-1/4} \exp - \int_0^p Q(\sigma,\mu,\alpha)^{1/2} d\sigma , \tag{5.6}$$

où F est une fonction holomorphe et bornée dans $\mathcal{D}^*_\pm$ tendant vers 0 quand ρ tend vers l'∞ . La condition $\mathrm{Re}\, Q(\rho,\mu,\alpha)^{1/2} > 0$ dans $\mathcal{D}^*_\pm$ assure que $\mathcal{L}$ et $\mathcal{R}$ sont liées comme fonctions de ρ .

Posant

$$T(\sigma,\mu,\alpha) = Q^{1/2}(\sigma,\mu,\alpha) - \sigma^2 - \mu - \alpha/2 \ \frac{1}{1+\sigma} \ ,$$

on obtient :

$$\mathcal{R}(\rho,\mu,\alpha) = \exp\left(\int_{\sigma}^{+\infty} T(\sigma,\mu,\alpha)d\sigma\right)\mathcal{L}(\rho,\mu,\alpha). \qquad (5.7)$$

C'est une vérification aisée *que d'obtenir (5.2)* comme conséquence de (5.6) et de (5.7).

La *preuve* de la proposition (5.1) est achevée et avec elle la section §5.

§6. Etude asymptotique de $q_o(t,x,\xi)$ dans l'ensemble Γ.

Rappelons que le domaine Γ introduit en (4.1) est l'ensemble :

$$\Gamma = \{(t,x,\xi) \in \bar{\mathbb{R}}_+^{N+1} \times G \mid \xi'' < -M\xi_1'^{1/3}\} .$$

Nous distinguerons dans Γ diverses zones paraboliques selon qu'elles seront voisines ou non de la variété $S : t^2\xi_1'+\xi'' = 0$, qui sera interprétée ici comme l'ensemble des points de transition (ou "turning points") de l'équation (E_2) $N_o(t,x,\xi,\partial_t) = 0$:

$$(E_2) \qquad \partial_t^2 + \xi_1'^2((t^2+\xi''/\xi_1')^2 - t/\xi_1'\, a(x,\xi) - z(x,\xi)/\xi_1'\, b(x,\xi)) = 0 ,$$

dans laquelle ξ_1' apparait comme un grand paramètre.

Rappelons que l'on a introduit en (4.2) la fonction :

$$z(\xi) = \chi(\xi''/\xi_1'^{1/3})\,(-\xi''/\xi_1')^{1/2} ,$$

qui se réduit dans la région Γ à $(-\xi''/\xi_1')^{1/2}$, et donc $z > M^{1/2}\xi_1'^{-1/3}$.

On peut effectuer le changement de variables :

$$\sigma = i(\frac{t}{z} -1), \qquad \lambda = r\, z^3, \qquad (6.1)$$

qui transforme $M_o = -z^2 N_o$ en :

$$(E_5) \qquad M_o(\sigma,\lambda,z,w,\partial_\sigma) = \partial_\sigma^2 - \lambda^2(\sigma^2(\sigma+2i)^2 + i(\sigma+i)\, a(z,w)/\lambda - b(z,w)/\lambda) \qquad (6.2)$$

Les fonctions a et b sont des fonctions C^∞ et bornées de (z,w) qui ont été explicitées en (4.5).

Remarquons que λ est un grand paramètre $|\lambda| > M^{3/2}$, et que les points de transition de l'équation (E_5) sont $\sigma = 0$ et $\sigma = -2i$, la valeur $\sigma = 0$ définissant précisément la variété S ci-dessus.

Nous sommes par conséquent amené à étudier l'équation :

$$(E_6) \qquad \partial_\sigma^2 - \lambda^2 p(\sigma,\lambda,a,b) = 0$$

avec

$$p(\sigma,\lambda,a,b) = p_o(\sigma) + \lambda^{-1}(p_1(\sigma,a,b)$$

$$p_o(\sigma) = \sigma^2(\sigma+2i)^2 \quad \text{et} \quad p_1(\sigma,a,b) = ia\sigma - (a+b),$$

où a et b sont des paramètres complexes.

Avant d'énoncer le résultat de cette section, il nous faut introduire quelques uns des objets qui apparaissent classiquement (cf. [23] et [24]) dans la théorie des équations différentielles du type (E_6).

On introduit les applications :

$$\sigma \to \xi(\sigma) = \left(2 \int_0^{\sigma} p_0^{1/2}(t)dt\right)^{1/2} \qquad (6.4)$$

et

$$\sigma \to I(\sigma) = 1/2\, \xi^2(\sigma).$$

Nous considérons les domaines $\hat{\Omega}$ (dits "domaines de Stokes") vérifiant :

(i) $\sigma \to I(\sigma)$ applique $\hat{\Omega}$ conformèment sur le plan complexe privé d'un certain nombre de demi-droites verticales,

(ii) La frontière de $\hat{\Omega}$ est formée de courbes vérifiant :

$$\mathrm{Re} \int_0^{\sigma} p_0^{1/2}(t)dt = 0,$$

qui seront dites courbes de Stokes.

Nous choisirons une fois pour toutes les déterminations $p_0^{1/2}(t) = -t(t+2i)$, soit

$$\xi(\sigma) = -2^{1/2}\, i\, \sigma(\sigma/3 + i)^{1/2}$$

$$I(\sigma) = -\sigma^2(\sigma/3+i) \qquad (6.4)$$

Les courbes de Stokes sont obtenues par :

$$\sigma = \sigma_1 + i\,\sigma_2, \qquad \sigma_1 = 0, \quad \text{ou} \quad \sigma_1^2/3 - (\sigma_2+1)^2 + 1 = 0.$$

Elles sont désignées (voir fig. (6.5)) par $C_1, C_2, C_1', C_2', L, L'$; certains des domaines qu'elles délimitent et que nous utiliserons sont indiqués en (6.5) et sont nommés

$$\Omega_1,\ \Omega_2,\ \Omega_1',\ \Omega_2'$$

fig(6.5)

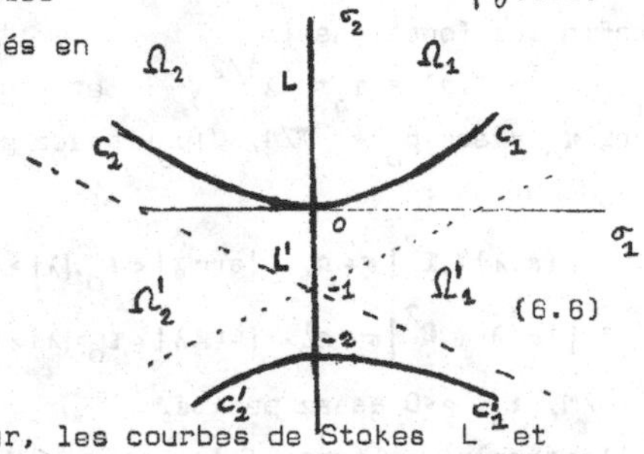

Nous désignerons par :

$$\tilde{\Omega} = \Omega_1 \cup \Omega_2 \cup L, \qquad \tilde{\Omega}' = \Omega_1' \cup \Omega_2' \cup L', \qquad (6.6)$$

Les domaines qui contiennent, en leur intérieur, les courbes de Stokes L et L' respectivement. $\tilde{\Omega}$ est un domaine de Stokes dont l'image par I comprend une coupure (il est "consistant"), $\tilde{\Omega}'$ est un domaine de Stokes dont l'image par I comprend deux coupures d'orientation opposée (il est "inconsistant").

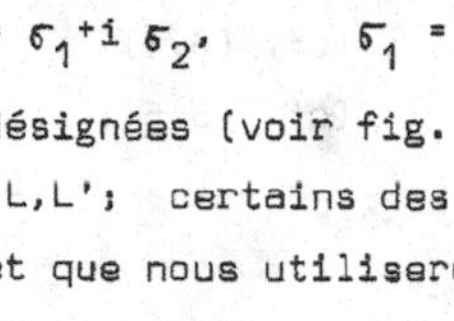

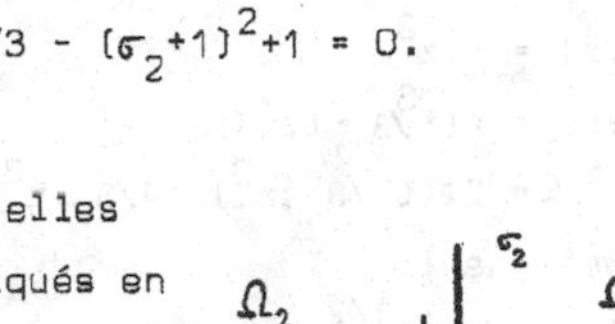

On désigne par V_0 un angle de sommet 0, de demi-ouverture δ, d'axe la demi-droite Im $z < 0$ Re $z = 0$, par $\tilde{V}_0$ (resp. $\tilde{V}_1$) un angle de demi-ouverture δ, d'axe la demi-droite $\mathrm{Re}\, z = 0$ (resp. $\mathrm{Im}\, z < 0$, $\mathrm{Re}\, z = 0$) contenant en son intérieur le point 0 (resp. $4/3i$).

Ces ensembles sont représentés sur la figure (6.7)

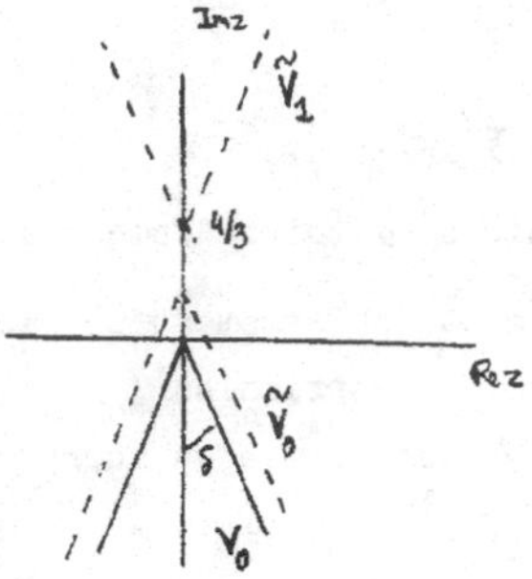

fig. (6.7)

On pose alors : $\mathcal{U}_o = \mathbb{C}\setminus V_o$,

$$\mathcal{U}'_o = \mathbb{C}\setminus(\tilde{V}_1 \cup V_o).$$

En prenant les images réciproques par I, on obtient les ensembles :

$$\Omega_o = I^{-1}(\mathcal{U}_o), \qquad \Omega'_o = I^{-1}(\mathcal{U}'_o) \tag{6.7}$$

Nous introduisons ou rappelons ci-dessous un certain nombre de notations :

(a) $\xi(\sigma) = \xi(t,z) = (2/3)^{1/2} e^{i\pi/4} (t-z)(t+2z)^{1/2} z^{-3/2}$ (cf. (6.4) et (6.1))

(b) $\lambda(z,w,r) = r\, z^3$ (cf. (6.1))

(c) $\varphi(t,z,w,r) = \varepsilon(t^3/3 - tz^2)r$ (cf. (3.5))

(d) $E = 2\varepsilon(t^3/3 - tz^2)r + 4/3\, \varepsilon z^3 r$ (6.8)

(e) enfin les fonctions :

$$\pi(\xi,\lambda) = \pi_o + \lambda^{1/2}\xi \quad \text{et} \quad p(\xi,\lambda) = p_o + \xi,$$

où $\arg \pi_o = \arg p_o = -\pi/4$, $|p_o|$ assez grand,

et les domaines :

(f) $\Omega = \{(\sigma,\lambda) \in \mathbb{C}^2 \mid \sigma \in \Omega_o,\ |\arg \lambda| < \varepsilon_o, |\lambda| > M\} \cup \{(\sigma,\lambda) \mid\ |\sigma| < \rho |\lambda|^{-1/2}\}$

$\Omega' = \{(\sigma,\lambda) \in \mathbb{C}^2 \mid \sigma \in \Omega'_o,\ |\arg \lambda| < \varepsilon_o, |\lambda| > M\} \cup \{(\sigma,\lambda) \mid\ |\sigma| < \rho |\lambda|^{-1/2}\}$

avec $1/M$, ε_o, $\rho > 0$ assez petits,

puis l'ensemble $\Gamma^+_{\mathbb{C}}$ (resp. $\Gamma^-_{\mathbb{C}}$), image réciproque de $\Omega \times I \times W$ (resp. $\Omega' \times I \times W$) par l'application :

$$(t,r,y,w) \to (\sigma,\lambda,z,\omega)$$

où $\sigma = i(t/z - 1)$, $z = (-y)^{1/2}$, $\lambda = r\, z^3$,

et où $I =]0,c[$, $c > 0$ assez petit.

Si l'on rappelle que $q_o(t,y,w,r)$ et $q'_o(t,y,w,r)$ sont définis en (3.11), on peut énoncer le résultat de cette section.

<u>Proposition 6.1</u> Avec les notations (6.8) (a) - (f) et (4.7) ;

(i) On obtient dans l'ensemble $\Gamma^+_{\mathbb{C}}$ défini ci-dessus les représentations :

$$q_0(t,y,w,r) = h_0(t,y,w,r)\,\pi(\xi,\lambda)^{\mu_\varepsilon}(t,y,w,r)\,p(\xi,\lambda)^{\mu_{\varepsilon/3}}(t,y,w,r)\,\lambda(y,w,r)^{\mu_{\varepsilon/6}} \quad (6.8.1)$$

$$q'_0(t,y,w,r) = h'_0(t,y,w,r)\,\pi(\xi,\lambda)^{\mu-\varepsilon}(t,y,w,r)\,p(\xi,\lambda)^{\mu-\varepsilon/3}(t,y,w,r)\,\lambda(y,w,r)^{\mu-\varepsilon/6}\ \exp 2i\varphi(t,y,w,r), \quad (6.8.2)$$

où les fonctions h_0 et h'_0 sont dans les variables (σ,λ,z,w) des fonctions C^∞ en z,w à valeurs dans les fonctions holomorphes et bornées de $(\sigma,\lambda)\in\Omega$.

(ii) Par contre dans l'ensemble $\Gamma_{\mathbb{C}}^-$ on a :

$$q_0(t,y,w,r) = k_0(t,y,w,r)\,\pi(\xi,\lambda)^{\mu_\varepsilon}(t,y,w,r)\,p(\xi,\lambda)^{\mu_{\varepsilon/3}}(t,y,w,r)\,\lambda(y,w,r)^{\mu_{\varepsilon/6}}$$
$$+\, l_0(t,y,w,r)\,\pi(\xi,\lambda)^{\mu_{-\varepsilon}}(t,y,w,r)\,p(\xi,\lambda)^{\mu_{-\varepsilon/3}}(t,y,w,r)\,\lambda(y,w,r)^{\mu_{\varepsilon/6}}\exp iE(t,y,w,r) \quad (6.8.3)$$

$$q'_0(t,y,w,r) = k'_0(t,y,w,r)\,\pi(\xi,\lambda)^{\mu_\varepsilon}(t,y,w,r)\,p(\xi,\lambda)(t,y,w,r)^{\mu-\varepsilon/3}(y,w,r)\exp 2i\varphi(t,y,w,r)$$
$$+\, l'_0(t,y,w,r)\,\pi(\xi,\lambda)^{\mu_\varepsilon}(t,y,w,r)\,p(\xi,\lambda)^{\mu_{\varepsilon/3}}(t,y,w,r)\,\lambda(y,w,r)^{\mu-\varepsilon/6}\exp(-4i/3\varepsilon w'rz) \quad (6.8.4)$$

où les fonctions k_0, k'_0, l_0, l'_0 sont C^∞ en z,w à valeurs dans les fonctions holomorphes et bornées de $(\sigma,\lambda)\in\Omega'$.

Avant de donner la preuve de cette proposition, qui est assez technique, nous ferons quelques remarques.

Remarques 6.1. :

(α) Les domaines $\Gamma_{\mathbb{C}}^+$ et $\Gamma_{\mathbb{C}}^-$ sont des voisinages convenables des zones $t^2\xi'_1+\xi'' \geq 0$ et $t^2\xi'_1+\xi'' \leq 0$.

(β) Les points (i) et (ii) expriment que la fonction q_0 (resp. $e^{-2i\varphi}q'_0$), qui se comporte comme un "symbole" dans $t\xi'_1+\xi'' \geq c|\xi|$, contient par contre des termes "oscillants" quand on franchit les points de transition $t^2\xi'_1+\xi'' = 0$, et il apparait alors une nouvelle fonction de phase :

$$E(t,x,\xi) = 2\varepsilon\,(t^3_{/3}\ \xi'_1 + t\xi'') + 4/3\varepsilon(-\xi''/\xi'_1)^{3/2}\xi'_1.$$

Pour la preuve nous aurons besoin d'introduire les domaines :

$$\tilde{\mathcal{U}}_0 = \mathbb{C}\setminus\tilde{V}_0, \qquad \tilde{\mathcal{U}}'_0 = \mathbb{C}\setminus(\tilde{V}_1\cup\tilde{V}_0),$$

et leurs images réciproques par I :

$$\tilde{\Omega}_0 = I^{-1}(\tilde{\mathcal{U}}_0), \qquad \tilde{\Omega}'_0 = I^{-1}(\tilde{\mathcal{U}}'_0).$$

L'introduction des ensembles $\tilde{\Omega}_0$ et $\tilde{\Omega}'_0$ est justifiée par le fait qu'aucun de ces deux domaines ne contient en son adhérence l'un ou l'autre des points de transition $\sigma = 0$ ou $\sigma = -2i$ de l'équation différentielle (E_6).

On peut alors indiquer le plan de la démonstration de la proposition (6.1) :

- (a) on étudie l'équation (E_6) dans $\tilde{\Omega}_0$ et $\tilde{\Omega}'_0$,
- (b) on construit des solutions de (E_6) au voisinage de $\sigma = 0$,
- (c) on compare les fonctions obtenues.

Avant d'en venir au détail de la démonstration, nous ferons encore quelques remarques qui seront utiles non seulement dans la preuve de la proposition (6.1) mais encore dans les sections suivantes, en particulier la section 8.

Remarques 6.2.

(α) Par l'application $\sigma \to z = I(\sigma)$ Ω_1(resp. Ω'_1) est appliqué sur le demi-espace $\mathrm{Re}\, z > 0$ (resp. $\mathrm{Re}\, z < 0$) , Ω_2(resp. Ω'_2) sur $\mathrm{Re}\, z < 0$ (resp. $\mathrm{Re}\, z > 0$), L(resp. L') est appliqué sur le segment $\mathrm{Re}\, z = 0$, $\mathrm{Im}\, z > 0$ (resp. $\mathrm{Re}\, z = 0$, $0 < \mathrm{Im}\, z < 4/3$).

(β) $\mathcal{U}_0$ et $\mathcal{U}'_0$ ne contenant pas V_0 on a :

$$1/2((2k-1)\pi + \delta) < \arg I(\sigma) < 1/2((2k+1)+1)\pi - \delta), \qquad \sigma \in \Omega_0(\text{resp. } \Omega'_0) ,$$

soit

$$- (\pi/4 - \delta/4) < \arg \xi(\sigma) - k\,\pi/2 < 3\pi/4 - \delta/4 ,$$

$$- (3\pi/4 - \delta/4) < \arg \xi(\sigma) - (k+1)\,\pi/2 < \pi/4 - \delta/4,$$

avec $k = 0$ dans Ω_0 $k = -2$ dans Ω'_0.

Par suite si l'on désigne par S_k le secteur $|\arg z - k\,\pi/2| < \pi/4$,

(6.10)

et si l'on désigne par $\mathcal{D}_k = S_{k-1} \cup \overline{S}_k \cup S_{k+1}$, on obtient que lorsque σ varie dans Ω_0 (resp. Ω'_0) $\xi(\sigma)$ varie dans le secteur $\mathcal{D}_0 \cap \mathcal{D}_1$ (resp. $\mathcal{D}_{-1} \cap \mathcal{D}_2$).

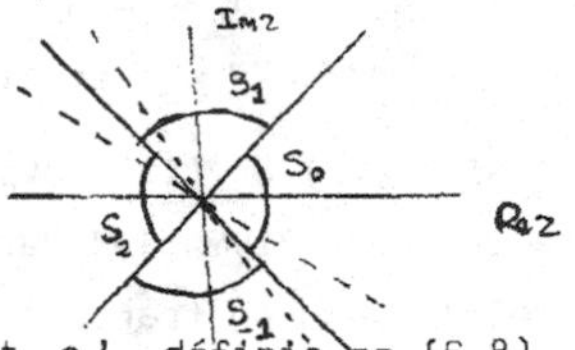

La fonction $I(\sigma)$ définie en (6.3), les domaines Ω_0 et Ω'_0 définis en (6.8), ont la propriété essentielle suivante :

(γ) Tout point $\bar{\sigma} \in \Omega_0$(resp. Ω'_0) peut être joint à l'∞ dans Ω_0 (resp. Ω'_0) par une courbe :

$$\gamma^{\pm}_{\bar{\sigma}} : \bar{\mathbb{R}}_{\pm} \ni s \to \sigma(s), \qquad \sigma(0) = \bar{\sigma} , \tag{6.11}$$

telle que la fonction :

$$s \to \mathrm{Re}(\lambda\, I(\sigma(s))), \quad |\arg \lambda| \leq \delta/4, \tag{6.12}$$

est strictement décroissante (resp. strictement croissante).

Justifions brièvement la propriété (γ).

Plaçons nous dans Ω'_0 par exemple et observons que la condition :

$$\mathrm{Re}\,\lambda(I(t)-I(\sigma)) < 0 \quad (\text{resp } \mathrm{Re}\,\lambda(I(t)-I(\sigma)) > 0)\ , \qquad |\arg\lambda| \leq \delta/4,$$

positionne $I(t)$ dans la région (I) resp. (I)') figurée en (6.13).

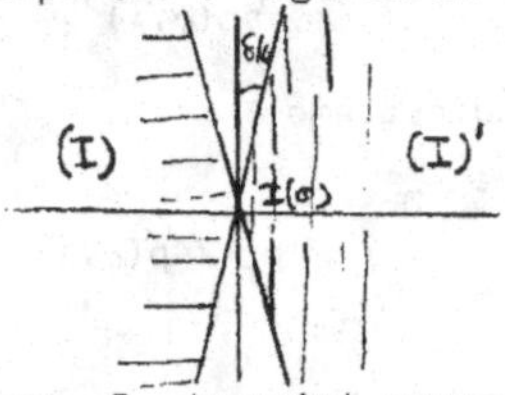

(fig. 6.13)

Si l'on note $\tau = I(\sigma)$, θ l'image par I du point courant $t \in \Omega'_0$, $C_\tau^{\mp}$ la courbe décrite par θ quand t décrit $\gamma_\sigma^{\mp}$, on peut construire $C_{\tau}^{\mp}$ de la façon suivante : on choisit $R > 0$ assez grand, hors du disque $|\theta| \leq R$ on prend pour $C_\tau^{\mp}$ le rayon :

$$\theta = \tau + se^{i\alpha_{\mp}} \qquad |\alpha_- - \pi| < \pi/2 - \delta/4, \quad |\alpha_+| < \pi/2 - \delta/4\ ,$$

que l'on complète suivant les cas d'un arc contenu dans le disque $|\theta| \leq R$.

(a) Etude de l'équation (E_6) dans les domaines $\tilde{\Omega}_0$ et $\tilde{\Omega}'_0$

Désignons par $\tilde{\mathcal{D}}_0$ (resp. $\tilde{\mathcal{D}}'_0$) le sous-ensemble ouvert de $\mathbb{C}^4$ défini par

$$\tilde{\mathcal{D}}_0(\text{resp.} \tilde{\mathcal{D}}'_0) = \{(\sigma,\lambda,a,b) \in \mathbb{C}^4 \mid \sigma \in \tilde{\Omega}_0 (\text{resp. } \tilde{\Omega}'_0),\ |\lambda| > M,\ |\arg\lambda| < \delta/4,\ |a| < R,\ |b| < R\} \tag{6.13}$$

Nous supposerons R fixé assez grand.

Proposition 6.2. : Si $1/M$ et δ sont assez petits, l'équation (E_6) a des solutions r_+ et r_- holomorphes dans $\tilde{\mathcal{D}}_0$ telles que :

$$r_{\pm}(\sigma,\lambda,a,b) = (p(\sigma,\lambda,a,b))^{-1/4}\,\sigma^{\pm ia/2}(1+G_{\pm}(\sigma,a,b))(1+F_{\pm}(\sigma,\lambda,a,b))\exp(\pm\lambda I(\sigma)+h_{\pm}(\sigma,\lambda,a,b)), \tag{6.14}$$

où les fonctions $F_{\pm}$, $G_{\pm}$, $h_{\pm}$ sont holomorphes dans $\tilde{\mathcal{D}}_0$ et vérifient les estimations uniformes :

$$|F_{\pm}(\sigma,\lambda,a,b)| \leq c/_{|\lambda|}\ , \quad |G_{\pm}(\sigma,a,b)| \leq c/_{|\sigma|}\ , \quad |h_{\pm}(\sigma,\lambda,a,b)| \leq c/_{|\lambda|}.$$

On a un résultat analogue dans le domaine $\tilde{\mathcal{D}}'_0$ avec des fonctions $r'_{\pm}$.

Démonstration

Nous nous contenterons d'indiquer les grandes lignes de la preuve et nous omettrons pour simplifier la dépendance en les paramètres a,b qui ne fait pas de difficultés. L'équation $\left[\dfrac{d^2}{d\sigma^2} + \lambda^2 p(\sigma,\lambda)\right] r = 0$ s'écrit en posant $W = \begin{pmatrix} r \\ \dfrac{dr}{d\sigma}\end{pmatrix}$

sous forme du système :

$$W' = A(\sigma,\lambda)W, \qquad \text{avec} \qquad A(\sigma,\lambda) = \begin{pmatrix} 0 & 1 \\ \lambda^2 p(\sigma,\lambda) & 0 \end{pmatrix}.$$

On pose $W = T(\sigma,\lambda)V$ avec $T(\sigma,\lambda) = \begin{pmatrix} 1 & 1 \\ \lambda p(\sigma,\lambda)^{1/2} - p'_\sigma/4p(\sigma,\lambda) & -\lambda p(\sigma,\lambda)^{1/2} - p'_\sigma/4p(\sigma,\lambda) \end{pmatrix}$

et on est conduit au nouveau système :

$$V' = \left[\lambda p(\sigma,\lambda)^{1/2} \begin{pmatrix} 0 & 0 \\ 0 & -1 \end{pmatrix} - p'_\sigma/4p(\sigma,\lambda) \begin{pmatrix} 1 & 0 \\ 0 & 1 \end{pmatrix} + \frac{\delta(\sigma,\lambda)}{\lambda} \begin{pmatrix} 1 & 1 \\ -1 & -1 \end{pmatrix} \right] V$$

avec

$$\delta(\sigma,\lambda) = \left[1/8 \; p''_\sigma/p^{3/2} - 5/32 (p'_\sigma)^2/p^{5/2} \right] (\sigma,\lambda)$$

On effectue encore un changement d'inconnue :

$$V = p(\sigma,\lambda)^{-1/4} \exp(-\lambda J(\sigma,\lambda))\, \mathcal{U},$$

où $J(\sigma,\lambda) = \int_{\sigma_0}^{\sigma} p^{1/2}(t,\lambda)dt$, σ_0 étant un point fixé de $\tilde{\Omega}_0$.

$$\mathcal{U}' = \left[\lambda p(\sigma,\lambda)^{1/2} \begin{pmatrix} 2 & 0 \\ 0 & 0 \end{pmatrix} + \frac{\delta(\sigma,\lambda)}{\lambda} \begin{pmatrix} 1 & 1 \\ -1 & -1 \end{pmatrix} \right] \mathcal{U},$$

qui est ramené aux équations intégrales :

$$u_1 = c_1 \exp 2(\lambda J(\sigma)) - \int_{\gamma_\sigma^+} \exp 2\lambda (J(\sigma)-J(t))\, \delta(t,\lambda)/\lambda \,(u_1+u_2)dt$$

$$u_2 = c_2 + \int_{\gamma_\sigma^+} \delta(t,\lambda)/\lambda \,(u_1+u_2)dt.$$

On fait le choix $c_1 = 0$, $c_2 = 1$, et on choisit le chemin d'intégration γ_σ^+ en accord avec les définitions (6.11) et (6.12)

Comparons maintenant les fonctions $J(\sigma,\lambda)$ et $I(\sigma)$.

On pose :

$$\tilde{r}(\sigma,\lambda) = \lambda \left[p_0^{1/2} (1 + \lambda^{-1}\, p_1/p_0)^{1/2} - p_0^{1/2} \right] (\sigma,\lambda).$$

On a :

$$\exp(2\lambda(J(\sigma,\lambda) - J(t,\lambda))) = \exp 2\lambda(I(\sigma) - I(t)) \exp 2\left(\int_t^\sigma \tilde{r}(u,\lambda)du\right),$$

mais si l'on pose :

$$\exp 2\left(\int_t^\sigma \tilde{r}(u,\lambda)du = q(\sigma)/q(t) \exp(\lambda^{-1} k(\sigma,t,\lambda)),\right.$$

avec $q(\sigma) = \sigma^{-ia}(1+2i/\sigma)^{i(b-a)/2}$,

On vérifie que si M est assez grand, on a pour $|\lambda| > M$, σ, $t \in \tilde{\Omega}_0$ l'estimation :

$$|k(\sigma,t,\lambda)| \leq c.$$

Puis on pose $f_1 = u_{1/q}$, $f_2 = u_{2/q}$ et on obtient les équations intégrales :

$$f_1 = -\int_{\gamma_\sigma^+} \exp 2\lambda(I(\sigma)-I(t))\,\lambda^{-1}\exp(\lambda^{-1}k(\sigma,t,\lambda))\,\delta(t,\lambda)(f_1+f_2)(t,\lambda)dt$$

$$f_2 = 1 + \int_{\gamma_\sigma^+} \lambda^{-1}\,\delta(t,\lambda)(f_1+f_2)(t,\lambda)dt$$

On observe alors que $\sup_{\substack{\sigma\in\tilde{\Omega}_0 \\ \{\lambda,\,|\arg\lambda|\leq\delta/4,|\lambda|\geq M\}}} \int_{\gamma_\sigma^+} |\delta(t,\lambda)||dt| < +\infty$, et que sur γ_σ^+

On a $\mathrm{Re}\,\lambda(I(\sigma)-I(t)) \leq 0$.

La méthode des approximations succéssives permet de construire des solutions f_1 et f_2 vérifiant pour $\sigma\in\tilde{\Omega}_0$, $|\lambda|>M$, $|\arg\lambda|<\delta/4$:

$$|f_1(\sigma,\lambda)| \leq c/_{|\lambda|} \quad , |f_2(\sigma,\lambda)-1| \leq c/_{|\lambda|}$$

On en déduit une solution $r_-(\sigma,\lambda)$ de (E_6) :

$$r_-(\sigma,\lambda) = q(\sigma)p(\sigma,\lambda)^{-1/4}(f_1+f_2)(\sigma,\lambda)\exp(-\lambda J(\sigma,\lambda)), \qquad (6.15)$$

qui vérifie les propriétés anoncées.

La construction de r_+ s'opère de la même façon en utilisant cette fois les chemins d'intégrations γ_σ^- de (6.11).

La preuve de la proposition 6.2 est donc achevée.

Substituant $i(\frac{t}{z}-1)$, $r\ z^3$, $a(z,w)$, et $b(z,w)$ à σ,λ,a, et b dans les fonctions $r_\pm(\sigma,\lambda,a,b)$ déterminées à la proposition (6.2) on obtient deux nouvelles solutions de l'équation (E_2), nous allons les comparer aux solutions $k_\pm$ construites par la relation (3.9). Pour cela on commence par observer que la solution $\mathcal{R}(\rho,\mu,\alpha,\beta)$ de (3.8) tend vers zéro quand ρ tend vers l'infini, μ,α,β étant fixés, dans le secteur $|\arg\rho|<\pi/6$ (elle est dite "sous-dominante").

Fixons r,z,w dans les conditions prescrites, on peut faire tendre t vers $l'\infty$ en sorte que ρ donné par la formule (3.6) avec $\varepsilon' = -1$ tende vers $l'\infty$ avec $|\arg\rho|<\pi/6$, et en sorte que $\sigma = i(t/z-1)$ tende vers $l'\infty$ dans Ω_1 avec $\mathrm{Re}(\lambda I(\sigma)) > 0$ Dans ces conditions la fonction k_- et la solution obtenue à l'aide de r_- tendent toutes deux vers 0. Elles sont donc liées comme fonctions de t. On peut raisonner de même, remplaçant -1 par 1 et Ω_2 par Ω_1, et obtenir que k_+ et la fonction obtenue à l'aide de r_+ sont liées. On obtient, à l'aide des développements (3.8) et en exprimant les différents changements de variable effectués, pour $\varepsilon' = \pm 1$:

$$k_{\varepsilon'}(t,z,w,r) = c_{\varepsilon'}(\lambda,z,w)\,\lambda^{2\mu_{\varepsilon'}/3}\,r_{\varepsilon'}(\sigma,\lambda,a(z,w),b(z,w))e^{-2\varepsilon' i\lambda/3} \qquad (6.16),$$

où $\sigma = i(t/z-1)$, $\lambda = r\,z^3$,

où $\mu_{\varepsilon'}(z,w) = -1/2 - i\varepsilon' a(z,w)/4$,

et où les $c_{\varepsilon'}(\lambda,z,w)$ désignent des fonctions C^∞ de (z,w) à valeurs dans les fonctions holomorphes et bornées de λ pour $|\arg\lambda|<\delta/4$, $|\lambda|>M$.

Nous poursuivons notre étude en étudiant l'équation (E_6) au voisinage du point de transition $\sigma = 0$.

(b) <u>Etude de l'équation</u> (E_6) <u>au voisinage du point de transition</u> $\sigma = 0$.

Nous pourrons nous contenter dans ce (b) d'exploiter le résultat de [23], Biys effectuons dans l'équation (E_6) le changement de variables

$$\sigma \to \xi(\sigma) = \left(2\int_0^\sigma -t(t+2i)\right)^{1/2} \qquad (6.17)$$

(cf. 6.4) au voisinage de $\sigma = 0$, nous désignerons par

$$\xi \to \varphi(\xi) \qquad (6.18)$$

l'application réciproque de (6.17).

L'équation

$$(E_6) \qquad \left[\frac{d^2}{d\sigma^2} - \lambda^2 p(\sigma,\lambda,a,b)\right] v = 0$$

s'écrit en posant $u(\xi) = \varphi'(\xi)^{1/2} v(\varphi(\xi))$:

$$(6.19) \qquad \left[\frac{d^2}{d\xi^2} - (\lambda^2\xi^2 + \lambda H(\xi,\lambda,a,b))\right] u = 0,$$

où H est une fonction holomorphe de ses arguments pour $|\xi| < \rho$, $|\lambda| > M$ $|\arg\lambda| < \rho_0$, $|a| < R$, $|b| < R$, admettant un développement aysmptotique uniforme (du moins si ρ_0 et $1/M$ sont assez petits) :

$$H(\xi,\lambda,a,b) \simeq H_0(\xi,a,b) + \sum_{j=1}^{\infty} \lambda^{-j} H_j(\xi,a,b),$$

où

$$H_0(0,a,b) = i\, a/2.$$

Nous omettrons comme plus haut la dépendance en a et b des fonctions considérées et nous écrirons l'équation (6.19) comme un système du premier ordre :

$$(6.20) \qquad \left[\frac{d}{d\xi} - \lambda A(\xi,\lambda)\right] \mathcal{U} = 0,$$

avec

$$A(\xi,\lambda) \simeq \Lambda(\xi) + \sum_{j=1}^{\infty} \lambda^{-j} A_j(\xi),$$

et

$$\Lambda(\xi) = \begin{pmatrix} 0 & 1 \\ \xi^2 & 0 \end{pmatrix}$$

Le résultat de [23] affirme que (6.20) admet une <u>simplification uniforme</u> au voisinage de $\xi = 0$. Plus précisément si $\rho, 1/M, \varepsilon_0$ sont ssez petits, il existe une matrice (2.2) $Q(\xi,\lambda)$ de fonctions holomorphes pour $|\xi| < \rho$, $|\lambda| > M$, $|\arg\lambda| < \varepsilon_0$, admettant quand $\lambda \to \infty$ le développement asymptotique uniforme pour $|\xi| < \rho$:

$$Q(\xi,\lambda) \simeq \sum_{j=0}^{\infty} Q_j(\xi)\, \lambda^{-j}$$

avec $\det Q_0(\xi) = 1$, telle que si l'on pose $\mathcal{U} = Q(\xi,\lambda) W$ on a :

(6.21) $\left[\frac{d}{d\xi} - \lambda c(\xi,\lambda)\right] w = 0,$

avec $c(\xi,\lambda) = \Lambda(\xi) + \lambda^{-1}\begin{pmatrix} 0 & 0 \\ \beta(\lambda) & 0 \end{pmatrix}$, $\beta(\lambda) \simeq ia/2 + \sum_{j>0} \beta_j \lambda^{-j}$.

Le système (6.21) est équivalent à l'équation :

$$\left[\frac{d^2}{d\xi^2} - (\xi^2+\beta)\right] A = 0,$$

dont on désignera par $A_o(\xi,\beta)$ la solution sous-dominante pour $\xi \geq 0$.
On posera

$$A_k(\xi,\beta) = A_o(i^{-k}\xi, i^{-2k}\beta) \quad k = 0,\ 1,\ 2,\ -1.$$

Les $w_k = \begin{pmatrix} A_k(\lambda^{1/2}\xi,\beta) \\ \lambda^{-1/2}A_k'(\lambda^{1/2}\xi,\beta) \end{pmatrix}$ forment des solutions deux à deux indépendantes de (6.21).

Si l'on pose $Q = \begin{pmatrix} Q_{11} & Q_{12} \\ Q_{21} & Q_{22} \end{pmatrix}$ les

$$v_k(\sigma,\lambda) = \varphi^{1/2}{}_{11}(\xi(\sigma),\lambda))\, A_k(\lambda^{1/2}\xi(\sigma),\beta(\lambda)) + \varphi^{1/2} Q_{12}(\xi(\sigma),\lambda)\,\lambda^{-1/2} A_k'(\lambda^{1/2}\xi(\sigma),\beta(\lambda)) \tag{6.23}$$

sont des solutions deux à deux indépendantes.

Plus précisèment le Wronskien de v_k et $v_{k'}$ est pour $(k,k')=(0,1)$ ou $(1,2)$ de la forme $\lambda^{1/2}a_{k,k'}(\lambda)$, où $a_{k,k'}$ et $a_{k,k'}^{-1}$ sont des fonctions holomorphes et bornées de λ pour $|\lambda| > M$, $|\arg\lambda| < \rho_o$.

De plus pour $x \in \mathcal{D}_k = S_{k-1} \cup \overline{S}_k \cup S_{k+1}$ (cf. (6.10)), $A_k(x,\beta)$ admet le développement asymptotique :

$$A_k(x,\beta) = i^{-k(-1/2+(-1)^{k+1}\beta/2)}\, x^{-1/2+(-1)^{k+1}\beta/2}(1+O(x^{-1/2}))\exp\left((-1)^{k+1}x^2/2\right) \tag{6.24}$$

Les fonctions v_k définies en (6.23) sont des solutions de (E_6) au voisinage de $\sigma = 0$. Il nous reste à les comparer aux solutions construites plus haut.

(c) <u>Comparaison des solutions de</u> (E_6)

Si l'on rappelle que pour $\sigma \in \Omega_o$ (resp. $\sigma \in \Omega_o'$) $\xi(\sigma) \in \mathcal{D}_o \cap \mathcal{D}_1$ (resp. $\mathcal{D}_1 \cap \mathcal{D}_2$) il apparait que pour ρ, ε_o, $1/M$ assez petits, on pourra comparer à l'aide des relations (6.14) et (6.24) les solutions de (E_6) obtenues :

i.e. $v_o(\sigma,\lambda,a,b)$ et $v_1(\sigma,\lambda,a,b)$ (resp. $v_{-1}(\sigma,\lambda,a,b)$ et $v_2(\sigma,\lambda,a,b)$) d'une part, et $r_+(\sigma,\lambda,a,b)$ et $r_-(\sigma,\lambda,a,b)$ (resp. $r_+'(\sigma,\lambda,a,b)$ et $r_-'(\sigma,\lambda,a,b)$)

d'autre part, dans le domaine :

$$(|\sigma| < \rho) \cap \tilde{\Omega}_0 \text{ (resp. } (|\sigma| < \rho\ \tilde{\Omega}'_0), \quad |\lambda| > M, \quad |\arg\lambda| < \varepsilon_0 .$$

Explicitons par exemple :

$$v_k(\sigma,\lambda,a,b) = a_k(\sigma,\lambda,a,b)\, A_k(\lambda^{1/2}\xi(\sigma),\beta) + a'_k(\sigma,\lambda,a,b)\,\lambda^{-1/3} A'_k(\lambda^{1/2}\xi(\sigma),\beta)$$

où les a_k et a'_k sont bornés pour $|\sigma| < \rho$, $|\lambda| > M$, $|\arg\lambda| < \varepsilon_0$.

On peut écrire :

$$r'_-(\sigma,\lambda,a,b) = c(\lambda,a,b)\; v_2(\sigma,\lambda,a,b) + \tilde{c}(\lambda,a,b) v_{-1}(\sigma,\lambda,a,b) ,$$

et on peut choisir $\bar{\sigma} \in \Omega'_2$, $|\bar{\sigma}| < \rho$, en sorte que $\mathrm{Re}(\lambda I(\bar{\sigma})) > 0$ pour $|\arg\lambda| < \varepsilon_0$. ($\varepsilon_0$ assez petit, en particulier $\varepsilon_0 \le \delta/4$). On utilise alors les relations (6.14) et (6.24) en faisant tendre λ vers l'infini $\sigma = \bar{\sigma}$ étant fixé.

on en déduit :

$$c(\lambda,a,b) = \lambda^{1/4(1+ia/2)}\; O(1),$$

$$\tilde{c}(\lambda,a,b) = O(\lambda^{-\infty})$$

(plus précisément $\tilde{c}(\lambda,a,b) = O(\lambda^t)\exp -2(\mathrm{Re}\,\lambda I(\bar{\sigma}))$ pour un $t \geqslant 0$).

d'où les relations :

$$\begin{aligned} r'_+(\sigma,\lambda,a,b) &= O(1)\;\lambda^{1/4-ia/8} v_{-1}(\sigma,\lambda,a,b) + O(\lambda^{-\infty})\; v_2(\sigma,\lambda,a,b) \\ r'_-(\sigma,\lambda,a,b) &= O(1)\;\lambda^{1/4+ia/8} v_2(\sigma,\lambda,a,b) + O(\lambda^{-\infty})\; v_{-1}(\sigma,\lambda,a,b), \end{aligned} \tag{6.25}$$

et

$$\begin{aligned} r_+(\sigma,\lambda,a,b) &= O(1)\;\lambda^{1/4-ia/8} v_1(\sigma,\lambda,a,b) + O(\lambda^{-\infty}) v_0(\sigma,\lambda,a,b) \\ r_-(\sigma,\lambda,a,b) &= O(1)\;\lambda^{1/4+ia/8} v_0(\sigma,\lambda,a,b) + O(\lambda^{-\infty}) v_1(\sigma,\lambda,a,b) \end{aligned} \tag{6.26}$$

A l'aide des relations (6.26) (resp. (6.25)), après avoir diminué convenablement ρ et ε_0 et avoir adapté le domaine $\tilde{\Omega}_0$ (resp. $\tilde{\Omega}'_0$), et à l'aide des relations (6.14) nous obtenons une représentation des fonctions r_+ (resp. r'_1) valide pour $\sigma \in \Omega_0$ (resp. $\sigma \in \Omega'_0$).

On formule ces résultats avec les notations de (6.8) :

$$\begin{aligned} r_\pm(\sigma,\lambda,a,b) &= b_\pm(\sigma,\lambda,a,b)\,\pi(\xi(\sigma),\lambda)^{\mu_\mp} (p(\xi(\sigma),\lambda))^{\mu_\mp/3}\;\lambda^{-\mu_\mp/2} \exp(\pm\lambda\,\xi^2(\sigma)/2), \\ r'_\pm(\sigma,\lambda,a,b) &= b'_\pm(\sigma,\lambda,a,b)\;\pi(\xi(\sigma),\lambda)^{\mu_\mp} p(\xi(\sigma),\lambda)^{\mu_\mp/3}\;\lambda^{-\mu_\mp/2}\; \exp(\pm\lambda\,\xi^2(\sigma)/2), \end{aligned} \tag{6.27}$$

où les fonctions b_ε (resp. b'_ε) sont des fonctions holomorphes et bornées de σ, λ

dans Ω (resp. Ω') et de a et b pour $|a| < R$, $|b| < R$.
Les relations (6.16) et (6.27) nous permettent d'achever la preuve du point (i) de la proposition (6.1).
Pour obtenir le point (ii), il suffit de voir que la forme explicite des multiplicateurs de Stokes de l'équation (6.22) (voir [5]) permet d'exprimer v_0 et v_1 comme des combinaisons linéaires de v_{-1} et v_2 par des fonctions holomorphes et bornées de λ, a, b pour $|\lambda| > M$, $|\arg \lambda| < \varepsilon_0$, $|a| < R$, $|b| < R$ et d'utiliser les relations (6.25) et (6.27). La preuve de la proposition (6.1) est maintenant complète.
Nous ferons maintenant la remarque.

Remarque 6.2.

Quand $t = 0$ σ a la valeur $-i\varepsilon\Omega'$, par conséquent les traces sur $t = 0$ de q_0 (resp. q_0') présentent l'"oscillation" $e^{4i\varepsilon\xi_1'(-\xi''/\xi_1')^{3/2}}$ (resp. $e^{-4i\varepsilon\xi_1'(-\xi''/\xi_1')^{3/2}}$)

Par contre les traces sur $t = 0$ des fonctions p_0 et $p_0' e^{-2i\varphi}$ sont des "symboles" en vertu du résultat suivant :

Proposition (6.3).

(i) Le comportement de p_0 (resp. p_0') se décrit dans l'ensemble $\Gamma_{\mathbb{C}}^+$ comme celui de q_0 (resp. q_0') dans l'ensemble $\Gamma_{\mathbb{C}}^-$.

(ii) Le comportement de p_0 (resp. p_0') se décrit dans l'ensemble $\Gamma_{\mathbb{C}}^-$ comme celui de q_0 (resp. q_0') dans l'ensemble $\Gamma_{\mathbb{C}}^+$.

Nous n'en donnerons pas la preuve car celle-ci s'obtient par des arguments tout à fait analogues à ceux de l'étude ci-dessus.

§7. Quelques ensembles de fonctions holomorphes

Nous avons obtenu dans les sections 5 et 6 une description des fonctions q_0 et q'_0 dans certains voisinages, dans le complexe pour certaines des variables, des ensembles Δ, Δ_0, et Γ introduits en (4.1). Et bien qu' en dernière analyse nous ne soyons intéressé que par le comportement de ces fonctions dans le réel, nous prendrons en compte cette information supplémentaire obtenue dans le domaine complexe car elle nous aidera à résoudre les équations de transports de la section 8.
Les résultats des sections 5 et 6 montrent que les fonctions q_0 et q'_0 ont un comportement particulier au voisinage des sous-variétés :

$$t = 0, \quad y = 0, \quad t = y = 0,$$

et diverses distances pondérées obtenues dans l'esprit de celles utilisées dans [6], s'introduisent assez naturellement :

$$\Lambda(t,y,w,r) = (r^{-4/3}+r^{-1}|t| + |t^2+y|^2)^{1/2}$$

$$d(t,y,w,r) = (r^{-2/3}+|t|^2 + |y|)^{1/2}$$

$$\delta(y,w,r) = (r^{-2/3}+|y|)^{1/2}$$

$$\theta(t,w,r) = (r^{-2/3}+|t|^2)^{1/2}$$

Commençons par décrire les résultats concernant la zone Δ.
On introduit d'abord l'ensemble

Définition 7.1. On désigne par $\Delta_{\mathbb{C}}$ le voisinage de Δ :

$$\Delta_{\mathbb{C}} : \{(t,y,w,r)\in \mathbb{C}^2\times W\times R_+ \mid \ |\arg t|< \rho_0 \text{ ou } |t|<r_0\, r^{-1/3},\ |\arg y|<\rho_0 \quad M r^{-2/3}<|y|<c,\quad w\in W,\quad r\in(T,\infty)\}$$

Les nombres positifs ρ_0, r_0, $1/M$ sont pris assez petit en accord avec les résultats des sections 5 et 6.
On désignera par $\Delta'_{\mathbb{C}}$ tout sous-ensemble fermé de $\Delta_{\mathbb{C}}$ obtenu en remplaçant dans (7.2) ρ_0, r_0, c, $1/M$, $1/T$ par des ρ'_0, r'_0, c', $1/M'$, $1/T'$ vérifiant $\rho'_0<\rho_0$, $r'_0<r_0$ etc..., en remplaçant W par un sous-ensemble compact W', (T,∞) par $[T',\infty)$, les inégalités strictes par des inégalités larges.
On notera (par abus) :

$$\Delta'_{\mathbb{C}} \subset\subset \Delta_{\mathbb{C}} \tag{7.3}$$

Soient μ, m, k, l des fonctions C^∞ de w dans W, bornées, et à valeurs réelles, soit $\bar{\varepsilon}, \bar{\delta}$ des constantes $\geqslant 0$ assez petites.
On introduit l'espace de fonctions :

Définition 7.2. On désigne par $\sum_{\bar{\varepsilon},\bar{\delta}}^{\mu,m,n,k,\ell}(\Delta_{\mathbb{C}})$ l'ensemble des fonctions f C^∞ dans $\Delta_{\mathbb{C}}$, holomorphes dans les variables t, y, vérifiant la propriété :

Pour tout $\Delta'_{\mathbb{C}} \Subset \Delta_{\mathbb{C}}$, pour tous multi-indices α et p, il existe c > 0 tel que :

$$\left| \left(\frac{\partial}{\partial w}\right)^{\alpha} \left(r \frac{\partial}{\partial r}\right)^{p} f(t,y,w,r) \right| \leq c\, r^{\mu+\bar{\varepsilon}|\alpha|}\, d^{2(m-\bar{\delta}|\alpha|)} (1+d)^{2\ell+2\bar{\delta}|\alpha|}\, \delta^{k}\, \theta^{l}, \qquad (7.4)$$

pour tout $(t,y,w,r) \in \Delta'_C$.
La raison de la "perte $\bar{\varepsilon},\bar{\delta}$ " dans la définition (7.4) est que nous avons voulu éviter de faire apparaitre les termes logarithmiques qui apparaissent généralement quand on utilise les classes de symboles d'ordre variable.
On abrégera souvent :

$$\sum_{\bar{\varepsilon},\bar{\delta}}^{\mu,m,k} = \sum_{\bar{\varepsilon},\bar{\delta}}^{\mu,m,k,o}$$
$$\sum_{\bar{\varepsilon},\bar{\delta}}^{\mu,m} = \sum_{\bar{\varepsilon},\bar{\delta}}^{\mu,m,o,o}$$

La justification de la définition (7.2) est le résultat :

Proposition 7.3 : Avec les notations de (3.11) et (4.7), pour tout $\bar{\delta} > 0$, on a :

(a) $r^{-2/3\mu_\varepsilon} q_o$ est un élément de $\sum_{o,\bar{\delta}}^{o,m_\varepsilon}(\Delta_{\mathbb{C}})$,

(b) la fonction φ ayant été définie en (3.7),
$r^{-2/3\mu_\varepsilon} q'_o e^{-2i\varphi}$ est un élément de $\sum_{o,\bar{\delta}}^{o,m_\varepsilon}(\Delta_{\mathbb{C}})$

Démonstration :

On a prouvé en (5.2) :

$$q_o(t,y,w,r) = r^{2/3\,\mu_\varepsilon(w)} (r^{-2/3}+t^2+y)^{\mu_\varepsilon(w)} h_o(tr^{1/3}, yr^{2/3}, a(w)) ,$$

où $h(\tau,\eta,\alpha)$ est une fonction holomorphe et bornée de τ, η, α pour :

$$|\arg \tau| < \rho_o \text{ ou } |\tau| < r_o, \quad |\eta| > M \; |\arg \eta| < \rho_o, \quad |\alpha| < R.$$

Il est clair que $(r^{-2/3}+t^2+y)^{\mu_\varepsilon}$ est dans la classe $\sum_{o,\bar{\delta}}^{o,m_\varepsilon}$ pour tout $\bar{\delta} > 0$, car dans $\Delta_{\mathbb{C}}$ on a $|r^{-2/3}+t^2+y| \sim r^{-2/3} + |t|^2 + |y|$.
Le fait que $h_o(tr^{1/3}, yr^{2/3}, a(w))$ est dans la classe $\sum_{o,o}^{o,o}$ résulte des estimations

standards sur les fonctions holomorphes dans des angles et de la définition (7.3).
On achève ainsi la preuve de la proposition 7.3.
On aura besoin par la suite du résultat :

Proposition 7.4.

(a) L'opérateur de dérivation $\frac{\partial}{\partial t}$ applique $\Sigma^{\mu,m,n,k,\ell}_{\bar{\varepsilon},\bar{\delta}}(\Delta_{\mathbb{C}})$ dans $\Sigma^{\mu,m,n,k,\ell-1}_{\bar{\varepsilon},\bar{\delta}}(\Delta_{\mathbb{C}})$

(b) Les opérateurs différentiels $\mathbb{P}_j(t,y,w,r,D_t,D_w)$, définis en (4.6), appliquent

pour $j > 0$ $\Sigma^{\mu,m,n,k,\ell}_{\bar{\varepsilon},\bar{\delta}}(\Delta_{\mathbb{C}})$ dans $\Sigma^{\mu+1,m+j/2(1-4\bar{\delta}),n+2j\bar{\delta},k,\ell}_{\bar{\varepsilon},\bar{\delta}}(\hat{\Delta}_{\mathbb{C}})$ si $\bar{\varepsilon} \leq 2/3\,\bar{\delta}$.

Démonstration :

Soit $f \in \Sigma^{\mu,m,n,k,\ell}_{\bar{\varepsilon},\bar{\delta}}$, écrivant

$$f = r^{\mu}(r^{-2/3}+t^2+y)^m (r^{-2/3}+y)^k (r^{-1/3}+t)^l (1+r^{-2/3}+t^2+y)^n f_0$$

observant que $|t|\,|r^{-2/3}+t^2+y|^{-1} \leq c\,(r^{-1/3}+|t|)^{-1}$ dans $\Delta_{\mathbb{C}}$, on se ramène à prouver le point (a) quand $\mu = m = n = k = l = 0$.

Dans tout $\Delta'_{\mathbb{C}} \subset\subset \Delta_{\mathbb{C}}$, on obtient par la formule de Cauchy l'estimation :

$$\left|\frac{\partial}{\partial t} f\right| \leq c(|t| + r^{-1/3})^{-1} ,$$

qui fournit le résultat voulu.

Il sera utile pour la suite de faire les observations :

$$\Sigma^{\mu,m,n,k,\ell}_{\bar{\varepsilon},\bar{\delta}}(\Delta_{\mathbb{C}}) \subset \Sigma^{\mu+1,m+1,n,k,\ell}_{\bar{\varepsilon},\bar{\delta}}(\Delta_{\mathbb{C}}), \qquad (7.5)$$

et

$$\Lambda \sim d^2 \text{ dans } \Delta_{\mathbb{C}} \qquad (7.6)$$

Pour prouver le point (b), considérons a un symbole homologue de degré m'
et l'opérateur différentiel $\mathbb{A}_l$, $l \geq 0$ associé par la formule (4.3).
Il est clair que la multiplication par $t-z(y,w,r)$ (resp. $y + z^2(y,w,r)$) applique $\Sigma^{\mu,m,n,k,\ell}_{\bar{\varepsilon},\bar{\delta}}$ dans $\Sigma^{\mu,m+1/2,n,k,\ell}_{\bar{\varepsilon},\bar{\delta}}$ (resp. $\Sigma^{\mu,m+1,n,k,\ell}_{\bar{\varepsilon},\bar{\delta}}$).
Pour déterminer l'action de $\mathbb{A}_l$ il suffit d'étudier l'action d'un opérateur du type $r^{-|\alpha|}D^{\alpha}_w$, or il est facile de voir que si $f \in \Sigma^{\mu,m,n,k,\ell}_{\bar{\varepsilon},\bar{\delta}}$ alors $r^{-|\alpha|}D^{\alpha}_w f \in \Sigma^{\mu,m+(3/2(1-\bar{\varepsilon})-\bar{\delta})|\alpha|,n+(-3/2(1-\bar{\varepsilon})+2\bar{\delta})|\alpha|,k,\ell}_{\bar{\varepsilon},\bar{\delta}}$. On en déduit :

$$\mathbb{A}_l \text{ applique } \Sigma^{\mu,m,n,k,\ell'}_{\bar{\varepsilon},\bar{\delta}} \text{ dans } \Sigma^{\mu+m',m+l/2-2/3\bar{\delta}l,n+2/3l\bar{\delta},k,\ell'}_{\bar{\varepsilon},\bar{\delta}} \text{ si } \bar{\varepsilon} \leq 2/3\,\bar{\delta} \qquad (7.7)$$

Le point (b) s'obtient en réunissant la définition (4.6) et les résultats de (a), de (7.5), et de (7.7).

On procède de façon analogue pour la zone Δ_o. On introduit :

Définition 7.5 : On désigne par $\Delta_{o\mathbb{C}}$ l'ensemble :

$\Delta_{o\mathbb{C}} = \{(t,y,w,r) \in \mathbb{C}\times\mathbb{R}\times W\times\mathbb{R}_+ \mid |\arg t| < \rho_o$ ou $|t| < r_o r^{-1/3}$, $|y| < 2M r^{-1/3}$, $w \in W$, $r \in [T,+\infty)\}$,

par μ (resp. m) une fonction réelle satisfaisant aux estimations :

$$\left|\left(\frac{\partial}{\partial w}\right)^{\alpha}\left(r\frac{\partial}{\partial r}\right)^{p}\left(\frac{\partial}{\partial y}\right)^{q} \mu(y,w,r)\right| \leq c\ r^{2/3q}, \tag{7.8}$$

pour (y,w) dans un compact de $\mathbb{R}\times W$ et $r \geq 1$.

On construit la classe $\Sigma^{\mu,m,n}_{\bar{\varepsilon},\bar{\delta}}(\Delta_{o,\mathbb{C}})$ des fonctions $f(t,y,w,r)$ holomorphe en t, satisfaisant aux estimations :

Pour tout $\Delta'_{o\mathbb{C}} \Subset \Delta_{o\mathbb{C}}$, pour tout multi-indice (α,p,q), il existe $c > 0$ tel que :

$$\left|\left(\frac{\partial}{\partial w}\right)^{\alpha}\left(r\frac{\partial}{\partial r}\right)^{p}\left(\frac{\partial}{\partial y}\right)^{q} f(t,y,w,r)\right| \leq c\ r^{\mu+2/3q+\bar{\varepsilon}(|\alpha|+p+q)}\ \frac{\theta^{2m-\bar{\delta}(|\alpha|+p+q)}}{(1+\theta^2)^{n+2\bar{\delta}(|\alpha|+p+q)}}$$

pour tout $(t,y,w,r) \in \Delta'_{o,\mathbb{C}}$.

(On suppose la définition (7.3) amenagée d'une façon naturelle).

On obtient les propriétés :

Proposition 7.6

(a) Les fonctions m_ε et $m_{-\varepsilon}$ de (4.7) vérifient les estimatimations (7.8).

(b) Pour tout $\bar{\delta} > 0$, $r^{-2/3\mu_\varepsilon} q_o$ (resp. $r^{-2/3\mu_\varepsilon} q'_o e^{-2i\varphi}$) est un élément de $\Sigma^{0,m_\varepsilon,0}_{0,\bar{\delta}}(\Delta_{o,\mathbb{C}})$ (resp $\Sigma^{0,m_\varepsilon,0}_{0,\bar{\delta}}(\Delta_{o,\mathbb{C}})$).

(c) Les opérateurs différentiels $\mathbb{P}_j$ appliquent pour $j>0$ l'espace $\Sigma^{\mu,m,n}_{\bar{\varepsilon},\bar{\delta}}(\Delta_{o,\mathbb{C}})$ dans $\Sigma^{\mu,m+j/2(1-4\bar{\delta})+1/2,\,n+2j\bar{\delta}}_{\bar{\varepsilon},\bar{\delta}}(\Delta_{o,\mathbb{C}})$ si $\bar{\varepsilon} \leq 2/3\,\bar{\delta}$.

Démonstration .

On se contente de prouver le point (b). Pour cela on observe que (4.6) se reformule sous la forme :

$$q_o(t,y,w,r) = r^{2/3\mu_\varepsilon(y,w,r)}(r^{-2/3}+t^2)^{\mu_\varepsilon(y,w,r)}\, h_o(tr^{1/3}, yr^{2/3}, a(y,w,r), z(y,w,r)r^{1/3}b(y,w,r)),$$

où $h_o(\tau,\eta,\kappa,\beta)$ est une fonction holomorphe et bornée pour :

$$|\tau| < r_o \text{ ou } |\arg\tau| < \rho_o, \quad |\eta| < 2M, \quad |\alpha| < R, \quad |\beta| < R,$$

et on poursuit la preuve comme celle de la proposition (7.3).

Pour obtenir une description des fonctions p_0 et p'_0 définies en (3.12) dans l'ensemble Γ, on utilisera le formalisme introduit au début de la section 6, en particulier les notations (6.8) (a) - (f).

On aménage la définition (7.3) en construisant des sous-ensembles fermés $\Gamma'^{+}_{\mathbb{C}}$ (resp. $\Gamma'^{-}_{\mathbb{C}}$) de $\Gamma^{+}_{\mathbb{C}}$ (resp. $\Gamma^{-}_{\mathbb{C}}$) en remplaçant, le secteur $\mathcal{U}_0$ (resp. $\mathcal{U}'_0$) de (6.7) qui a servi à définir $\Gamma^{+}_{\mathbb{C}}$ (resp. $\Gamma^{-}_{\mathbb{C}}$) par un sous-secteur fermé, l'intervalle $I =]0,c[$ par un intervalle $I' =]0,c']$ $c' < c$, ε_0, ρ, $1/M$, par des $\varepsilon'_0, \rho', 1/M'$ plus petits. On utilise le changement de variable effectué en (6.1), à savoir :

$$j : (t,r,y,w) \to (\sigma,\lambda,z,w)$$

avec $\sigma = i(t/(-y)1/2 - 1)$, $\lambda = r(-y)^{3/2}$, $z = (-y)^{1/2}$, $w = w$. (7.10)

On désigne par μ, m, k, l des fonctions réelles C^∞ et bornées dans les variables $(z,w) \in \mathbb{R} \times W$.

On introduit la définition :

<u>Définition 7.7.</u> : On désigne par $\Sigma^{\mu,m,n,k,\ell}_{\bar\varepsilon,\bar\delta}(\Gamma^{+}_{\mathbb{C}})$ (resp. $\Sigma^{\mu,m,n,k,\ell}_{\bar\varepsilon,\bar\delta}(\Gamma^{-}_{\mathbb{C}})$) l'ensemble des fonctions f telles que $f \circ j^{-1}$ est C^∞ dans $\Omega \times I \times W$ (resp. $\Omega' \times I \times W$), holomorphe en $(\sigma,\lambda) \in \Omega$ (resp. Ω') satisfaisant aux estimations :

Pour tout $\Gamma'^{+}_{\mathbb{C}} \Subset \Gamma^{+}_{\mathbb{C}}$ (resp. $\Gamma'^{-}_{\mathbb{C}} \Subset \Gamma^{-}_{\mathbb{C}}$), pour tout multi-indice (α,q), il existe $c > 0$ tel que :

$$\left| \left[\left(\frac{\partial}{\partial z}\right)^q \left(\frac{\partial}{\partial w}\right)^\alpha (f \circ j^{-1})\right] (j(t,r,y,w))\right| \leq c\, r^{\mu+\bar\varepsilon(|\alpha|+q)} \Lambda^{m-\bar\delta(|\alpha|+q)} (1+\Lambda)^{n+2\bar\delta(|\alpha|+q)} \delta^{k-q} d^{\ell} \quad (7.11)$$

pour tout $(t,y,w,r) \in \Gamma'^{+}_{\mathbb{C}}$ (resp. $\Gamma'^{-}_{\mathbb{C}}$), $r \geq T'$, $T' > T$, où T est fixé assez grand.

Par la suite on ne distinguera pas toujours la fonction f exprimée dans les variables (t,y,w,r) de la fonction $f \circ j^{-1}$ exprimée dans les variables (σ,λ,z,w).

Les formules (6.8.1) et suivantes justifient l'introduction des fonctions :

$$\xi(t,y) = \xi(\sigma) = (2/3i)^{1/2}(t-(-y)^{1/2})(t+2(-y)^{1/2})^{1/2}(-y)^{-3/4},$$

$$\zeta(t,y,w,r) = (2/3i)^{1/2}\, r^{1/2}(t-(-y)^{1/2})(t+2(-y)^{1/2})^{1/2}, \quad (7.12)$$

$$\psi(t,y) = 1 + |\xi(t,y)| ,$$

$$\Psi(t,y,w,r) = 1 + |\zeta(t,y,w,r)|,$$

$$\phi(t,y,w,r) = 1 + |z|^2 |\lambda|^{-1/2}\, \Psi\, \psi^{-1/3} .$$

On indique sans démonstration les relations valides dans $\Gamma^{+}_{\mathbb{C}}$:

$$|z| \sim \delta$$

$$|\lambda| \sim r\, \delta^3$$

$$\psi \sim (d/\delta)^{3/2} \quad (7.13)$$

$$\Psi \sim r^{1/2} d^{-1/2} \Lambda .$$

$$\phi \sim 1+\Lambda$$

On en déduit des relations (7.13) et de la proposition (6.2) le résultat.

Proposition 7.8.

(a) La fonction $r^{-2/3\mu_\varepsilon} p_0$ (resp. $r^{-2/3\mu_{-\varepsilon}} e^{2i\varphi} p'_0$) est pour tout $\bar\delta > 0$ un élément de la classe $\Sigma^{0,m_\varepsilon,0,0}_{0,\bar\delta}(\Gamma^-_{\mathbb{C}})$ (resp. $\Sigma^{0,m_{-\varepsilon},0,0}_{0,\bar\delta}(\Gamma^-_{\mathbb{C}})$).

(b) Il existe des symboles

$$\tilde p_0 \in \Sigma^{0,m_\varepsilon,0,0}_{\bar\varepsilon,\bar\delta}(\Gamma^+_{\mathbb{C}}) \quad , \quad \tilde{\tilde p}_0 \in \Sigma^{-1/2(m_\varepsilon - m_{-\varepsilon}),m_\varepsilon,0,(m_\varepsilon - m_{-\varepsilon})/2,0}(\Gamma^+_{\mathbb{C}}) ,$$

et des symboles :

$$\tilde p'_0 \in \Sigma^{0,m_{-\varepsilon},0,0}_{\bar\varepsilon,\bar\delta}(\Gamma^+_{\mathbb{C}}) \quad , \quad \tilde{\tilde p}'_0 \in \Sigma^{-1/2(m_{-\varepsilon}-m_\varepsilon),m_\varepsilon,0,(m_{-\varepsilon}-m_\varepsilon)/2,0}_{\bar\varepsilon,\bar\delta}(\Gamma^+_{\mathbb{C}}) \quad \forall \bar\varepsilon > 0, \bar\delta > 0 ,$$

tels que dans Γ^+_C on a :

$$p_0 = \tilde p_0 + \tilde{\tilde p}_0 e^{iE}, \tag{7.14}$$

et

$$e^{-2i\varphi} p'_0 = \tilde p'_0 + \tilde{\tilde p}'_0 e^{-iE} , \tag{7.15}$$

ayant noté E la fonction :

$$E(t,y,w,r) = 2\varepsilon\, (t^{3/3} + tyr + 4/3^{\varepsilon}\, r(-y)^{3/2}).$$

On utilisera le résultat :

Proposition 7.9. : La notation $\Sigma^{\mu,m,n,k,\ell}_{\bar\varepsilon,\bar\delta}$ désigne ci-dessous l'espace $\Sigma^{\mu,m,n,k,\hat\ell}_{\bar\varepsilon,\bar\delta}(\Gamma^+_{\mathbb{C}})$ ou $\Sigma^{\mu,m,n,k,\ell}_{\bar\varepsilon,\bar\delta}(\Gamma^-_{\mathbb{C}})$.

(a) L'opérateur de dérivation $\frac{\partial}{\partial t}$ applique $\Sigma^{\mu,m,n,k,\ell}_{\bar\varepsilon,\bar\delta}$ dans $\Sigma^{\mu,m-1,n,k,\ell}_{\bar\varepsilon,\bar\delta}$

(b) Les opérateurs différentiels $\mathbb{P}_j(t,y,w,r,D_t,D_w)$ appliquent pour tout $j > 0$

$$\Sigma^{\mu,m,n,k,\ell}_{\bar\varepsilon,\bar\delta} \text{ dans } \Sigma^{\mu,m+j/2(1-4\bar\delta)+1/2,n+3j\bar\delta,k,\ell}_{\bar\varepsilon,\bar\delta} \qquad \bar\varepsilon \leq 2/3\bar\delta .$$

Démonstration :

Prouvons le point (a).

Soit $f \in \Sigma^{\mu,m,n,k,\ell}_{\bar\varepsilon,\bar\delta}$ et $\Gamma'^{\pm}_{\mathbb{C}} \subset\subset \Gamma^{\pm}_{\mathbb{C}}$

$$f = f_0\, z^{-3\mu+2m+k+\ell}\, \lambda^{\mu-m/2} \qquad \Pi(\xi(\sigma),\lambda)^m\, p(\xi(\sigma))^{m/3+21/3} (1+z^2\lambda^{-1/2}\Pi p^{1/3})^m$$

puis $f'_0(\xi,\lambda,z,w) = f_0(\sigma,\lambda,z,w)$ quand $\sigma \in \Omega$ (resp. Ω'), en posant comme plus haut

$$\xi(\sigma) = -2^{1/2}\, \sigma(\sigma/3+i)^{1/2} .$$

On obtient d'abord dans $\Gamma'^{\pm}_{\mathbb{C}}$ les estimations :

$$|D_\xi f'_0| \leq c\,|\lambda|^{1/2}(1+|\lambda|^{1/2}|\xi|)^{-1} \leq \delta^{3/2}\, d^{1/2}\, \Lambda^{-1},$$

puis

$$|D_t f_0| \leq c\, \Lambda^{-1} d, \tag{7.16}$$

en utilisant les estimations :

$$|D^{\alpha}_{\sigma}\xi(\sigma)| \le c\,(1+|\sigma|)^{-\alpha+3/2} \lesssim \delta^{-3/2+\alpha}\, d^{3/2-\alpha}\,.$$

$$|D_t\, \pi^M| \le c\;\; r^{\mu/2}\, \Lambda^M\, d^{-M/2}\, \Lambda^{-1} d\,, \qquad (7.17)$$

$$|D_t\;\; p^m| \le c\;\; (d/\delta)^{3/2m}\, d^{-1}$$

On déduit la conclusion du (a) en utilisant (7.16), (7.17) et

$$d^{-1} \lesssim \Lambda^{-1} d.$$

Le (b) résulte du point (a), du fait que la multiplication par $t-z$ applique la classe $\Sigma^{\mu,m,n,k,\ell}_{\bar\varepsilon,\bar\delta}$ dans la classe $\Sigma^{\mu,m+1/2,n,k,\ell}_{\bar\varepsilon,\bar\delta}$ et de l'inclusion

$$\Sigma^{\mu,m-1,n,k,\ell}_{\bar\varepsilon,\bar\delta} \subset \Sigma^{\mu+1,m+1,n,k,\ell}_{\bar\varepsilon,\bar\delta} \qquad (7.18)$$

La preuve de la proposition (7.9) est donc terminée.

Dans la section 8 on aura besoin de la définition :

Définition 7.10. Soit μ et m comme ci-dessus.

On désigne par $\Sigma'^{\mu,m}_{\bar\varepsilon,\bar\delta}$ l'ensemble des fonctions $f(y,w,r)$ holomorphes en $\lambda = r(-y)^{3/2}$ dans le secteur $|\lambda| > M$, $|\arg\lambda| < \varepsilon_0$ satisfaisant aux estimations dans tout sous-secteur fermé :

$$\left| \left(\frac{\partial}{\partial z}\right)^{p} \left(\frac{\partial}{\partial w}\right)^{\alpha} f(\lambda,z,w) \right| \le c\; r^{\mu+(\bar\varepsilon+\bar\delta/2)(|\alpha|+p)}\;\; \delta^{m-\bar\delta/2(|\alpha|+p)-p} \qquad (7.19)$$

La définition (7.10) est motivée par la constatation :

si f est dans l'espace $\Sigma^{\mu,m,n,k,\ell}_{\bar\varepsilon,\bar\delta}(\Gamma^{+}_{\mathbb{C}})$ alors $f/_{t=(-y)^{1/2}}$ est dans la classe $\Sigma'^{\mu-m/2,m/2+k+1}_{\bar\varepsilon,\bar\delta}$. (7.20)

Définition 7.11. L'espace $\Sigma^{\mu,m,n,k,\ell}_{\bar\varepsilon,\bar\delta}(\mathcal{V})$ étant introduit dans la définition (7.2) (resp.(7.5), resp.(7.7)) quand $\mathcal{V} = \Delta_{\mathbb{C}}$ (resp. $\Delta_{o,\mathbb{C}}$, resp $\Gamma^{\pm}_{\mathbb{C}}$) on définit :

(7.21) $$q_0^{\mathcal{V}} = r^{-2/3\mu_\varepsilon} q_0\,, \quad q_0'^{\mathcal{V}} = r^{-2/3\mu_{-\varepsilon}} q_0' \quad \text{quand } \mathcal{V} = \Delta_{\mathbb{C}}\ (\text{resp. } \Delta_{o,\mathbb{C}})\,,$$

$$q_0^{\Gamma} = r^{-2/3\mu_\varepsilon} p_0\,, \quad p_0'^{\Gamma} = r^{-2/3\mu_{-\varepsilon}} p_0'\,.$$

§8. Résolution des équations de transport.

Nous avons en §4 introduit une suite d'opérateurs différentiels $\mathbb{P}_j(t,y,w,r,D_r,D_w)$ et observé dans la section §7 comment ces opérateurs agissent dans les espaces $\Sigma^{\mu,m,k,l}_{\varepsilon,\delta}(\mathcal{V})$. Nous construirons ici une suite de fonctions $q_j(t,y,w,r)$ satisfaisant aux relations $\sum_{k=0}^{j} \mathbb{P}_k q_{j-k} = 0$; le premier terme $q_o(t,y,w,r)$ ayant été déterminé et étudié dans les sections §5. 6. 7., il reste à construire des solutions d'équations du type :

$$\mathbb{P}_o q_j = f_j,$$

dans les classes de symboles permettant de donner un sens à la somme $\sum_{j=0}^{+\infty} q_j$.
Ayant posé $\mathbb{P}_o = L_\varepsilon$ nous étudierons l'équation avec second membre :

$$L_\varepsilon u = f.$$

Etant donné un second membre f, et des solutions u_o et u_o' de $L_\varepsilon u = 0$ ayant des "comportements asymptotiques" convenables nous écrirons :

$$u = \left(\int_{\gamma_t} \delta^{-1}(\theta,y,w,r)u_o'(\theta,y,w,r)f(\theta,y,w,r)d\theta\right)u_o -$$

$$- \left(\int_{\gamma_t'} \delta^{-1}(\theta,y,w,r)u_o(\theta,y,w,r)f(\theta,y,w,r)d\theta\right)u_o'$$

où $\quad \delta(t,y,w,r) = -(\delta_t u_o u_o' - \delta_t u_o' u_o)(t,y,w,r),$

et où γ_t et γ_t' sont des chemins d'intégration issus de t.
La fonction u ci-dessus est une solution de $L_\varepsilon u = f$, son comportement aysmptotique sera déterminé par le choix de γ_t et γ_t'.

a). Résolution des équations de transport dans Δ

Les fonctions $q_o^\Delta(t,y,w,r)$ et $q_o^A(t,y,w,r)$ ayant été introduites en (3.11), nous commencerons par établir :

Lemme 8.1. Soit $\delta(q_o^\Delta,q_o^A)(t,y,w,r) = (\partial_t q_o^\Delta q_o^A - \partial_t q_o^A q_o^\Delta)(t,y,w,r)$,

$$\delta(q_o^\Delta,q_o^A)(t,y,w,r) = r \quad \delta_o(w,a(y,w,r))e^{2i\varphi(t,y,w,r)} \tag{8.1}$$

où $\delta_o(w,\alpha)$ et $\delta_o^{-1}(w,\alpha)$ sont des fonctions C^∞ de $w \in W$ à valeurs dans les fonctions holomorphes et bornées de α pour $|\alpha| < R$.

Démonstration : La fonction $\delta(q_o,q_o')$ est solution de $\frac{d}{dt} - 2r\varepsilon(t^2+y) = 0$, par suite on a :

$$\delta(q_o,q_o')(t,y,w,r) = \delta(q_o,q_o')(o,y,w,r)e^{2i\varphi(t,y,w,r)} .$$

ainsi que $\quad \delta(q_o,q_o')(o,y,w,r) = -\varepsilon(\partial_t k_+ k_- - \partial_t k_- k_+)(o,y,w,r)$, où k_+ et k_- sont définies en (3.9). Cependant la fonction $\partial_t k_+ k_- - \partial_t k_- k_+$ est indépendante de t et elle est donc égale à sa limite quand $t \to \infty$.

On a $k_{\varepsilon'}(t,y,w,r) = \mathcal{R}(tr^{1/3} e^{-i\varepsilon'\pi/6}, yr^{2/3} e^{-i\varepsilon'\pi/3}, i\varepsilon' a(y,w,r), i\varepsilon' r^{1/3} zb(y,w,r))$, des développements asymptotiques (3.8) on déduit :

$$k_{\varepsilon'}(t,y,w,r) \sim (e^{-i\varepsilon'\pi/6})^{2\mu_{\varepsilon'}} r^{2/3\mu_{\varepsilon'}} t^{2\mu_{\varepsilon'}} e^{i\varepsilon' r(t^3/3 + ty)} ,$$

$$\partial_t k_{\varepsilon'}(t,y,w,r) \sim -(e^{-i\varepsilon'\pi/6})^{2\mu_{\varepsilon'}+3} r^{2/3\mu_{\varepsilon'}+1} t^{2\mu_{\varepsilon'}+2} e^{i\varepsilon' r(t^{3/3} + ty)} ,$$

et finalement on a :

$$\delta(q_0, q_0')(t,y,w,r) = -2i\varepsilon r^{1/3} \exp(-\pi/6\, a(y,w,r))\, e^{2i\varphi(t,y,w,r)} ,$$

ce qui achève la preuve du lemme.

Pour simplifier nous noterons $\delta(\hat{q}_0, \hat{q}_0')(t,y,w,r) = -r \quad \delta_0(y,w,r) e^{2i\varphi(t,y,w,r)}$, et nous introduirons les opérateurs :

$$K_0 f(t,y,w,r) = \int_{\gamma_t} r^{-1} \quad \delta_0^{-1}(y,w,r)\, q_0' e^{-2i\varphi}(u,y,w,r)\, f(u,y,w,r)\, du \qquad (8.2)$$

et

$$K_0' f(t,y,w,r) = \int_{\gamma_t'} r^{-1} \quad \delta^{-1}(y,w,r)\, q_0(u,y,w,r)\, e^{2i(\varphi(t,y,w,r) - \varphi(u,y,w,r))} f(u,y,w,r)\, du. \qquad (8.3)$$

La fonction :

$$u(t,y,w,r) = K_0 f(t,y,w,r) q_0(t,y,w,r) - K_0' f(t,y,w,r) q_0'(t,y,w,r) e^{-2i\varphi(t,y,w,r)} ,$$

est une solution $L_\varepsilon u = f$.

Nous effectuerons le changement de variables :

$$j : (t,y,w,r) \to (\sigma, z, w, \lambda) \quad \sigma = t/y^{1/2},\ \sigma = y^{1/2},\ w = w,\ \lambda = r\, y^{3/2} \qquad (8.4)$$

afin d'étudier les opérateurs K_0 et K_0' de (8.2) et (8.3).

Nous modifierons légèrement l'ensemble $\Delta_{\mathbb{C}}$ en considérant plutôt :

$\Delta_{\mathbb{C}}^1 = \{(t,y,w,r) \in \mathbb{C} \times \mathbb{R}_+ \times W \times \mathbb{C} \mid (t,y,w,r)$ est dans l'image réciproque par l'application j définie en (8.4) de l'ensemble :

$$|\sigma| < r_0 |\lambda|^{-1/3} \text{ ou } |\arg\sigma| < \delta_0,\ |\lambda| > M \mid \arg\lambda| < \varepsilon_0,\ z \in]0,c[,\ w \in W \} \qquad (8.5)$$

Les paramètres r_0, δ_0 ε_0/δ_0, $1/M$ sont supposés assez petits.

La justification de la définition (8.5) est la propriété :

<u>Lemme 8.2</u>. Soit $(\bar{t}, \bar{y}, \bar{w}, \bar{r})$ un point de $\Delta_{\mathbb{C}}^1$ dont l'image par j est dans le secteur : $|\arg\sigma| < \delta_0$, $|\lambda| > M$, $|\arg\lambda| < \varepsilon_0$.

On peut joindre le point $(\bar{t}, \bar{y}, \bar{w}, \bar{r})$ au point $(\infty, \bar{y}, \bar{w}, \bar{r})$ par un chemin $\gamma_{\bar{t}}^+$ (resp. $\gamma_{\bar{t}}^-$) contenu dans $\Delta_{\mathbb{C}}^1$, laissant fixe $(\bar{y}, \bar{w}, \bar{r})$, sur lequel la fonction :

$$t \to \operatorname{Im} \varphi(t, \bar{y}, \bar{w}, \bar{r})$$

est strictement croissante (resp. décroissante).

Démonstration. Avec le changement de variables (8.4) on écrit

$$\varphi(t,y,w,r) = \varepsilon r\,(t^3/_3 + ty) = \varepsilon\lambda(\sigma^3/3+\sigma),$$

et on considère l'application :

$$J : \sigma \to J(\sigma) = \sigma^3/_3 + \sigma\,. \tag{8.6}$$

Pour δ_0 assez petit l'application J est holomorphe et univalente au voisinage du secteur :

$$\Gamma_{\delta_0} = \{\sigma\in\mathbb{C} \mid |\arg\sigma| < \delta_0\}.$$

Aussi allons nous définir plutôt l'image $C^{\pm}_{\bar\theta}$ du chemin $\gamma^{\pm}_{\bar t}$ par l'application J, ayant posé $\bar\theta = J(\bar\sigma)$, $\bar\sigma = \bar t/\bar y^{-1/2}$. On pose :

$$C^{\pm}_{\theta} : s\in[0,+\infty[\;\to \zeta(s) = \theta + se^{i\alpha_\pm}, \tag{8.7}$$

avec $3/2\,\varepsilon_0 \le \alpha_+ \le 2\varepsilon_0$, $\quad -2\varepsilon_0 \le \alpha_- -3\varepsilon_0/2$, et $\varepsilon_0 \le \delta_0/_8$.

Le seul point à vérifier est donc :

si $\theta_0 \in J(\Gamma_\delta)$ alors $\theta_0 + \Gamma_\delta \subset J(\Gamma_\delta)$, $0<\delta\le\delta_0$.

qui est une conséquence du résultat classique.

Soit γ une courbe de Jordan fermée rectifiable sur la sphère de Riemann, $\Gamma(\gamma)$ le domaine borné par γ, et $\sigma \to J(\sigma)$ une application continue sur $\overline{\Gamma(\gamma)}$ holomorphe et univalente dans $\Gamma(\gamma)$, alors $\sigma \to J(\sigma)$ applique $\Gamma(\gamma)$ sur le domaine borné par l' image de γ.

La preuve du lemme (8.2) est ainsi achevée.

On peut maintenant établir ayant défini comme en (7.7) l'espace $\Sigma^{\mu,m,n,k,\ell}_{\bar\varepsilon,\bar\delta}(\Delta^1_{\mathbb{C}})$

Proposition 8.3 Par un choix convenable des chemins γ_t et γ'_t dans $\Delta^1_{\mathbb{C}}$ on peut établir pour tout $\bar\varepsilon \ge 0$, $\bar\delta > 0$:

(a) L'opérateur $f \to K_0 f$ défini en (8.2) applique $\Sigma^{\mu,m,n,k}_{\bar\varepsilon,\bar\delta}(\Delta^1_{\mathbb{C}})$ dans $\Sigma^{\mu-1,m+m_\varepsilon+1/2,n,k}_{\bar\varepsilon,\bar\delta}(\Delta^1_{\mathbb{C}})$, pour $m > m_\varepsilon + 1/2$, $m \ge 0$.

(b) l'opérateur $f \to K'_0 f$ défini en (8.3) applique $\Sigma^{\mu,m,n,k}_{\bar\varepsilon,\bar\delta}(\Delta^1_{\mathbb{C}})$ dans $\Sigma^{\mu-1,m+m_\varepsilon+1/2,n,k}_{\bar\varepsilon,\bar\delta}(\Delta^1_{\mathbb{C}})$, $n \ge 0$.

Corollaire 8.3. L'équation $L_\varepsilon u = f$, avec $f\in\Sigma^{\mu,m,n,k}_{\bar\varepsilon,\bar\delta}(\Delta^1_{\mathbb{C}})$ a une solution dans la classe $\Sigma^{\mu-1,m-1/2,n,k}_{\bar\varepsilon,\bar\delta}(\Delta^1_{\mathbb{C}})$, $m > m_\varepsilon + 1/2$

Démonstration.

Rappelant que la fonction q^{Δ}_0 (resp. $q^{\Delta\,\prime}_0\, e^{-2i\varphi}$, resp δ_0^{-1}) est dans la classe $\Sigma^{0,m_\varepsilon,0,0}_{0,\bar\delta}$ (resp. $\Sigma^{0,m_{-\varepsilon},0,0}_{0,\bar\delta}$, resp. $\Sigma^{0,0}_{0,0}$ on voit qu'il suffit de prouver le lemme :

Lemme 8.4

(a) Soit $a(t,y,w,r) \in \Sigma^{\mu,m,n,k}_{\bar{\varepsilon},\bar{\delta}}(\Delta^1_{\mathbb{C}})$ et γ_t le chemin $s \to t(s) = st$ $0 \leq s \leq 1$, et soit $m > -1/2$, $n \geq 0$, si $I(a)$ est défini par :

$$I(a)(t,y,w,r) = \int_{\gamma_t} a(u,y,w,r)du,$$

on a : $$I(a) \in \Sigma^{\mu,m+1/2,n,k}_{\bar{\varepsilon},\bar{\delta}}(\Delta^1_{\mathbb{C}}).$$

(b) Soit $a(t,y,w,r) \in \Sigma^{\mu,m,n,k}_{\bar{\varepsilon},\bar{\delta}}(\Delta^1_{\mathbb{C}})$, $(t,y,w,r) \in \Delta^1_{\mathbb{C}'}$, $\sigma = t/z$, $\lambda = r\, z^3$, $\tau = J(\sigma)$

(i) Si $\sigma \in \Gamma_{\delta_0}$ on désigne par γ'_t le chemin $J^{-1}(C'_\tau)$ (cf. 8.6) avec C'_τ ; $s \to \zeta = \tau + e^{i\alpha_{\bar{\delta}\varepsilon}} s \geq 0$.

(ii) Si $|\sigma| < r_0 |\lambda|^{-1/3}$ on désigne par γ'_t un chemin composé d'un arc $\gamma_{t\hat{t}_0}$ joignant t à un point $\hat{t}_0$ tel que $\hat{\sigma}_0 = r_0/2 |\lambda|^{-1/3}$ i.e. $\hat{\sigma}_0 \in \Gamma_{\delta_0}$, puis de l'arc $\gamma'_{\hat{t}}$ défini en (i). Et si la fonction $J(a)$ est définie par :

$$J(a)(t,y,w,r) = \int_{\gamma'_t} a(u,y,w,r)e^{2i(\varphi(t,y,w,r) - \varphi(u,y,w,r))}du$$

alors on a $J(a) \in \Sigma^{\mu,m+1/2,n,k}_{\bar{\varepsilon},\bar{\delta}}(\Delta^1_{\mathbb{C}})$.

<u>Démonstration</u> :

Le point (a) est facile :

$$I(a)(t,y,w,r) = \int_0^1 ta(ts,y,w,r)ds,$$

et la conclusion résulte de :

$$|t| \leq d\ , \quad \int_0^1 d(ts,y,w,r)^{m'} ds \lesssim d(t,y,w,r)^{m'} \quad \text{pour } m' > -1/2 \text{ et de}$$

$$\left[\left(\tfrac{\partial}{\partial w}\right)^\alpha\left(\tfrac{\partial}{\partial z}\right)^\beta(I(a)\circ j^{-1})\right]\circ j = I\left(\left[\left(\tfrac{\partial}{\partial w}\right)^\alpha\left(\tfrac{\partial}{\partial z}\right)^\beta(a\circ j^{-1})\right]\circ j\right) + \beta/y^{1/2}\, I\left(\left[\left(\tfrac{\partial}{\partial w}\right)^\alpha\left(\tfrac{\partial}{\partial z}\right)^{\beta-1}(a\circ j^{-1})\right]\circ j\right).$$

Pour prouver (b) commençons par étudier la situation (i).

On explicite l'intégrale $J(a)$

$$J(a)(t,y,w,r) = \int_{C'_\tau} a(u,y,w,r)\ e^{2i\lambda\varepsilon\,(\zeta - \tau)}\ \frac{z^3}{u^2+z^2}\, d\zeta$$

et par hypothèse pour $(t,y,w,r) \in \Delta'^1_{\mathbb{C}} \subset\subset \Delta^1_{\mathbb{C}}$ on a les estimations :

$$|a(t,y,w,r)| \leq c\ r^\mu\ d^{2m}\ (1+d^2)^n\ \delta^k$$

On observe que :

$$\zeta \in C'_\tau \quad |e^{i\varepsilon\lambda(\zeta-\tau)}| \leq C\, e^{-\alpha|\lambda||\zeta-\tau|}$$

avec des constantes C et $\alpha > 0$ indépendantes de τ, λ , puis que :

$$(r^{-2/3} + |u|^2 + |y|)^m \leq (r^{-2/3} + |t|^2 + |y|)^m\ (1+r^{2/3}\ |t-u|^2)^{|m|}$$

$$(1+|u|^2)^n \leq c\ \ (1+|t|^2)^n(1+ r^{2/3}|t-u|^2)^{|n|}$$

et que :

$$|\lambda||\zeta-\tau| \geq r\ |t-u|\ |y| \geq c' r^{1/3}\ |t-u|.$$

On en déduit :

$$|J(a)| \leq c\, r^{\mu}\, d^{2m}(1+d^2)^{m} \int_0^{+\infty} e^{-\alpha s|\lambda|}\, |z|\,(1+|\lambda|\, s)^{2(|m|+|m|)\,k} .$$

et l'estimation souhaitée résulte de $|\lambda|^{-1} \lesssim 1$, $|z| \lesssim d$.

Dans la situation (ii) on écrit :

$$J(a) = \int_{\gamma'_{t\hat{t}_0}} a(u,y,w,r)\, e^{2i(\varphi(t,y,w,r)-\varphi(u,y,w,r))}\, du + \int_{\gamma'_{\hat{t}_0}} a(u,y,w,r)\, e^{2i(\varphi(t,y,w,r)-\varphi(u,y,w,r))}\, du .$$

On observe que (8.7) est encore valable pour $\zeta \in C'_{\hat{\tau}}$,

(écrire $|\lambda||\zeta-\hat{\tau}_0| \geq |\lambda||\zeta-\hat{\tau}_0| - |\lambda||\tau-\hat{\tau}_0|$ et remarquer $|\lambda||\tau-\hat{\tau}_0| \leq c$)

que la longueur de $\gamma'_{t\hat{t}_0}$ pourra être bornée par $c|z||\lambda|^{-1/3}$ et que pour $u \in \gamma'_{t\hat{t}}$

on a $d(u,y,w,r) \sim \delta(y,w,r)$ et $\left|e^{2i(\varphi(t,y,w,r)-\varphi(u,y,w,r))}\right| \leq c$.

Ces remarques nous permettent encore de conclure :

$$|J(a)| \leq c\, r^{\mu}\, d^{2(m+1/2)}\, (1+d^2)^{m}\, \delta^{k}.$$

Pour étudier les dérivées on calcule :

$$\left(\frac{\partial}{\partial w}\right)^{\alpha}\left(\frac{\partial}{\partial z}\right)^{\beta}[J(a)\circ j^{-1}]\circ j = J\left(\left(\frac{\partial}{\partial w}\right)^{\alpha}\left(\frac{\partial}{\partial z}\right)^{\beta}(a\circ j^{-1})\circ j\right) + P/y^{1/2}\, J\left(\left[\left(\frac{\partial}{\partial w}\right)^{\alpha}\left(\frac{\partial}{\partial z}\right)^{\beta-1}(a\circ j^{-1})\right]\circ j\right)$$

et on note que l'on pourra à nouveau effectuer les estimations ci-dessus.

Ceci achève la preuve du lemme, pour obtenir le corollaire il suffit de rappeler que $m_{\varepsilon} + m_{-\varepsilon} = -1$.

b) <u>Résolution des équations de transports dans</u> $\Delta_{o,\mathbb{C}}$

Les résultats sont très analogue à ceux du a) et nous nous contenterons de les esquisser.

<u>Proposition 8.5</u>

La proposition (8.3) et le corollaire (8.3) sont valables si l'on remplace $\Delta^1_{\mathbb{C}}$ par $\Delta_{o,\mathbb{C}}$.

Le point de la preuve qui diffère le plus de (8.3) est le lemme :

<u>Lemme 8.5</u> Soit $a(t,y,w,r) \in \Sigma^{\mu,m,m}_{\varepsilon,\delta}(\Delta_{o,\mathbb{C}})$, $(t,y,w,r) \in \Delta_{o,\mathbb{C}}$, $|\arg t| < \rho_0$, $|y| < 2M\, r^{-2/3}$ et soit γ'_t le chemin $s \to u(s) = (t^3 + s/r\, e^{i\alpha_{\pm}})^{1/3}$ $s \geq 0$, où $\alpha_{\pm} \gtrsim 0$ est choisi assez petit.

La fonction $J(a)$ définie par :

$$J(a)(t,y,w,r) = \int_{\gamma'_t} e^{2i(\varphi(t,y,w,r)-\varphi(u,y,w,r))}\, a(u,y,w,r)\, du$$

est dans la classe $\sum_{\bar{\varepsilon},\bar{\delta}}^{\mu-1/3,m,n}(\Delta_{0,\mathbb{C}})$.

Démonstration.

Nous commencerons par établir $\exists C$ et $\alpha > 0$ tels que :

$$u(s) \in \gamma'_t \ , \ |e^{2i(\varphi(t,y,w,r)-\varphi(u,y,w,r)}| \leq C\, e^{-\alpha s + Cs^{1/3}} \tag{8.8}$$

Le chemin γ'_t est construit en sorte que $s \to \mathrm{Im}(\varepsilon(t^3/3 - u^3/3)w'r)$ est croissant, de plus il existe $C > 0$ tel que $t, u \in \Gamma_{\rho_0}$ on ait $|t^3-u^3| \geq C|t-u|^3$, et si l'on rappelle que l'on a $|y| < 3M\ r^{-2/3}$ il est facile de déduire (8.8) de :

$$|e^{i\, w''yr(t-u)}| \leq e^{C|t^3-u^3|^{1/3}}$$

Effectuant le changement de variable $\theta = u^3$ et procédant comme dans la proposition précédente on obtient l'estimation pour (t,y,w,r) dans $\Delta'_{0\mathbb{C}} \Subset \Delta_{0,\mathbb{C}}$:

$$|J(a)(t,y,w,r)| \leq C\, r^{\mu-1/3} \int_0^{+\infty} e^{-\alpha s + Cs^{1/3}} (1+s)^{2/3(|m|+|n|)} \frac{ds}{s^{2/3}} (r^{-1}+|t|^3)^{2/3m} (r^{-1}+1+|t|^3)^{2/3n}$$

D'où l'on déduit:

$$|J(a)(t,y,w,r)| \leq C\, r^{\mu-1/3}\ \theta^{2m}\ (1+\theta^2)^{2n}$$

On estime les dérivées $(r\frac{\partial}{\partial r})^p (\frac{\partial}{\partial w})^\alpha J(a)$ comme dans le lemme (8.4), pour ce qui est des dérivées :

$$(\frac{\partial}{\partial y})^k J(a) = \sum_{p+q=k} c_{p,q} \int_{\gamma'_t} (t-u)^p\, r^p\, (\frac{\partial}{\partial y})^q\, a(u,y,w,r)\, e^{2i(\varphi(t,y,w,r)-\varphi(u,y,w,r))} ,$$

on utilise les estimations :

$$|(\frac{\partial}{\partial y})^q a| \leq C\, r^{\mu+2/3q+\bar{\varepsilon}q} (r^{-1}+|\theta|)^{2/3(m-\bar{\varepsilon}q)} (r^{-1}+1+|\theta|)^{2/3(n+2\bar{\delta}q)}$$

$$r^p\, |t-u|^p \leq C\, r^p |\theta - t^3|^{p/3} \leq C\, s^{p/3}\, r^{2p/3} ,$$

et on termine comme plus haut.

Résumant les résultats des Propositions (7.3), (7.4), (7.6), (8.3) et (8.5) on peut énoncer :

Proposition 8.6 Soit $\mathcal{V}$ l'un des ensembles $\Delta^1_{\mathbb{C}}$ ou $\Delta_{0,\mathbb{C}}$, $\bar{\delta}$ un nombre > 0 choisi assez petit.

Il existe une suite de fonctions $q_j^{\mathcal{V}}$ satisfaisant aux conditions :

(i) $q_0^{\mathcal{V}} = r^{-2/3\mu_\varepsilon}\ q_0$ où q_0 est la solution de $\mathbb{P}_0 q = 0$ définie en (3.11).

(ii) Les fonctions $q_j^{\mathcal{V}}$ sont dans l'espace $\sum_{0,\bar{\delta}}^{0,m_\varepsilon+j/2(1-4\bar{\delta}),n+2j\bar{\delta}}(\mathcal{V})$ défini en (7.21)

(iii) Les fonctions $q_j^{\mathcal{V}}$ vérifient le système triangulaire :

$$\mathbb{P}_0\, q_j^{\mathcal{V}} = -\sum_{k=1}^{j} \mathbb{P}_k\, q_{j-k}^{\mathcal{V}} , \qquad j \geq 1.$$

Il reste maintenant à étudier le système des équations de transport dans la zone $\Gamma_{\mathbb{C}}$.

c) <u>Résolution des équations de transport dans</u>

L'équation

$$L_\varepsilon u = f$$

où $L_\varepsilon(t,y,w,r,\partial_t) = \partial_t^2 - 2i\varepsilon(t^2+y)\, r\,\partial_t - (2i\varepsilon r + ta(y,w,)r + (-y)^{1/2} b(y,w)r)$

est transformée, par le changement de fonctions inconnues :

$$v = e^{-i\varepsilon\varphi} u\,, \qquad g = e^{-i\varepsilon\varphi} f,$$

en l'équation :

$$M_0 v = g,$$

avec

$$M_0(t,y,w,r,\partial_t) = \partial_t^2 + \left[(t^2+y)^2\, r^2 - ta(y,w)\, r - (-y)^{1/2}\, b(y,w) r\right] .$$

Cette dernière équation est transformée par le changement de variables :

$$\sigma = i(t/(-y)^{1/2}-1)\ , \quad \lambda = r\,(-y)^{3/2}\,, \quad z = (-y)^{1/2}\,, \quad w = w,$$

en l'équation :

$$N_0(\sigma,\lambda,z,w,\partial_\sigma)v = h,$$

où

$$N_0(\sigma,\lambda,z,w,\partial_\sigma) = \partial_\sigma^2 - \lambda^2\left[\sigma^2(\sigma+2i)^2 + \lambda^{-1}(i\,\sigma a(z,w) - a(z,w) - b(z,w))\right] ,$$

et où

$$h(\sigma,\lambda,z,w) = -z^2 g(\sigma,\lambda,z,w) .$$

Nous avons étudié dans la section §6 l'équation homogène $N_0 v = 0$, et avons décrit pour (σ,λ) dans l'ensemble Ω (resp. Ω') une paire de solutions indépendantes $r_\pm(\sigma,\lambda,z,w)$ (resp. $r'_\pm(\sigma,\lambda,z,w)$). Nous laissons au lecteur le soin de vérifier le résultat :

<u>Lemme 8.7</u> : La fonction $\delta(r_-,r_+)(\sigma,\lambda,z,w) = (\partial_\sigma r_- r_+ - \partial_\sigma r_+ r_-)(\sigma,\lambda,z,w)$ est indépendante de σ, la classe $\Sigma'^{\mu,m}_{\bar\varepsilon,\bar\delta}$ étant introduite dans la définition (7.10), on a :

$$\lambda^{-1}\,\delta(r_-,r_+)\,(\text{resp. } \lambda\,\delta^{-1}(r_-,r_+)) \text{ est dans } \Sigma'^{0,0}_{0,0} .$$

Il sera commode d'introduire les notations

$$h_\varepsilon(\sigma,\lambda,z,w) = z^{2\mu\varepsilon}\, r'_{-\varepsilon} \qquad , \qquad h'_\varepsilon(\sigma,\lambda,z,w) = z^{2\mu\varepsilon}\, r'_\varepsilon \qquad (8.9)$$

et

$$k_\varepsilon(\sigma,\lambda,z,w) = z^{2\mu_\varepsilon} r_\varepsilon \quad , \quad k'_\varepsilon(\sigma,\lambda,z,w) = z^{2\mu_{-\varepsilon}} r_\varepsilon \ .$$

Ainsi l'on a $h_\varepsilon = h_{0,\varepsilon} \exp(-\varepsilon\lambda\xi^2(\sigma)/2)$ et $h'_\varepsilon = h'_{0,\varepsilon} \exp(\varepsilon\lambda\xi^2(\sigma)/2)$,

avec pour $(\sigma,\lambda)\in\Omega'$ (cf. (6.27)) :

$$h_{0,\varepsilon}(\sigma,\lambda,z,w) = b_0(\sigma,\lambda,z,w)(2\pi(\xi(\sigma),\lambda)\lambda^{-1/2} p(\xi(\sigma))^{1/3})^{\mu_\varepsilon}$$

$$h'_{0,\varepsilon}(\sigma,\lambda,z,w) = b'_0(\sigma,\lambda,z,w)(2\pi(\xi(\sigma),\lambda)\lambda^{-1/2} p(\xi(\sigma))^{1/3})^{\mu_{-\varepsilon}} \ . \quad (8.10)$$

On a des relations analogues pour $k_{0,\varepsilon}(\sigma,\lambda,z,w)$ et $k'_{0,\varepsilon}(\sigma,\lambda,z,w)$ pour $(\sigma,\lambda)\in\Omega$.
On posera :

$$\delta(h_\varepsilon,h'_\varepsilon) = (\partial_\sigma h_\varepsilon h'_\varepsilon - \partial_\sigma h'_\varepsilon h_\varepsilon) = z^{-2}\lambda\, \delta_0(\lambda,z,w)$$

$$\delta(k_\varepsilon,k'_\varepsilon) = (\partial_\sigma k_\varepsilon k'_\varepsilon - \partial_\sigma k'_\varepsilon k_\varepsilon) = z^{-2}\lambda\, \varepsilon_0(\lambda,z,w). \quad (8.11)$$

Les fonctions δ_0, δ_0^{-1}, ε_0, et ε_0^{-1} sont dans la classe $\Sigma_0^{\prime 0,0}$.
Nous l'avons prouvé plus haut (lemme (8.7)) pour ε_0 et ε_0^{-1}. D'autre part, on peut écrire $\begin{pmatrix} v_2 \\ v_{-1}\end{pmatrix} = \Omega(\lambda,z,w)\begin{pmatrix} v_0 \\ v_1\end{pmatrix}$ (cf. (6.23)), où $\det\Omega$ et $(\det\Omega)^{-1}$ sont holomorphes et bornés comme fonction de λ et sont dans $\Sigma_{0,0}^{\prime 0,0}$. Notre assertion résulte alors de (6.25) et (6.26).

Nous chercherons une solution dans Ω' (resp. Ω) de :

$$Nv = -z^2 g,$$

sous la forme

$$v = Hg(\sigma,\lambda,z,w)h_\varepsilon(\sigma,\lambda,z,w) - H'g(\sigma,\lambda,z,w)\, h'_\varepsilon(\sigma,\lambda,z,w)$$

$$(\text{resp. } v = Kg(\sigma,\lambda,z,w)k_\varepsilon(\sigma,\lambda,z,w) - K'g(\sigma,\lambda,z,w)h'_\varepsilon(\sigma,\lambda,z,w)) \quad (8.12)$$

avec

$$Hg(\sigma,\lambda,z,w) = z^4\lambda^{-1}\int_{\gamma_\sigma}\delta_0^{-1}(\lambda,z,w)h'_\varepsilon(t,\lambda,z,w)g(t,\lambda,z,w)dt,$$

$$(\text{resp. } Kg(\sigma,\lambda,z,w) = z^4\lambda^{-1}\int_{\gamma_\sigma}\varepsilon_0^{-1}(\lambda,z,w)k'_\varepsilon(t,\lambda,z,w)g(t,\lambda,z,w)dt) \quad (8.13)$$

et

$$H'g(\sigma,\lambda,z,w) = z^4\lambda^{-1}\int_{\gamma'_\sigma}\delta_0^{-1}(\lambda,z,w)h_\varepsilon(t,\lambda,z,w)g(t,\lambda,z,w)dt,$$

$$(\text{resp. } K'g(\sigma,\lambda,z,w) = z^4\lambda^{-1}\int_{\gamma'_\sigma}\varepsilon_0^{-1}(\lambda,z,w)k_\varepsilon(t,\lambda,z,w)g(t,\lambda,z,w)dt).$$

(8.14)

Les chemins γ_σ et γ'_σ joignent σ à un point de Ω'(resp. Ω) (éventuellement l'∞) que nous préciserons plus loin.

On posera $He^{-\varepsilon\lambda\xi^2/2} = H_o$, $H'e^{-\varepsilon\lambda\xi^2/2} = H'_o$,

en sorte que si $g = e^{-\varepsilon\lambda\xi^2/2 + 2i\varepsilon\lambda/3} f(\sigma,\lambda,z,w)$ on a :

$$v = e^{-\varepsilon\lambda\xi^2(\sigma)/2+2i\varepsilon\lambda/3}(H_o f(\sigma,\lambda,z,w)h_{o,\varepsilon}(\sigma,\lambda,z,w) - H'_o f(\sigma,\lambda,z,w)h'_{o,\varepsilon}(\sigma,\lambda,z,w)) \tag{8.15}$$

avec

$$H_o f(\sigma,\lambda,z,w) = z^4\lambda^{-1}\int_{\gamma_\sigma}\delta_o^{-1}(\lambda,z,\omega)h'_{o,\varepsilon}(t,\lambda,z,w)\ f(t,\lambda,z,w)dt, \tag{8.16}$$

$$H'_o f(\sigma,\lambda,z,w) = z^4\lambda^{-1}\int_{\gamma_\sigma}\delta_o^{-1}(\lambda,z,w)e^{\varepsilon\lambda(\xi^2(\sigma)-\xi^2(t))}h_{o,\varepsilon}(t,\lambda,z,w)f(t,\lambda,z,w)dt,$$

et enfin

$$u = H_o f\ h_{o,\varepsilon} - H'_o f\ h'_{o,\varepsilon} , \tag{8.17}$$

est solution de :

$$L_\varepsilon u = f \quad \text{dans } \Omega' .$$

La forme trouvée en (7.14) de la solution p_o de $L_\varepsilon u = 0$ dans Ω nous incite à chercher des solutions de l'équation $L_\varepsilon u = f$ quand le second membre s'écrit dans Ω sous la forme :

$$f = \tilde{f} + \tilde{\tilde{f}}e^{2i\varepsilon\varphi+4i\varepsilon\lambda/3} ,$$

ou encore des solutions de $M_o v = g$ quand g à la forme :

$$g = (\tilde{g} + \tilde{\tilde{g}})e^{2i\varepsilon\lambda/3} , \ \tilde{g} = \tilde{f}e^{-\varepsilon\lambda\xi^2/2} , \ \tilde{\tilde{g}} = \tilde{\tilde{f}}e^{\varepsilon\lambda\xi^2/2}$$

on écrira v sous la forme :

$$v = \tilde{v} + \tilde{\tilde{v}} ,$$

où $\tilde{v}$ et $\tilde{\tilde{v}}$ sont des solutions de :

$$M_o\tilde{v} = \tilde{g}\ e^{2i\varepsilon\lambda/3} ,$$

et

$$M_o\tilde{\tilde{v}} = \tilde{\tilde{g}}\ e^{2i\varepsilon\lambda/3} ,$$

si l'on décompose : $\tilde{v} = e^{-\varepsilon\lambda\xi^2/2+2i\varepsilon\lambda/3}\tilde{u}$,

$\tilde{\tilde{v}} = e^{\varepsilon\lambda\xi^2/2+2i\varepsilon\lambda/3}\tilde{\tilde{u}}$,

la fonction u définie par :

$$u = \tilde{u} + \tilde{\tilde{u}}\ e^{2i\varepsilon\varphi+4i\varepsilon\lambda/3}$$

satisfait à $L_\varepsilon u = f$ dans Ω .

Plus précisément, posant :

$$K_o = K\, e^{-\varepsilon\lambda\xi^2/2} \quad , \quad K'_o = K'\, e^{-\varepsilon\lambda\xi^2/2} \quad , \quad L_o = K\, e^{\varepsilon\lambda\xi^2/2} \quad , \quad L'_o = K'\, e^{\varepsilon\lambda\xi^2/2}$$

on a :

$$\tilde{u} = K_o \tilde{f}\, k_{\varepsilon,o} - K'_o \tilde{f}\, k'_{\varepsilon,o} \, ,$$

et (8.18)

$$\tilde{\tilde{u}} = L_o \tilde{\tilde{f}}\, k_{\varepsilon,o} - L'_o \tilde{\tilde{f}}\, k'_{\varepsilon,o} \, ,$$

avec

$$K_o f(\sigma,\lambda,z,w) = z^4 \lambda^{-1} \int_{\gamma_\sigma} \varepsilon_o^{-1}(\lambda,z,w) k'_{\varepsilon,o}(t,\lambda,z,w)\, f(t,\lambda,z,w) dt$$

(8.19)

$$K'_o f(\sigma,\lambda,z,w) = z^4 \lambda^{-1} \int_{\gamma'_\sigma} \varepsilon_o^{-1}(\lambda,z,w) e^{\varepsilon\lambda(\xi^2(\sigma)-\xi^2(t))} k_{\varepsilon,o}(t,\lambda,z,)f(t,\lambda,z,w)dt,$$

puis:

$$L_o f(\sigma,\lambda,z,w) = z^4 \lambda^{-1} \int_{\ell_\sigma} \varepsilon_o^{-1}(\lambda,z,w)\, e^{-\varepsilon\lambda(\xi^2(\sigma)-\xi^2(t))} k'_{\varepsilon,o}(t,\lambda,z,w) f(t,\lambda,z,w) dt,$$

et

$$L'_o f(\sigma,\lambda,z,w) = z^4 \lambda^{-1} \int_{\ell'_\sigma} \varepsilon_o^{-1}(\lambda,z,w) k_{\varepsilon,o}(t,\lambda,z,w) f(t,\lambda,z,w) dt$$

(8.20)

(Les chemins l_σ et l'_σ seront également précisés plus loin).
On peut prouver maintenant pour $\bar{\delta}>0, \bar{\varepsilon}\geq 0$ et avec la définition (7.7) :

Proposition 8.8. Pour un choix convenable des chemins γ_σ et γ'_σ dans Ω'(resp. Ω) et des chemins ℓ_σ et ℓ'_σ dans Ω on obtient :

(a) L'opérateur $f \to H_o f$ défini en (8.16) applique l'espace

$\Sigma^{\mu,m,n,k,\ell}_{\bar{\varepsilon},\bar{\delta}}(\Gamma^-_{\mathbb{C}})$ avec $m > 1/2 + m_\varepsilon$, $n \geq 0$, $\ell \geq 0$, dans l'espace $\Sigma^{\mu-1,m+m_\varepsilon+1/2,k,\ell}_{\bar{\varepsilon},\bar{\delta}}(\Gamma^-_{\mathbb{C}})$, et l'opérateur $f \to K_o f$ défini en (8.19) vérifie une propriété analogue dans les espaces relatifs à $\Gamma^+_{\mathbb{C}}$.

(b) L'opérateur $f \to H'_o f$ défini en (8.18) applique l'espace $\Sigma^{\mu,m,n,k,\ell}_{\bar{\varepsilon},\bar{\delta}}(\Gamma^-_{\mathbb{C}})$, $n \geq 0$, dans $\Sigma^{\mu-1,m+m_\varepsilon+1/2,k,\ell}_{\bar{\varepsilon},\bar{\delta}}(\Gamma^-_{\mathbb{C}})$ et le résultat est analogue pour l'opérateur $f \to K_0'f$ défini en (8.19).

(c) L'opérateur $f \to L_0'f$ (resp. $f \to L_0 f$) défini en (8.20) applique l'espace

$$\Sigma^{\mu,m,n,k,\ell}_{\bar{\varepsilon},\bar{\delta}}(\Gamma^+_{\mathbb{C}}) \text{ avec } m>m_{\varepsilon}+1/2,\ \ell\geq 0,\ n\geq 0 \quad (\text{resp. } \Sigma^{\mu,m,n,k,\ell}_{\bar{\varepsilon},\bar{\delta}}(\Gamma^+_{\mathbb{C}})\quad n\geq 0)$$

dans $\Sigma^{\mu-1,m+m_{\varepsilon}+1/2,n,k,\ell}_{\bar{\varepsilon},\bar{\delta}}(\Gamma^+_{\mathbb{C}})$ (resp. $\Sigma^{\mu-1,m+m_{\varepsilon}+1/2,n,k,\ell}_{\bar{\varepsilon},\bar{\delta}}(\Gamma^+_{\mathbb{C}})$).

Démonstration

Prouvons d'abord le point (a).

(a) Soit $\sigma \in \Omega$ (resp. Ω'), l'application $\sigma \to I(\sigma)$ étant définie en (6.4), nous posons $\tau = I(\sigma)$ et désignons par $\theta = I(t)$ l'image par I du point courant t de Ω (resp. Ω').

Définissons γ_σ par $I^{-1}(C_\tau)$ où C_τ est le segment $s \to \theta = s\tau$ $0 \leq s \leq 1$, pour $\sigma \in \Omega$ (resp. Ω') le chemin γ_σ reste dans Ω (resp. Ω'), et le raisonnement étant le même dans Ω et Ω' nous nous restreindrons à K_0 et à Ω.

Le point (a) résulte du lemme.

Lemme 8.9 Soit $a(\sigma,\lambda,z,w)$ un symbole de $\Sigma^{\mu,m,n,k,\ell}_{\bar{\varepsilon},\bar{\delta}}(\Gamma^+_{\mathbb{C}})$ et soit $I(a)$ la primitive (par rapport à σ) de a dans Ω nulle en 0. Pour $\sigma \in \Omega_0$ on exprime $I(a)$ sous la forme:

$$I(a) = \int_{\gamma_\sigma} a(t,\lambda,z,w)dt,$$

où γ_σ est le chemin $I^{-1}(C_\tau)$:

$$C_\tau : s \in [0,1] \to \theta = s\tau .$$

Si $m > -1/2$ et si $l \geq 0$, $n \geq 0$ on a :

$$I(a) \in \Sigma^{\mu,m+1/2,n,k-1,\ell}_{\bar{\varepsilon},\bar{\delta}}(\Gamma^+_{\mathbb{C}}).$$

Démonstration :

On écrit

$$I(a)(\sigma,\lambda,z,w) = \int_{C_\tau} a(t,\lambda,z,w) \frac{d\theta}{p_0^{1/2}(t)} ,$$

où $p_0(t) = t^2(t+2i)^2$.

Pour $t \in \Omega$ on a l'estimation

$$|p_0(t)| \geq c \quad |\theta|(1+|\theta|)^{1/3},$$

Compte tenu des notations de (7.12) et des relations (7.13), on traduit l'hypothèse $a \in \Sigma^{\mu,m,n,k,\ell}_{\bar{\varepsilon},\bar{\delta}}$ par les estimations :

$$|a(\sigma,\lambda,z,w)| \leq c \ |z|^{\alpha}\ |\lambda|^{\beta}\ \psi^{\gamma}\ \psi^{\delta}\ \phi^{n}$$

valides dans une zone $\Gamma'_{\mathbb{C}} \subset\subset \Gamma^+_{\mathbb{C}}$, où l'on a posé :

$$\alpha = 3\mu + 2m + k + \ell \ , \quad \beta = \mu - \tfrac{1}{2}m \ , \quad \gamma = m, \quad \delta = m/3 + 2l/3 \ . \tag{8.21}$$

On en déduit les estimations :

$$|I(a) \leq c\,|z|^{\alpha}\,|\lambda|^{\beta} \int_{C_\tau} (1+|\lambda|\,|\theta|)^{\gamma/2} (1+|\theta|)^{\delta/2} (1+|z|^2|\lambda|)^{1/2} (1+|\lambda|\,|\theta|^{1/2}) (1+|\theta|^{1/6})^{n}\, |d\theta| / |p_0(t)|^{1/2}$$

et

$$|I(a)| \leq c\,|z|^{\alpha}\,|\lambda|^{\beta} \left(\int_0^1 (1+|\lambda|\,|\tau|\,s)^{\gamma/2} (1+s|\tau|)^{\delta/2-1/6} \frac{ds}{s^{1/2}} \right) |\tau|^{1/2}\, \phi^{n} \ .$$

Pour aller plus loin on remarque :

$$|\tau|^{1/2} \leq c \quad \Lambda^{1/2}\, d^{1/2} \quad \delta^{-3/2} \ ,$$

et le résultat suivant :

Lemme 8.10 Soient $x, y \geq 0$, α et β réels vérifiant la condition $\alpha_- + \beta_- < 1/2$ et soit

$$F(x,y) = \int_0^1 (1+tx)^{\alpha}\, (1+ty)^{\beta}\, \frac{dt}{t^{1/2}} \ ,$$

on a :

$$|F(x,y)| \leq c(1+x)^{\alpha}(1+y)^{\beta}$$

Démonstration

On a l'estimation $(1+tx)^{\alpha} \leq \begin{cases} (1+x)^{\alpha} & \text{si } \alpha \geq 0 \\ (1+x)^{\alpha}\, t & \text{si } \alpha \leq 0 \end{cases}$ pour $x \geq 0$ $0 \leq t \leq 1$.

On en déduit
$$\int_0^1 (1+tx)^{\alpha}\, (1+ty)^{\beta}\, dt/t^{1/2} \leq \begin{cases} (1+x)^{\alpha}(1+y)^{\beta} \int_0^1 dt/t^{1/2} & \text{si } \alpha, \beta \geq 0 \\ (1+x)^{\alpha}(1+y)^{\beta} \int_0^1 dt/t^{1/2-\alpha} & \text{si } \alpha \leq 0\ ,\ \beta \geq 0, \\ (1+x)^{\alpha}(1+y)^{\beta} \int_0^1 dt/t^{1/2-\alpha-\beta} & \text{si } \alpha \leq 0,\ \beta \leq 0 \end{cases}$$

ce qui prouve le lemme 8.10.

La condition $m > -1/2$, $l \geq 0$, le lemme ci-dessus ainsi que

$$\Psi^{-1/3} \lesssim d^{-1/2}\ \delta^{1/2},$$

fournissent $|I(a)| \leq c\,|z|^{\alpha}\,|\lambda|^{\beta}\, \Psi^{\gamma}\, \psi^{\delta}\, \phi^{n}\, \Lambda^{-1/2}\, \delta^{-1}$

d'où :

$$|I(a)| \leq c\, r^{\mu}\ \ \Lambda^{m+1/2}\, \phi^{n}\, \delta^{k-1}\, d^{\ell}$$

Pour estimer les dérivées $(\frac{\partial}{\partial z})^{\alpha} (\frac{\partial}{\partial w})^{\beta} I(a)$, on remarque $(\frac{\partial}{\partial z})^{\alpha}\ (\frac{\partial}{\partial w})^{\beta}\ I(a) = I((\frac{\partial}{\partial z})^{\alpha} (\frac{\partial}{\partial w})^{\beta} a)$

et le lemme 8.9 est prouvé.

Pour achever de prouver le point (a) il faut observer que la multiplication par $z^4 \lambda^{-1}$ $k'_{0,\varepsilon}$ applique $\Sigma^{\mu,m,n,k,\ell}_{\bar{\varepsilon},\bar{\delta}}(\Gamma_c^+)$ dans $\Sigma^{\mu-1,m+m_{-\varepsilon},n,k+1,\ell}_{\bar{\varepsilon},\bar{\delta}}(\Gamma_c^+)$.

Prouvons maintenant le point (b).

(b) Nous avons défini :

$$K_0' f(\sigma,\lambda,z,w) = z^4 \lambda^{-1} \int_{\gamma_\sigma'} \varepsilon_0^{-1}(\lambda,z,w)\, e^{\varepsilon\lambda(\xi^2(\sigma)-\xi^2(t))} k_{0,\varepsilon}(t,\lambda,z,w) f(t,\lambda,z,w)\,dt.$$

Nous ferons le choix $\gamma_\sigma' = \gamma_\sigma^\varepsilon$, le chemin $\gamma_\sigma^\pm$ est un chemin $s \to t(s)$ qui joint σ à $l'\infty$ dans Ω sur lequel (grosso-modo) la fonction :

$s \to \mathrm{Re}(\lambda\, I(t(s)))$ est strictement croissante (resp. décroissante).

Le domaine $\Omega_0 = I^{-1}(\mathcal{U}_0)$ (cf.(6.7)) ne comprend qu'une coupure V_0, et on pourra joindre σ à $l'\infty$ en restant dans Ω_0 en déterminant $C_\tau'^{\pm} = I(\gamma_\sigma^\pm)$ par :

$$s \to \theta = \tau + s e^{i\alpha_\pm}, \quad s \geq 0, \quad |\alpha_+| \leq \pi/2 - \delta/2 \quad \text{ou} \quad |\alpha_- - \pi| \leq \pi/2 - \delta/2. \tag{8.23}$$

(on rappelle que l'on a $|\arg\lambda| \leq \delta/4$) en sorte que pour $\sigma \in \Omega_0$ et $t \in \gamma_\sigma'$ on a :

$$|e^{\varepsilon\lambda(\xi^2(\sigma)-\xi^2(t))}| \leq C\, e^{-\alpha|\lambda||\theta-\tau|}, \tag{8.24}$$

avec C et $\alpha > 0$ indépendants de σ.

Quand $(\sigma,\lambda) \in \Omega\backslash\Omega_0$ i.e. $|\sigma| < \rho|\lambda|^{-1/2}$ on constitue γ_σ' de deux arcs :

(i) d'un arc $\gamma'_{\sigma\hat{\sigma}_0}$ joignant σ à un point $\hat{\sigma} \in \Omega_0$ $\hat{\sigma}_0 = i\rho/2|\lambda|^{-1/2}$,

et

(ii) de l'arc $\gamma'_{\hat{\sigma}}$ décrit ci-dessus.

La longueur de l'arc $\gamma'_{\sigma\hat{\sigma}_0}$ peut être bornée indépendement de σ par $C|\lambda|^{-1/2}$ et l'estimation (8.24) reste rencore valable (avec d'autres constantes C et α).

On prouve maintenant le lemme.

<u>Lemme 8.11</u> Soit $a(\sigma,\lambda,z,w) \in \Sigma^{\mu,m,n,k,\ell}_{\bar{\varepsilon},\bar{\delta}}(\Gamma_{\mathbb{C}}^+)$ et γ_σ' le chemin joignant σ et $l'\infty$ décrit ci-dessus, et soit :

$$J(a)(\sigma,\lambda,z,w) = \int_{\gamma_\sigma'} e^{\varepsilon\lambda(\xi^2(\sigma)-\xi^2(t))} a(t,\lambda,z,w)\,dt,$$

alors $J(a) \in \Sigma^{\mu-1/2,m,k-1,\ell-1/2}_{\bar{\varepsilon},\bar{\delta}}(\Gamma_{\mathbb{C}}^+)$.

<u>Démonstration</u>.

On étudie d'abord le cas $\sigma \in \Omega_0$. Procédant comme au lemme 8.9, on obtient avec la notation (8.21) l'estimation :

$$|J(a)| \leq c\, |z|^\alpha |\lambda|^\beta \int_{C_\tau'} (1+\lambda|\theta|)^{\gamma/2} (1+|\theta|)^{\delta/2-1/6} e^{-\alpha|\lambda||\theta-\tau|}\, \phi^n\, |d\theta|/|\theta|^{1/2}$$

utilisant les inégalités :

$(1+|\theta|^2)^{r/2} \leq (1+|\tau|^2)^{r/2}\,(1+|\tau-\theta|^2)^{|r|/2}$,

on obtient :

$$|J(a)| \leq C\,|z|^{\alpha}\,|\lambda|^{\beta}\,\psi^{\gamma}\,\phi^{n}\,\psi^{\delta-1/3}\int_{C'_\tau} e^{-\alpha|\lambda||\theta-\tau|}(1+|\tau-\theta|)^{m'}\,(1+\lambda\,|\tau-\theta|)^{M'}\,|d\theta|/|\theta|^{1/2}$$

$m' = |\delta/2-1/6|+1/6$, $M' = |\gamma|/2+n/2$

Mais on a :

$$\int_{C'_\tau} e^{-\alpha|\lambda||\theta-\tau|}(1+|\tau-\theta|)^{m'}(1+\lambda|\tau-\theta|)^{M'}\,d\theta/|\theta|^{1/2}$$

$$\leq C\int_0^{+\infty} e^{-\alpha s|\lambda|}\,(1+|\lambda|\,s)^{M'+m'}\,\frac{ds}{|\tau+se^{i\alpha}\pm|^{1/2}}$$

Cette dernière intégrale s'écrit sous la forme $|\lambda|^{-1/2}\int_0^{+\infty} e^{-\alpha x}\,(1+x)^{M''}\,\frac{dx}{|x+z|^{1/2}}$ qui est borné par $C\,|\lambda|^{-1/2}$, où C est indépendant de z.

On a donc prouvé :

$$|J(a)| \leq C\,|z|^{\alpha}\,|\lambda|^{\beta-1/2}\,\psi^{\gamma}\,\phi^{n}\,\psi^{\delta-1/3}. \qquad (8.25)$$

Si maintenant $\sigma\in\Omega\setminus\Omega_0$ on écrit

$$J(a) = \int_{\gamma'_{\sigma\hat{\sigma}_0}} e^{\varepsilon\lambda(\xi^2(\sigma)-\xi^2(t))}a(t,\lambda,z,w)dt + \int_{\gamma'_{\hat{\sigma}_0}} e^{\varepsilon\lambda(\xi^2(\sigma)-\xi^2(t))}a(t,\lambda,z,w)dt$$

(8.26)

Compte tenu des remarques faites ci-dessus le premier terme du membre de droite de (8.26) se borne par $|z|^{\alpha}|\lambda|^{\beta}\times$ longueur $(\gamma'_{\sigma\hat{\sigma}_0})$ et le second par $z^{\alpha}|\lambda|^{\beta-1/2}\,\psi\text{-}\gamma_{\psi}\,\delta\text{-}1/3$, et si l'on observe que pour $|\xi(\sigma)|\leq r_0\,|\lambda|^{-1/2}$, $\psi\sim\Psi\sim 1$ on voit que (8.25) est encore vérifiée.

Le lemme résulte maintenant de (8.25) et de $|\lambda|^{-1/2}\,\psi^{-1/3} \lesssim r^{-1/2}\,d^{-1/2}\,\delta^{-1}$.

Notre assertion (b) sur l'opérateur K'_0 résulte alors de l'inclusion :

$$\Sigma^{\mu-1/2,m,n,k,\ell+1/2}_{\bar{\varepsilon},\bar{\delta}} \subset \Sigma^{\mu,m+1/2,n,k,\ell}_{\bar{\varepsilon},\bar{\delta}} \quad (\text{i.e. } r^{-1/2} \lesssim \Lambda^{1/2}\,d^{1/2})$$

Pour prouver un résultat analogue concernant H'_0 on observe que cette fois le domaine $\Omega'_0 = I^{-1}(\mathcal{U}'_0)$ comprend deux coupures V_0 et V_1 centrées sur la droite $\mathrm{Re}\, z = 0$ et que l'on pourra définir γ_0 soit par un arc tel que (8.23) soit par une réunion $\gamma_{\sigma\sigma_0}\vee\gamma_{\sigma_0}$, $\sigma_0\in L'$, de deux arcs de ce type.

(c) On procède comme en (a) et (b) en construisant $1'_\sigma$ comme γ_σ et 1_σ comme γ'_σ. On peut maintenant énoncer:

Proposition 8.13. Soit $\bar{\delta}>0$, $\bar{\varepsilon}\geq 0$.

(a) Soit $f \in \Sigma^{\mu,m,n,k,\ell}_{\bar{\varepsilon},\bar{\delta}}(\Gamma_{\mathbb{C}}^-)$ avec $m > m_{\varepsilon+1/2}$, $n\geq 0$, $\ell\geq 0$ la fonction u définie en (8.17) : $u = H_o f\, h_{o,\varepsilon} - H'_o f\, h'_{o,\varepsilon}$, est solution de $L_\varepsilon u = f$ et on a

$$u \in \Sigma^{\mu-1,m-1/2,n,k,\ell}_{\bar{\varepsilon},\bar{\delta}}(\Gamma_{\mathbb{C}}^-)$$

(b) Soit $f = \tilde{f} + \tilde{\tilde{f}} e^{iE}$, avec $\tilde{f} \in \Sigma^{\mu,m,n,k,\ell}_{\bar{\varepsilon},\bar{\delta}}(\Gamma_{\mathbb{C}}^+)$ (resp. $\tilde{\tilde{f}} \in \Sigma^{\mu',m',n',k',\ell'}_{\bar{\varepsilon},\bar{\delta}}(\Gamma_{\mathbb{C}}^+)$) avec $m > m_\varepsilon + 1/2$, $n \geq 0$, $\ell \geq 0$ (resp. $m' > m_{-\varepsilon} + 1/2$, $n' \geq 0$, $l' \geq 0$), soient $\tilde{u}$ et $\tilde{\tilde{u}}$ les fonctions de (8.18) :

$$\tilde{u} = K_o\tilde{f}\, k_{\varepsilon,o} - K'_o\tilde{f}\, k'_{\varepsilon,o},$$

$$\tilde{\tilde{u}} = L_o\tilde{\tilde{f}}\, k_{\varepsilon,o} - L'_o\tilde{\tilde{f}}\, k'_{\varepsilon,o},$$

et soit u la fonction :

$$u = \tilde{u} + \tilde{\tilde{u}}\, e^{iE}$$

u est solution de $L_\varepsilon u = f$ et on a $\tilde{u} \in \Sigma^{\mu-1,m-1/2,n,k,\ell}_{\bar{\varepsilon},\bar{\delta}}(\Gamma_{\mathbb{C}}^+)$, $\tilde{\tilde{u}} \in \Sigma^{\mu'-1,m'-1/2,n',k',\ell'}_{\bar{\varepsilon},\bar{\delta}}(\Gamma_{\mathbb{C}}^+)$.

L'analogue de la remarque (8.4) tient encore :

Remarque 8.14 : La proposition précédente est encore vraie si l'on remplace les espaces $\Sigma^{\mu,m,n,k,\ell}_{\bar{\varepsilon},\bar{\delta}}$ par les espaces $\Sigma^{\mu,m,n,k,\ell}_{+,\bar{\delta}}$.

Proposition 8.15 : Il existe une suite de fonctions q_j^Γ, $j\geq 0$, de classe C^∞ dans $\Gamma_{\mathbb{C}}^+ \cup \Gamma_{\mathbb{C}}^-$, holomorphes en (σ,λ) pour $(\sigma,\lambda) \in \Omega \cup \Omega'$, satisfaisant aux conditions :

(i) $q_o^\Gamma = r^{-2/3\mu_\varepsilon} p_o^\varepsilon$ où p_o est la solution de $\mathbb{P}_o q = 0$ définie en (3.12).

(ii) Les fonctions q_j^Γ vérifient le système triangulaire :

$$\mathbb{P}_o q_j^\Gamma = -\sum_{k-1}^{j} \mathbb{P}_k\, q_{j-k}^\Gamma, \; j\geq 1.$$

(iii) $q_j^\Gamma\big|_{\Gamma_{\mathbb{C}}^-}$ est une fonction de la classe $\Sigma^{0,m_\varepsilon+j/2(1-4\bar{\delta}),3j\bar{\delta},0}_{0,\bar{\delta}}(\Gamma_{\mathbb{C}}^-)$ $\forall \bar{\delta}>0$.

(iv) Il existe des fonctions $\tilde{q}_j^\Gamma$, $\tilde{\tilde{q}}_j^\Gamma$ telles que $\forall \bar{\varepsilon}>0, \bar{\delta}>0$

$$\tilde{q}_j^{\Gamma} \in \Sigma_{+,\bar{\delta}}^{\bar{\varepsilon},\, m_\varepsilon + j/2(1-4\bar{\delta}),\, 3j\bar{\delta},\, 0}(\Gamma_{\mathbb{C}}^{+}) \quad , \quad \tilde{\tilde{q}}_j^{\Gamma} \in \Sigma_{+,\bar{\delta}}^{\bar{\varepsilon}-1/2(m_\varepsilon - m_{-\varepsilon}),\, m_{-\varepsilon}+j/2(1-4\bar{\delta}),\, 3j\bar{\delta},\, (m_\varepsilon - m_{-\varepsilon})/2,\, 0}(\Gamma_{\mathbb{C}}^{+})$$

telles que :

$$q_j^{\Gamma}\Big|_{\Gamma_{\mathbb{C}}^{+}} = \tilde{q}_j^{\Gamma} + \tilde{\tilde{q}}_j^{\Gamma} e^{iE} , \tag{8.27}$$

où E est la fonction :

$$E(t,y,w,r) = 2\varepsilon\,(t^3/3+ty)r + 4/3\,\varepsilon\,(-y)^{3/2}.$$

Démonstration

Les points (iii) et (iv) ont été prouvés à la Proposition (7.8) quand $j = 0$ (et avec du reste un $\bar{\varepsilon} = 0$). Nous allons procéder par récurrence. Auparavant il est nécessaire d'établir :

Lemme 8.16. Désignons par $\mathbb{P}'_j$ les opérateurs différentiels :

$$\mathbb{P}'_j = e^{-iE}\, \mathbb{P}_j\, e^{iE} ,$$

on a :

$$\mathbb{P}'_0 = L_{-\varepsilon} ,$$

pour $j > 0$, $\mathcal{V} = \Gamma_{\mathbb{C}}^{\pm}$, $\mathbb{P}'_j$ applique l'espace $\Sigma_{\bar{\varepsilon},\bar{\delta}}^{\mu,m,n,k,\ell}(\mathcal{V})$

dans $\Sigma_{\bar{\varepsilon},\bar{\delta}}^{\mu+1+\bar{\varepsilon},\, m+1/2+j/2(1-4\bar{\delta}),\, n+3j\bar{\delta},\, k,\, \ell}(\mathcal{V})$,

dont la vérification est laissée au lecteur.

Posant $f_j = - \sum_{k=1}^{j} \mathbb{P}_j\, q_{j-k}^{\Gamma}$, f_j est déterminé par récurrence dans l'espace $\Sigma_{0,\bar{\delta}}^{1,\, m_\varepsilon + j/2(1-4\bar{\delta}),\, 3j\bar{\delta},\, 0}(\Gamma_{\mathbb{C}}^{-})$ on obtient q_j^{Γ} par :

$$q_j^{\Gamma} = h_{o,\varepsilon}\, H_o f_j - h'_{o,\varepsilon} H'_o f_j$$

et en vertu de la proposition (8.13) (a) on a :

$$q_j^{\Gamma} \in \Sigma_{0,\bar{\delta}}^{0,\, m_\varepsilon + j/2(1-4\bar{\delta}),\, 3j\bar{\delta},\, 0}(\Gamma_{\mathbb{C}}^{-}) \qquad \forall \bar{\delta} > 0 .$$

On observe maintenant que $q_0^{\Gamma}(\sigma,\lambda,z,w)$ est holomorphe comme fonction de σ dans $\mathbb{C}$ et que les fonctions $q_j^{\Gamma}(\cdot,\lambda,z,w)$ sont des solutions d'équations différentielles (à coefficients holomorphes en σ) $L_\varepsilon q_j^{\Gamma} = f_j$ où les $f_j(\cdot,\lambda,z,w)$ sont (par récurrence) holomorphe dans $\mathbb{C}$, il en résulte que les fonctions $q_j^{\Gamma}(\cdot,\lambda,z,w)$ se prolongent holomorphiquement à $\mathbb{C}$ entier.

Supposons que pour tout $j' < j$ on a prouvé (i.v).

La fonction $f_j \big|_{\Gamma_C^+}$ s'écrit donc (en vertu du lemme 8.16) :

$$f_j = \tilde{f}_j + e^{iE}\,\tilde{\tilde{f}}_j\,,$$

avec $\forall \bar{\varepsilon}>0\,,\ \bar{\delta}>0$

$$\tilde{f}_j \in \Sigma_{+,\bar{\delta}}^{\bar{\varepsilon}+1,\,m_\varepsilon+j/2(1-4\bar{\delta})+1/2\,,\,3j\bar{\delta}\,,\,0\,,\,0}(\Gamma_{\mathbb{C}}^+)$$

et

$$\tilde{\tilde{f}}_j \in \Sigma_{+,\bar{\delta}}^{\bar{\varepsilon}+1+(m_{\varepsilon}-m_{\varepsilon})/2,\,m_{-\varepsilon}+j/2(1-4\bar{\delta})+1/2,\,3j\bar{\delta},\,(m_\varepsilon-m_{-\varepsilon})/2,\,0}(\Gamma_{\mathbb{C}}^+)$$

Pour obtenir la conclusion $(iv)_j$ il suffit de déterminer à l'aide de la proposition (8.13)(b) une fonction $q_j^{\prime\Gamma}$ solution de $L_\varepsilon q_j^{\prime\Gamma} = f_j$ dans $\Gamma_{\mathbb{C}}^+$ et de comparer la fonction q_j^{Γ} et la fonction $q_j^{\prime\Gamma}$ à l'aide de leurs traces sur $t = (-y)^{1/2}$ (soit $\sigma = 0$) et des solutions de l'équation homogène $L_\varepsilon u = 0$ construites dans la section 6.

Nous laissons ces vérifications au lecteur qui achèvent de prouver la proposition (8.15

On termine cette section par la remarque :

<u>Remarque 8.17</u> : On peut obtenir l'analogue des propositions (8.6) et (8.15) en construisant une suite $q_j^{\prime\mathcal{V}}$, $j \geqslant 0$, de fonctions satisfaisant aux équations de transport et modelée à partir de la fonction $q_0^{\prime\mathcal{V}}$ égale à

$$r^{-2/3\,\mu_{-\varepsilon}}\,q_0' \ \text{ si } \mathcal{V} = \Delta \text{ ou } \Delta_0, \text{ ou à } r^{-2/3\,\mu_{-\varepsilon}}\,p_0' \ \text{ si } \mathcal{V} = \Gamma.$$

Ces fonctions vérifient si $\mathcal{V} = \Delta, \Delta_0$, ou $\Gamma_{\mathbb{C}}^-$:

$$q_j^{\prime\mathcal{V}}\ e^{-2i\varphi} \in \Sigma_{0,\bar{\delta}}^{0,\,m_{-\varepsilon}+j/2(1-4\bar{\delta}),\,3j\bar{\delta},\,0}(\mathcal{V})$$

et si $\mathcal{V} = \Gamma_{\mathbb{C}}^+$;

$$q_j^{\prime\Gamma}\Big|_{\Gamma_{\mathbb{C}}^+} = e^{2i\varphi}\,\tilde{q}_j^{\prime\Gamma} + e^{2i\varphi-iE}\,\tilde{\tilde{q}}_j^{\prime\Gamma}\,,$$

$\tilde{q}_j^{\prime\Gamma}$ (resp $\tilde{\tilde{q}}_j^{\prime}$) ayant une description analogue à celle de $\tilde{q}_j^{\Gamma}$(resp $\tilde{\tilde{q}}_j^{\Gamma}$), ε étant remplacé par $-\varepsilon$.

§9. Quelques espaces de symboles

Nous construisons et étudions dans cette section des classes de symboles destinées à donner un sens à la somme formelle $\sum_{j=0}^{\infty} q_j$ des fonctions obtenues à la Proposition (8.6) et (8.15).

Soit G un voisinage conique de $\xi_0 = (1,0,\dots,0)$ dans $(\mathbb{R}^N\setminus 0)$, soit $\mu(x,\xi)$, $m(x,\xi)$, $k(x,\xi)$ des fonctions réelles et bornées dans $\mathbb{R}^N \times G$.

Soit $\bar{\varepsilon} > 0$ un nombre réel assez petit, et soit $T > 0$ assez grand.

Soit $\mathcal{W}$ une partie ouverte de G^T et $\mathcal{V}$ l'ensemble $\mathcal{V} = \bar{\mathbb{R}}_+^{N+1} \times \mathcal{W}$, et soit $\varphi_{\mathcal{V}}$ et $\phi_{\mathcal{V}}$ des fonctions, à valeurs dans $\mathbb{R}_+$, de $C^\infty(\mathcal{V})$.

On introduit la définition :

<u>Définition 9.1</u>. Nous désignerons par $S^{\mu,m,k}_{\phi_{\mathcal{V}},\varphi_{\mathcal{V}},\bar{\varepsilon}}(\mathcal{V})$ l'ensemble des fonctions f de classe C^∞ dans $\mathcal{V}$ satisfaisant aux estimations :

Pour tout K compact de $\bar{\mathbb{R}}_+^{N+1}$, $\mathcal{W}'$ **fermé convenable de $\mathcal{W}$ (cf §3)**, et tout multi-indice (α,β,γ) il existe $C > 0$ tel que :

$$|D_t^\alpha D_x^\beta D_{\xi'}^{\gamma'} D_{\xi''}^{\gamma''} f(t,x,\xi)| \le C\,(1+|\xi|)^{\mu+\bar{\varepsilon}|\beta|+\bar{\varepsilon}(|\gamma'|+|\gamma''|)-|\gamma|} (\Lambda(t,x,\xi))^m (\delta(\xi))^k (\varphi_{\mathcal{V}}(t,x,\xi))^{-\alpha} (\phi_{\mathcal{V}}(t,x,\xi))^{-|\gamma''|} \times (\Lambda d^2)^{-|\gamma_1'|} \tag{9.1}$$

pour tout $(t,x) \in K$, $\xi \in \mathcal{W}'$ $|\xi| \ge T' > T$.

(On rappelle que les fonctions Λ, d, δ, θ sont définies en (7.1).)

On désigne par $\phi_{0,\mathcal{V}}$ la fonction $\phi_{\mathcal{V}}(0,x,\xi)$ et on suppose remplies les conditions :

$$\phi_{\mathcal{V}} \lesssim \phi_{0,\mathcal{V}} \tag{9.2}$$

et

$$\mu, m, k \quad \text{sont des fonctions de} \quad S^{0,0,0}_{\phi_{0,\mathcal{V}},1,0}(\mathcal{V}) \tag{9.3}$$

Nous considérerons les cas :

$$\begin{aligned}
&\text{(i)} \quad \mathcal{V} = \Delta && \phi_\Delta = \delta^2(\xi)\,, && \varphi_\Delta = \theta(t,\xi),\\
&\text{(ii)} \quad \mathcal{V} = \Delta_0 && \phi_{\Delta_0} = |\xi|^{-2/3}, && \varphi_{\Delta_0} = \theta(t,\xi),\\
&\text{(iii)} \quad \mathcal{V} = \Gamma && \phi_\Gamma = \Lambda(t,x,\xi)\,\delta^2(\xi)/d^2(t,x,\xi)\,, && \varphi_\Gamma = \Lambda(t,x,\xi)/d(t,x,\xi)\,.
\end{aligned} \tag{9.4}$$

On notera $S^{\mu,m,k}_{\phi_{\mathcal{V}},\varphi_{\mathcal{V}},\bar{\varepsilon}}$ les classes ainsi obtenues et on se restreint dans le cas (i) $\mathcal{V} = \Delta$ au cas où μ, m, k sont seulement fonctions de (x,ξ').

Il est facile de vérifier :

$$\begin{aligned}
&\phi_{\mathcal{V}} \ge |\xi|^{-2/3}\\
&\varphi_{\mathcal{V}} \gtrsim |\xi|^{-1/2}\\
&\varphi_{\mathcal{V}} \lesssim 1,\\
&|\xi|\,\phi_{\mathcal{V}}\varphi_{\mathcal{V}} \gtrsim 1.
\end{aligned} \tag{9.5}$$

Posant $\bar{m}_- = \sup_{(x,\xi)\in\mathbb{R}^N\times G} m_-(x,\xi)$, $\bar{k}_- = \sup_{(x,\xi)\in\mathbb{R}^N\times G} k_-(x,\xi)$, $\bar{\mu} = \sup_{(x,\xi)\in\mathbb{R}^N\times G} \mu(x,\xi)$,

on obtient l'inclusion dans les classes de type $S^m_{\rho,\rho',\delta,\nu}$ définies en (2.18) :

$$S^{\mu,m,k}_{\phi_\mathcal{V},\varphi_\mathcal{V},\bar{\varepsilon}} \subset S^{\bar{\mu}+2/3\bar{m}_-+1/3\bar{k}_-}_{1/2\bar{\varepsilon},1/3-\bar{\varepsilon},\bar{\varepsilon},1/2}$$

Rappelons que nous avons construit le recouvrement de Γ, $\Gamma=\Gamma^+\cup\Gamma^-$:

$$\Gamma^+ = \{(t,x,\xi) \mid t\geq 0,\ (x,\xi)\in\mathbb{R}^N\times G^T,\ \xi'' < -M\xi_1'^{1/3} \text{ et } \zeta(t,x,\xi) > -c\}$$

$$\Gamma^- = \{(t,x,\xi) \mid t\geq 0\ (x,\xi)\in\mathbb{R}^N\times G^T,\ \xi'' < -M\xi_1'^{1/3} \text{ et } \zeta(t,x,\xi) < c\},$$

avec

$$\zeta(t,x,\xi) = (z(\xi))^{1/2}\xi_1'^{1/2}(t-z(\xi)) \tag{9.6}$$

(Les constantes $1/M$, $1/T$ et $c>0$ sont supposées assez petites).

Le lien avec les classes $\Sigma^{\mu,m,n,k}_{\tilde{\varepsilon},\tilde{\delta}}(\mathcal{V}_\mathbb{C})$ pour $\mathcal{V}=\Delta$, Δ_0 ou $\Gamma^\pm$ est exprimé par :

<u>Proposition 9.2</u> Pour $\mathcal{V}=\Delta$, Δ_0, ou $\Gamma^\pm$ et avec les définitions (7.2), (7.5) ou (7.7) on a la relation :

$$f\in\Sigma^{\mu,m,n,k}_{\tilde{\varepsilon},\tilde{\delta}}(\mathcal{V}_\mathbb{C}) \Rightarrow f\in S^{\mu,m,k}_{\phi_\mathcal{V},\varphi_\mathcal{V},\bar{\varepsilon}}(\mathcal{V}),\quad \bar{\varepsilon}=\tilde{\varepsilon}+2/3\,\tilde{\delta}.$$

<u>Démonstration</u>

Nous nous contenterons d'étudier le cas $\mathcal{V}=\Gamma^\pm$.

Posant $z=(-y)^{1/2}$ on a effectué le changement de variables

$$(t,r,z,w)\to(\sigma,\lambda,z,w)\quad \sigma=i(t/z-1),\quad \lambda=r\ z^3,\quad z=z,\quad w=w$$

il vient :

$$D_t = i/z\,D_\sigma,$$
$$rD_r = \lambda D_\lambda,$$
$$D_z = -i/z(\sigma+i)D_\sigma + 3\lambda/z\,D_\lambda + D_z,$$

par suite :

$$D_z^\beta = \sum_{\substack{q+r=\beta\\ p'+p''+r\leq\beta}} c^*(\sigma+i)^{p'}\lambda^{p''}z^{-q}D_\sigma^{p'}D_\lambda^{p''}D_z^r,$$

puis,

$$D_t^\alpha D_z^\beta(rD_r)^p = \sum_{\substack{q+r=\beta\\ p''\leq\beta+\gamma\\ p'+r\leq\beta\\ \alpha'+\alpha''=\alpha}} c^*(\sigma+i)^{p'-\alpha'}\lambda^{p''}z^{-q-\alpha}D_\sigma^{p'+\alpha''}D_\lambda^{p''}D_z^r,$$

où les c^* sont des constantes numériques.

Nous omettrons pour simplifier les dérivées D_w^δ et nous nous ramenerons comme à la Proposition (7.9) au cas où $\mu = m = k = 0$. On pose :

$$f(t,y,w,r) = f'(\sigma,\lambda,z,w)$$

On exprime $f'(\sigma,\lambda,z,w) = f''(\xi,\lambda,z,w)$, posant $\xi(\sigma) = (2/3)^{1/2}\sigma(\sigma+zi)^{1/2}$.

$$D_\sigma^{p'} D_\lambda^{p''} D_z^r f' = \sum_{l=1}^{p'} c^* D_\xi^l D_\lambda^{p''} D_z^r f'' \sum_{\alpha_1+\dots+\alpha_l=p'} D_\sigma^{\alpha_1}\xi \times \dots \times D_\sigma^{\alpha_l}\xi$$

On utilise les estimations :

$$|D_\sigma^\alpha \xi(\sigma)| \lesssim \delta^{-3/2+\alpha} d^{3/2-\alpha},$$

$$|D_\xi^l D_\lambda^{p''} D_z^{r'} f''| \lesssim r^{\bar{\varepsilon} r'} \delta^{-r'} (|\lambda|^{-1/2} + |\xi|)^{-l} |\lambda|^{-p''}$$

Il en résulte :

$$|\lambda|^{p''} |D_\sigma^{p'} D_\lambda^{p''} D_z^{r'} f'| \lesssim r^{\bar{\varepsilon} r'} \sum_{l=1}^{p'} \delta^{p'-r'} d^{2l-p'} \Lambda^{-l} \lesssim r^{\bar{\varepsilon} r'} \delta^{p'-r'} d^{p'} \Lambda^{-p'},$$

en vertu de $\Lambda^{-1} d^2 \gtrsim 1$,

puis :

$$|D_t^\alpha D_z^\beta (rD_r)^\gamma f| \lesssim r^{\bar{\varepsilon}\beta} \sum_{\substack{q+r=\beta \\ \alpha'+\alpha''=\alpha \\ p'+r \leq \beta \\ p'' \leq \beta+\gamma}} d^{-\alpha'} \Lambda^{-\alpha''} d^{\alpha''} d^{2p'} \Lambda^{-p'} \delta^{-q-r}$$

compte tenu de $d^{-\alpha'} \lesssim \Lambda^{-\alpha'} d^{\alpha'}$, de $p' \leq \beta$, de $q \leq \beta$ on a :

$$|D_t^\alpha D_z^\beta (rD_r)^\gamma f| \lesssim r^{\bar{\varepsilon}\beta} (\Lambda/d)^{-\alpha} (\Lambda\delta/d^2)^{-\beta}$$

puis en vertu de $D_y^\beta = \sum_{p+q=2\beta} c^* z^{-p} D_z^q$,

$$|D_t^\alpha D_y^\beta (rD_r)^\gamma f| \lesssim r^{\bar{\varepsilon}\beta} (\Lambda/d)^{-\alpha} (\Lambda\delta^2/d^2)^{-\beta} .$$

c.q.f.d.

Nous laissons au lecteur le soin de vérifier le résultat :

Lemme 9.3

Soit $\sigma(t) \in C^\infty(\mathbb{R})$, $\sigma(t) = 0$ pour $t \leq 1/2$, $\sigma(t) = 1$ pour $t \geq 1$.

(a) Si $\zeta(t,x,\xi)$ est la fonction définie en (9.6) on a :

$$\sigma(\zeta(t,x,\xi)) \in S^{0,0,0}_{\Phi_\Gamma,\varphi_\Gamma,0}(\Gamma).$$

(b) Soit $\tilde{\lambda}(t,x,\xi)$ une fonction de $S^{0,1,0}_{\Phi_\upsilon,\varphi_\upsilon,0}(\upsilon)$, $\upsilon = \Delta, \Delta_0$, ou Γ, équivalente à la fonction Λ, et soit

$$\varphi_\lambda(t,x,\xi) = \sigma(|\xi|/\lambda)(1-\sigma(\lambda\tilde{\lambda}(t,x,\xi))),$$

alors $\varphi_\lambda \in S^{0,1,0}_{\Phi_\upsilon,\varphi_\upsilon,0}$, $1-\varphi_\lambda \in S^{0,\infty,0}_{\Phi_\upsilon,\varphi_\upsilon,0} = \bigcap_k S^{0,k,0}_{\Phi_\upsilon,\varphi_\upsilon,0}$, et l'ensemble des fonctions $\lambda\varphi_\lambda$, $\lambda \geq 1$, est borné dans $S^{0,1,0}_{\Phi_\upsilon,\varphi_\upsilon,0}$ muni de sa topologie naturelle.

Réunissant les résultats des Propositions (8.6), (8.15), (9.2), du lemme (9.3), introduisant pour abréger les notations :

$$\nu_\varepsilon=0,\ \nu'_\varepsilon=\tilde{\varepsilon},\ m_{\varepsilon,j}=m_\varepsilon+j/2(1-\tilde{\delta}),\quad k_\varepsilon=(m_\varepsilon-m_{-\varepsilon})/2,\ \nu''_\varepsilon=\tilde{\varepsilon}+(m_{-\varepsilon}-m_\varepsilon)/2 \qquad (9.7)$$

où $\tilde{\varepsilon}>0$, $\tilde{\delta}>0$ sont fixés assez petits, on peut construire une suite λ_j à croissance assez rapide pour que :

$$(2^j\,\varphi_{\lambda_j} q_j^\Gamma)_{j\geq N}\ (\text{resp. } (2^j\varphi_{\lambda_j}\tilde{q}_j^\Gamma)_{j\geq N},\ \text{resp. } (2^j\,\varphi_{\lambda_j}\tilde{\tilde{q}}_j^\Gamma)_{j\geq N})$$

reste borné dans :

$$S_{\Phi_\Gamma,\varphi_\Gamma,\bar{\varepsilon}}^{\nu_\varepsilon,m_{\varepsilon,N}-1,0}(\Gamma-)\ (\text{resp. } S_{\Phi_\Gamma,\varphi_\Gamma,\bar{\varepsilon}}^{\nu'_\varepsilon,m_{\varepsilon,N}-1,0}(\Gamma+),\ \text{resp. } S_{\Phi_\Gamma,\varphi_\Gamma,\bar{\varepsilon}}^{\nu''_\varepsilon,m_{-\varepsilon,N}-1,k_\varepsilon}(\Gamma+))$$

muni de sa topologie naturelle d'espace naturelle d'espace de Frechet, pour tout $N\geq 0$.

On pose alors
$$q^\Gamma=\sum_{j\geq 0}\varphi_{\lambda_j}q_j^\Gamma,$$
$$\tilde{q}^\Gamma=\sum_{j\geq 0}\varphi_{\lambda_j}\tilde{q}_j^\Gamma,$$
$$\tilde{\tilde{q}}^\Gamma=\sum_{j\geq 0}\varphi_{\lambda_j}\tilde{\tilde{q}}_j^\Gamma.$$

q^Γ est alors une fonction de classe C^∞ dans Γ, sa restriction à $\Gamma-$ vérifie :

$$q^\Gamma\big|_{\Gamma-}\in S_{\Phi_\Gamma,\varphi_\Gamma,\bar{\varepsilon}}^{\nu_\varepsilon,m_\varepsilon,0}$$

et pour tout entier $N>0$:

$$q^\Gamma-\sum_{j<N}q_j^\Gamma\Big|_{\Gamma-}\in S_{\Phi_\Gamma,\varphi_\Gamma,\bar{\varepsilon}}^{\nu_\varepsilon,m_{\varepsilon,N},0} \qquad (9.8)$$

tandis que dans $\Gamma+$ l'on a :

$$q^\Gamma\Big|_{\Gamma+}=\tilde{q}^\Gamma+e^E\,\tilde{\tilde{q}}^\Gamma\Big|_{\Gamma+}, \qquad (9.9)$$

et pour tout entier $N>0$:

$$q^\Gamma-\sum_{j<N}\tilde{q}_j^\Gamma-\sum_{j<N}\tilde{\tilde{q}}_j^\Gamma\,e^{iE}\Big|_{\Gamma+}\in S_{\Phi_\Gamma,\varphi_\Gamma,\bar{\varepsilon}}^{\nu'_\varepsilon,m_{\varepsilon,N},0}+e^{iE}\,S_{\Phi_\Gamma,\varphi_\Gamma,\bar{\varepsilon}}^{\nu''_\varepsilon,m_{-\varepsilon,N},k_\varepsilon} \qquad (9.10)$$

Dans les ouverts $\mathcal{V}=\Delta$ ou Δ_0 on peut également construire des fonctions $q^{\mathcal{V}}$ ayant une propriété analogue à (9.8).

Rappelons que si P désigne l'opérateur pseudo-différentiel étudié et si a désigne une fonction C^∞ dans $\bar{\mathbb{R}}_+^{N+1}\times G$ nous avons introduit la notation :

$$\mathbb{P}\,a(t,x,\xi)=e^{-ix.\xi}\,P(t,x,D_t,D_x)(ae^{ix.\xi}).$$

Nous laissons au lecteur le soin de vérifier :

<u>Proposition 9.4</u> Les fonctions $q^{\mathcal{V}}(t,x,\xi)$ précédentes vérifient :

(i) $\mathbb{P}q^{\mathcal{V}} \in S^{\nu_\varepsilon+1,\infty,0}_{\phi_{\mathcal{V}},\varphi_{\mathcal{V}},0}(\mathcal{V})$ si $\mathcal{V}$ est Δ ou Δ_0

(ii) $\mathbb{P}q^{\Gamma}\big|_{\Gamma-} \in S^{\nu_\varepsilon+1,\infty,0}_{\phi_\Gamma,\varphi_\Gamma,\bar{\varepsilon}}(\Gamma-)$

et

$\mathbb{P}q^{\Gamma}\big|_{\Gamma+} \in S^{\nu'_\varepsilon+1,\infty,0}_{\phi_\Gamma,\varphi_\Gamma,\bar{\varepsilon}}(\Gamma+) + e^{iE}\, S^{\nu''_\varepsilon+1+\bar{\varepsilon},\infty,k_\varepsilon}_{\phi_\Gamma,\varphi_\Gamma,\bar{\varepsilon}}(\Gamma+)$

Nous noterons

$$\mathbb{P}q^{\mathcal{V}} = \rho^{\mathcal{V}}$$

Si $\mathcal{V} = \Delta$ ou Δ_0, on a $\rho^{\mathcal{V}} \in S^{\nu_\varepsilon+1,\infty,0}_{\phi_{\mathcal{V}},\varphi_{\mathcal{V}},\bar{\varepsilon}}(\mathcal{V})$. (9.11)

Il sera commode d'introduire la partition de l'unité suivante de Γ

$$1_\Gamma = \sigma(\zeta(t,\xi)) + (1-\sigma)(\zeta(t,\xi))$$

où $\sigma(t) \in C^\infty(\mathbb{R})$ est nulle pour $t \leq c/4$ et égale à 1 pour $t \geq c/2$ et on pourra écrire (cf. lemme (9.3))

$$\rho^\Gamma = \tilde{\rho}^\Gamma + \tilde{\rho}'^\Gamma + \tilde{\tilde{\rho}}'^\Gamma e^{iE} \tag{9.12}$$

où $\tilde{\rho}^\Gamma \in S^{\nu_\varepsilon+1,\infty,0}_{\phi_\Gamma,\varphi_\Gamma,\bar{\varepsilon}}(\Gamma)$, $\tilde{\rho}'^\Gamma \in S^{\nu'_\varepsilon+1,\infty,0}_{\phi_\Gamma,\varphi_\Gamma,\bar{\varepsilon}}(\Gamma)$, $\tilde{\tilde{\rho}}'^\Gamma \in S^{\nu''_\varepsilon+1+\bar{\varepsilon},\infty,k}_{\phi_\Gamma,\varphi_\Gamma,\bar{\varepsilon}}(\Gamma)$, $\operatorname{supp} \tilde{\rho}'^\Gamma, \tilde{\rho}''^\Gamma \subset \{\zeta(t,\xi) \geq c/4\}$

Il reste à construire des termes complémentaires pour obtenir $\mathbb{P}q^{\mathcal{V}} = 0 \mod S^{-\infty}$. Nous le ferons dans la section suivante, mais auparavant nous avons besoin de quelques préparations techniques.

On désigne par $\phi_0(\xi)$ la fonction

$$\phi_0(\xi) = \delta^2(\xi) \tag{9.13}$$

On a pour $\mathcal{V} = \Gamma, \Delta,$ ou Δ_0 :

$$\phi_{\mathcal{V}}(0,\xi) \sim \phi_0(\xi).$$

On introduit la définition

Définition 9.5 Désignons par $S^{\mu,k}_{\phi_0,\bar{\varepsilon}}(\mathcal{V})$ l'espace $S^{\mu,k,0}_{\tilde{\phi}_{\mathcal{V}},\tilde{\varphi}_{\mathcal{V}},\bar{\varepsilon}}(\mathcal{V})$ de ((9.1) avec :

(i) $\mathcal{V} = \Delta$, $\tilde{\phi}_\Delta = \phi_0$, $\tilde{\varphi}_\Delta = |\xi|^{1/3}$,

(ii) $\mathcal{V} = \Delta_0$, $\tilde{\phi}_{\Delta_0} = \phi_0$, $\tilde{\varphi}_{\Delta_0} = |\xi|^{1/3}$,

(iii) $\mathcal{V} = \Gamma$, $\tilde{\phi}_\Gamma = \phi_0$, $\tilde{\varphi}_\Gamma = |\xi|^{1/3}$.

Nous désignons par $S^{\mathcal{V}}$ la variété $t = \xi'' = 0$ si $\mathcal{V} = \Delta$, $t = 0$ si $\mathcal{V} = \Delta_0$ et enfin $t^2 + \xi''/\xi_1 = 0$ si $\mathcal{V} = \Gamma$.

On constate : si ρ est un symbole de $S^{\mu,\infty,k}_{\phi_{\mathcal{V}},\varphi_{\mathcal{V}},\bar{\varepsilon}}(\mathcal{V})$ alors ρ et toutes ses traces sont de degré $-\infty$ sur $S^{\mathcal{V}}$, qui résulte de

$$\Lambda\big|_{S^\Gamma} \lesssim r^{-1/2},\ \theta\big|_{S\Delta_0} \lesssim r^{-1/3},\ d\big|_{S\Delta} \lesssim r^{-1/3}.$$

Il en résulte que si $\rho \in S^{\mu,\infty,k}_{\phi_\mathcal{V},\varphi_\mathcal{V},\bar{\varepsilon}}$ il existe un symbole $\rho' \in S^{-\infty}$ tel que $\rho - \rho'$ est plat sur $S^{\mathcal{V}}$ comme fonction.

On prouve maintenant :

Lemme 9.6 Soit $f \in S^{\mu,\infty,k}_{\phi_\mathcal{V},\varphi_\mathcal{V},\bar{\varepsilon}}(\mathcal{V})$ plat sur $S^{\mathcal{V}}$, on a pour tout entier $v \geqslant 0$

$$(t^2+\xi''/\xi_1')^{-N}f \quad \text{si} \quad \mathcal{V} = \Gamma \text{ (resp.} (t^2+|\xi''/\xi_1'|)^{-N}f \quad \text{si} \quad \mathcal{V} = \Delta,$$

$$\text{resp.} \; t^{-2N}f \quad \text{si} \; \mathcal{V} = \Delta_0)$$

est un symbole de $S^{\mu,k/2}_{\phi_0,\bar{\varepsilon}}(\mathcal{V})$.

Démonstration : Prenons dans Γ les coordonnées : $\sigma = t/z-1$, $\lambda = r z^3$, $z = (-y)^{1/2}$, $w = w$, on a $|\sigma| d\delta \sim |t^2+y|$, et il nous faut prouver :

$$\forall N, \quad \sigma^{-N} d^{-N} \delta^{-N} f \in S^{\mu,k/2}_{\phi_0,\bar{\varepsilon}}(\Gamma)$$

La fonction f est plate sur $\sigma = 0$ et par la formule de Taylor on a :

$$f(\sigma,\lambda,z,w) = \frac{1}{(N-1)!}\int_0^\sigma u^{N-1} \frac{\partial^N}{\partial\sigma^N} f(u,\lambda,z,w)du$$

on a $\frac{\partial}{\partial\sigma} = z\frac{\partial}{\partial t}$, $|z| \sim \delta$, et $|(\frac{\delta}{\delta t})^N f| \leq c\, r^\mu \delta^k \Lambda^{N'}(\Lambda^{-1}d)^N$ pour tout N',

faisant $N' = N$ on déduit :

$$|f(\sigma,\lambda,z,w)| \leq c\, r^\mu \delta^{N+k}\int_0^\sigma \frac{|u|^{N-1}}{(N-1)!} d^N(uz,z,w,r)du \leq c\, r^\mu \delta^k |\sigma|^N \delta^N d^N,$$

d'où :

$$|t^2+\xi''/\xi_1'|^{-N}|f| \leq c\, r^\mu \phi_0^{k/2}.$$

Pour estimer les dérivées de f on procède de la même façon.

Dans Δ par la formule de Taylor sur $t = z = 0$ posant $z = y^{1/2}$ on a

$$f(t,x,\xi) = \sum_{p+q=N} a_{p,q}\, t^p z^q \delta_t^p \delta_z^q f$$

on a les estimations $|\delta_t^p \delta_z^q f| \leq c\, r^\mu \delta^k \theta^{-p} \delta^{-q} d^{N'}$ pour tout N!

Or on remarque $|t|/_\theta \leq |t| + |z|/d$ et $|z|/_\delta \leq |t| + |z|/d$, il en résulte :

$$|f(t,x,\xi)| \leq c\, r^\mu \delta^k d^{N'-N}(|t|+|z|)^N,$$

d'où

$$(|t|^2+|\xi''/\xi_1'|)^{-N}|f(t,x,\xi)| \leq c\, r^\mu \phi_0^{k/2}$$

On achève ainsi la preuve du lemme car quand $\mathcal{V} = \Delta_0$ on peut procéder comme ci-dessus.

§ 10. Fin de la preuve des théorèmes.

Le premier point consiste à l'achèvement de la construction de solutions asymptotiques par l'addition de termes suplémentaires.

(a) La construction des termes complèmentaires.

Nous avons construit dans chacune des zones $\mathcal{V} = \Delta, \Delta_0$, ou Γ une fonction $q^{\mathcal{V}}$ telle que :

$$\mathbb{P}\, q^{\mathcal{V}} = \rho^{\mathcal{V}}$$

a la nature précisée en (9.6).

On prouve donc :

Proposition 10.1

(i) L'équation $\mathbb{P} r^{\mathcal{V}} = \rho^{\mathcal{V}} \bmod S^{-\infty}$
a pour $\mathcal{V} = \Delta$, ou Δ_0 une solution $r^{\mathcal{V}} \in S^{\nu_\varepsilon, 0}_{\phi_0, \bar{\varepsilon}}(\mathcal{V})$ plat comme symbole sur $S^{\mathcal{V}}$.

(ii) L'équation $\mathbb{P} r^{\Gamma} = \tilde{\rho}^{\Gamma} + \tilde{\rho}'^{\Gamma} + \tilde{\rho}''^{\Gamma} e^{iE} \bmod S^{-\infty}$
a une solution de la forme $\tilde{r}^{\Gamma} + \tilde{r}'^{\Gamma} + \tilde{\tilde{r}}'^{\Gamma} e^{iE}$ où $\tilde{r}^{\Gamma}$ (resp. $\tilde{r}'^{\Gamma}$, $\tilde{\tilde{r}}'^{\Gamma}$ est un symbole plat sur S^{Γ} de classe $S^{\nu_\varepsilon, 0}_{\phi_0, \bar{\varepsilon}}(\Gamma)$ (resp $S^{\nu'_\varepsilon, 0}_{\phi_0, \bar{\varepsilon}}(\Gamma)$, $S^{\nu''_\varepsilon + \bar{\varepsilon}, k_\varepsilon/2}_{\phi_0, \bar{\varepsilon}}(\Gamma)$)

Démonstration :
Nous commencerons par étudier le point (ii).

On peut modifier $\tilde{\rho}^{\Gamma}$, $\tilde{\rho}'$, $\tilde{\tilde{\rho}}'^{\Gamma}$ par des symboles de $S^{-\infty}$ en sorte que $\tilde{\rho}^{\Gamma}$, $\tilde{\rho}'^{\Gamma}$, $\tilde{\tilde{\rho}}'^{\Gamma}$ soient des symboles plats de $S^{\nu_\varepsilon + 1, 0}_{\phi_0, \bar{\varepsilon}}(\Gamma)$, $S^{\nu'_\varepsilon + 1, 0}_{\phi_0, \bar{\varepsilon}}(\Gamma)$, $S^{\nu''_\varepsilon + 1 + \bar{\varepsilon}, k_\varepsilon/2}_{\phi_0, \bar{\varepsilon}}(\Gamma)$
c'est-à-dire que pour tout N $(t^2 + \xi''/\xi'_1)^{-N} \tilde{\rho}^{\Gamma}$, $(t^2 + \xi''/\xi'_1)^{-N} \tilde{\rho}'^{\Gamma}$, $(t^2 + \xi''/\xi'_1)^{-N} \tilde{\tilde{\rho}}'^{\Gamma}$ est un symbole de $S^{\nu_\varepsilon + 1, 0}_{\phi_0, \bar{\varepsilon}}(\Gamma)$, $S^{\nu'_\varepsilon + 1, 0}_{\phi_0, \bar{\varepsilon}}(\Gamma)$, $S^{\nu''_\varepsilon + 1 + \bar{\varepsilon}, k_\varepsilon/2}_{\phi_0, \bar{\varepsilon}}(\Gamma)$.
Pour résoudre :

$$\mathbb{P}\, \tilde{r}^{\Gamma} = \tilde{\rho}^{\Gamma} \bmod S^{-\infty},$$

nous chercherons $\tilde{r}^{\Gamma}$ sous la forme $\sum_{j \geq 0} \tilde{r}^{\Gamma}_j$ et réordonnerons $[\mathbb{P}] = \sum_{j \geq 0} \bar{\mathbb{P}}_j$ selon l'homogénéité classique. Le premier terme est donc :

$$\bar{\mathbb{P}}_0(t, x, D_x, D_t) = -2\varepsilon (t^2 \xi'_1 + \xi'') D_t + 2i\varepsilon t \xi'_1 + r_1(t, x, \xi, 0)$$

Le point à vérifier est le lemme :

<u>Lemme 10.2.</u> L'équation $\bar{\mathbb{P}}_0(t, x, \xi, D_t) u = f$ où $f \in S^{\mu, k}_{\phi_0, \bar{\varepsilon}}(\Gamma)$ plat sur S^{Γ} a une unique solution $u(t, x, \xi)$ symbole plat sur S^{Γ} de classe $S^{\mu - 1, k}_{\phi_0, \bar{\varepsilon}}(\Gamma)$.

Rappelons que $r_1(t,x,\xi,o) = ta_1(t,x,\xi) + (t^2\xi_1' + \xi'')a_o(t,x,\xi)$, où a_1 et a_o sont les symboles de $A_1(t,x,D_x)$ et $A_o(t,x,D_1)$. Posons encore $z = (-\xi''/\xi_1')^{1/2}$ et réécrivons l'équation ci-dessus sous la forme :

$$[(t^2-z^2)\,\partial_t + a(t,z,w)]\,u = r^{-1}f(t,z,w,r) \tag{10.1}$$

avec

$$a(t,z,w) = a_o(z,w) + (t-z)a_o'(t,z,w)\ ,$$

et

$$a_o(z,w) = z(-1-i\varepsilon/2 \times a_1(z,-z^2,w,1)) = -2z\, b_o(z,w).$$

Nous allons chercher u sous la forme $v(t,z,w,r)w_o(t,z,w)$, où w_o satisfait à l'équation :

$$(t^2-z^2)\,\partial_t w_o + a_o(z,w)w_o = 0,$$

dont on prendra la solution :

$$w_o(t,z,w) = (t+z)^{-2b_o(z,w)}\,|t^2-z^2|^{b_o(z,w)}\ .$$

La solution u étant cherchée dans les fonctions plates sur $t = z$, $v = u\, w_o^{-1}$ sera C^∞ pour $t \geq 0$, $z > 0$, $w \in W$ et vérifiera :

$$\partial_t v + \frac{a_o'(t,z,w)}{t+z}\,v = r^{-1}(t+z)^{2b_o(z,w)}\,|t^2-z^2|^{-b_o(z,w)}\,(t^2-z^2)^{-1} f(t,z,w,r) \tag{10.2}$$

On commence par prouver le lemme :

<u>Lemme 10.3</u>

L'équation :

$$\partial_t v_o + \frac{a_o'(t,z,w)}{t+z}\,v_o = 0$$

a une solution $v_o(t,z,w)$ C^∞ pour $t \geq 0$, $z > 0$, $w \in W$, satisfaisant aux estimations :

$$\left|\left(\frac{\partial}{\partial t}\right)^\alpha \left(\frac{\partial}{\partial z}\right)^\beta \left(\frac{\partial}{\partial w}\right)^\gamma v_o\right| \leq c\,(t+z)^{-K_o-\alpha-\beta}$$

$$\left|\left(\frac{\partial}{\partial t}\right)^\alpha \left(\frac{\partial}{\partial z}\right)^\beta \left(\frac{\partial}{\partial w}\right)^\gamma v_o^{-1}\right| \leq c\,(t+z)^{K_o-\alpha-\beta}$$

pour $t \in I \Subset \bar{R}_+$, $0 < z \leq c$, $w \in W' \Subset W$, ayant posé $K_o = \mathrm{Re}(a_o'(0,z,w))$.

Démonstration :

On pose :

$$v_o(t,z,w) = \exp \mu_o(t,z,w) , \qquad \mu_o(t,z,w) = -\int_z^t \frac{a_o'(\theta,z,w)}{\theta+z} d\theta .$$

Ecrivant $a_o'(t,z,w) = a_o'(o,z,w) + t\, a_o''(t,z,w)$,

on a :

$$v_o(t,z,w) = (t+z)^{-a_o'(o,z,w)} \exp \mu_1(t,z,w) ,$$

avec

$$\mu_1(t,z,w) = -\int_z^t \theta/\theta+z\ a_o''(\theta,z,w)d\theta .$$

Or $\mu_1(t,z,w)$ satisfait aux estimations :

$$\left| \left(\frac{\partial}{\partial t}\right)^\beta \left(\frac{\partial}{\partial z}\right)^\beta \left(\frac{\partial}{\partial w}\right)^\gamma \mu_1 \right| \leq c\ (t+z)^{-\alpha-\beta} \quad t \in I \Subset \bar{R}_+ , \quad 0 < z \leq c,\ w \in W' \Subset W$$

d'où l'on déduit les estimations annoncées sur v_o et v_o^{-1} .

On peut maintenant exprimer la solution $u(t,z,w,r)$ recherchée (son unicité est évidente):

$$u(t,z,w,r) = |t^2-z^2|^{b_o(z,w)} (t+z)^{-2b_o(z,w)} v_o(t,z,w) r^{-1} \int_z^t (\theta+z)^{2b_o(z,w)}$$
$$v_o^{-1}(\theta,z,w) |\theta^2-z^2|^{-b_o(z,w)} (\theta^2-z^2)^{-1} f(\theta,z,w,r) d\theta .$$

Nous laissons au lecteur le soin de vérifier que si $q(t,z,w)$ vérifie des estimations :

$$\left| \left(\frac{\partial}{\partial t}\right)^\alpha \left(\frac{\partial}{\partial z}\right)^\beta \left(\frac{\partial}{\partial w}\right)^\gamma q(t,z,w) \right| \leq c\ (t+z)^{k-\alpha-\beta} \quad t \in I \Subset \bar{R}_+ , \quad 0 < z \leq c , \quad w \in W' \Subset W,$$

et si f est un symbole plat de $S^{\mu,k}_{\phi_o,\bar{\varepsilon}}(\Gamma)$, alors l'intégrale $\int_z^t q(\theta,z,w) f(\theta,z,w,r) d\theta$ est un symbole plat de $S^{\mu,k}_{\phi_o,\bar{\varepsilon}}(\Gamma)$.

Ceci achève de prouver le lemme (10.2).

On déterminera par ce procédé une suite $\tilde{r}_j^\Gamma$ de symboles de $S^{\nu_\varepsilon - j/3, 0}_{\phi_o,\bar{\varepsilon}}(\Gamma)$ plats sur $S\Gamma$ telle que le symbole $\tilde{r} \sim \sum_{j=0}^{\infty} \tilde{r}_j^\Gamma$ (uniquement déterminé modulo $S^{-\infty}$) satisfait à :

$$\mathbb{P}\, \tilde{r} = \tilde{g}^\Gamma \qquad \text{mod. } S^{-\infty} .$$

La construction du terme $\tilde{\rho}^\Gamma, \tilde{\tilde{\rho}}^\Gamma$ est tout à fait analogue. Il est utile de remarquer :

Remarque 10.4. : Si $\tilde{g}^\Gamma, \tilde{\tilde{g}}^\Gamma$ a son support contenu dans la région $t \geq (-\xi''/\xi_1)^{1/2}$ on peut construire le symbole $\tilde{\rho}^\Gamma, \tilde{\tilde{\rho}}^\Gamma$ en sorte qu'il ait encore cette propriété. Nous avons achevé de prouver le point (ii).

Le point (i) est analogue aux constructions de [2] et nous donnerons moins de détails. Procédons à la construction de r^{Δ_o}.

Nous réordonnerons cette fois $[\mathbb{P}] = \sum_{j=0}^{\infty} \bar{\bar{\mathbb{P}}}_{j/3}$,

avec

$$\bar{\bar{\mathbb{P}}}_o = -2i\varepsilon t^2 \xi_1' \partial_t + 2i\varepsilon t \xi_1' + ta_1(t,x,\xi) + t^2\xi_1' a_o(t,x,\xi) .$$

En effet on remarque que si l'on pose $\xi'' = \theta \xi_1'^{1/3}$ le paramètre θ reste borné dans Δ_o et que en ordonnant suivant l'homogénéité en ξ_1' par 1/3 d'entiers on obtient $\bar{\bar{\mathbb{P}}}_1 = -2i\varepsilon \xi'^{1/3} \theta \partial_t + \theta \xi'^{1/3} a_o$ etc...

A chaque étape l'équation à résoudre est cette fois :

$$(t\partial_t + a(t,y,w))u = r^{-1}f,$$

où f est un symbole plat sur $t = 0$. On trouve une solution u dans les symboles plats sur $t = 0$ en procédant comme ci-dessus.

Pour construire r^{Δ} on reprend la décomposition $[\mathbb{P}] = \sum_{j\geq 0} \bar{\mathbb{P}}_o$ ci-dessus mais cette fois posant $z = y^{1/2}$ on a à résoudre une équation du type :

$$[(t^2+z^2)\partial_t + a(t,z,w)]\, u = r^{-1}f$$

où f est un symbole plat sur $t = z = 0$.

Cette équation est étudiée dans S. Alinhac [2], et nous pouvons construire

$$r^{\mathcal{V}} \sim \sum_{j=0}^{\infty} r^{\mathcal{V}}_{j/3},\ r^{\mathcal{V}}_{j/3} \in S^{\nu_\varepsilon - j/3, o}_{\phi_o}(\mathcal{V}) \text{ plats sur } S^{\mathcal{V}}.$$

satisfaisant à $\mathbb{P}r^{\mathcal{V}} = \rho^{\mathcal{V}} \bmod S^{-\infty}$ $\mathcal{V} = \Delta$ ou Δ_o ce qui prouve (i) et achève la preuve de la proposition (10.1).

Nous avons obtenu des solutions asymptotiques. Nous devons ajuster leurs traces sur $t = 0$ pour obtenir la construction des paramètrices E_i = $i = 0,1$ annoncées dans le théorème 1.

(b) Ajustement des traces des solutions asymptotiques

Résumons d'abord les résultats obtenus.

Proposition 10.5. Nous avons construits des solutions $e^{\mathcal{V}}(t,x,\xi)$ de

$$\mathbb{P}\, e^{\mathcal{V}} = 0 \quad \text{mod. } S^{-\infty}$$

dans l'ouvert $\mathcal{V} = \Delta$, Δ_o, ou Γ.

Nous avons décrit la fonction $e^{\mathcal{V}}$ sous la forme :

(i) Quand $\mathcal{V} = \Delta$, ou Δ_o $e^{\mathcal{V}}$ s'écrit :

$$e^{\mathcal{V}} = q^{\mathcal{V}} + r^{\mathcal{V}}$$

où $q^{\mathcal{V}}$ est un symbole de $S^{\nu_\varepsilon, m_\varepsilon, o}_{\phi_{\mathcal{V}}, \varphi_{\mathcal{V},\bar{\varepsilon}}}(\mathcal{V})$,

et

où $r^{\mathcal{V}}$ est un symbole plat sur $S^{\mathcal{V}}$ de la classe $S^{\nu_\varepsilon,0}_{\phi_0,\bar{\varepsilon}}(\mathcal{V})$.

(ii) Quand $\mathcal{V} = \Gamma$, $e^{\mathcal{V}}$ s'écrit :

$$e^{\Gamma} = \tilde{e}^{\Gamma} + \tilde{\tilde{e}}^{\Gamma} e^{iE},$$

où

$$\tilde{e}^{\Gamma} = \tilde{q}^{\Gamma} + \tilde{r}^{\Gamma} + \tilde{q}'^{\Gamma} + \tilde{r}'^{\Gamma}$$

où $\tilde{q}^{\Gamma}$ (resp $\tilde{q}'^{\Gamma}$) est un symbole de $S^{\nu_\varepsilon,m_\varepsilon,0}_{\phi_\Gamma,\varphi_\Gamma,\bar{\varepsilon}}$ (resp $S^{\nu'_\varepsilon,m_\varepsilon,0}_{\phi_\Gamma,\varphi_\Gamma,\bar{\varepsilon}}$), où $\tilde{r}^{\Gamma}$ (resp $\tilde{r}'^{\Gamma}$) est un symbole plat sur S^{Γ} de la classe $S^{\nu_\varepsilon,0}_{\phi_0,\bar{\varepsilon}}$ (resp $S^{\nu'_\varepsilon,0}_{\phi_0,\bar{\varepsilon}}$) et où

$$\tilde{\tilde{e}}^{\Gamma} = \tilde{\tilde{q}}^{\Gamma} + \tilde{\tilde{r}}^{\Gamma},$$

où $\tilde{\tilde{q}}^{\Gamma}$ est un symbole de $S^{\nu_\varepsilon,m_\varepsilon,0}_{\phi_\Gamma,\varphi_\Gamma,\bar{\varepsilon}}(\Gamma)$ et où $\tilde{\tilde{r}}^{\Gamma}$ est un symbole plat sur S^{Γ} de la classe $S^{\nu''_\varepsilon+\bar{\varepsilon},k_\varepsilon/2}_{\phi_0,\bar{\varepsilon}}(\Gamma)$.

De plus modulo un symbole de $S^{-\infty}$, $\tilde{q}^{\Gamma}$, $\tilde{r}^{\Gamma}$, $\tilde{\tilde{e}}^{\Gamma}$ a son support dans la région $t \gtrsim (-\xi''/\xi'_1)^{1/2}$.

D'autre part compte-tenu de la remarque 8.17 nous pouvons construire, moyennant de faciles modifications des arguments ci-dessus, des solutions asymptotiques $e'^{\mathcal{V}}(t,x,\xi)$ qui se décrivent d'une façon analogue aux $e^{\mathcal{V}} e^{2i\varphi}$ à condition de changer ε en $-\varepsilon$ la fonction E en $-E$.

Désignons par Γ', Δ', et Δ'_0 les projections sur $t = 0$ de Γ, Δ, et Δ_0, et si la classe $S^{\mu,k}_{\phi_0,\bar{\varepsilon}}(\mathcal{V}')$ est déduite de la classe $S^{\mu,k}_{\phi_0,\bar{\varepsilon}}(\mathcal{V})$ d'une façon naturelle en "oubliant" la dépendance en t des fonctions considérées, on a :

$$q \in S^{\mu,m,k}_{\phi_{\mathcal{V}},\varphi_{\mathcal{V}},\bar{\varepsilon}}(\mathcal{V}) \text{ implique } D^j_t q\Big|_{t=0} \in S^{\mu+j/3,m+k/2}_{\phi_0,\bar{\varepsilon}}(\mathcal{V}') \text{ pour } j \geqslant 0 \qquad (10.3)$$

Les fonctions $q^{\mathcal{V}}_0$ et $q'^{\mathcal{V}}_0$ ayant été définies par les propositions (8.6), (8.15) et par les remarques (8.17), le résultat suivant est une conséquence directe des constructions effectuées :

<u>Lemme 10.6</u>

(i) $e^{\mathcal{V}}(0,x,\xi) \in S^{0,m_\varepsilon}_{\phi_0,\bar{\varepsilon}}(\mathcal{V}')$ (resp. $e'^{\mathcal{V}}(0,x,\xi) \in S^{0,m_{-\varepsilon}}_{\phi_0,\bar{\varepsilon}}(\mathcal{V}')$),

avec

$$e^{\mathcal{V}}(0,x,\xi) = q^{\mathcal{V}}_0(0,x,\xi) \bmod S^{0,m_\varepsilon+1/2(1-\bar{\varepsilon})}_{\phi_0,\bar{\varepsilon}}(\mathcal{V}') \quad (\text{resp. } e'^{\mathcal{V}}(0,x,\xi) = q'^{\mathcal{V}}_0(0,x,\xi) \bmod S^{0,m_{-\varepsilon}+1/2(1-\bar{\varepsilon})}_{\phi_0,\bar{\varepsilon}}(\mathcal{V}'))$$

(ii) $D_t e^{\mathcal{V}}(0,x,\xi) \in S^{1/3,m_\varepsilon}_{\phi_0,\bar{\varepsilon}}(\mathcal{V}')$ (resp. $D_t e'^{\mathcal{V}}(0,x,\xi) \in S^{1,m_{-\varepsilon}+1}_{\phi_0,\bar{\varepsilon}}(\mathcal{V}')$),

avec

$$D_t e^{\mathcal{V}}(0,x,\xi) = D_t q^{\mathcal{V}}_0(0,x,\xi) \bmod. S^{1/3,m_\varepsilon+1/2(1-\bar{\varepsilon})}_{\phi_0,\bar{\varepsilon}}(\mathcal{V}') \quad (\text{resp. } D_t e'^{\mathcal{V}}(0,x,\xi) = D_t q'^{\mathcal{V}}_0(0,x,\xi) \bmod S^{1,m_{-\varepsilon}+1/2(1-\bar{\varepsilon})+1}_{\phi_0,\bar{\varepsilon}}(\mathcal{V}'))$$

Considérons maintenant $\mathcal{U}$ un voisinage conique de $(0,\xi_0)$, $\phi(x,\xi)$ un symbole classique de degré 0 à support dans $\mathcal{U}$ et égal à 1 pour $|\xi|$ grand dans un autre voisinage conique $\mathcal{U}_0$ de $(0,\xi_0)$.

Soit $g^{\mathcal{V}}(\xi) \in S^{0,0}_{\phi_{0,0}}(\mathcal{V}')$ une partition de l'unité au voisinage de $\mathcal{U}$ associée au recouvrement $\Delta' \cup \Delta'_0 \cup \Gamma'$ de G, et soit $g_1^{\mathcal{V}}(\xi) \in S^{0,0}_{\phi_{0,0}}(\mathcal{V}')$ à support dans $\mathcal{V}'$ égale à 1 sur le support de $g^{\mathcal{V}}$.

Considérons les opérateurs :

$$u \to E^{\mathcal{V}}u(t,x) = \iint e^{\mathcal{V}}(t,x,\xi)\,\phi(x,\xi)\,g_1^{\mathcal{V}}(\xi)\, e^{i\xi\cdot(x-y)}u(y)\,dy\,d\xi$$

et (10.4)

$$u \to E'^{\mathcal{V}}u(t,x) = \iint e'^{\mathcal{V}}(t,x,\xi)\,\phi(x,\xi)\,g_1^{\mathcal{V}}(\xi)\,e^{i\xi\cdot(x-y)}u(y)\,dy\,d\xi$$

$u \in C_0^\infty(\mathbb{R}^N)$.

Nous étudierons plus loin les singularités de ces opérateurs, prouvons maintenant :

<u>Proppsition 10.6.</u> Si $\mathcal{U}$ est un voisinage conique assez petit de $(0,\xi_0)$ dans $\mathbb{R}^N{}_x\,(\mathbb{R}^N\setminus 0)$, il existe pour $i = 0,1$ des opérateurs pseudo-différentiels sur $\mathbb{R}^N$, à supports compacts :

$$\sigma_i^{\mathcal{V}}(x,D) \in OPS^{-i,m_{-\varepsilon}+1-i}_{\phi_0,\bar{\varepsilon}} \quad \text{et} \quad \sigma_i'^{\mathcal{V}}(x,D) \in OPS^{-i,m_{+\varepsilon}+1-i}_{\phi_0,\bar{\varepsilon}} \quad \text{tels que :}$$

$$D_t^j E^{\mathcal{V}}(0)\,\sigma_i^{\mathcal{V}} + D_t^j E'^{\mathcal{V}}(0)\,\sigma_i'^{\mathcal{V}} \equiv \delta_{i,j}\, g^{\mathcal{V}} \quad \text{dans } \mathcal{U}_0 \qquad i,j = 0,1.$$

<u>Démonstration.</u>

Pour simplifier les notations on pose :

$$E_0 = E^{\mathcal{V}}\big|_{t=0}, \quad E'_0 = E'^{\mathcal{V}}\big|_{t=0}, \quad F_0 = D_t E^{\mathcal{V}}\big|_{t=0}, \quad F'_0 = D_t E'^{\mathcal{V}}\big|_{t=0}.$$

On pose $D_0 = E_0 F'_0 - F_0 E'_0$

On explicite

$$D_0 g' \equiv \left[op(\phi^2(D_t q_0'^{\mathcal{V}} q_0^{\mathcal{V}} - D_t q_0^{\mathcal{V}} q_0'^{\mathcal{V}})) + R\right] g'(D)$$

avec $g' = 1$ sur le support de g et $R \in OPS^{1,1/2(1-\bar{\varepsilon})}_{\phi_0,\bar{\varepsilon}}$

Or le lemme (8.1) implique que $\phi^2(D_t q_0'^{\mathcal{V}} q_0^{\mathcal{V}} - D_t q_0^{\mathcal{V}} q_0'^{\mathcal{V}})$ est un symbole elliptique dans $\mathcal{U}_0$ de la classe $S^{1,0}_{\phi_0,\bar{\varepsilon}}$, par suite si $\mathcal{U}$ est assez petit il existe un opérateur pseudo-différentiel $D'_0 \in OPS^{-1,0}_{\phi_{0,0}}$ tel que :

$$D_0 D'_0\, g_2(D) \equiv g_2(D) \quad \text{dans } \mathcal{U}_0,$$

où: g_2 est égal à 1 sur le support de g et où g_1 est égal à 1 sur le support de g_2. Par suite si l'on pose :

$$M = \begin{pmatrix} E_o & E'_o \\ F_o & F'_o \end{pmatrix},$$

il existe une matrice M' d'opérateurs pseudo-différentiels :

$$M' = \begin{pmatrix} m'_{11} & m'_{12} \\ m'_{21} & m''_{22} \end{pmatrix}$$

avec $m'_{11} \in OPS^{o,m-\varepsilon+1}_{\phi_o,\bar{\varepsilon}}$, $m'_{12} \in OPS^{-1,m-\varepsilon}_{\phi_o,\bar{\varepsilon}}$, $m'_{21} \in OPS^{-2/3,m_\varepsilon}_{\phi_o,\bar{\varepsilon}}$, $m'_{22} \in OPS^{-1,m_\varepsilon}_{\phi_o,\bar{\varepsilon}}$,

telle que :

$$g_2 MM' = g_2(D)(I+R''),$$

avec $R = \begin{pmatrix} 0 & R' \\ S' & 0 \end{pmatrix}$, $R' \in OPS^{-2+2\bar{\varepsilon},-2}_{\phi_o,\bar{\varepsilon}}$, $S' \in OPS^{2\bar{\varepsilon},0}_{\phi_o,\bar{\varepsilon}}$.

On observe que $R'S' \in OPS^{-2/3+4\bar{\varepsilon},0}_{\phi_o,\bar{\varepsilon}}$ et que si $\bar{\varepsilon}$ est assez petit la série géométrique $(I+R'')^{-1} \sim \sum_{j=o}^{\infty} (-1)^j R''^j$ converge asymptotiquement modulo $S^{-\infty}$.

Enfin on pose $\Sigma = M'(I+R'')g^{-1} = \begin{pmatrix} \sigma_o & \sigma_1 \\ \sigma_o & \sigma'_1 \end{pmatrix}$, on a :

$$M\Sigma = g(D)I \quad \text{dans} \quad \mathcal{U}_o,$$

et les symboles σ_i, σ'_i , $i = 0,1$ vérifient les conditions souhaitées. La preuve de la proposition (10.6) est donc achevée.

(c) <u>Fin de la preuve des théorèmes.</u>

On achève d'abord de prouver le théorème 1.

Pour un choix convenable de $\emptyset$, les opérateurs :

$$E_i = \sum_{\nu} E^{\nu} \sigma_i^{\nu}(x,D) + E'^{\nu} \sigma_i'^{\nu}(x,D) \qquad i = 0,1, \qquad (10.5)$$

qui appliquent (continument) $C_o^\infty(\mathbb{R}^N)$ dans $C^\infty(\bar{\mathbb{R}}_+^{N+1})$,

fournissent des paramètres microlocales du problème de Cauchy (au sens du théorème (i) et (ii)) pour l'opérateur P sous la forme réduite (2.21). Pour achever la preuve du théorème 1 dans ce cas il faut étudier comment les opérateurs E_i ci-dessus propagent les singularités.

La proposition (10.5) réduit cette question à l'étude d'un opérateur du type :

(i) $\quad K_1u(t,x) = \iint e^{i\xi(x-y)} e_1(t,x,y,\xi)u(y)dyd\xi$,

(ii) $K_2u(t,x) = \iint e^{i\xi(x-y)+2i\varepsilon(t^3/3\,\xi_1'+t\xi'')} e_2(t,x,y,\xi)u(y)dyd\xi\,,$ (10.6)

(iii) $H_1u(t,x) = \iint e^{i\xi(x-y)-4i\varepsilon/3(-\xi''/\xi_1')^{3/2}\xi_1'} f_1(t,x,y,\xi)u(y)dyd\xi,$

(iv) $H_2u(t,x) = \iint e^{i\xi(x-y)+4i\varepsilon/3(-\xi''/\xi_1')3/2\,\xi_1'+2i\varepsilon\,(t^{3/3}\xi_1'+t\xi'')}$

$f_2(t,x,y,\xi)u(y)\,dyd\xi\,.$

Les fonctions e_1, e_2, f_1, f_2 sont des symboles dans certaines classes $S^m_{\rho',\rho'',\delta,\nu}(\tilde{\bar{R}}_+^{N+1}\times(\mathbb{R}^N\setminus 0)$ avec $\rho'>0$, $\rho''>0$, $\delta<1$, $\nu<1$, et on a sur f_1 et f_2 la condition supplémentaire :

$i=1,2,\quad \operatorname{supp} f_i \subset \{(t,x,y,\xi)\,|\,\xi\in G,\ \ \xi''\leq -c\,\xi_1'^{\,1/3}\ ,\ \ t^2\xi_1'+\xi''\geq 0\}.$

Les singularités de K_1 et K_2 sont évidemment contenues dans les relations C_1^+ et C_2^+ définies en (1.5). Les fonctions de phase qui interviennent dans les formules (10.6) (iii) et (iv) sont singulières sur les supports coniques des symboles f_i mais sont C^∞ sur les supports des f_i.
Cette difficulté est désormais classique et on procédera comme Melrose [19] pour établir que les opérateurs H_1 et H_2 définissent une action continue de $\mathcal{E}'(R^N)$ dans $C^\infty(\bar{\mathbb{R}}_+,\mathcal{D}'(\mathbb{R}^N))$ et que l'on a les relations :

$WF'(H_2)\subset\{(t,x,\xi,\tau,y,\eta)\in T^*\mathbb{R}_+^{N+1}\setminus 0\times T^*\mathbb{R}^N\setminus 0\,|\,t>0\ \ \tau=2\varepsilon(t^2\xi_1'+\xi''),\ \xi''\leq 0\ \ t^2\xi_1'+\xi''\geq 0,\ \xi=\eta,$

$x_1'=y_1'+2/3\,\varepsilon(-\xi''/\xi_1')^{3/2}-2\,\varepsilon t^3/3,\ x_j'=y_j'\ \ j>1,\ \ x''=y''+2\,\varepsilon\,(-\xi''/\xi_1')^{1/2}-2\varepsilon t\ ,$

$(t,x,y,\xi)\in$ conique supp $f_2\}$.

$WF'(H_1)\subset\{(t,x,\xi,\tau,y,\eta)\in T^*\mathbb{R}_+^{N+1}\setminus 0\times T^*\mathbb{R}^N\setminus 0\,|\ \ t>0\ \ \tau=0\ \ t^2\xi_1'+\xi''\geq 0\ \ \xi''\leq 0\ \ \xi=\eta$
$x_1'=y_1'-2/3\,\varepsilon(-\xi''/\xi_1')^{3/2},\ x_j'=y_j'\ \ j>1,\ \ x''=y''-2\varepsilon(-\xi''/\xi_1')^{1/2}\ \ (t,x,y,\xi)\in$ conique supp $f_1\}$

qui conduisent respectivement aux relations $C_{1,2}$ et $C_{2,1}$ définies en (1.7).
On achève ainsi la preuve du théorème 1 dans le cas où P est sous la forme réduite (2.21).
Pour poursuivre on commence par remarquer que l'on peut remplacer les opérateurs E_i $i=0,1$ par des opérateurs de la forme $E_i^+=\varphi(t,x)E_i\,\psi\,(y,Dy)$, où φ(resp. ψ) a son support près de 0 (resp. $(0,\xi_0)$), en sorte que les conclusions du théorème 1 soient encore valables avec $\omega^+=[0,\varepsilon[\times R^N$, pour un $\varepsilon>0$ assez petit, et pour un voisinage conique γ de $(0,\xi_0)$ assez petit.

Revenant aux notations de (2.15) nous résumons le résultat obtenu : Il existe $\bar{\psi}$ un opérateur pseudo-différentiel sur $\mathbb{R}^N$ elliptique en $\bar{z}_0$, des opérateurs linéaires continus $\check{\bar{E}}_i^{\pm}$ $i=0,1$, de $\mathcal{D}'(\mathbb{R}^N)$ dans $\mathcal{D}'_\gamma(\bar{X}^{\pm})$ tels que :

$$\bar{P}(x,D)\,\check{\bar{E}}_i=\bar{R}_i^{\pm}\in C^\infty(\omega^{\pm}\times\mathbb{R}^N)$$

$$D_0^j\,\check{\bar{E}}_i^{\pm}\Big|_{x_0=0}=\delta_{ij}\bar{\psi}\qquad j=0,1 \tag{10.7}$$

Soient $\bar{K}_i^{\pm}$ les opérateurs linéaires continus de $\mathcal{D}'(\mathbb{R}^N)$ dans $C^\infty(\bar{\mathbb{R}}_+^{N+1})$ obtenus en résolvant les problèmes de Cauchy dans C^∞ avec des traces nulles sur $x_o = 0$:

$$\bar{P}(x,D)\bar{K}_i^{\pm} f = -\bar{R}_i^{\pm} f \quad 0 \leq \pm x_o < \delta , \qquad D_o^j \bar{K}_i^{\pm} f = 0 \qquad j = 0,1,$$

pour δ assez petit, on introduit alors les opérateurs :

$$\bar{E}_i^{\pm} = \tilde{E}_i^{\pm} + \bar{K}_i^{\pm}$$

Désignant par Y la fonction de Heaviside on pose :

$$\bar{E}_i = Y(x_o)\,\bar{E}_i^{+} + Y(-x_o)\bar{E}_i^{-} , \qquad i = 0,1, \tag{10.8}$$

les $\bar{E}_i$ forment des solutions du problème de Cauchy pour $\bar{P}$ au voisinage de l'origine dans $\mathbb{R}^{N+1}$ et il est facile de vérifier que E_i permet de définir une application linéaire continue de $\mathcal{D}'(\mathbb{R}^N)$ dans $C^\infty(\mathbb{R},\mathcal{D}'(\mathbb{R}^N))$ (et de $C^\infty(\mathbb{R}^N)$ dans $C^\infty(\mathbb{R}^{N+1})$). Si Γ est un voisinage conique fixé de $\bar{\sigma}_o$, on peut après avoir éventuellement modifié $\bar{\varphi}$ et diminué ε, réaliser la construction des opérateurs $\tilde{E}_i^{\pm}$ en sorte que :

si $f \in \mathcal{D}'(\mathbb{R}^N)$, $\quad WF(\bar{E}_i f) \subset \Gamma$

En effet on a explicité les singularités des $\bar{E}_i^{\pm} f$ pour $x_o \gtrless 0$, de plus les singularités de $\bar{E}_i f$ sont situées, au dessus de $x_o = 0$, dans $\bar{p}^{-1}(0)$ et de toute façon elles ne peuvent être dans le normal à $x_o = 0$ car on peut construire microlocalement près de cette surface une paramètrice à l'opérateur $\bar{P}$ dans la classe $B^{-2,2}$ de [3] modulo la classe $B^{-\infty}$ (cette dernière classe régularise les distributions de $H_{loc}^{s+\infty,-\infty}(\mathbb{R}^{N+1})$).

Par suite si Γ' désigne un voisinage conique fermé de Γ et si $\mathcal{D}'(\mathbb{R}^{N+1}, \Gamma')$ est l'espace des distributions de $\mathcal{D}'(\mathbb{R}^{N+1})$ ayant leur front d'onde dans Γ' muni de la topologie de Hörmander, on peut prouver (cf. [3] Proposition 8.2) que l'application $f \ni \mathcal{D}'(\mathbb{R}^N) \to \bar{E}_i f \ni \mathcal{D}'(\mathbb{R}^{N+1}, \Gamma')$ est continue.

Les relations (2.13), (2.14), (2.15) nous conduisent à chercher les paramètres E_i pour l'opérateur P sous les formes $\mathcal{F}\,\bar{E}_i\,\mathcal{F}_o'$, qui vérifient la condition (i) du théorème 1 et qui ont une première trace convenable en vertu de (2.13).

Pour préciser les secondes traces on se ramène au cas où N_1 est $\xi_o = 0$ et grace à la relation (2.9), on explicite :

$$WF(\mathcal{F}_o' \, r_o \, D_o \, \mathcal{F} - r_o \, Q \, D_o) \not\ni (\bar{z}_o, \bar{\sigma}_o) \tag{10.9}$$

où $Q(x,D)$ est un opérateur pseudo-différentiel sur $\mathbb{R}^{N+1}$, elliptique au voisinage de $\bar{\sigma}_o$. On est conduit à étudier $QE_i\big|_{x_o=0}$, pour cela on se limitera au cas où Q vérifie la propriété de transmission (voir [4]) par rapport à $x_o = 0$.

On a le résultat :

<u>Proposition 10.7.</u> Soit $\bar{E}_i$ $i = 0,1$ les opérateurs de (10.8), et soit $Q(x,D)$ un opérateur pseudo-différentiel classique sur $\mathbb{R}^{N+1}$ vérifiant la propriété de transmission bilatéralement par rapport à $x_0 = 0$, $WF(Q)$ contenu dans un voisinage conique assez petit de $\bar{\sigma}_0$. Alors $Q(x,D)\bar{E}_i\big|_{x_0=0}$ est un opérateur pseudo-différentiel sur $\mathbb{R}^N$, et si Q est elliptique en $\bar{\sigma}_0$ il en est de même de $Q(x,D)D_0^i\,\bar{E}_i\big|_{x_0=0}$ en $\bar{z}_0$.

<u>Démonstration.</u>

En vertu des propriétés de continuité mentionnées ci-dessus il suffit d'étudier pour $f \in C_0^\infty(\mathbb{R}^N)$ les limites :

$$\lim_{\substack{t\to 0\\ t>0}} \left[Q\,\bar{E}_i(f)\big|_{x_0=t}\right] = Q_i(f),$$

et de prouver que Q_i est un opérateur pseudo-différentiel sur $\mathbb{R}^N$.
Cette étude se réduit à celles d'expressions du type :

$$e^{-i\varphi(x,\xi')}\,Q(a\,Y(\pm x_0)e^{i\,\varphi(x,\xi')})\big|_{x_0>0} \qquad (10.10)$$

où $a(x,\xi')$ est un symbole d'une classe $S^{\mu,m,k}_{\varphi\upsilon,\,\varphi\upsilon,\,\bar{\varepsilon}}$ ci-dessus, où φ est l'une des phases de la forme $x'.\xi'+\varphi_0(x_0,\xi')$ explicitée en (10.6).
On peut se réduire au cas où Q est de degré $\mu' < 0$, et on peut supposer le symbole a prolongé à $\mathbb{R}^{N+1}\times\mathbb{R}^N$.

Ecrivant $Q(a\,Y(x_0)e^{i\varphi})\big|_{x_0>0} = Q(ae^{i\varphi})\big|_{x_0>0} - Q(Y(x_0)ae^{i\varphi})\big|_{x_0>0}$ on se contentera d'étudier les $Q(a\,Y(-x_0)e^{i\varphi})\big|_{x_0>0}$

On explicite :

$$e^{-i\varphi(x,\xi')}\,Q(ae^{i\varphi}Y(x_0))\big|_{x_0>0} = \int_{\mathbb{R}^{2N}} e^{i(x'-y').(\xi'-\eta')}$$
$$\int_{\mathbb{R}^-}\tilde{q}(x,x_0-\sigma,\eta')e^{i(\varphi_0(\sigma,\xi')-\varphi_0(x_0,\xi'))}\,a(\sigma,y',\xi')\,d\sigma\,dy'\,d\eta'$$

(10.11)

où $\tilde{q}(x,t,\xi')$ désigne la transformée de Fourier partielle inverse de $q(x,\xi_0,\xi')$, Q vérifiant la propriété de transmission $\tilde{q}(x,t,\xi')$ est C^∞ jusqu'au bord dans $t \geq \alpha|x_0|$, $\alpha > 0$, et on a les estimations pour $t > \alpha|x_0|$ (cf. [4]) :

$$|t^p\,D_x^\alpha D_{\xi'}^\beta D_t^q\,\tilde{q}(x,t,\xi')| \leq c\,(1+|\xi'|)^{\mu'-|\beta|-p+q+\alpha_0+1}$$

(10.12)

pour tous p,α,β,q .

Il en résulte que $\int_{\mathbb{R}^-} \tilde{q}(x,x_0-\sigma,\eta')e^{i\varphi_0(\sigma,\xi')-\varphi_0(x_0,\xi')} a(\sigma,y',\xi')d\sigma$ est une fonction C^∞ de x_0 pour $x_0 \geq 0$, de plus par des intégrations par parties par rapport à y' dans (10.11) il apparait que la contribution d'une zone $|\xi'-\eta'| \geq 1/3\,|\xi'|$ est un symbole à décroissance rapide. Par contre il résulte de (10.12) que dans une zone $|\xi'-\eta'| \leq 2/3\,|\xi'|$ les

$$\int_{\mathbb{R}^-} \tilde{q}(x,x_0-\sigma,\eta')e^{i(\varphi_0(\sigma,\xi')-\varphi_0(x_0,\xi'))} a(\sigma,y',\xi')d\sigma \text{ sont des symboles en}$$

(x',y',ξ',η'), puisque (10.11) est un symbole en (x',ξ') dépendant continument du paramètre x_0. Finalement on trouve :

$$\lim_{\substack{t\to 0\\ t>0}} e^{i\varphi}Q(a\,\gamma(-x_0)e^{i\varphi})\Big|_{x_0=t} \text{ est un symbole de } S^{\mu+\mu',m+k/2}_{\Phi_0,\bar{\varepsilon}} \text{ égal à :}$$

(10.13)

$$a(0,x',\xi')\int_{\mathbb{R}^-} \tilde{q}(0;x',-\sigma,\xi')e^{i(\varphi(\sigma,\xi')-\varphi(0;\xi'))}\chi(\sigma)\,d\sigma \quad \text{modulo} \quad S^{\mu+\mu'-1/2,m+k/2}_{\Phi_0,\bar{\varepsilon}}$$

où $\chi \in C_0^\infty(R)$ est égale à 1 sur un voisinage du support de a.

On a donc obtenu $Q_1 \in OPS^{\mu',0}_{\Phi_0,\bar{\varepsilon}}$. Pour obtenir que Q_0 est inversible au voisinage de $\bar{z}_0$ si Q est elliptique en $\bar{z}_0$ on écrit :

$$Q(x,D) = \bar{Q}_0(x,D') + \bar{Q}_1(x,D')D_0 + \bar{Q}_{-2}(x,D)D_0^2 \quad ,$$

on utilise l'équation :

$$D_0^2\,\bar{E}_0 = \Lambda_1(x,D')D_0\bar{E}_0 + M_1(x,D')\bar{E}_0 \quad \text{pour} \quad |x_0| < \varepsilon \quad ,$$ et on applique (10.13)

à $\bar{Q}_{-2}\Lambda_1 D_0$ et à $\bar{Q}_{-2}M_1$ qui fournissent des contributions de classe $S^{\mu,1/2}_{\Phi_0,\bar{\varepsilon}}$ et donc le résultat indiqué.

L'argument étant analogue pour l'opérateur $\bar{E}_1$ nous avons achevé la preuve de la proposition 10.7.

On est maintenant en mesure d'achever la construction des paramètrices E_i .

Posons :

$$r_0\,Q\,D_0\,\bar{E}_1 = Q_1 \;,$$

et désignons par Q_1' une paramètrice au voisinage de $\bar{z}_0$ de Q_1 .

L'opérateur

$$E_1 = \mathfrak{A}\,\bar{E}_1\,Q_1'\,\mathfrak{A}_0'$$

a maintenant les propriétés annoncées dans le théorème 1.

Posons

$$F_o = \mathfrak{F} \bar{E}_o \mathfrak{F}_o' ,$$

$r_o D_o F_o$ est un opérateur pseudo-différentiel sur $\mathbb{R}^N$, et l'opérateur

$$E_o = F_o - E_1 r_o D_o F_o$$

a les propriétés voulues.

Nous avons achevé la preuve du théorème 1.

Le théorème 2 est un résultat d'unicité microlocale qui se déduit du théorème 1. appliqué à l'opérateur ${}^tP$ après avoir coupé au bord des $x_o \gtrsim {}^o_o$ la distribution u.

Nous renvoyons à [20] pour plus de détails.

REFERENCES

[1] ALINHAC S., Parametrixe pour un système hyperbolique à multiplicité variable, à paraître in Comm. in P.D.E. 1977

[2] ALINHAC S., Parametrixe pour un problème de Cauchy singulier, séminaire Goulaouic - Schwartz Ecole Polytechnique 1977.

[3] ANDERSON K.G. - MELROSE R., The propagation of singularities along gliding rays. Inventiones Math. 41, 197-232. 1977.

[4] BOUTET de MONVEL L., Comportement d'un opérateur pseudo-différentiel sur une variété à bord. Journal Anal. Math. 17, 1966, 241-304.

[5] BOUTET de MONVEL L., Boundary problems for pseudo-differential operators Acta Math., 11-51, 1971.

[6] BOUTET de MONVEL L., Hypoelliptic operators with double characteristics and related pseudo-differential operators. Comm. Pure and Appl. 27, 1974.

[7] CHAZARAIN, J., Operateurs hyperboliques à caractéristiques de multiplicité constante. Ann. Inst. Fourier 24, 1974, pp.173-202.

[8] COURANT R., LAX, A., The propagation of discontinuities in wave motion. Acad. Sci. USA. vol 42, 1956, pp. 497-502.

[9] ESKIN G., A parametrix for mixed problems for strictly hyperbolic equations of arbitrary order. Comm. in Partial Diff. Eq. 7 (6); 521-560 1976.

[10] HORMANDER L., Fourier Integral operators, Acta Math., 127, 1971, 79-183.

[11] HORMANDER L., The Cauchy problem for differential equations with double characteristics. JOurnal Anal. Math. 1977.

[12] IVRII V.J., Sufficient conditions for regular and completely regular hyperbolicity., Trudy Moskov Obsc. T. 33, 1976.

[13] IVRII V.J., Wave front of solutions of certain pseudo-differential equations, Funktsional'nyi Analizi Ego Prilozheniya, 1976 Vol 10, N°2.

[14] IVRII V.J., Wave front sets of solutions of some microlocally hyperbolic pseudo-differential equation, Soviet Math. Dokl. 1976, T. 226 N°5.

[15] IVRII V.J., Wave front of solutions of some hyperbolic equations and conical refraction. Soviet Math. Dokl. T 226, N°6 1976

[16] IVRII V.J., PETKOV, Necessary conditions for the correctness of the Cauchy problem for non strictly hyperbolic equ. Usp. Math. Nauk N°5 (170).

[17] LASCAR R., Propagation des singularités pour des opérateurs pseudo-différentiels à multiplicité variable. Note C.R.A.S. 1976.

[18] LUDWIG D., Exact and asymptotic solution of the Cauchy problem. Comm. on Pure and App. vol 13, 473-508, 1960.

[19] MELROSE R., Local Fourier Airy integral operators, Duke Math . J. 42 1975.

[20] MELROSE R., Microlocal parametrices for diffractive boundary values problems, Duke Math. J. 42, 1975.

[21] MELROSE R., Normal self intersections of the characteristic - variety Note A.M.S., 1976.

[22] MELROSE R., Equivalence of glancing hypersurfaces, Inventiones 1977.

[23] SIBUYA Y., Global theory of second order linear diff. eq. with polynomial coeff. (North-Holland).

[24] SIBUYA Y., Uniform. simplification in a full neighborhood of a transition point. (memoirs AMS, 1974, N°149).

[25] TAYLOR M., Grazing rays and reflection of singularities of solution of wave equation, C.P.A.M., 29, 1976.

CHAPITRE III

PARAMETRICES MICROLOCALES DE PROBLEMES AUX LIMITES POUR UNE CLASSE D'EQUATIONS PSEUDO-DIFFERENTIELLES A CARACTERISTIQUES DE MULTIPLICITE VARIABLE.

De nombreux travaux récents traitent d'équations hyperboliques $P(x,D)$, sur un ouvert X de $\mathbb{R}^{N+1}$, à caractéristiques de multiplicité variable au plus double. Des conditions nécessaires [14] et suffisantes [10] ont été mises en évidence pour que le problème de Cauchy soit bien posé. Le problème de la propagation des singularités des solutions a été étudié dans un certain nombre de situations. Le cas, à priori le plus simple, est celui où le symbole principal p de P se décompose, au voisinage d'un point singulier $\sigma_o \in T^* X \setminus 0$ de la variété caractéristique de P, sous la forme $p(\sigma) = p_1(\sigma)\, p_2(\sigma)$, où pour $i = 1,2$ p_i est régulière et $dp_i(\sigma_o) \neq 0$; le résultat dépend alors de la nature symplectique de l'intersection $p_1^{-1}(0) \cap p_2^{-1}(0)$, le cas symplectique est traité dans [2], [11], le cas involutif dans [16] et le cas glancing dans [19].

Si l'on désigne par $x = (x_o, x_1, \dots, x_N) = (x_o, y)$ la variable de $\mathbb{R}^{N+1}$ et si l'on suppose p hyperbolique dans la direction x_o, le cas précédent est donc celui où les racines de l'équation $p(x, \xi_o, \eta) = 0$ $(x,\eta) \in X \times (\mathbb{R}^N \setminus 0)$ sont C^∞. Cela n'est plus vrai dans le cas $p(x, \xi) = -\xi_o^2 + x_o^2 |\eta|^2 + \eta_N^2$ étudié dans [3], non plus, que dans nombre de résultats annoncés dans [12], [13].

Nous traitons dans cet article du cas où les points où les caractéristiques sont doubles forment un cône involutif lisse, mais où les racines caractéristiques ne sont pas nécessairement C^∞. Nous étudions dans le demi-espace $\Omega = X \cap (x_0 \geqslant 0)$ un problème au limite, avec donnée de Cauchy ou de Dirichlet sur $\partial\Omega$, selon que le problème de Cauchy est ou non bien posé. Nous effectuons une classification des points de $T^*\partial\Omega\backslash 0$, au fait même une classification micro microlocale, qui fait apparaître des analogies avec celles effectuées dans [20] pour des opérateurs de type principal en catégories hyperboliques, elliptiques, glancing.

De fait notre technique de construction de parametrices microlocales est largement influencée par les travaux [8], [6], [7], [24], et plus particulièrement [21].

Pour donner une idée de la ressemblance, et aussi des différences, avec les travaux cités ci-dessus, décrivons d'une façon schématique, bien entendu, les paramétrices que nous construisons.

Elles seront "aux points du type hyperbolique" de la forme :

$$E\, f(x_0,y) = \int\!\!\int e^{i(\psi(x_0,y,\xi) - \psi(0,z,\xi))}\, e(x_0,y,z,\xi)\, f(z)\, dz\, d\xi\ ,\ f \in \mathcal{D}'(\partial\Omega)\ ,$$

"aux points glancing" de la forme :

$$Ef(x_0,y) = \int\!\!\int e^{i(\varphi(x_0,y,\xi)-\varphi(0,z,\xi))} \frac{a(x_0,y,z,\zeta)A(\zeta(x,\xi))+b(x_0,y,z,\xi)A'(\zeta(x,\xi))}{A(\zeta(0,z,\xi))} f(z)dzd\xi\ ,$$

$$f \in \mathcal{D}'(\partial\Omega)\ .$$

où A est une fonction d'Airy.

Cependant si e, a, b sont des "symboles", les fonctions ψ, φ, et ζ ne sont pas des "phases" au sens ordinaire. En fait ζ sera une fonction de la classe $S^{2/3,2/3}$ de [5], associée à la variété des caractéristiques doubles, tandis que ψ(resp φ) se décompose sous la forme $\psi = \theta + \psi^{(1)}$ ($\varphi = \theta + \varphi^{(1)}$) où θ est une phase classique exprimant la propagation sur les feuilles de la variété des caractéristiques doubles et où $\psi^{(1)}$ (resp $\varphi^{(1)}$) est une fonction de $S^{1,1}$.

SOMMAIRE

Pages

1. Introduction 109

2. Une classification micro-microlocale des points du bord 113

3. Enoncé des résultats 116

4. Construction des parametrices dans le cas $P^S_1|_N > 0$ 119
   a) Equations de phases 121
   b) Equations de transports 125
   c) Construction des termes complémentaires 132

5. Le cas où $P^S_1|_N$ est nul sur $\partial\Omega$ 135
   a) Les solutions asymptotiques dans la zone G^T_ε 139
   b) Les termes complémentaires 158

6. Le cas $P^S_1|_N < 0$ 161
   a) La construction du terme Fourier-Airy 162
   b) Les opérateurs intégraux de Fourier-Airy 165
   c) Constructions des termes complémentaires 183

7. Calcul du WF' des paramétrices 195

8. Preuve du théorème 4 207

9. Propagation des singularités 215

Références 220

§ 1. INTRODUCTION.

Soit Y un ouvert de $\mathbb{R}^N$, $X_o > 0$, et X le cylindre

(1.0) $$X = (-X_o, X_o) \times Y \ .$$

La variable x de X sera notée $x = (x_o, y) = (x_o, y_1, \dots y_N)$.

L'étude des singularités d'équations aux dérivées partielles hyperboliques par rapport à la première variable x_o, à caractéristiques au plus doubles, se réduit à l'étude d'équations pseudo-différentielles du type :

(1.1) $$P(x,D) = -D_o^2 + 2 A_1(x,D_y) D_o + A_2(x,D_y)$$

où A_1 (resp A_2) est un opérateur pseudo-différentiel de degré 1 (resp 2) sur Y, proprement supporté, et dépendant de façon C^∞ de $x_o \in (-X_o, X_o)$; on supposera que le symbole total de A_1 (resp A_2) admet un développement en termes homogènes

$$A_1(x,\eta) \sim a_1(x,\eta) + \dots$$

$$(\text{resp } A_2(x,\eta) \sim a_2(x,\eta) + \dots) \ .$$

Le symbole principal de P est alors

$$p(x,\xi) = -\xi_o^2 + 2 a_1(x,\eta) \xi_o + a_2(x,\eta) \ ,$$

l'équation

$$p(x, \xi_o,\eta) = 0 \quad (x,\eta) \in X \times (\mathbb{R}^N \setminus 0) \text{ ayant ses racines réelles,}$$

on a

$$(a_1^2 + a_2)(x,\eta) \geq 0 \qquad (x,\eta) \in X \times (\mathbb{R}^N \setminus 0) \ .$$

L'ensemble des points où les caractéristiques sont doubles est

$$N = \{(x,\xi) \in X \times (\mathbb{R}^{N+1} \setminus 0),\ \eta \neq 0,\ dp(x,\xi) = 0\} .$$

On se restreint, dans cet article, au cas où N est <u>involutive</u>.

(1.2) On suppose que N est une variété régulière involutive i.e que en tout point de N le radical du hessien de p contient son propre orthogonal pour la forme symplectique et que de plus N n'est pas orthogonale au champ radial. On ajoute également une condition une condition d'"ellipticité transverse".

(1.3) En tout point de N le rang du hessien de p est égal à la codimension de N.

Il est montré dans [10] que l'on peut se réduire au cas où $A_1 = 0$ en conjugant P par un opérateur intégral de Fourier dépendant de x_o comme d'un paramètre, et nous supposerons désormais

$$P(x,D) = -D_o^2 + A(x,D_y) \quad , \tag{1.4}$$

avec cette fois

$$a(x,\eta) \geqslant 0 \quad , \quad (x,\eta) \in X \times (\mathbb{R}^N \backslash 0) \ , \tag{1.5}$$

$$N = \{(x,\xi) \in X \times (\mathbb{R}^{N+1} \backslash 0) \qquad \xi_o = 0,\ da(x,\eta) = 0\} \ .$$

A condition d'en aménager la définition, il est prouvé par Ivri-Petkov [14] et L. Hörmander [10] une condition nécessaire pour que le problème de Cauchy soit bien posé sur les $x_o = t$ pour l'opérateur (1.1) ; condition qui est réduite, sous l'hypothèse (1.2), à :

$$P_1^S(x,\xi)_{|N} \geqslant 0 \quad , \tag{1.6}$$

si l'on a désigné par P_1^S le symbole sous-principal de P.

L. Hörmander [10] a prouvé, dans ce cas entre d'autres, des estimations d'énergie conduisant à des résultats d'existence et d'unicité des solutions du problème de Cauchy. Nous envisagerons, ici, le problème de la régularité des solutions dans différents cas où la condition (1.6) est ou n'est pas remplie.

Désignons par Ω

$$\Omega = [0,X_o) \times Y \quad . \tag{1.7}$$

Ω sera supposé muni de sa structure canonique de variété à bord ; le bord

$$\partial\Omega = \{0\} \times Y$$

sera identifié à Y.

L'injection $i : \partial\Omega \to \Omega$ induit une application $i^* : T^*_{\partial\Omega}\Omega \to T^*\partial\Omega$, nous effectuerons une étude microlocale au voisinage d'un point du bord

$z_o \in T^*(\partial\Omega)\setminus 0$ où les "caractéristiques" sont doubles ie :

(1.8) $\quad i^{*-1}(z_o) \cap p^{-1}(0)$ est réduit à un seul point $\sigma_o \in N$.

On considérera ici les situations

(1.9) (i) $\quad P^S_1|_N$ est > 0 au voisinage de σ_o.

(1.9) (ii) $\quad P^S_1|_N$ s'annule exactement au premier ordre sur $N \cap \partial\Omega$.

(On supposera par exemple que $\frac{\partial}{\partial x_o}(P^S_1)(\sigma_o) > 0$).

(1.9) (iii) $\quad P^S_1|_N$ est < 0 au voisinage de σ_o.

Les conditions (1.9) ne concernent que $P^S_1|_N$ ou $\frac{\partial}{\partial x_o}(P^S_1|_N)$ (H_{ξ_o} est tangent à N car N est involutive) et sont visiblement invariantes par changements de coordonnées symplectiques.

On va étudier les singularités du problème au limite sur Ω

$$(1.10) \qquad \begin{cases} P(x,D)\,u = f & \text{dans } \Omega \\ D_o^j u|_{\partial\Omega} = u_j & j \in J \end{cases}$$

dans lequel nous supposerons que u est dans l'espace $\mathcal{D}'_\partial(\Omega)$ des distributions sur $\overset{o}{\Omega}$ prolongeables et régulières jusqu'au bord (il est facile de prouver que P définit une action continue $\mathcal{D}'_\partial(\Omega)$ dans $\mathcal{D}'_\partial(\Omega)$).

Nous nous donnerons $J = \{0,1\}$, ie une pleine donnée de Cauchy, dans les cas "hyperboliques" (1.9) (i) et (1.9) (ii) tandis que nous nous donnerons $J = \{0\}$, ie une condition de Dirichlet, dans le cas (1.9) (iii).

Comme notre étude sera microlocale nous préciserons que le front d'onde d'une distribution $u \in \mathcal{D}'(\Omega)$ (ie prolongeable) sera la partie conique fermée de $T^*\Omega\setminus 0$ obtenue comme $\cap\, WF(\tilde{u})$ où $\tilde{u}$ prolonge u ; tandis que pour les distributions u de $\mathcal{D}'_\partial(\Omega)$ (resp $\mathcal{D}'(\partial\Omega)$) nous disposerons du front d'onde au bord $WF_b(u)$ (resp. du front d'onde usuel $WF(u)$) qui est une partie conique fermée de $T^*(\partial\Omega)\setminus 0$. Nos méthodes consistent essentiellement en la construction de paramétrices microlocales pour le problème (1.10) ; cependant avant de décrire nos résultats nous procéderons à une classification des points du bord qui, à notre avis, en faisant intervenir le symbole sous-principal "explique" la condition (1.6) et éclaire les différentes situations (1.9) (i), (ii) ou (iii).

Avant d'en finir avec cette introduction,nous rappelons quelques définitions. Indiquons d'abord la définition de l'espace $S^{m,k}(U,\Sigma)$ de L. Boutet de Monvel [5], des symboles associés à un sous-cône lisse Σ d'un cône C^∞ U ; nous n'en donnerons que la définition locale quand $U = \mathbb{R}^N \times \mathbb{R}_+$ dont la variable est notée $u = (x,y,r) \in \mathbb{R}^p \times \mathbb{R}^{N-p} \times \mathbb{R}_+$ et où Σ est $x = 0$.

(1.11) $S^{m,k}(U,\Sigma)$ est l'ensemble des fonctions C^∞ $a(x,y,r)$ satisfaisant aux estimations

$$\left|\left(\frac{\partial}{\partial x}\right)^{\alpha} \left(\frac{\partial}{\partial y}\right)^{\beta} \left(\frac{\partial}{\partial r}\right)^{\ell} a\right| \leqslant c_{\alpha,\beta,\ell,K}\; r^{m-\ell}\, d_\Sigma^{k-|\alpha|}$$

pour $(x,y) \in K \subset\subset \mathbb{R}^N$, $r \geqslant 1$, et où $d_\Sigma = (|x|^2 + 1/r)^{1/2}$.

Puis rappelons que la fonction d'Airy :

(1.12) $$Ai(z) = \frac{1}{\pi}\int_0^{+\infty} \cos\left(\frac{1}{3}s^3 + zs\right) ds$$

satisfait à l'équation d'Airy

(1.13) $$A''(z) = z\,A(z) ,$$

$Ai(0) = 1$, Ai a ses zéros tous réels négatifs ; de plus dans tout sous secteur fermé du secteur $|\arg z| < \pi$ on a les développements asymptotiques uniformes :

(1.14) $$Ai(z) \sim \sum_{\nu=0}^{\infty} a_\nu\, z^{-1/4-3\nu/2} \exp - 2/3\,(z^{3/2})$$

$$(Ai(z))^{-1} \sim \sum_{\nu=0}^{\infty} b_\nu\, z^{1/4-3\nu/2} \exp 2/3(z^{3/2})$$

(la détermination de $z^{1/2}$ étant réelle positive sur le réel positif).

Les fonctions

(1.15) $$A_\pm(z) = Ai(e^{\pm 2i\pi/3} z)$$

satisfont à (1.13), sont oscillantes pures pour $z \leqslant 0$ et à croissance exponentielle pour $z \geqslant 0$, et sauf mention explicite nous entendrons dans la suite par $A(z)$ l'une des fonctions $A_\pm$ de (1.15).

§ 2. UNE CLASSIFICATION MICRO MICROLOCALE DES POINTS DU BORD.

Soit Ω la variété à bord de (1.0), i l'injection $\partial\Omega \to \Omega$ qui induit $i^\star : T^\star_{\partial\Omega}\Omega \to T^\star\Omega$, soit $N = \{(x,\xi) \in T^\star\Omega\setminus\{0\} \quad \xi_0 = da = 0\}$ considéré ici comme une sous variété régulière involutive et conique de $T^\star\Omega\setminus\{0\}$; soit $p+1$ = codim N ; on justifiera plus loin :

(2.0) $M = i^\star(\partial N)$ est une sous variété régulière involutive et conique de $T^\star\partial\Omega \setminus 0$, l'application $i^\star$ permettant d'identifier M à ∂N.

Il est effectué dans [21] une classification des points z de $T^\star\partial\Omega \setminus 0$, au regard du problème au limite étudié, en diverses catégories elliptiques, hyperboliques, glancing etc... Nous procèderons de même, à la différence que notre classification est, aux points où les caractéristiques sont doubles, de nature micro-microlocale (cf [4], [15]). Nous introduisons, aux points z de $T^\star\partial\Omega \setminus 0$ pour lesquels

(2.1) $$i^{\star-1}(z) \cap p^{-1}(0) = \{\sigma\}$$

est réduit à un seul point, ie l'ensemble des points z de M, le fibré $N(M) = T(T^\star\partial\Omega\setminus 0)/_{T(M)}$ et nous classifierons les points (z,t) de $N_z(M)$. Introduisons d'abord le fibré $N(N) = T(T^\star\Omega\setminus 0)/_{T(N)}$, et pour $\sigma \in N$, $(\sigma,\zeta) \in T(T^\star\Omega\setminus 0)$ les fonctions

(2.2) $$Q(\sigma,\zeta) = 1/2 \text{ Hessp}(\sigma).(\zeta,\zeta)$$

et

(2.3) $$q(\sigma,\zeta) = Q(\sigma,\zeta) + P_1^s(\sigma) \quad .$$

$Q(\sigma,\zeta)$ induit une forme quadratique hyperbolique sur N(N).

On désigne par U un voisinage conique convenable de $i^{\star-1}(\mathbb{R}_+ z_0)$.

On identifiera, selon l'habitude, $N_\sigma(N)$ à l'espace cotangent $T^\star_\sigma(F)$ en σ à la (p+1)-feuille canonique F de N dans U passant par σ au moyen de la forme symplectique ; et par transport de structure on supposera Q et q définies sur l'espace cotangent des feuilles de N.

La (p+1) feuille F de N est une sous-variété à bord de $T^\star\Omega\setminus 0$, dont le bord ∂F s'identifie à la p-feuille G de M dans $i^\star(\partial U \cap N)$ passant par $z = i^\star(\sigma)$, on en déduit une injection $j : G \to F$, qui induit $j^\star : T^\star_{\partial F}F \to T^\star G$.

On introduira alors les ensembles

$\mathcal{E}$(resp $\mathcal{H}$, resp $\mathcal{G}$) des points $(z,t) \in N(M)$ pour lesquels l'ensemble

$$j^{\star-1}(z,t)) \cap q^{-1}(0)$$

est vide (resp. formé de deux points distincts, resp. d'un seul point).

(2.7) $$N(M) = \mathcal{E} \cup \mathcal{G} \cup \mathcal{H} .$$

Un point (z,t) de $\mathcal{E}$(resp. $\mathcal{H}$, resp. $\mathcal{G}$) sera dit micro-elliptique (resp-hyperbolique, resp-glancing).

Comme il a été observé plus haut on peut, par restriction et transport de structure, considérer Q et q définis sur $T^\star F$(σ parcourant F) et on dispose alors des champs hamiltoniens $H_Q(\sigma,\zeta)$ et $H_q(\sigma,\zeta)$ (sections de $T(T^\star F)$).

Soit maintenant $f \geqslant 0$ sur Ω, $df \neq 0$, $f = 0$ définissant $\partial\Omega$ (localement), remontons f en une fonction sur $T^\star\Omega \setminus 0$ puis par restriction sur F et définissons l'ensemble des points de <u>diffration</u> $\mathcal{G}_d$ de $\mathcal{G}$:

$\mathcal{G}_d = \{(z,t) \in N(M)$ tels que si $(\sigma,\zeta) = j^{\star-1}(z,t)) \cap q^{-1}(0)$

on ait

(2.4) $$H_q(f)\ (\sigma,\zeta) = 0, \qquad (H_q)^2(f)\ (\sigma,\zeta) > 0\} ,$$

qui est visiblement indépendant du choix de f.

De plus nous dirons que le point $(z,t) \in \mathcal{G}_d$ est <u>diffractif</u> non <u>dégénéré</u> si

(2.5) $H_q(\sigma,\zeta)$ est transverse à la fibre de $T^\star F$ en σ.

Les différents cas envisagés en (1.9) peuvent maintenant être décrits dans les termes de cette classification.

Dans la situation (1.9) (i) nous n'aurons à considérer que des points du type $\mathcal{H}$, dans la situation (1.9) (ii) des points du type $\mathcal{H}$ et $\mathcal{G}_d$ seulement, tandis que dans la situation (1.9) (iii) nous rencontrerons des points de type $\mathcal{E}$, $\mathcal{G}$ et $\mathcal{H}$.

Pour l'étude du problème au limite (1.10) nous rajoutons les hypothèses (elles ne seront plus faites dans la section § 8).

(2.6) Dans le cas (1.9)(iii) nous supposerons (2.4) remplie de façon à avoir $\mathcal{G} = \mathcal{G}_d$.

De plus il est facile de voir que dans ce cas les points diffractifs sont nécessairement non dégénérés.

Cependant dans le cas (1.9) (ii) les points $(z,0)$, $z \in N$, sont dans $\mathcal{G}_d$ mais la condition de transversalité (2.5) n'est plus remplie.

La construction de paramétrices, dans ce cas, se heurte nous semble-t-il quand $p \geqslant 2$, en raison de cette dégénérescence, à des obstructions que nous résumons dans la condition :

Posons $P_1^S\big|_N = x_\sigma \mu$, en tout point σ de N, la partie quadratique du développement de Taylor en σ de $(\mu^{-1} a)$ détermine une forme quadratique $\tilde{a}(\sigma)$ positive définie sur $T_\sigma(T^\star\Omega \setminus 0)/_{T_\sigma(\text{car } a)}$. Nous supposerons que $\tilde{a}(\sigma)$ admet une base orthonormale formée de champs de vecteurs symplectiques ou encore que :

(2.7) Il existe dans un voisinage conique de σ_0 p fonctions C^∞ $\varphi_1,\dots,\varphi_p$ sur N, telles que en tout point $\sigma \in N$ les champs de vecteurs $H_{\varphi_j}(\sigma)$ mod. $T_\sigma(\text{car } a)$ $j = 1 \dots p$ forment une base orthonormale de $\tilde{a}(\sigma)$.

(La variété N étant involutive, pour toute fonction φ C^∞ sur N on peut définir sans ambiguités H_φ mod. TN, en utilisant un prolongement arbitraire de φ hors de N).

Exemples (2.8). Décomposons $\mathbb{R}^N_y = \mathbb{R}^{N-p}_{y'} \times \mathbb{R}^p_{y''}$, et posons

$$P_1(x,D) = -D_{x_0}^2 + \sum_{j=1}^p D_{y''_j}^2 + D_{y'_1},$$

$$P_2(x,D) = -D_{x_0}^2 + \sum_{j=1}^p D_{y''_j}^2 + x_0 D_{y'_1},$$

$$P_3(x,D) = -D_{x_0}^2 + \sum_{j=1}^p D_{y''_j}^2 + (-1+x_0) D_{y'_1},$$

$$z_0 = (0;\eta_0) \quad , \quad \eta_0 = (1,0,\dots,0) \quad , \quad \sigma_0 = (0;0,\eta_0).$$

P_1 (resp. P_2, resp. P_3) verifie les hypotheses (1.2), (1.3), (1.9)(i) (resp. (1.9)(ii)(2.7), resp. (1.9)(iii) et (2.6)) au point z_0.

Ces préalables étant posés nous pouvons énoncer nos résultats.

§ 3. ENONCE DES RESULTATS.

Soit $z_o \in T^*(\partial\Omega) \setminus 0$ un point du bord où les caractéristiques de P sont doubles et soit

$$\sigma_o = i^{*-1}(z_o) \cap p^{-1}(0).$$

Désignons par Γ un voisinage conique fermé de σ_o dans $T^*\Omega \setminus 0$, assez petit, introduisons :

$C_\partial^{\pm}(\Gamma) = \{(\sigma',z) \in T^*\overset{o}{\Omega} \setminus 0 \times T^*(\partial\Omega)\setminus 0,\ \sigma' \in \Gamma,\ z \in i^*\Gamma,\ z \notin M$ et il existe un segment de bicaractéristique nulle de p issue d'un point de $i^{*-1}(z)$ et joignant σ' à un temps $\gtrless 0$ dans $\Gamma\}$, (3.0)

$C'_\partial(\Gamma) = \{(\sigma,z) \in T^*\overset{o}{\Omega} \setminus 0 \times T^*(\partial\Omega)\setminus 0,\ \sigma' \in \Gamma,\ z \in i^*\Gamma,\ z \in M,\ \sigma = i^{*-1}(z) \cap p^{-1}(0)$,

$\sigma' \in$ (p+1) feuille F de N contenant σ, il existe un point (σ,ζ) (resp (σ',ζ')) $\in T^*_\sigma F$ (resp $T^*_{\sigma'}F$) et un segment de bicaractéristique nulle de q joignant (σ,ζ) à (σ',ζ') dans $\Gamma\}$ (3.1)

$C''_\partial(\Gamma) = \{(\sigma',z) \in T^*\overset{o}{\Omega} \setminus 0 \times T^*(\partial\Omega)\setminus 0,\ \sigma' \in \Gamma,\ z \in i^*\Gamma,\ z \in M,\ \sigma = i^{*-1}(z) \cap p^{-1}(0)$,

$\sigma' \in$ (p+1) feuille F de N contenant σ, il existe un point (σ,ζ) (resp(σ',ζ')) $\in T^*_\sigma F$ (resp $T^*_{\sigma'}F$) et un segment de bicaractéristique nulle de Q joignant (σ,ζ) à (σ',ζ') dans $\Gamma\}$ (3.2)

On posera également

$$C_\partial(\Gamma) = C_\partial^+(\Gamma) \cup C_\partial^-(\Gamma) \quad .$$

On désignera par ω un voisinage ouvert de πz_o dans Ω et par γ un voisinage conique fermé de z_o dans $T^*(\partial\Omega)\setminus 0$, γ contenu dans l'intérieur de $i^*\Gamma$.

Théorème 1.

Si P vérifie (1.9) (i), il existe des opérateurs linéaires continus

$E_i : \mathcal{D}'(\partial\Omega) \to \mathcal{D}'_\partial(\Omega)$, $i = 0,1$

tels que :

$$P(x,D_x)\, E_i f|_{\omega} \in C^{\infty}(\omega) \,,$$

$$E_i f|_{\partial\Omega} - \delta_{i,o} f \in C^{\infty}(\partial\Omega), \text{si } \; WF(f) \subset \gamma,$$

$$D_o\, E_i f|_{\partial\Omega} - \delta_{i,1} f \in C^{\infty}(\partial\Omega) \,, \text{si } \; WF(f) \subset \gamma,$$

$$WF(E_i f) \subset (C_{\partial}(\Gamma) \cup C'_{\partial}(\Gamma) \cup C''_{\partial}(\Gamma)) \circ WF(f).$$

Théorème 2.

Le conclusion du théorème 1 est encore valable si P vérifie (1.9) (ii) et (2.7).

Théorème 3.

Si P vérifie (1.9) (iii) et (2.6),

il existe des opérateurs linéaires continus $E_{\pm} : \mathcal{D}'(\partial\Omega) \to \mathcal{D}'_{\partial}(\Omega)$ tels que :

$$P(x,D_x)\, E_{\pm} f|_{\omega} \in C^{\infty}(\omega) \,,$$

$$E_{\pm} f|_{\partial\Omega} - f \in C^{\infty}(\partial\Omega) \,, \text{si } \; WF(f) \subset \gamma \,,$$

$$WF(E_{\pm} f) \subset (C^{\pm}_{\partial}(\Gamma) \cup C'_{\partial}(\Gamma) \cup C''_{\partial}(\Gamma)) \circ WF(f).$$

On peut également construire une paramétrixe microlocale de P dans X voisinage de σ_o.

Soit Γ' un voisinage conique fermé de σ_o dans $T^{\star}X \setminus 0$, assez petit ; soit Γ analogue à Γ', Γ contenu dans l'intérieur de Γ'. Considérant maintenant la variété N et ses (p+1) feuilles F comme des sous variétés de $T^{\star}X \setminus 0$ on définit :

$C(\Gamma') = \{(\sigma',\sigma) \in \Gamma' \times \Gamma',\ \sigma \notin N$ et il existe un segment de bicaractéristique nulle de p joignant σ et σ' dans $\Gamma'\}$. (3.3)

$C'(\Gamma') = \{(\sigma',\sigma) \in \Gamma' \times \Gamma'\ \ \sigma \in N,\ \sigma' \in$ (p+1) feuille F de N contenant σ et il existe un point $(\sigma,\zeta) \in T^{\star}_{\sigma}F$ (resp $(\sigma,\zeta) \in T^{\star}_{\sigma}F$) et un segment de bicaractéristique nulle de q joignant (σ,ζ) et (σ',ζ') dans $\Gamma'\}$. (3.4)

$C''(\Gamma') = \{(\sigma',\sigma) \in \Gamma' \times \Gamma' \quad \sigma \in N,\ \sigma' \in$ (p+1) feuille F de N contenant σ et il existe sur point $(\sigma,\zeta) \in T^{\star}_{\sigma}F$(resp $T^{\star}_{\sigma'},F$) et un segment de bicaractéristique nulle de Q joignant (σ,ζ) et (σ',ζ') dans $\Gamma'\}$ (3.5)

Théorème 4.

Si P vérifie l'hypothèse (1.9) (i), (ii) ou (iii), il existe un opérateur linéaire continu $E : \mathcal{D}'(X) \to \mathcal{D}'(X)$ tel que :

$$WF'(P(x,D_x)\,E - I) \cap (\Gamma \times \Gamma) = \phi$$

$$WF'(E) \subset C(\Gamma') \cup C'(\Gamma') \cup C''(\Gamma') \cup \Delta^{\star}(\Gamma') \ ,$$

où $\Delta^{\star}(\Gamma')$ est la diagonale de $\Gamma' \times \Gamma'$.

Une conséquence des résultats précédents est le théorème de propagation des singularités du problème au limite.

Théorème 5.

Soit $u \in \mathcal{D}'_{\partial}(\Omega)$, $Pu = f$, P vérifiant au point $z_o \in T^{\star}\partial\Omega \setminus 0$ l'une des conditions des théorèmes 1, 2 ou 3. Sous les hypothèses :

$$z_o \notin WF_b(f) \quad , \qquad (3.6)$$

$$(C'_{\partial}(\Gamma) \cup C''_{\partial}(\Gamma)) \circ \{z_o\} \cap WF(u) = \phi \quad , \qquad (3.7)$$

$$z_o \notin WF(u|_{\partial\Omega}) \quad , \qquad (3.8)$$

il résulte que pour tout opérateur différentiel Q on a :

$$z_o \notin WF(Qu|_{\partial\Omega}) \quad , \qquad (3.9)$$

et de plus

$$z_o \notin WF_b(u) \quad . \qquad (3.10)$$

Dans le cas où P vérifie les conditions des théorèmes 1 ou 2 l'hypothèse (3.8) peut être omise.

Nous renvoyons à la section § 9 pour d'autres remarques concernant la propagation des singularités.

§ 4. CONSTRUCTION DES PARAMETRICES DANS LE CAS $P^S_1|_N > 0$.

Nous commencerons par une réduction qui sera utile dans toutes les sections suivantes.

Désignons par (p+1) la codimention de N et par

$$u_o = u_1 \dots = u_p = 0$$

un système d'équations de N, avec $u_o = \xi_o$, les u_j pour $j \geq 1$ indépendants de ξ_o et homogènes de degré 1, au voisinage de $\sigma_o = (0,y_o,0,\eta_o)$.

N étant involutive on a les relations

$$\frac{\partial u_i}{\partial x_o}(x,\eta) = \sum_{j=1}^{p} a_{i,j}(x,\eta)\, u_j(x,\eta) \qquad i = 1\dots p.$$

Si $\mathcal{U} = (u_1,\dots, u_p)$ et si $C(x,\eta)$ est la résolvante du système linéaire

$$(4.1)\quad \begin{cases} \dfrac{\partial}{\partial x_o} \mathcal{V} = A\,\mathcal{V} \\ \mathcal{V}|_{x_o=0} = \mathcal{V}_o \end{cases}$$

où

$$A = (a_{ij}(x,\eta))$$

on a

$$(4.2)\qquad \mathcal{U}(x,\eta) = C(x,\eta).\,\mathcal{U}(0,y,\eta)\ .$$

Par conséquent si $M \subset T^\star\partial\Omega\setminus 0$ est définie au voisinage de $z_o = (y_o, \eta_o)$ par les équations $u_1(0,y,\eta) = \dots = u_p(0,y,\eta)$, M est une sous-variété régulière involutive et conique, l'on a

$$(4.3)\qquad N = \{(x,\xi) \in T^\star X\setminus 0\ ,\ \xi_o = 0\ ,\ (y,\eta) \in M\}\ .$$

et l'on a justifié (2.0).

On peut construire une transformation canonique homogène ϕ de $T^\star(\partial\Omega)\setminus 0$ dans $T^\star R^N\setminus 0$ telle que l'on ait, convenant de noter $(y,\eta) = (y',y'',\eta',\eta'')$ le point courant de $T^\star\mathbb{R}^N = T^\star\mathbb{R}^{N-p} \times T^\star\mathbb{R}^p$,

$$(4.4)\qquad \phi(z_o) = (0\ ;\ \eta_o)\quad \eta_o = (1,0\dots0)$$

et $\phi(M)$ est, localement, la sous-variété $\eta''_1 = \dots = \eta''_p = 0$.

Si $\mathcal{F}$ est un opérateur intégral de Fourier, elliptique, associé à ϕ on a

(4.5) $$\mathcal{F} P \mathcal{F}^{-1} = -D_o^2 + A(x,D_y) + \sum_{|\alpha|\leq 2} R_\alpha(x,D_y) D_o^\alpha \quad ,$$

où $A(x,D_y)$ est un opérateur pseudo-différentiel classique sur $\mathbb{R}^N$, dépendant de façon C^∞ de x_o et dont le symbole principal homogène est de la forme :

(4.6) $$a(x,\eta) = \sum_{|\alpha|=2} a_\alpha(x,\eta)\, \eta''^\alpha .$$

$R_\alpha(x,D_y)$ est un opérateur pseudo-différentiel sur $\mathbb{R}^N$, dépendant de façon C^∞ de x_o, dont le symbole (total) $r_\alpha(x,\eta)$ est à décroissance rapide dans un voisinage conique fermé de $(0,0,\eta_o)$ dans $\mathbb{R}^{N+1} \times (\mathbb{R}^N \setminus 0)$.

De plus l'hypothèse d'ellipticité transverse nous permet de supposer que

(4.7) $$c_1\, |\lambda|^2 \leq \sum_{|\alpha|=2} a_\alpha(x,\eta)\, \lambda^\alpha \leq c_2\, |\lambda|^2$$

pour x voisin de 0, $\eta \in \mathbb{R}^N \setminus 0$, $\lambda \in \mathbb{R}^p$.

Nous construisons, en fait, des paramétrices E pour l'opérateur $-D_o^2 + A$ sous la forme explicite desquelles, il sera facile de vérifier, dans chaque cas, que $R_\alpha(x,D_y)\, E$ applique $\mathcal{D}'(\partial\Omega)$ dans $C^\infty(\Omega)$. De plus celles-ci seront telles que la relation (4.5) permettra d'obtenir leur construction pour l'opérateur P initial.

Nous supposerons désormais que P désigne l'opérateur $-D_o^2 + A(x,D_y)$ ci-dessus ; et nous passons à l'étude proprement dite du cas $P_1^S|_N > 0$.

Dans les coordonnées choisies on a $z_o = (0\,;\,\eta_o), \eta'_o \neq 0 \quad \eta''_o = 0$,

$$p(x,\xi) = -\xi_o^2 + \sum_{|\alpha|=2} a_\alpha(x,\eta)\, \eta''^\alpha = -\xi_o^2 + a(x,\eta) \quad ,$$

On pose

(4.8) $$m(x,\eta') = P_1^S(x,0,\eta',0)$$

(4.9) $$b(x,\eta) = \sum_{|\alpha|=2} a_\alpha(x,\eta',0)\, \eta''^\alpha .$$

On désigne par U un voisinage de 0 dans $\overline{\mathbb{R}}_+^{N+1}$ et par G un voisinage conique η_o dans $\mathbb{R}^N \setminus \{0\}$ qui seront supposés assez petits dans les constructions suivantes ; on utilisera les dilatations :

(4.10) $$\eta \in \mathbb{R}^N \setminus \{0\} \quad \sigma_t(\eta) = (t^2\eta', t\eta'') \quad t > 0 \; .$$

On référera par σ-homogénéité (σ-conicité etc...) la notion d'homogénéité qu'elles définissent ; et on notera par $\eta \to \langle\eta\rangle$ une fonction σ-homogène de degré 1, positive, C^∞ sur $\mathbb{R}^N \setminus \{0\}$, avec par exemple $\langle\eta\rangle = 1$ sur S^{N-1}.

On désignera par $G^T = \{\xi \in G \mid |\xi| \geq T\}$ pour $T > 0$.

Soit donc l'équation

$$P = -D_{x_o}^2 + A(x, D_{x'}, D_{x''}) \quad . \tag{4.11}$$

Nous cherchons des solutions asymptotiques indépendantes (pures) sous la forme :

$$q(x,\xi) = e(x,\xi)\, e^{i\varphi_\pm(x,\xi)} ,$$

où nous avons noté $\xi = (\xi', \xi'') \in G \subset \mathbb{R}^N \setminus \{0\}$, où $\varphi_\pm(x,\xi)$ est une fonction de "phase" sans propriété particulière d'homogénéité (ou de σ-homogénéité) mais de la forme :

$$\varphi_\pm(x,\xi) = x'.\xi' + \varphi_\pm^{(1)}(x,\xi) \tag{4.12}$$

où $\varphi_\pm^{(1)}(x,\xi) \in S^{1,1}(U \times G, M)$ et où $\left|\det\left(\dfrac{\partial^2 \varphi_\pm^{(1)}}{\partial x_j'' \xi_k''}\right)\right| \geq c > 0$ pour $(x,\xi) \in U \times G^T$, T assez grand.

Le symbole $e(x,\xi)$ sera cherché dans une classe $S^{m,k}(U \times G, M)$, avec e nul hors d'un voisinage conique fermé $\Gamma \subset U \times G$, assez petit, de $(0,0,\eta_o)$ dans $\overline{\mathbb{R}}_+ \times \mathbb{R}^N \times \mathbb{R}^N \setminus 0$; la fonction $e(x,\xi)$ sera supposée, même sans mention explicite, identiquement nulle près de $\xi = 0$.

a) <u>EQUATIONS DE PHASES.</u>

Introduisons les fonctions $\varphi_\pm^{(1)}$, $\phi_\pm^{(1)}$, $\psi_\pm^{(1)}$, $\Psi_\pm^{(1)}$ solutions des équations de phases :

$$(4.13)\quad \begin{cases} \dfrac{\partial}{\partial x_o} \varphi_\pm^{(1)} = \pm \left(a\left(x, \xi' + \dfrac{\partial \varphi_\pm^{(1)}}{\partial x'}, \dfrac{\partial \varphi_\pm^{(1)}}{\partial x''}\right) + m(x,\xi')\right)^{1/2} & (x,\xi) \in U \times G^1 \\[2ex] \varphi_\pm^{(1)}\big|_{x_o = o} = x''.\,\xi'' \end{cases}$$

$$(4.14)\quad \begin{cases} \dfrac{\partial}{\partial x_o}\ \psi^{(1)}_{\pm} = \pm\left(b(x,\xi',\dfrac{\partial\psi^{(1)}_{\pm}}{\partial x''}) + m(x,\xi')\right)^{1/2} & (x,\xi)\in U\times G \\ \psi^{(1)}_{\pm}\big|_{x_o=o} = x''.\xi'' \end{cases}$$

puis

$$(4.15)\quad \begin{cases} \dfrac{\partial}{\partial x_o}\ \phi^{(1)}_{\pm} = \pm\ a^{1/2}\left(x,\ \xi' + \dfrac{\partial\phi^{(1)}_{\pm}}{\partial x'},\ \dfrac{\partial\phi^{(1)}_{\pm}}{\partial x''}\right) & (x,\xi)\in U\times G\quad \xi''\neq 0 \\ \phi^{(1)}_{\pm}\big|_{x_o=o} = x''.\xi'' \end{cases}$$

et

$$(4.16)\quad \begin{cases} \dfrac{\partial}{\partial x_o}\ \Psi^{(1)}_{\pm} = \pm\ b^{1/2}\left(x,\ \xi',\ \dfrac{\partial\Psi^{(1)}_{\pm}}{\partial x''}\right) & (x,\xi)\in U\times G\quad \xi''\neq 0 \\ \Psi^{(1)}_{\pm}\big|_{x_o=o} = x''.\xi''. \end{cases}$$

Les fonctions $\phi^{(1)}_{\pm}$ et $\Psi^{(1)}_{\pm}$ seront singulières sur $\xi'' = 0$; et on construira les fonctions $\varphi_{\pm}$, $\phi_{\pm}$, $\psi_{\pm}$, $\Psi_{\pm}$ en posant $\varphi_{\pm} = x'.\xi' + \varphi^{(1)}_{\pm}$, $\phi_{\pm} = x'.\xi' + \phi^{(1)}_{\pm}$ etc...

<u>Proposition 4.17.</u>

a) Si U est un voisinage assez petit de 0 dans $\bar{\mathbb{R}}^{N+1}_{+}$, et si G est un voisinage conique assez petit de η_o dans $\mathbb{R}^N\setminus 0$, on peut résoudre dans $U\times G$ les équations (4.13)...(4.16).

b) $\varphi^{(1)}_{\pm}$ et $\psi^{(1)}_{\pm}$ sont des symboles de $S^{1,1}(U\times G, M)$ et l'on a :

(i) Dans toute zone $\Gamma' : (x,\xi)\in U\times G, |\xi''|^2 \leq c'\ |\xi'|$, il existe un symbole $\rho_{\pm}\in S^{o,o}(U\times G, M)$ tel que :

$$\varphi_{\pm} - \psi_{\pm} = \rho_{\pm} \quad \text{dans } \Gamma'$$

(ii) Dans une zone $\Gamma'' : (x,\xi)\in U\times G, |\xi''|^2 \geq c''|\xi'|$, il existe un symbole $\sigma_{\pm}\in S^{o,-1}(U\times G, M)$ tel que :

$$\varphi_{\pm} - \phi_{\pm} = \sigma_{\pm} \quad \text{dans } \Gamma''.$$

Pour construire une solution de (4.13) par exemple, la seule difficulté à prendre en compte, est la dépendance par rapport au grand paramètre ξ ;

aussi allons nous chercher $\varphi_{\pm}^{(1)}$, pour $|\xi'| \geq 1$, sous la forme

(4.17) $$\varphi_{\pm}^{(1)}(x,\xi) = \langle\xi\rangle\, \tilde{\varphi}_{\pm}(x, \frac{\xi'}{|\xi'|}, \frac{\xi''}{\langle\xi\rangle}, \frac{|\xi'|^{1/2}}{\langle\xi\rangle}, \frac{\langle\xi\rangle}{|\xi'|})$$

avec $\tilde{\varphi}_{\pm}(x,w,z,\zeta) \in C^{\infty}(U \times \Omega')$, U étant un voisinage de 0 dans $\mathbb{R}_{+}^{N+1}$, Ω' étant un voisinage de l'ensemble (compact):

(4.18) $$\Omega = \{(w',w'',z,\zeta) \in S^{N-p-1} \times \mathbb{R}^{p+2},\ w' \in \text{voisinage fermé } \gamma' \text{ de } \eta_o'/|\eta_o'|,$$
$$|w''| \leq c,\ |z| \leq c,\ |\zeta| \leq c,\ z^2 + |w''|^2 \geq \alpha > 0\}$$

γ', α, $1/c$ étant choisis assez petits,

$\tilde{\varphi}_{\pm}$ étant une solution de l'équation :

(4.19) $$\begin{cases} \dfrac{\partial\tilde{\varphi}_{\pm}}{\partial x_o} = \pm \left(\displaystyle\sum_{|\alpha|=2} a_{\alpha}(x, w' + \zeta \frac{\partial\tilde{\varphi}_{\pm}}{\partial x'}, \zeta \frac{\partial\tilde{\varphi}_{\pm}}{\partial x''}) (\frac{\partial}{\partial x''})^{\alpha} \tilde{\varphi}_{\pm} + z^2 m(x,w') \right)^{1/2} \\ \tilde{\varphi}_{\pm}|_{x_o=o} = x''.w'' . \end{cases}$$

La construction d'une solution de (4.19) est une version avec paramètres d'un résultat classique ; la méthode des "bicaractéristiques" permet d'obtenir une solution régulière, y compris par rapport aux paramètres, pour x petit et (w,z,ζ) dans tout un voisinage de Ω par un argument de compacité.

Il reste à voir que $\varphi_{\pm}^{(1)}$ déterminé par (4.17) dans $U \times G^1$, pour G un voisinage conique assez petit de η_o dans $\mathbb{R}^N \setminus 0$, est un symbole du type indiqué.

Pour cela remarquons que $\langle\xi\rangle \in S^{1,1}$, $\langle\xi\rangle \approx |\xi|\, d_M(\xi)$ et donc $\langle\xi\rangle^{-1} \in S^{-1,-1}$, par suite $\frac{\xi''}{\langle\xi\rangle} \in S^{o,o}$, $\frac{|\xi'|^{1/2}}{\langle\xi\rangle} \in S^{-1/2,-1} \subset S^{o,o}$, $\frac{\langle\xi\rangle}{|\xi'|} \in S^{o,1} \subset S^{o,o}$ et

il vient facilement de (4.17) $\varphi^{(1)} \in S^{1,1}(U \times G,M)$.

Pour construire $\psi_{\pm}^{(1)}$ on posera

(4.20) $$\psi_{\pm}^{(1)}(x,\xi) = \langle\xi\rangle\, \tilde{\varphi}_{\pm}(x, \frac{\xi'}{|\xi'|}, \frac{\xi''}{\langle\xi\rangle}, \frac{|\xi'|^{1/2}}{\langle\xi\rangle}, 0).$$

On vérifie que $\psi_{\pm}^{(1)}$ est une solution de l'équation (4.14) dans $U \times G$ et on prouve comme plus haut que $\psi_{\pm}^{(1)} \in S^{1,1}(U \times G,M)$.

D'autre part la formule de Taylor appliquée à la fonction $\tilde{\varphi}_{\pm}$ sur $\zeta = 0$ fournit

$$\varphi_{\pm}^{(1)} = \psi_{\pm}^{(1)} + \langle\xi\rangle^2/|\xi'|\ \rho_{\pm}'$$

avec

$$\rho'_{\pm} \in S^{o,o}(U \times G, M).$$

Il en résulte que dans toute zone $|\xi''|^2 \leqslant c' |\xi'|$, $\varphi^{(1)}_{\pm} - \psi^{(1)}_{\pm}$ satisfait à des $S^{o,o}$ estimations et donc que le point b) (i) est prouvé.

On détermine les fonctions $\phi^{(1)}_{\pm}$ et $\Psi^{(1)}_{\pm}$ par le même procédé ; posant pour $(x,\xi) \in U \times G$, $\xi'' \neq 0$:

$$(4.21) \qquad \phi^{(1)}_{\pm}(x,\xi) = |\xi''|\, \tilde{\varphi}_{\pm}(x, \frac{\xi'}{|\xi'|}, \frac{\xi''}{|\xi''|}, 0, |\xi''|/_{|\xi'|})$$

$$(4.22) \qquad \Psi^{(1)}_{\pm}(x,\xi) = |\xi''|\, \tilde{\varphi}_{\pm}(x, \frac{\xi'}{|\xi'|}, \frac{\xi''}{|\xi''|}, 0,0).$$

Il est à noter que cette fois le paramètre $w'' = \frac{\xi''}{|\xi''|}$ vérifie $|w''| = 1$, et on vérifie que $\phi^{(1)}_{\pm}$ (resp $\Psi^{(1)}_{\pm}$) satisfait (4.15) (resp. (4.16)).

Pour comparer $\phi^{(1)}_{\pm}$ et $\varphi^{(1)}_{\pm}$ on observe que l'unicité des solutions de (4.19) permet d'écrire pour $(x,\xi) \in U \times G$, $\xi'' \neq 0$, $|\xi''| \geqslant 2/c\, |\xi'|^{1/2}$

$$\varphi^{(1)}_{\pm}(x,\xi) = |\xi''|\, \tilde{\varphi}_{\pm}(x, \frac{\xi'}{|\xi'|}, \frac{\xi''}{|\xi''|}, \frac{|\xi'|^{1/2}}{|\xi''|}, |\xi''|/_{|\xi'|}).$$

Et on obtient par la formule de Taylor appliqué à $\tilde{\varphi}_{\pm}$ à l'ordre 2 sur $z = 0$

$$(4.23) \qquad \varphi^{(1)}_{\pm} = \phi^{(1)}_{\pm} + |\xi'|/_{|\xi''|}\, \sigma'_{\pm} \quad \text{pour} \quad |\xi''| \geqslant 2/c\, |\xi'|^{1/2},$$

où $\sigma'_{\pm}$ satisfait à des $S^{o,o}$ estimations dans la zone $|\xi''| \geqslant 2/c\, |\xi'|^{1/2}$, car dans cette zone $1/_{|\xi''|}$ (resp $\xi''/_{|\xi''|}$) satisfait à des S^{-1-1} (resp $S^{o,o}$) estimations. Cette remarque et l'égalité (4.23) achèvent de prouver la proposition.■

Faisons remarquer que les fonctions $\psi^{(1)}_{\pm}$ (resp $\phi^{(1)}_{\pm}$) sont σ-homogènes de degré 1 (resp homogènes de degré 1), et sont les phases "naturelles" associées à des solutions asymptotiques valides dans un voisinage σ-conique des caractéristiques doubles (resp hors d'un voisinage conique des caractéristiques doubles) ; le résultat des points (i) et (ii) nous permettra de comparer et de recoller les solutions asymptotiques construites dans les différentes zones.

b) EQUATIONS DE TRANSPORTS.

Nous envisageons de construire des paramétrices $E_{\pm}$ sous la forme

$$E_{\pm}f(x_o,y) = \int\int e^{i(\varphi_{\pm}(x_o,y,\xi)-\varphi_{\pm}(0,y',\xi))} e_{\pm}(x_o,y,y',\xi)f(y')\,dy'\,d\xi \quad f \in \mathscr{C}_o^{\infty}(\mathbb{R}^N),$$

d"intégrales de Fourier" associées aux phases $\varphi_{\pm}$ construites en (4.17).

On cherchera $e_{\pm}$ dans une classe $S^{m',k'}(\bar{R}_+^{2N+1} \times (\mathbb{R}^N \setminus 0),M)$ avec

$\mathrm{supp}\ e_{\pm} \subset \Gamma^T = \{(x_o,y,y',\xi) \in$ voisinage conique Γ de $(0,\eta_o)$ dans $\bar{R}_+^{2N+1} \times (\mathbb{R}^N \setminus 0)$, $|\xi| \geqslant T\}$. Γ sera supposé assez petit, en particulier

$$(x_o,y,y',\xi) \in \Gamma \Longrightarrow (x_o,y,\xi) \in U \times G \quad \text{et} \quad (0,y',\xi) \in U \times G.$$

On étudiera par conséquent le comportement asymptotique de

$$e^{-i\varphi_{\pm}(x,\xi)} P(x,D_{x_o},D_y)(e^{i\varphi_{\pm}(x,\xi)} e(x,y',\xi))$$

où e est un symbole du type décrit ci-dessus.

On a :

Proposition 4.24.

(i) Soit $a(x,\xi)$ un symbole de $S^{m,k}(\mathbb{R}_+^{N+1} \times (\mathbb{R}^N \setminus 0),M)$, nul hors d'un voisinage assez petit de 0, et soit $e(x_o,y,y',\xi)$ un symbole de $S^{m',k'}(\bar{\mathbb{R}}_+^{2N+1} \times (\mathbb{R}^N \setminus 0),M)$ supp $e \subset \Gamma^T$, alors :

$$e^{-i\varphi_{\pm}(x,\xi)} a(x,D_y)(e^{i\varphi_{\pm}(x,\xi)} e(x,y',\xi)) \in S^{m+m',k+k'}(\bar{\mathbb{R}}_+^{2N+1} \times (\mathbb{R}^N \setminus 0),M).$$

(ii) Si de plus $a(x,\xi) \in S^{m,2}(\bar{\mathbb{R}}_+^{N+1} \times (\mathbb{R}^N \setminus 0),M) \cap S^m_{\text{classique}}$ on a :

$$e^{-i\varphi_{\pm}(x,\xi)} a(x,D_y)(e^{i\varphi_{\pm}(x,\xi)} e(x,y',\xi)) = (a_m(x,(\varphi'_{\pm})_y) + a^s_{m-1}(x,\xi',0))e(x,y',\xi)$$

$$+ \mathscr{L}_a(e)\,(x,y',\xi) \ \mathrm{mod.}\ S^{m+m'-1,k'+2}(\bar{\mathbb{R}}_+^{2N+1} \times (\mathbb{R}^N \setminus 0),M),$$

où

$$\mathscr{L}_a = \sum_{j=1}^{p} a_j(x,\xi) \frac{\partial}{\partial x''_j} + c(x,\xi),$$

avec

$a_j(x,\xi)$ $j = 1\ldots p$, $c(x,\xi)$ dans $S^{m-1,1}(\bar{\mathbb{R}}^{N+1} \times (\mathbb{R}^N \setminus 0),M)$.

Notons φ n'importe laquelle des deux fonctions $\varphi_{\pm}$; on a

$$\varphi(x,\xi) = \varphi^{(1)}(x,\xi) + x'\xi' \quad \text{avec} \quad \varphi(0,y,\xi) = y\cdot\xi,$$

écrivons

$$\varphi(x_o,y,\xi) - \varphi(x_o,z,\xi) = (y-z)\cdot\eta(x_o,y,z,\xi) .$$

On a

$$\eta(x_o,y,z,\xi) = (\xi' + \eta'(x_o,y,z,\xi),\ \eta''(x_o,y,z,\xi)) ,$$

où η' et η'' sont des symboles (vecteurs) de $S^{1,1}$; par suite on aura :

$$|\eta(x_o,y,z,\xi)| \geq c\ |\xi| \quad \text{pour} \quad (x_o,y,z,\xi) \in U \times \partial U \times G,$$

$|y-z| \leq \varepsilon$, $|\xi| \geq T$ si U,G,ε et $1/T$ sont assez petits.

Posons

$$J(e)\ (x,y',\xi) = \int\int a(x,z,\theta)\ e^{-i(\varphi(x_o,y,\xi)-\varphi(x_o,z,\xi))+ i(y-z)\theta}\ e(x_o,z,y',\xi)dz\ d\theta , \tag{4.25}$$

où

$$a(x_o,y,z,\theta) = a(x_o,y,\theta)\ \chi_1(y,z)\ \chi_2(\theta) ,$$

avec

$$\chi_1 = 0 \quad \text{pour} \quad |y-z| \geq \varepsilon ,\ \chi_2 = 0 \quad \text{pour}\ |\theta| \leq T.$$

Il est clair que

$$e^{-i\varphi}\ a(x,D_y)\ (e\ e^{i\varphi}) = J(e) \bmod S^{-\infty}.$$

Posons

$$W = 1/i\ \ \text{grad}_z\ e^{i(y-z)\cdot(\theta-\eta(x,z,\xi))} = 1/i\ \text{grad}_z\ e^{i\Phi} .$$

On a

$$W = \eta(x,z,\xi) - \theta + \lambda(x_o,y,z,\xi)$$

où

$\lambda \in S^{1,1}$ avec $\lambda = 0$ quand $y = z$; par suite si ε est assez petit on aura :

$$|\lambda(x_o,y,z,\xi)| \leq 1/6|\eta(x_o,y,z,\xi)| \text{ sur le support de l'intégrande de (4.25).}$$

Soit maintenant $\chi(t) \in C_o^\infty(\mathbb{R})$, $\chi(t) = 0$ pour $|t| \geq 2/3$, $\chi(t) = 1$ pour $|t| \leq 1/2$, écrivons

$J(e) = I(c)$, où $c(x_o,y,y',z,\xi,\theta) = a(x_o,y,z,\theta)\ e(x_o,z,y',\xi)$ est l'intégrande de (4.25), on décompose $I(c) = I(c_1) + I(c_2)$ où $c_2 = (1-\chi)\ (|\theta-\eta|/_{|\eta|})\ c$.

La contribution $I(c_2)$ est négligeable car sur le support de c_2 on a :

$L(e^{i\phi}) = e^{i\phi}$, où $L = \sum_{j=1}^{N} \frac{w_j}{|w|^2} \frac{\partial}{\partial z_j}$, avec $|w| \geqslant 1/6|\eta| \geqslant c\,|\xi|$,

mais aussi $|w| \geqslant c(|\theta| + |\eta|)$. Observant que $a \in S^{\mu}_{1/2}$, $b \in S^{\mu'}_{1/2}$, on a les estimations :

$$|({}^tL)^N c_2| \leqslant (1+|\xi|+|\theta|)^{-2N} \quad (1+|\xi|+|\theta|)^{\mu+\mu'+N} ,$$

en procédant de même pour les dérivées on obtient $\quad I(c_2) \in S^{-\infty}$.

On peut écrire $I(c_1)$ sous la forme :

$$I(c_1) = \int\!\!\int q(x_o,y,z,\xi,\zeta)\; e(x_o,y - z,y',\xi)\; e^{iz\zeta}\, dz\, d\zeta$$

où

$$q(x_o,y,z,\xi,\zeta) = a(x_o,y,y-z,\zeta \;+ \eta(x_o,y,y-z,\zeta))\;\chi(|\zeta|/_{|\eta|}),$$

et on a sur le support de c_1 :

$$|z| + |\zeta|/_{|\xi|} \leqslant c \;,\; |\zeta + \eta| \approx |\eta| \approx |\xi| \;.$$

Afin d'estimer le symbole q posons :

$$a'(x_o,y,\xi) = a(x_o,y,\xi' + \varphi'^{(1)}_{x'} \;,\; \varphi'^{(1)}_{x''})$$

et introduisons, dans un voisinage conique V dans $\mathbb{R}^{N+1}_{+\,x} \times \mathbb{R}^N_\xi \setminus \{0\} \times \mathbb{R}^{2N}_{z,\zeta}$ de $U \times G$ considéré comme sous-ensemble du cône Δ de V $z = \zeta = 0$, l'application :

$$\phi : (x_o,y,z,\xi,\zeta) \longrightarrow (x_o,y,z,\xi+\zeta+\rho,\zeta)$$

où l'on a posé $(\eta',\eta'') = (\varphi'^{(1)}_{x'}, \varphi'^{(1)}_{x''}) + (\rho',\rho'')$, avec par conséquent $\rho = 0$ sur $z = 0$. Désignons par M_1 la sous-variété de V $\xi'' = 0$, $M_1 \cap \Delta = M$; et observons que si $a \in S^{m,k}(U \times G,M)$ et si U et G sont assez petits $a' \in S^{m,k}(U \times G,M)$ car

$|\varphi^{(1)}_{x''}|\;|\xi|^{-1} \geqslant |\xi''|\;|\xi|^{-1} - 1/4\; d_M$ si U et G sont assez petits, et donc

$|\xi|^{-1/2} + |\varphi^{(1)}_{x''}|\;|\xi|^{-1} \approx d_M$, tandis que $|\xi' + \varphi'^{(1)}_{x''}| \approx |\xi|$.

Il est utile d'observer que a' admet le développement asymptotique :

$$a' \sim \sum_\alpha a_\alpha \quad \text{où} \quad a_\alpha = 1/_{\alpha!}\, \frac{\partial^\alpha a}{\partial \xi'^\alpha}\,(x,\xi',\varphi'^{(1)}_{x''})\;(\varphi'^{(1)}_{x'})^\alpha \in S^{m,k+|\alpha|} \;,$$

et que l'on pourra également considérer a' comme un symbole de $S^{m,k}(V,M_1)$.

Désignons par d_{M_1}, d_M, d_Δ(resp d_M^Δ) les distances pondérées à M_1, M, Δ(resp M) considérés comme sous-ensembles de V(resp Δ).

On a :

$$d_{M_1} \circ \phi \lesssim d_M^\Delta + d_\Delta \approx d_M ,$$

d'autre part

$$d_{M_1} \circ \phi + c\, d_\Delta \gtrsim d_M \quad \text{et donc} \quad d_M \approx d_{M_1} \circ \phi + d_\Delta ,$$

puis

$$\frac{d_M}{d_{M_1} \circ\phi} \lesssim 1 + \frac{d_\Delta}{d_{M_1}\circ\phi} \lesssim r^{1/2} \; d_\Delta ,$$

par conséquent :

$$(d_{M_1} \circ \phi)^s \lesssim (d_M)^s \; (r^{1/2}\; d_\Delta)^{s_-} \qquad s \in \mathbb{R}.$$

On peut alors établir que q vérifie les estimations :

$$(4.26)\; \left|(\frac{\partial}{\partial x})^\alpha (r\frac{\partial}{\partial \xi'})^{\beta'} (r\frac{\partial}{\partial \xi''})^{\beta''} (\frac{\partial}{\partial z})^\gamma (r\frac{\partial}{\partial \zeta})^\delta q\right| \lesssim$$

$$\lesssim r^m\, d_M^k (r^{1/2} d_\Delta)^{k_-} (r^{1/2} d_\Delta)^{|\alpha|+|\beta'|} (r^{1/2}\frac{d_\Delta}{d_M})^{|\beta''|}\, r^{1/2(|\gamma|+|\delta|)} ,$$

par conséquent q est dans la classe $Q\, S^{m,k,k_-}(V,M,\Delta)$ introduite dans [5].

Enfin $c_1 \in Q\, S^{m+m',k+k',k_-+k'_-}(V,M,\Delta)$ et on a en vertu du lemme (2.7) de [5]

$I(c_1) \in S^{m+m',k+k'}(U \times G,M)$; ce qui achève de prouver (i).

Pour prouver (ii) il faut observer que si $a \in S^m$ le symbole q vérifie des estimations meilleures que celles de (4.26) par rapport aux variables z,ζ ; par exemple on a $q \in S^{m,o}(V,M_1)$. Développant q par la formule de Taylor sur $z = \zeta = 0$ (l'ordre 2 suffit si $a \in S^{m,2}$), introduisant une fonction de troncature en $|\zeta|/_{|\xi|}$ convenable, et écrivant les termes $I(z^\alpha \zeta^\beta q^{(\beta)}_{(\alpha)} e)$ sous la forme $I((\frac{\partial}{\partial\zeta})^\alpha (\zeta^\beta q^{(\beta)}_{(\alpha)}))$ on obtient :

$$I(e)=q(x,0,\xi,0)e(x,y',\xi)+ \frac{1}{i}\sum_{j=1}^N \frac{\partial q}{\partial \zeta_j}(x,0,\xi,0)\,\frac{\partial e}{\partial y_j} + \sum_{j=1}^N \frac{\partial^2 q}{\partial z_j \partial\zeta_j}(x,0,\xi,0)\; e$$

$$\text{modulo } S^{m+m'-2,k'},$$

puis

$$J(e)=a(x,(\varphi'_y))e+\frac{1}{i}\sum_{j=1}^{N}\frac{\partial a}{\partial\xi_j}(x,\varphi'_y)\frac{\partial e}{\partial y_j}+$$

$$+\frac{1}{i}\sum_{|\alpha|=2}\frac{\partial^2 a}{\partial\xi^\alpha}(x,\varphi'_y)\left(\frac{\partial}{\partial x}\right)^\alpha\varphi^{(1)}/\alpha!]e \text{ modulo } S^{m+m'-2,k'}.$$

Observons que l'on a l'inclusion $S^{m+m'-2,k'}\subset S^{m+m'-1,k'+2}$ et que écrivant $a\sim a_m+a_{m-1}+\dots$ on peut écarter modulo $S^{m+m'-1,k'+2}$ un certain nombre de termes dans les sommes précédentes.

Posons

$$(4.27)\qquad m(x,\xi')=a^s_{m-1}|_M \quad\text{et}\quad q(x,\xi)=\text{Hess}_2\, a_m/2+m(x,\xi')\ .$$

Observons que

$$a(x,(\varphi'_y))=a_m(x,(\varphi'_y))+a_{m-1}(x,\xi',0)+\sum_{j=1}^{N}\frac{\partial a_{m-1}}{\partial\xi_j}(x,\xi',0)\,\varphi'^{(1)}_{x_j}\quad\text{modulo } S^{m-1,2},$$

puis que les $\frac{\partial a}{\partial\xi'}(x,(\varphi'_y))$ sont négligeables etc...

Il est utile, pour la suite, d'expliciter le résultat final de cette procédure :

$$(4.28)\ J(e)=(a_m(x,(\varphi'_y))+a^s_{m-1}(x,\xi',0))e+[\frac{1}{i}\sum_{j=1}^{p}\frac{\partial q}{\partial\xi''_j}(x,\xi',\varphi'^{(1)}_{x''})\frac{\partial}{\partial y''_j}+q'_{m-1}]e$$
$$\text{modulo } S^{m+m'-1,k'+2},$$

où

$$(4.29)\ q'_{m-1}=\sum_{j=1}^{N}\frac{\partial a_{m-1}}{\partial\xi_j}(x,\xi',0)\,\varphi'^{(1)}_{x_j}+\frac{1}{i}\sum_{|\alpha|=2}\frac{\partial^\alpha q}{\partial\xi''^\alpha}\left(\frac{\partial}{\partial x''}\right)^\alpha\varphi^{(1)}/\alpha!\ ,$$

soit $q'_{m-1}\in S^{m-1,1}$;

ce qui achève de prouver la proposition (4.24). ■

Revenons à l'opérateur $P=-D_o^2+A(x,D_y)$, et remplaçons l'opérateur $A(x,D_y)$ par $\chi(x)\,A(x,D_y)$, où χ est égale à 1 au voisinage de 0 et a son support assez petit pour satisfaire aux conditions de la proposition précédente. Cette modification n'affectera évidemment pas notre résultat qui est de nature locale.

On obtient donc traduisant le résultat précédent :

$$e^{-i\varphi_\pm} P(x,D)(e^{i\varphi_\pm} e(x,y',\xi)) = \left[-\left(\frac{\partial\varphi_\pm}{\partial x_o}\right)^2 + a\left(x,\xi' + \frac{\partial\varphi_\pm^{(1)}}{\partial x'}, \frac{\partial\varphi_\pm^{(1)}}{\partial x''}\right) + m(x,\xi')\right] e(x,y',\xi)$$

$$+ \mathcal{L}_p(e) \mod S^{m'+1,k'+2} \tag{4.30}$$

si $e \in S^{m',k'}$, où $\mathcal{L}_p = a_o \dfrac{\partial}{\partial x_o} + \sum_{j=1}^{p} a_j \dfrac{\partial}{\partial x''_j} + c$,

et où les $a_j(x,\xi)$ $j = 0 \ldots p$, $c(x,\xi)$ sont dans la classe $S^{1,1}(\bar{\mathbb{R}}_+^{N+1} \times \mathbb{R}^N \setminus 0, M)$.

<u>Proposition (4.31).</u>

Il existe $\{\gamma_i\}_{i=o}^{\infty}$ une famille de voisinages coniques assez petits de $(0,\eta_o)$ dans $\bar{\mathbb{R}}_+^{2N+1} \times (\mathbb{R}^N \setminus 0)$, et $\{\Gamma_i\}_{i=o}^{\infty}$ une base des voisinages coniques de $(0,\eta_o)$ avec $\gamma_i^1 \subset \Gamma_i^1$, des $\varepsilon_i > 0$ tels que :
si $\tilde{f} \in S^{m+1,k+1}(\bar{\mathbb{R}}_+^{2N+1} \times \mathbb{R}^N \setminus 0, M)$, supp $\tilde{f} \subset \Gamma_i^T$, et si $\tilde{e} \in S^{m,k}(\mathbb{R}^{2N} \times \mathbb{R}^N \setminus 0, M)$ supp $\tilde{e} \subset \partial\Gamma_i^T$, il existe $e \in S^{m,k}(\bar{\mathbb{R}}_+^{2N+1} \times \mathbb{R}^N \setminus 0, M)$, supp $e \subset \Gamma_i^T$, tel que :

$$\mathcal{L}_p(e) = \tilde{f} \quad \text{pour } 0 \leq x_o < \varepsilon_i \quad \text{et} \quad e|_{x_o=o} = \tilde{e} .$$

Divisant les coefficients a_j $j = 0 .. p$ et c de l'opérateur $\mathcal{L}_p$ par $\langle\xi\rangle^{-1}$ qui est elliptique dans $S^{o,o}$, on se ramène à l'étude d'une équation du 1er ordre par rapport à x, à coefficients dans $S^{o,o}$; il s'agit de voir que l'on peut la résoudre globalement par rapport à ξ. On remarque (cf (4.19) et (4.28) que les fonctions $\tilde{a}_j = \langle\xi\rangle^{-1} a_j$, $\tilde{c} = \langle\xi\rangle^{-1} c$ s'expriment comme des fonctions C^∞ de x dans U et du paramètre

$\lambda = (\xi'/_{|\xi'|}\ , \xi''/_{\langle\xi\rangle}\ , |\xi'|^{1/2}/_{\langle\xi\rangle}\ , \langle\xi\rangle/_{|\xi'|})$, plus précisément les fonctions $\tilde{a}_j(x,\lambda)$, $\tilde{c}(x,\lambda)$ sont dans $C^\infty(U \times \Omega')$ où Ω' est un voisinage relativement compact de l'adhérence de l'ensemble décrit par λ quand ξ varie dans $G^{1/2}$; de plus on a $a_o(0,\lambda) \neq 0$ pour $\lambda \in \Omega'$. Par intégration du flot issu de $x_o = 0$ on déduit l'existence d'un difféomorphisme (pour U assez petit) $(x,\xi) \to (\bar{x}(x,\xi),\xi)$ $\bar{x}_o = x_o$ de $U \times \overset{\circ}{G}{}^{1/2}$ sur son image tel que les $\bar{x}_j(x,\xi)$ $j = 0 \ldots N$ sont dans $S^{o,o}$ et vérifient $|\det(\frac{\partial\bar{x}_j}{\partial x_k})| \geq c > 0$ pour $(x,\xi) \in U \times G^T$, et tel que dans les coordonnées $(\bar{x},\xi)$ le champ de vecteurs $\dfrac{\partial}{\partial x_o} + \sum_{j=1}^{p} a_o^{-1} a_j \dfrac{\partial}{\partial x''_j}$ est réduit à $\dfrac{\partial}{\partial \bar{x}_o}$. Il ne reste plus à observer que si $f \in S^{m,k}$ a son support assez petit, $\bar{f}$ déterminée par $\bar{f}(\bar{x},\xi) = f(x,\xi)$ est également dans $S^{m,k}$, puis que si $c \in S^{o,o}$ alors $e^c \in S^{o,o}$ pour obtenir le résultat souhaité ; les conditions de supports sur les solutions de $\mathcal{L}_p(e) = \tilde{f}$ sont obtenues en examinant le mode de résolution de cette équation. ■

On est en mesure de construire nos solutions asymptotiques. Choisissons pour fixer les idées Γ, et $k(y,y'\xi)$ à support dans un voisinage conique assez petit de $(0,\eta_o)$ contenu dans $\partial\Gamma$. Si $e \in S^{m,k}$, supp $e \subset \Gamma^T$, posons (cf (4.30))

$$e^{-i\varphi_\pm} P(e^{i\varphi_\pm} e) = \mathcal{L}_p^{\pm}(e) + R^{\pm}(e).$$

Soit $\sigma(x,y'\ \xi) \in S^{o,o}$ à support dans Γ^T et est égal à 1 (pour $|\xi|$ grand) dans un voisinage conique de $(0,0,\eta_o)$, on décompose $R^{\pm}(e) = \sigma R^{\pm}(e) + (1-\sigma)R^{\pm}(e)$, en sorte que $S^{\pm}(e) = \sigma R^{\pm}(e) \in S^{m+1,k+2}$ et supp $S(e) \subset \Gamma^T$.

On peut construire une suite $(\bar{e}_j^{\pm})_{j\geq o}$ de symboles de $S^{1,j}(\bar{\mathbb{R}}^{N+1} \times \mathbb{R}^N \setminus 0,M)$ supp $\bar{e}_j^{\pm} \subset \Gamma^T$ tels que :

$$\begin{cases} \mathcal{L}_p^{\pm}(\bar{e}_o^{\pm}) = 0 & 0 \leq x_o < \varepsilon \\ \bar{e}_o^{\pm}|_{x_o=o} = k \end{cases}$$

tandis que

$$\begin{cases} \mathcal{L}_p^{\pm}(\bar{e}_j^{\pm}) = -S^{\pm}(\bar{e}_{j-1}^{\pm}) & 0 \leq x_o < \varepsilon \quad j \geq 1. \\ \bar{e}_j^{\pm}|_{x_o=o} = 0 & . \end{cases}$$

On peut déterminer (cf [5]) $\bar{e}^{\pm} \in S^{o,o}(\bar{\mathbb{R}}_+^{N+1} \times \mathbb{R}^N \setminus 0,M)$, supp $\bar{e}^{\pm} \subset \Gamma^T$, $\bar{e}^{\pm} \sim \sum_{j=o}^{\infty} g(y',\xi)\, \bar{e}_j^{\pm}$, où $g \in S^o$ est égal à 1 dans un voisinage conique de $(0,\eta_o)$, et un voisinage ω de 0 dans $\bar{\mathbb{R}}_+^{N+1}$ tels que :

$$(4.31) \quad e^{-i\varphi_\pm} P(e^{i\varphi_\pm} \bar{e}_\pm)\big|_{\omega \times \mathbb{R}^N \times (\mathbb{R}^N \setminus 0)} \in S^{1,\infty}(\omega \times \mathbb{R}^N \times (\mathbb{R}^N \setminus 0),M)$$

et

$$\bar{e}^{\pm}|_{x_o=o} = k \mod S^{-\infty}.$$

c) CONSTRUCTION DES TERMES COMPLEMENTAIRES.

Soit f un symbole de $S^{m,\infty}(\bar{\mathbb{R}}^{2N+1} \times \mathbb{R}^N \setminus 0,M)$, supp $f \subset \Gamma^T$ où Γ est un voisinage conique assez petit de $(0,0,\eta^o)$, on peut décomposer

$$f = \chi(|\xi''|^2/_{|\xi'|})\, f + g$$

où $\chi(t) \in C_o^\infty(\mathbb{R})$, $\chi(t) = 1$ pour $t \geqslant c$, $\chi(t) = 0$ pour $t \leqslant \frac{1}{2} c$, c assez grand. Le terme $\chi(|\xi''|^2/_{|\xi'|})\, f$ est dans $S^{-\infty}$, g a son support dans une zone $|\xi''|^2 \geqslant c|\xi'|$, $|\xi'| \geqslant T$, et c'est un "symbole plat sur M de classe S^m" ie :

$$\forall\, N \geqslant 0 \quad (|\xi''|/_{|\xi'|})^{-N}\, g \in S^m. \tag{4.32}$$

On a le :

Lemme 4.33.

Soit g un symbole vérifiant les conditions ci-dessus, et soit σ un symbole réel de $S^{o,-1}(\bar{\mathbb{R}}_+^{2N+1} \times \mathbb{R}^N \setminus 0,M)$, alors $h = ge^{i\sigma}$ est un symbole plat sur M de classe S^m.

Il suffit d'observer que

$$\left|\left(\frac{\partial}{\partial x}\right)^\alpha \left(\frac{\partial}{\partial y}\right)^\beta \left(r\, \frac{\partial}{\partial \xi}\right)^\gamma (e^{i\sigma})\right| \leqslant c_{\alpha,\beta,\gamma}\, d_M^{-|\alpha|-|\beta|-|\gamma|}$$

et que l'on peut faire absorber par g toute puissance négative de d_M. ∎

Soit φ (resp ϕ) l'une des fonctions $\varphi_\pm$ de (4.13) (resp $\Phi_\pm$ de (4.15)), si g vérifie les conditions ci-dessus et si $c > 0$ est assez grand, en vertu du résultat de la Proposition (4.17) (ii) il existe h un symbole plat sur M de classe S^m tel que

$$g\, e^{i\varphi} = h\, e^{i\phi}\,. \tag{4.34}$$

Désignons par

$$\Gamma^{c,T} = \Gamma \cap \{(x,y',\xi) \in \bar{\mathbb{R}}_+^{N+1} \times \mathbb{R}^N \times (\mathbb{R}^N \setminus 0),\, |\xi''|^2 \geqslant c\, |\xi'|, |\xi'| \geqslant T\},$$

et observons que $\phi^{(1)}$ vérifie des estimations de type $S^{1,1}$ dans toute zone $\Gamma^{c,T}$ et que pour c et T assez grands on a :

$$|\phi'_{x_o}| \geqslant |\xi|\, d_M \quad \text{dans } \Gamma^{c,T}\,. \tag{4.35}$$

(utiliser la proposition (4.17) et observer que dans $\Gamma^{c,T}$ $d_M \geq c\,|\xi'|^{-1/2}$).
On est maintenant en mesure de prouver :

<u>Proposition (4.36).</u>

Si Γ est un voisinage conique, assez petit, de $(0,\eta_o)$, c, T > 0 assez grands, $\varepsilon > 0$ assez petit on a :

si $h \in S^{m+1}$ plat sur M, supp $h \subset \Gamma^{c,T}$, il existe $r \in S^m$ plat sur M, tel que :

$e^{-i\phi} P(e^{i\phi} r) = h$ modulo un symbole de S^m plat sur M pour $0 \leqslant x_o < \varepsilon$,

$r|_{x_o=0} = 0$

Il s'agit de voir que l'on peut, avec des symboles plats, opérer les constructions classiques malgré les singularités de la fonction ϕ, et nous nous contenterons de ne donner que quelques indications sur la preuve.

On a
$e^{-i\phi}P(e^{i\phi}r) = p(x,\phi'_x)\; r + \tilde{\mathcal{L}}_p(r)$ modulo un symbole de S^m plat sur M.

$\tilde{\mathcal{L}}_p$, qui est l'équation de transport usuelle, à la forme

$$\tilde{\mathcal{L}}_p = a_o \frac{\partial}{\partial x_o} + \sum_{j=1}^{N} a_j \frac{\partial}{\partial y_j} + c \;,$$

les fonctions a_j j = 0...N sont C^∞ dans $\Gamma^{c,T}$, y vérifient des estimations de type $S^{1,1}$, avec $|a_o| \geqslant |\xi|\, d_M$, c peut se décomposer en $c = i\,c_o + c_1$ où c_o et c_1 sont C^∞ dans $\Gamma^{c,T}$, c_o étant réel et satisfaisant à des estimations de type $S^{1,0}$ tandis que c_1 satisfait à des estimations de type $S^{1,1}$. On doit établir (bien que ϕ soit homogène) que l'on peut résoudre l'équation $\tilde{\mathcal{L}}_p r = h$ globalement par rapport à ξ, et pour x assez voisin de 0 ; ce que l'on peut faire par une méthode analogue à celle utilisée dans la preuve de la proposition (4.31). Enfin, on montre que la solution r trouvée est dans la classe indiquée en utilisant les remarques ci-dessus et le lemme (4.33). ∎

Regroupant les résultats obtenus et procédant à nouveau par une somme asymptotique on a :

Proposition 4.37.

Il existe Γ un voisinage conique de $(0,\eta_o)$ dans $\overline{\mathbb{R}}_+^{2N+1} \times (\mathbb{R}^N\setminus 0)$ et ω un voisinage de 0 dans $\overline{\mathbb{R}}_+^{N+1}$, c et $T > 0$ assez grands tels que :

Si $k(y,y',\xi)$ est un symbole de S^o à support dans un voisinage conique assez petit de $(0,\eta_o) \subset \partial\Gamma^T$, il existe des symboles $\bar{e}^{\pm} \in S^{o,o}(\overline{\mathbb{R}}_+^{2N+1} \times (\mathbb{R}^N \setminus 0),M)$ supp $\bar{e}^{\pm} \subset \Gamma^T$, et des symboles $r^{\pm} \in S^o(\overline{\mathbb{R}}_+^{2N+1} \times (\mathbb{R}^N \setminus 0))$ plats sur M, supp $r^{\pm} \subset \Gamma^{c,T}$, tels que $e^{\pm} = \bar{e}^{\pm} + r^{\pm}$ vérifient :

$$e^{-i\varphi_{\pm}} P(e^{i\varphi\pm} e_{\pm})|_{\omega \times \mathbb{R}^N \times (\mathbb{R}^N \setminus 0)} \in S^{-\infty}(\omega \times \mathbb{R}^N \times (\mathbb{R}^N \setminus 0))$$

et

$$e^{\pm}|_{x_o=o} = k \quad \text{modulo} \quad S^{-\infty}(\mathbb{R}^N \times (\mathbb{R}^N \setminus 0)) .$$

Nous étudierons plus loin le WF' des opérateurs $E_{\pm}: C_o^{\infty}(\mathbb{R}^N) \to C^{\infty}(\overline{\mathbb{R}}_+^{N+1})$

$$(4.38)\quad E_{\pm}f(x_o,y) = \iint e^{i(\varphi_{\pm}(x_o,y,\xi) - \varphi_{\pm}(0,y',\xi))} e_{\pm}(x_o,y,y',\xi)\, f(y')\, dy'\, d\xi.$$

Cependant il est clair (cf (4.13)) que les $D_o^j\, E_{\pm}|_{x_o=o}$ sont des opérateurs pseudo-différentiels ; le résultat ci-dessous indique que l'on peut ajuster leurs traces.

Proposition 4.38.

Soit γ un voisinage conique de $(0,\eta_o)$ dans $\mathbb{R}^N \times (\mathbb{R}^N \setminus 0)$ assez petit, par un choix convenable de k et pour $i = 0,1$ il existe des opérateurs pseudo-différentiels sur $\mathbb{R}^N$ $\sigma_{\pm}^i(y,D_y) \in S^{-i-i}(\mathbb{R}^N \times (\mathbb{R}^N \setminus 0,M)$ tels que :

$$WF'(E_+(0)\, \sigma_+^i + E_-(0)\, \sigma_-^i - \delta_{i,o}\, I) \cap (T^*(\mathbb{R}^N \setminus 0) \times \gamma) = \phi$$

et

$$WF'(D_o\, E_+(0)\, \sigma_+^i + D_o\, E_-(0)\, \sigma_-^i - \delta_{i,1}\, I) \cap ((T^* \mathbb{R}^N \setminus 0) \times \gamma) = \phi .$$

La preuve résulte de ce que les opérateurs du genre $E_+(0)\, D_o\, E_-(0) - E_-(0)\, D_o\, E_+(0)$ sont(microlocalement) elliptiques dans la classe $S^{1,1}$, classe pour laquelle nous disposons (dans les coordonnées choisies) d'un calcul symbolique satisfaisant - nous omettons les détails. ∎

§ 5. LE CAS OU $P^S_1|_N$ EST NUL SUR $\partial\Omega$.

On suppose dans cette section que $m(x,\xi') = 0$ sur $x_o = 0$ et que

$\frac{\partial m}{\partial x_o}(x,\xi') > 0$ au voisinage de $(0,\eta_o)$.

L'équation de phase (4.13) est alors dégénérée, elle conduit à des phases singulières, on en décrira les singularités par une méthode proche de la méthode classique cf [6], [24] - en utilisant plus particulièrement la présentation de [21]. En fait, l'équation (4.13) n'est dégénérée que dans le complémentaire d'une région $\Gamma^{c,T}$ du type décrit en § 4, aussi (cf Prop.(4.17)(ii)) est-ce plutôt à l'équation (4.14) que nous nous intéresserons.

Si G désigne un voisinage conique de η_o dans $\mathbb{R}^N \setminus 0$ on désignera par G^T_ε la zone

$$G^T_\varepsilon = \{\xi \in G \mid |\xi'| > T,\ |\xi''|^2 < \varepsilon\ |\xi'|\}$$

on posera

$$X(\xi) = |\xi''|^2/_{|\xi'|} \quad , \quad G_\varepsilon = G^0_\varepsilon .$$

Proposition 5.1.

Si U'(resp. G) est un voisinage de 0 dans $\overline{\mathbb{R}}^{N+1}$ (resp. un voisinage conique de η_o dans $\mathbb{R}^N \setminus 0$) assez petit, pour $\varepsilon > 0$ assez petit, il existe des fonctions $\varphi(x,\xi)$ et $\zeta(x,\xi)$ C^∞ dans $U' \times G_\varepsilon$ vérifiant ;

$$\text{(5.2)}\quad \left[\left(\frac{\partial\varphi}{\partial x_o}\right)^2 + b\left(x,\xi',\left(\frac{\partial\varphi}{\partial x''}\right)\right)\right] - \zeta\left[-\left(\frac{\partial\zeta}{\partial x_o}\right)^2 + b\left(x,\xi',\frac{\partial\zeta}{\partial x''}\right)\right] + m(x,\xi') = 0$$

$$\text{(5.3)}\quad -2\left(\frac{\partial\varphi}{\partial x_o}\right)\left(\frac{\partial\zeta}{\partial x_o}\right) + \sum_{j=1}^{p} \frac{\partial b}{\partial\xi''_j}\left(x,\xi',\left(\frac{\partial\varphi}{\partial x''}\right)\right)\frac{\partial\zeta}{\partial x''_j} = 0\ ,\ x_o \geqslant -X(\xi)\ .$$

De plus

(i) $\quad \varphi(x,\xi) = x!\xi' + \varphi^{(1)}(x,\xi)$ avec $\varphi^{(1)} \in S^{1,1}(U' \times G_\varepsilon, M)$

(5.4) $\quad$ et $\left|\det\left(\frac{\partial^2\varphi}{\partial y_j \xi_k}\right)\right| \geqslant c > 0$ pour $(x,\xi) \in U' \times G_\varepsilon$.

(ii) $\quad \zeta(x,\xi) = (x_o + X(\xi))\, g(x,\xi)$ avec $g \in S^{2/3,2/3}(U' \times G_\varepsilon, M)$

et

(5.5) $\quad -c_1(|\xi|d_M)^{2/3} \leqslant g(x,\xi) \leqslant -c_2(|\xi|d_M)^{2/3}$ pour $(x,\xi) \in U' \times G_\varepsilon$.

On commence par construire la "restriction " φ_o de φ à $x_o = - X(\xi)$, et pour cela il faut supposer que l'on a prolongé $b(x,\xi)$ et $m(x,\xi')$ à un voisinage conique $\tilde{U}' \times G$ de $(0,\eta_o)$ dans $\mathbb{R}^{N+1} \times (\mathbb{R}^N \setminus 0)$.

On pose $\varphi_o(y,\xi) = x'\xi' + \varphi_o^{(1)}(y,\xi)$, $\varphi_o^{(1)}$ vérifiant l'équation

(5.6) $$\sum_{|\alpha|=2} a_\alpha(-X(\xi),y,\xi')\left(\frac{\partial\varphi_o^{(1)}}{\partial x''}\right)^\alpha = \mu(-X(\xi),y,\xi')\, X(\xi)$$

où l'on a posé $m(x,\xi') = x_o\, \mu(x,\xi')$, qui s'écrit (par homogénéité)

$$\sum_{|\alpha|=2} a_\alpha(-X(\xi),y,\xi'/_{|\xi'|})\left(\frac{\partial\varphi_o^{(1)}}{\partial x''}\right)^\alpha = \mu(-X(\xi),y,\xi'/_{|\xi'|})\left(\sum_{j=1}^{p} \xi_j''^2\right).$$

Il en résulte que l'on doit avoir $|\mathrm{grad}_{x''}\, \varphi_o^{(1)}| = O(|\xi''|)$ et il y a clairement des obstructions (pour $p \geqslant 2$) à l'existence d'une solution régulière (par rapport au paramètre ξ'') de (5.6). La condition (2.7) assure l'existence d'une p-p matrice $c(x,\xi')$ inversible, de fonctions $\varphi_1(x,\xi'),\ldots\varphi_p(x,\xi')$ pour $x \in \tilde{U}$, ξ' voisin de $\xi_o'/_{|\xi_o'|}$ $|\xi'| = 1$ telles que

$$\tilde{a}(x,\xi')\,(c(x,\xi').\lambda) = |\lambda|^2 \qquad \lambda \in \mathbb{C}^p$$

$$c(x,\xi') = (d_{x''}\,\varphi_1(x,\xi'),\ldots\, d_{x''}\,\varphi_p(x,\xi')).$$

On construit $\varphi_o^{(1)}$ par $\varphi_o^{(1)}(y,\xi) = \sum_{j=1}^{p} \xi_j''\, \varphi_j(-X(\xi),y,\xi'/_{|\xi'|})$ dans $U \times G_\varepsilon$, pour ε assez petit, $\varphi_o^{(1)}$ satisfait à des estimations de type $S^{1,1}$ et on a :

(5.7) $$\det\left(\frac{\partial\varphi_o^{(1)}}{\partial x_j''}\, \xi_k''\right) = \det c(0,y,\xi'/_{|\xi'|}) + O(\varepsilon).$$

On pose :

(5.8) $$q(x,\xi) = - \xi_o^2 + b(x,\xi) + m(x,\xi')$$

(ξ_o,ξ'') est un vecteur normal à N au point $(x\ ;\ 0,\xi',0)$ qui décrit (quand (x_o,x'') varie) une feuille canonique de N ; $\mathcal{H}_q$ le champ hamiltonien de q dans l'espace cotangent des feuilles est le champ $\mathcal{H}_q = (\frac{\partial q}{\partial \xi_o}, 0, \frac{\partial q}{\partial \xi''}\ ; - \frac{\partial q}{\partial x_o}, 0, \frac{-\partial q}{\partial x''})$. On introduit alors :

(5.9) $\Lambda_o = \{(-X(\xi),\bar{y},0,\xi',(\varphi_o')_{x''}(\bar{y},\xi))\ ;\ \bar{y} \in$ voisinage de 0 dans $\mathbb{R}^N$, $\xi \in G_\varepsilon\ \}$,

que l'on peut considérer comme une famille (quand ξ'' varie) de sous-variétés isotropes dans l'espace cotangent à la $(p+1)$ feuille de N passant par

$(0,\bar{y}',0\ ;\ 0,\xi',0)$, contenues dans $q^{-1}(0)$ et tangentes à $\mathcal{H}_q$.

On intègre le flot de $\mathcal{H}_q$ sortant de Λ_o

(5.10)
$$\frac{dx_o}{ds} = -2\,\xi_o,\ \frac{dx''}{ds} = \frac{\partial q}{\partial \xi''},\ \frac{dx'}{ds} = 0$$
$$\frac{d\xi_o}{ds} = -\frac{\partial q}{\partial x_o},\ \frac{d\xi''}{ds} = -\frac{\partial q}{\partial x''},\ \frac{d\xi'}{ds} = 0\ ,$$

avec les conditions initiales $x(0) = (-X(\xi),\bar{y})$, $\xi(0) = (0,\xi',(\varphi_o')_{x''})$, pour s dans un intervalle $I \ni 0$, $\bar{y}$ dans un voisinage $\mathcal{V}$ de 0 dans $\mathbb{R}^N$, et ξ variant dans l'ensemble (borné) $\Omega_\varepsilon = G_\varepsilon^{1/2} \cap (|\xi| = 1)$.

Par la formule de Taylor on a

$x_o(s,\bar{y},\xi) = -X(\xi) + \psi(s,\bar{y},\xi)\,s^2$, avec $\psi(s,\bar{y},\xi) \geqslant c > 0$ dans $I \times \mathcal{V} \times \Omega_\varepsilon$.

L'application $(s,\bar{y},\xi) \to (\rho,y,\xi) = (s\,\psi^{1/2}(s,\bar{y},\xi),\ y(s,\bar{y},\xi),\xi)$ a un inverse local pour $(s,\bar{y},\xi) \in I \times \mathcal{V} \times \Omega_\varepsilon$ $I,\mathcal{V}$, et ε étant éventuellement réduits (les Ω_ε forment une base des voisinages de $\eta_o/|\eta_o|$ dans S^{N-1}) :

(5.11) $$I' \times \mathcal{V}' \times \Omega_{\varepsilon'} \ni (\rho,y,\xi) \to (s(\rho,y,\xi),\bar{y}(\rho,y,\xi),\xi)$$

pour I', $\mathcal{V}'$ et ε' assez petits.

Ecrivant dans ces nouvelles coordonnées les solutions de (5.10), on obtient des fonctions

(5.12) $$\bar{\xi}(\rho,y,\xi) = \xi(s,\bar{y},\xi).$$

On pose alors

$$\psi(\rho,y,\xi) = \int_o^\rho 2\lambda\ \bar{\xi}_o(\lambda,y,\xi)\ d\lambda\ ,$$

qui peut s'écrire

$$\psi(\rho,y,\xi) = \rho^2\ \psi^{(1)}(\rho^2,y,\xi) + \rho^3\ \psi^{(2)}(\rho^2,y,\xi)\ ,$$

avec

$$\psi^{(1)}(0,y,\xi) = 0\ ,\ \psi^{(2)}(0,y,\xi) \leqslant c < 0.$$

Convenons de poser $I' =]-\delta',\delta'[$, puis

$\Omega'_+ = \{(x,\xi) \in \mathbb{R}^{N+1} \times S^{N-1}\ |\ (x_o + X(\xi),y,\xi) \in [0,\delta'^2[\times \mathcal{V}' \times \Omega_{\varepsilon'}\}$

$\Omega' = \{(x,\xi) \in \mathbb{R}^{N+1} \times S^{N-1}\ |\ (x_o + X(\xi),y,\xi) \in]-\delta'^2,\delta'^2[\times \mathcal{V}' \times \Omega_{\varepsilon'}\}$.

On détermine des fonctions $\phi_\pm$ C^1 dans Ω'_+ en posant :

$$\phi_\pm(x,\xi) = \psi(\rho,y,\xi)\big|_{\rho=\mp(x_o+X(\xi))^{1/2}} + \varphi_o(y,\xi),$$

puis φ,ζ C^∞ dans Ω'

(5.13) $$\varphi(x,\xi) = (x_o + X(\xi))\, \psi^{(1)}(x_o + X(\xi),y,\xi) + \varphi_o(y,\xi)$$

(5.14) $$\zeta(x,\xi) = -\, (x_o + X(\xi))\, (-3/2\, \psi^{(2)}(x_o + X(\xi),y,\xi))^{2/3}$$

soit $$\phi^\pm = \varphi \pm 2/3\, (-\zeta)^{3/2} \quad \text{dans} \quad \Omega'_+ .$$

A l'intérieur de Ω'_+ les $\phi^\pm$ vérifient $q(x,(\phi^\pm)'_{x_o}, \xi',(\phi^\pm)'_{x''}) = 0$, puis par la formule de Taylor (q est un polynôme de degré 2 en (ξ_o,ξ'')) et par une combinaison des relations obtenues, on déduit que φ et ζ vérifient (5.2) et (5.3) à l'intérieur de Ω'_+, puis jusqu'au bord par continuité.

Décomposant $\varphi_o = x'\xi' + \varphi_o^{(1)}$ on obtient $\varphi = x'\xi' + \varphi^{(1)}$, puis on prolonge $\varphi^{(1)}$ (resp ζ) par σ-homogénéité de degré 1 (resp 2.3) à l'ensemble :

$$\Gamma' = \{(x,\xi) \in \mathbb{R}^{N+1} \times (\mathbb{R}^N \setminus 0) \mid (x_o,y,\, \xi'/|\xi|\, ,\, \xi''/|\xi|^{1/2}) \in \Omega' \}$$

Un examen des relations (5.2) et (5.3) montre que ces prolongements vérifient encore les relations (5.2) et (5.3).

On voit que $\varphi^{(1)}$ (resp ζ) vérifie des estimations de type $S^{1,1}$ (resp $S^{2/3,2/3}$) dans Γ'.

De plus si U', G, δ et $1/T$ sont assez petits on a $U'\times G \subset \Gamma'$, enfin pour obtenir le reste des assertions de (i) et (ii) il faut observer que

$$\det\left(\frac{\partial^2 \varphi}{\partial y_j\ \xi_k}\right) = \det\left(\frac{\partial^2 \varphi^{(1)}}{\partial x''_j\ \xi''_k}\right) + S^{o,1}(U' \times G_\delta, M) ,$$

utiliser la relation (5.7) et diminuer convenablement U',G,δ. ∎

a) LES SOLUTIONS ASYMPTOTIQUES DANS LA ZONE G_ε^T.

Le résultat de la proposition (5.1) nous conduit à tester dans la zone G_ε^T des solutions asymptotiques du type (cf [8], [6], [21], [24])

$$(5.15)\quad \left[\frac{a(x_o,y,z,\xi)A_\pm(\zeta(x_o,y,\xi))+b(x_o,y,z,\xi)A'_\pm(\zeta(x_o,y,\xi))}{A_\pm(\zeta(0,z,\xi))}\right] e^{i(\varphi(x_o,y,\xi)-\varphi(0,z,\xi))}$$

où a(resp b) est un symbole de $S^{m,k}(\bar{\mathbb{R}}_+^{2N+1}\times(\mathbb{R}^N\setminus 0),M)$ (resp $S^{m-1/3,k-1/3}$) à support dans une zone $\Gamma_{\varepsilon'}^{T'}$, a(resp. b) étant de classe C^∞ dans $\bar{\mathbb{R}}_+^{2N+1}\times\mathbb{R}^N$.

$\Gamma_{\varepsilon'}^{T'} = \{(x_o,y,z,\xi) \in$ voisinage conique fermé Γ de $(0,\eta_o)$ dans $\bar{\mathbb{R}}_+^{2N+1}\times(\mathbb{R}^N\setminus 0)$,

$$(5.16)\qquad |\xi'| \geqslant T' \text{ , } |\xi''|^2 \leqslant \varepsilon' |\xi'|\} \text{ ,}$$

assez petite pour que :

$$(x_o,y,z,\xi) \in \Gamma_{\varepsilon'}^{T'} \Longrightarrow (x_o,y,\xi) \in U'\times G_\varepsilon^T \quad\text{et}\quad (0,z,\xi)\in U'\times G_\varepsilon^T .$$

Le choix des fonctions d'Airy $A_\pm$ a été précisé en (1.15).

Désignons par $I^\pm(a,b)$ l'expression (5.15) et étudions le comportement de

$$P(x_o,y,D_{x_o},D_y)\,(I^\pm(a,b)(x,z,\xi)).$$

Remarquons d'abord que l'hypothèse $a\in S^{m,k}$ et la condition de support sur a sont équivalentes à des estimations :

$$(5.17)\quad \left|\left(\frac{\partial}{\partial x_o}\right)^\alpha \left(\frac{\partial}{\partial y}\right)^\beta \left(\frac{\partial}{\partial z}\right)^\gamma \left(\frac{\partial}{\partial \xi'}\right)^{\delta'} \left(\frac{\partial}{\partial \xi''}\right)^{\delta''} a(x,y,\xi)\right| \leqslant c_{\alpha,\beta,\gamma,\delta}|\xi|^{\mu-\rho'|\delta'|-\rho''|\delta''|+ \delta(|\beta|+|\gamma|)+\nu|\alpha|}$$

avec $\mu = m-k/2$, $\rho' = 1$, $\rho'' = 1/2$, $\delta = \nu = 0$.

On conviendra de désigner par $S^\mu_{\rho',\rho'',\partial,\nu}(\bar{\mathbb{R}}_+^{2N+1}\times(\mathbb{R}^N\setminus 0))$ l'ensemble des fonctions $a(x,z,\xi)$ C^∞ sur $\bar{\mathbb{R}}_+^{2N+1}\times(\mathbb{R}^N\setminus 0)$ satisfaisant aux estimations (5.17) (uniformément sur les compacts et pour $|\xi|$ grand) ; si Λ est une partie fermée de $\bar{\mathbb{R}}_+^{2N+1}\times(\mathbb{R}^N\setminus 0)$ on dira qu'une fonction a C^∞ au voisinage de Λ satisfait une μ - $(\rho',\rho'',\partial,\nu)$ estimation dans Λ si (5.17) est vérifié uniformément sur les compacts de la base de Λ et pour $|\xi|$ grand.

On a $P = -D_o^2 + A(x_o,y,D_y)$ et on supposera encore que l'on a remplacé $A(x,D_y)$ par $\chi(x)\,A(x,D_y)$ où χ est égale à 1 au voisinage de 0 et a son support assez petit.

Proposition 5.18.

Soit $\tilde{a}(x,z,\xi)$ (resp $\tilde{b}(x,z,\xi)$) un symbole de $S^{\mu}_{\rho',\rho'',\partial,\nu}$ (resp $S^{\mu-1/6}_{\rho',\rho'',\partial,\nu}$) avec $\delta < 1/4$, nul hors d'une zone $\Gamma' = \Gamma^{T'}_{\varepsilon'}(\Gamma,$ ε' et $1/T'$ étant assez petits) ; on a

$$(5.19) \quad P(x,D_x)(I_{\pm}(\tilde{a},\tilde{b})(x,z,\xi)) = I_{\pm}(\tilde{c},\tilde{d})(x,y,\xi) + I_{\pm}(\tilde{a}',\tilde{b}')(x,z,\xi) \ ,$$

où

$$\tilde{c} = [(-(\varphi'_{x_o})^2+b(x,\xi',\varphi'_{x''}))-\zeta(-(\zeta'_{x_o})^2+b(x,\xi',\zeta'_{x''}))+m(x,\xi')]\tilde{a} +$$

$$+\zeta/i\ [-2\ \varphi'_{x_o})(\zeta'_{x_o})+\sum_{j=1}^{p}\frac{\partial b}{\partial \xi''_j}(x,\xi',\varphi'_{x''})\ \zeta'_{x''_j}]\ \tilde{b} +$$

$$(5.20) \quad +1/i[-2\varphi'_{x_o}\frac{\partial \tilde{a}}{\partial x_o}+\sum_{j=1}^{p}\frac{\partial b}{\partial \xi''_j}(x,\xi',\varphi'_{x''})\frac{\partial \tilde{a}}{\partial x''_j}]+\zeta[-2(\zeta'_{x_o})\frac{\partial \tilde{b}}{\partial x_o}+\sum_{j=1}^{p}\frac{\partial b}{\partial \xi''_j}(x,\xi',\zeta'_{x''})\frac{\partial \tilde{b}}{\partial x''_j}]+$$

$$+i[-D_o^2\varphi+b(x,\xi',D_{x''})\varphi]\ \tilde{a} + [-\zeta D_o^2\zeta+\zeta b(x,\xi',D_{x''})\zeta-(-(\zeta'_{x_o})^2+b(x,\xi',\zeta'_{x''}))]\ \tilde{b}$$

$$+\ [p^{(1)}(x,\xi)\ \tilde{a} + \zeta\ p^{(2)}(x,\xi)\ \tilde{b}]$$

$$+\ [-D_o^2 + b(x,\xi',D_{x''})]\ \tilde{a} \quad ,$$

et

$$\tilde{d} = [(-(\varphi'_{x_o})^2+b(x,\xi',\varphi'_{x''}))-\zeta(-(\zeta'_{x_o})^2+b(x,\xi',\zeta'_{x''}))+m(x,\xi')]\tilde{b} +$$

$$+\ 1/i\ [-2(\varphi'_{x_o})(\zeta'_{x_o})+\sum_{j=1}^{p}\frac{\partial b}{\partial \xi''_j}(x,\xi',\varphi'_{x''})\ \zeta'_{x''_j}]\ \tilde{a} +$$

$$+\ 1/i[-2(\varphi'_{x_o})\frac{\partial \tilde{b}}{\partial x_o}+\sum_{j=1}^{p}\frac{\partial \tilde{b}}{\partial \xi''_j}(x,\xi',\varphi'_{x''})\frac{\partial \tilde{b}}{\partial x''_j}] - [-2(\zeta'_{x_o})\frac{\partial \tilde{a}}{\partial x_o}+\sum_{j=1}^{p}\frac{\partial b}{\partial \xi''_j}(x,\xi',\zeta'_{x''})\frac{\partial \tilde{a}}{\partial x''_j}]+$$

$$(5.21) \quad +\ i[-D_o^2\ \varphi+b(x,\xi',D_{x''})\varphi]\ \tilde{b} + [-D_o^2\zeta+b(x,\xi',D_{x''})\zeta]\ \tilde{a}$$

$$+\ [p^{(1)}(x,\xi)\ \tilde{b} + p^{(2)}(x,\xi)\ \tilde{a}]$$

$$+\ [-D_o^2 + b(x,\xi',D_{x''})]\ \tilde{b} \quad .$$

La fonction $p^{(1)}$ (resp $p^{(2)}$) figurant à la 5ème ligne de (5.20) et de (5.21) satisfait à des $\frac{1}{2}(1,\frac{1}{2},0,0)$ (resp $\frac{1}{3}$ $(1,\frac{1}{2},0,0)$) estimations dans Γ'.

De plus le symbole $\tilde{a}'$ (resp $\tilde{b}'$) introduit en (5.19) est dans la classe

$$(5.22)\quad S^{\mu+2\delta}_{\bar\rho',\bar\rho'',\bar\delta,\bar\nu}\ \left(\text{resp } S^{\mu+2\delta-1/6}_{\bar\rho',\bar\rho'',\bar\delta,\bar\nu}\right) \text{ où } \bar\rho' = \inf(\rho',1),$$

$$\bar\rho'' = \inf(\rho'',\tfrac{1}{2}),\ \bar\delta = \max(\delta,0),\ \bar\nu = \max(\nu,0).$$

Utilisant les formules $A''_{\pm}(z) = z\,A_{\pm}(z)$, $A'''_{\pm}(z) = z\,A'_{\pm}(z) + A_{\pm}(z)$,etc... on peut exprimer $p_\alpha(D_{x_o'}D_{x''})\ I_{\pm}(\tilde a,\tilde b) = I_{\pm}(\tilde c_\alpha,\tilde d_\alpha)$,où p_α est un opérateur <u>différentiel</u> homogène, de degré 2 , dans la variable $s = (x_o,x'')$.

$$(5.23)\quad \tilde c_\alpha = [p_\alpha(\varphi'_s)-\zeta\, p_\alpha(\zeta'_s)]\,\tilde a + \zeta/i\,[\sum_s p_\alpha^{(s)}(\varphi'_s)\zeta'_s]\tilde b + \frac{1}{i}[\sum_s p_\alpha^{(s)}(\varphi')\frac{\partial\tilde a}{\partial s}] +$$

$$+\ \zeta\,[\sum_s p_\alpha^{(s)}(\zeta')\frac{\partial\tilde b}{\partial s}] + i\,[p_\alpha(D)\varphi]\tilde a + [\zeta p_\alpha(D)\zeta - p_\alpha(\zeta'_s)]\tilde b + p_\alpha(D)\,\tilde a$$

$$(5.24)\quad \tilde d_\alpha = [p_\alpha(\varphi'_s)-\zeta\, p_\alpha(\zeta'_s)]\tilde b + 1/i\ [\sum_s p_\alpha^{(s)}(\varphi')\zeta'_s]\,\tilde a + \frac{1}{i}\,[\sum_s p_\alpha^{(s)}(\varphi')\frac{\partial\tilde b}{\partial s}] -$$

$$-\ [\sum_s p_\alpha^{(s)}(\zeta')\frac{\partial\tilde a}{\partial s}] + i\,[p_\alpha(D)\varphi]\ \tilde b + [p_\alpha(D)\zeta]\,\tilde a + p_\alpha(D)\,\tilde b$$

$\tilde c_\alpha$(resp. $\tilde d_\alpha$) est dans $S^{\mu+1}_{\rho',\rho'',\partial,\nu}$(resp. $S^{\mu+5/6}_{\rho'',\rho'',\delta,\nu}$) la partie "principale" étant donnée par les deux premiers termes de (5.20)(resp (5.21).

La proposition (5.18) résultera facilement de :

<u>Proposition 5.25.</u>

Soit $a(x,D_y)$ un opérateur pseudo-différentiel classique de degré m, dont le symbole $a(x,\xi)$ est nul hors d'un voisinage assez petit de 0 ; soit $e(x,z,\xi)$ (resp. $e'(x,z,\xi)$) un symbole de $S^{m'}_{\rho',\rho'',\partial,\nu}$(resp $S^{m'-1/6}_{\rho',\rho'',\partial,\nu}$) nul hors d'une zone $\Gamma' = \Gamma^{T'}_{\varepsilon'}$ assez petite on a :

$$a(x,D_y)[e^{i\varphi(x,\xi)}(e(x,z,\xi)A(\zeta(x,\xi))+ e'(x,z,\xi)\,A'(\zeta(x,\xi))]$$

$$= e^{i\varphi(x,\xi)}[c(x,z,\xi)\ A(\zeta(x,\xi)) + d(x,z,\xi)A'(\zeta(x,\xi))] \bmod S^{-\infty},$$

où c(resp. d) est dans $S^{m+m'}_{\bar\rho',\bar\rho'',\bar\delta,\bar\nu}$(resp $S^{m+m'-1/6}_{\bar\rho',\bar\rho'',\bar\delta,\bar\nu}$) .

$$c(x,z,\xi) = a_m(x,\xi',0)\ e(x,z,\xi) + \left[\sum_{j=1}^{N}\frac{\partial a_m}{\partial\xi_j}(x,\xi',0)\,\frac{\partial\varphi^{(1)}}{\partial x_j}\right]e(x,z,\xi)\ +$$

$$+\ \frac{1}{i}\,\zeta\left[\sum_{j=1}^{N}\frac{\partial a_m}{\partial\xi_j}(x,\xi',0)\,\frac{\partial\zeta}{\partial x_j}\right]e'(x,z,\xi) \bmod. S^{m+m'-1+2\delta}_{\bar\rho',\bar\rho'',\bar\delta,\bar\nu} \tag{5.26}$$

$$(5.27)\quad \begin{cases} d(x,z,\xi) = a_m(x,\xi',0)\, e'(x,z,\xi) + \frac{1}{i}\left[\sum_{j=1}^{N} \frac{\partial a_m}{\partial \xi_j}(x,\xi',\sigma)\frac{\partial \zeta}{\partial x_j}\right] e(x,z,\xi) + \\ \quad + \left[\sum_{j=1}^{N} \frac{\partial a_m}{\partial \xi_j}(x,\xi',0)\frac{\partial \varphi^{(1)}}{\partial x_j}\right] e'(x,z,\xi) \ \text{mod.}\ S^{m+m'-7/6+2\delta}_{\bar\rho',\bar\rho'',\bar\delta,\bar\nu} . \end{cases}$$

Le problème étant analogue pour chacune des deux fonctions d'Airy $A_{\pm}(\zeta) = Ai(e^{\pm 2i\pi/3}\zeta)$ nous conviendrons dans ce qui suit de $A(\zeta) = A_+(\zeta)$.

On a

$$(5.28)\qquad A(\zeta) = \frac{1}{2\pi}\int_{\Gamma} e^{i(\tau^3/3 + \tau\zeta)}\, d\tau$$

où Γ est un contour d'intégration arbitraire dans $\mathbb{C}$, allant à l'infini dans les directions $(\pm\infty)\, e^{i(\frac{2\pi}{3} \pm \varepsilon)}$ $\quad 0 < \varepsilon < \pi/3$.

La fonction $\zeta(x,\xi)$ construite en (5.13) étant σ-homogène de degré 2/3, et convenant de $\tilde\xi = (\xi'/_{<\xi>^2}, \xi''/_{<\xi>}) \in S^{N-1}$, on pourra écrire

$$(5.29)\qquad A(\zeta(x,\xi)) = <\xi>^{1/3}\frac{1}{2\pi}\int_L e^{i<\xi>(\tau^3/_3 + \tau\zeta(x,\tilde\xi))}\, d\tau$$

où L est le contour :

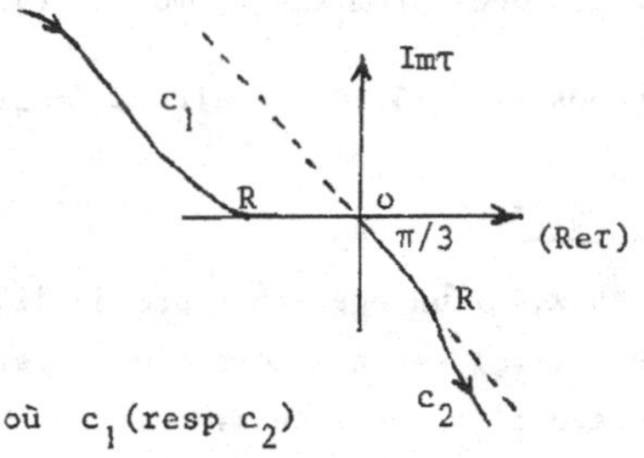

$L = c_1 \cup L^1 \cup c_2$

convenant de $L^T = \Lambda^T_{(1)} \cup \Lambda^T_{(2)}$ où

$\Lambda^T_{(1)} : s \in [-1,0] \to R\,T\,s$

$\Lambda^T_{(2)} : s \in [0,1] \to -R\,T\,s\,e^{2i\pi/3}$,

$R > 0$ sera choisi plus loin, $T > 0$; et où c_1 (resp c_2) joint l'extémité $-R$ (resp. $-Re^{2i\pi/3}$) de $\Lambda^1_{(1)}$ (resp. $\Lambda^1_{(2)}$) de façon C^∞ au point $(+\infty)\, e^{i(2\pi/3 + \varepsilon)}$ (resp $(-\infty)\, e^{i(2\pi/3 - \varepsilon)}$).

On suppose que $R > 0$ a été choisi assez grand pour que :

$$(5.30)\qquad |\tau| \geqslant R/2 ,\ x \in U ,\ \xi \in G^1_\varepsilon ,\ |\tau^2 + \zeta(x,\tilde\xi)| \geqslant c(1+|\tau|^2), c > 0 ,$$

et

$$x \in U ,\ \xi \in G^1_\varepsilon ,\ \tau \in L,\ \operatorname{Im}(\tau^3/_3 + \tau\,\zeta(x,\tilde\xi)) \geqslant 0 .$$

Soit maintenant $g(z) \in C^\infty_0(\mathbb{C})$ une fonction presque analytique (cf Melin-Sjöstrand [23]) à support dans $|z| \leqslant R$ et égale à 1 pour $|z| \leq 2R/3$.

Le terme $<\xi>^{1/3}\frac{1}{2\pi}\int_L (1-g)(\tau)\, e^{i<\xi>(\tau^3/3+\tau\zeta(x,\tilde{\xi}))}\, d\tau$ est à décroissance rapide, car sur le support de $1-g$ on peut opérer les intégrations par parties :

$$e^{i<\xi>(\tau^3(s)/3+\tau(s)\zeta(x,\tilde{\xi}))} = <\xi>^{-1}(i\tau'(s)(\tau^2(s)+\zeta(x,\tilde{\xi})))^{-1}\frac{d}{ds}\left(e^{i<\xi>(\tau^3/_3(s)+\tau(s)\zeta(x,\tilde{\xi}))}\right).$$

Aussi $e^{-i\varphi}a(x,D_y)\left(e^{i\varphi(x,\xi)}e(x,z',\xi)\,A(\zeta(x,\xi))\right)$ ne diffère t-il que d'un terme de $S^{-\infty}$ de :

$$(5.31)\ \frac{1}{2\pi}\int_{L^{<\xi>^{1/3}}}\int_{\mathbb{R}^{2N}} g(\tau<\xi>^{-1/3})\, e^{i(y-z)\theta+i(\varphi(x_o,z,\xi)-\varphi(x_o,y,\xi))+i\tau^3/_3+i\tau\zeta(x_o,z,\xi)}$$

$$a(x_o,y,z,\theta)\, e(x_o,z,z',\xi)\, d\tau\, dz\, d\theta.$$

On pose

$$\varphi(x_o,y,\xi) - \varphi(x_o,z,\xi) = (y-z)\cdot\eta(x_o,y,z,\xi)$$

$$\zeta(x_o,y,\xi) - \zeta(x_o,z,\xi) = (y-z)\cdot\rho(x_o,y,z,\xi).$$

On a $\eta = (\xi'+\eta', \eta'')$; ρ,η' et η'' vérifiant des $\frac{1}{2}(1,\frac{1}{2},0,0)$ estimations pour (x_o,y,z) voisin de 0 et $\xi\in G^T_\varepsilon$; de plus pour $0\leqslant x_o + X(\xi)\leqslant\delta$, y,z voisins de 0, $|y-z|\leqslant\delta$, $|\tau|\leqslant R<\xi>^{1/3}$, $|\xi'|\geqslant T$ (δ, $1/R$, $1/T$ assez petits) on a :

$$(5.32)\qquad |\eta(x_o,y,z,\xi)|\geqslant c\,|\xi| \text{ et } |(\eta+(\mathrm{Re}\,\tau)\rho)(x_o,y,z,\xi)|\geqslant c\,|\xi|.$$

On pose

$$\psi(x_o,y,z,\xi,\theta,\tau) = (y-z)\,\theta + \varphi(x_o,z,\xi) - \varphi(x_o,y,\xi) + \tau^3/_3 + \tau\,\zeta(x_o,z,\xi),$$

pour $\tau\in L^{<\xi>^{1/3}}$ on a $\mathrm{Im}\,\psi\geqslant 0$, $\mathrm{Im}\,\psi = (\mathrm{Im}\,\tau)\,\zeta(x_o,z,\xi)$.

On convient de $W = \mathrm{grad}_z\, e^{i(\mathrm{Re}\,\psi)}$,

$$W = \theta - \eta - (\mathrm{Re}\,\tau)\,\rho - (y-z).(\eta'_z - (\mathrm{Re}\,\tau)\,\rho'_z).$$

On désigne par c l'intégrande de (5.31) que l'on note $I(c)$; on décompose $I(c) = I(c_1) + I(c_2)$ où $c_2 = (1-\chi)\,(|\theta-\eta|/|\eta|)\,c$ où $\chi\in C_o^\infty(\mathbb{R})$ $\chi(t) = 1$ pour $t\leqslant 1/2$, $\chi(t) = 0$ pour $t\geqslant 2/3$.

Le terme $I(c_2)\in S^{-\infty}$, car sur le support de c_2 on a

$$|W|\geqslant c(|\theta| + |\xi|),$$

si l'on pose $L = \frac{1}{i} \sum_{j=1}^{N} \frac{W_j}{|W|^2} \frac{\partial}{\partial z_j}$, on a $L(e^{iRe\,\psi}) = e^{i(Re\,\psi)}$, d'autre part

$$\left|\left(\frac{\partial}{\partial z}\right)^{\alpha} e^{i\,Im\psi}\right| \leq c_\alpha, \text{ en vertu de } \left|\left(\frac{\partial}{\partial z}\right)^{\alpha} \zeta(x_o,z,\xi)\right| \leq c_\alpha\, |\zeta(x_o,z,\xi)|$$

et des remarques ci-dessus ; par conséquent les intégrations par parties à l'aide de l'opérateur L fournissent le résultat indiqué.

Sur le support de c_1 on a par contre :

$$|z| + |\theta|/_{|\xi|} + |\tau|/_{|\xi|^{1/6}} \leq c\ , \ |\theta| \approx |\eta + (Re\ \tau)\rho| \approx |\xi|.$$

$$I(c_1) = \frac{1}{2\pi} \int_{L^{<\xi>^{1/3}}} \int_{\mathbb{R}^{2N}} g(\tau<\xi>^{-1/3})\, e^{i\psi(x_o,y,z,\xi,\theta,\tau)}\, q(x_o,y,z,\xi,\theta,\tau)$$
$$e(x_o,z,z',\xi)\ d\tau\ dz\ d\theta,$$

$q(x_o,y,z,\xi,\theta)$ est un symbole de degré m dans les variables ξ,θ de type $(1,1/2,1,0)$.

Soit $\tilde{q}(x_o,y,z,\xi,\zeta')$ $\zeta' = \theta + i\eta$, une extension presque analytique de q à $\mathbb{C}^N$ dans la variable θ (voir [23]), posons ;

$$\tilde{I}(c_1) = \frac{1}{2\pi} \int_{L^{<\xi>^{1/3}}} \int_{\mathbb{R}^{2N}} e^{i(y-z)\zeta' + i\tau^3/_3 + i\tau\zeta(x_o,y,\xi)}$$
$$g(\tau<\xi>^{-1/3})\tilde{q}\ (x_o,y,z,\xi,\zeta'+\eta+\tau\rho,\tau)\quad e(x_o,z,z',\xi)\ d\tau\ dz\ d\zeta'.$$

On a par la formule de Stokes :

$$(5.33)\quad |I(c_1) - \tilde{I}(c_1)| \leq c\ |\xi|^{2N} \int_{L^{<\xi>^{1/3}}} \int_{\mathbb{R}^N} \sup_{\substack{0 \leq s \leq 1 \\ \theta \in \mathbb{R}^N}} |\bar{\partial}_\zeta \tilde{q}(x,z,\xi,\theta+\eta+(Re\tau + i s Im\tau)\rho)|\, e^{-s Im\tau\, \zeta(x,\xi)}$$
$$\times |e(x_o,z,z',\xi)|\, |g(\tau<\xi>^{-1/3})|\ d\tau\ dz.$$

Ecrivant $\bar{\partial}_{\zeta'}(e^{i\psi}\tilde{q}) = e^{i\psi}(i\ \bar{\partial}_{\zeta'}\psi\ \tilde{q} + \bar{\partial}_{\zeta'}\tilde{q})$, observant

$$\bar{\partial}_{\zeta'}\psi = 0\ ,\ |\bar{\partial}_{\zeta'}\tilde{q}| \leq c_M\ |\zeta'|^{m-1}(|\eta|/_{|\theta|})^M \quad \forall\ M \geq 0,\ |\theta| \geq c\ |\xi|$$

sur le support de $\tilde{q}$, $|e^{-(Im\tau)s\zeta(x_o,y,\xi)}| \leq e^{-c(Im\tau)s\rho(x_o,y,z,\xi)}$;

on déduit

(5.34) $$I(c_1) - \tilde{I}(c_1) \in S^{-\infty}.$$

Ecrivons $\tilde{I}(c_1)$ sous la forme $\tilde{A}(b)$:

$$\tilde{A}(b) = \frac{1}{2\pi}\int_{L^{<\xi>^{1/3}}} g(\tau<\xi>^{-1/3})\, b(x_o,y,z',\xi,\tau)\, e^{i(\tau^3/_3 + \tau\zeta(x_o,y,\xi))}\, d\tau,$$

où $b \in \mathcal{C}^\infty(\bar{\mathbb{R}}_+^{2N+1} \times \mathbb{R}^N \times \mathbb{C})$ est à support dans un (voisinage de 0 dans $\bar{\mathbb{R}}_+^{2N+1}) \times G_\varepsilon^{T'} \times \mathbb{C}$, et satisfait aux estimations :

(5.35) $$\left|\left(\frac{\partial}{\partial x_o}\right)^\alpha \left(\frac{\partial}{\partial y}\right)^{\beta'}\left(\frac{\partial}{\partial z'}\right)^{\beta''} \left(\frac{\partial}{\partial \xi'}\right)^{\gamma'}\left(\frac{\partial}{\partial \xi''}\right)^{\gamma''} \left(\frac{\partial}{\partial \tau}\right)^\delta b\right| \leqslant$$

$$\leqslant c_{\alpha,\beta,\gamma,\delta}\, |\xi|^{\mu-\bar{\rho}'|\gamma'|-\bar{\rho}''|\gamma''|+\bar{\delta}|\beta|+\bar{\nu}|\alpha|-1/6|\delta|}$$

et $\forall\, M \geqslant 0$

(5.36) $$\left|\left(\frac{\partial}{\partial x_o}\right)^\alpha \left(\frac{\partial}{\partial y}\right)^{\beta'}\left(\frac{\partial}{\partial z'}\right)^{\beta''} \left(\frac{\partial}{\partial \xi'}\right)^{\gamma'}\left(\frac{\partial}{\partial \xi''}\right)^{\gamma''} \left(\frac{\partial}{\partial \tau}\right)^\delta (\bar{\partial}_\tau b)\right| \leqslant$$

$$\leqslant c_{\alpha,\beta,\gamma,\delta,M}\, |\xi|^{\mu-\bar{\rho}'|\gamma'|-\bar{\rho}''|\gamma''|+\bar{\delta}|\beta|+\bar{\nu}|\alpha|-1/6(|\delta|+1)}\left(\frac{|\zeta(x_o,y,\xi)|\,|\mathrm{Im}\tau|}{|\xi|}\right)^M$$

où

$$\bar{\rho}' = \inf(\rho',1),\ \bar{\rho}'' = \inf(\rho'', \tfrac{1}{2}),\ \bar{\delta} = \delta,\ \bar{\nu} = \nu\ ,\ \mu = m+m',$$

pour

$$\tau = (\mathrm{Re}\tau, \mathrm{Im}\tau)\ ,\quad |\tau| \leqslant 2R<\xi>^{1/3}\ .$$

Nous ne modifierons par $\tilde{A}(b)$ en remplaçant $b(x,z',\xi,\tau)$ par $\tilde{b}(x,z',\xi,\tau) = b(x,z',\xi,\tau)\, g_1(\tau<\xi>^{-1/3})$ où g_1 est une fonction presque analytique sur $\mathbb{C}$ à support compact, égale à 1 dans un voisinage du support de g. La fonction $\bar{\partial}_\tau\tilde{b}$ est plate sur $\mathrm{Im}\tau = 0$, plus précisément on a $\forall\, M \geqslant 0$:

$$\left(\frac{\partial}{\partial x_o}\right)^\alpha \left(\frac{\partial}{\partial yz}\right)^\beta \left(\frac{\partial}{\partial \xi'}\right)^{\gamma'}\left(\frac{\partial}{\partial \xi''}\right)^{\gamma''} \left(\frac{\partial}{\partial \tau}\right)^\delta (\bar{\partial}_\tau\tilde{b})\Big| \leqslant$$

$$\lesssim c_{\alpha,\beta,\gamma,\delta,M}\, |\xi|^{m+m'-1/6-\bar{\rho}'|\gamma'|-\bar{\rho}''|\gamma''|+\bar{\delta}|\beta|+\bar{\nu}|\alpha|-1/6|\delta|} \ast$$

(5.37) $$\ast \begin{cases} \left(\dfrac{|\zeta(x,\xi)|\,|\mathrm{Im}\tau|}{|\xi|}\right)^M & \\ \text{pour } \tau<\xi>^{-1/3} \in \operatorname{supp} g\ , & \\ \left(\dfrac{|\mathrm{Im}\tau|}{|\xi|^{1/6}}\right)^M & \end{cases}$$

On peut alors (théorème de division) décomposer :

$$(5.38)\quad \tilde{b}(x,z',\xi,\tau) = c_o(x,z',\xi) + i\,\tau\, d_o(x,z',\xi) + (\tau^2+\zeta(x,\xi\,))\; r(x,z',\xi,\tau),$$

où

$$(5.39)\qquad c_o(x,z',\xi) = \int\!\!\int_{\mathbb{R}^2} \frac{(\bar{\partial}_\tau\tilde{b})(x,z',\xi,z)}{z^2+\zeta(x,\xi)}\; z\, dz \wedge d\bar{z}$$

$$(5.40)\qquad d_o(x,z',\xi) = \frac{1}{i}\int\!\!\int_{\mathbb{R}^2} \frac{(\bar{\partial}_\tau b)(x,z',\xi,z)}{z^2+\zeta(x,\xi)}\; dz \wedge d\bar{z}$$

$$(5.41)\qquad r(x,z',\xi,\tau) = \int\!\!\int_{\mathbb{R}^2} \frac{(\bar{\partial}_\tau\tilde{b})(x,z',\xi,z)}{(z-\tau)(z^2+\zeta(x,\xi))}\; dz \wedge d\bar{z}\quad .$$

Les zéros du polynôme $z^2 + \zeta(x,\xi) = 0$ étant situés sur $\mathrm{Im}\tau = 0$, les fonctions définies en (5.39), (5.40), et (5.41) sont régulières.

On a $c_o(x,z',\xi) = \int\!\!\int_K <\xi>^{1/3} \dfrac{(\bar{\partial}_\tau\tilde{b})(x,z',\xi,z<\xi>^{1/3})}{z^2+\zeta(x,\tilde{\xi})}\; z\, dz \wedge d\bar{z}$, où K est un compact de $\mathbb{R}^2$, observant que $|z^2+\zeta(x,\tilde{\xi})| \geq |\mathrm{Im} z|^2$ et utilisant (5.36) on prouve que c_o vérifie des $m+m'$ $(\bar{\rho}', \bar{\rho}'', \bar{\delta}, \bar{\nu})$ estimations ; de même d_o vérifie des $m+m'-1/6$ $(\bar{\rho}', \bar{\rho}'', \bar{\delta}, \bar{\nu})$ estimations.

On écrit $r(x,z',\xi,\tau) = \int\!\!\int_{-\tau<\xi>^{-1/3}+K} <\xi>^{-1/3} \dfrac{(\bar{\partial}_\tau\tilde{b})(x,z',\xi,z<\xi>^{1/3}+\tau)}{(z+\tau<\xi>^{-1/3})^2+\zeta(x,\tilde{\xi})}\; \dfrac{dz \wedge d\bar{z}}{z}$

et on prouve que r, quand τ est dans le support de $g(\tau<\xi>^{-1/3})$, vérifie (5.35) avec $\mu = m+m'-1/3$.

D'autre part on a :

$$\bar{\partial}_\tau r(x,z',\xi,\tau) = \frac{\bar{\partial}_\tau\tilde{b}(x,z',\xi,\tau)}{\tau^2+\zeta(x,\xi)}$$

et donc $\bar{\partial}_\tau r$ vérifie (5.36) avec $\mu = m+m'-1/3$.

Par suite si b satisfait à (5.35) et (5.36), on a obtenu :

$$(5.42)\quad \tilde{A}(b)(x,z',\xi) = c_o(x,z',\xi)A(\zeta(x,\xi)) + d_o(x,z',\xi)A'(\zeta(x,\xi)) + $$
$$+ \frac{1}{2\pi}\int_{L^{<\xi>^{1/3}}} g(\tau<\xi>^{-1/3})(\tau^2+\zeta(x,\xi))\,r(x,z',\xi,\tau)\,e^{i(\tau^3/3+\zeta(x,\xi)\cdot\tau)}\, d\tau \mod S^{-\infty}.$$

Introduisant $s \in [-1,+1] \longrightarrow \tau(s)$ le paramétrage de L^1, on peut écrire le dernier terme de (5.42) sous la forme :

$$R = \frac{1}{2\pi}\int_{L^{<\xi>^{1/3}}} e^{i(\tau^3/_3+\tau\zeta(x,\xi))}\,\partial_\tau[g(\tau<\xi>^{-1/3})r(x,z',\xi,\tau)]d\tau\ +$$

$$+\ \frac{i}{2\pi}\int_{-1}^{+1} e^{i<\xi>(\tau^3(s)/3+\tau(s)\zeta(x,\tilde{\xi}))}\,(\bar{\partial}_\tau g(\tau(s))r(x,z',\xi,\tau(s)<\xi>^{1/3}))$$

$$+\ <\xi>^{1/3}\ g(\tau(s))\ \bar{\partial}_\tau r(x,z',\xi,\tau(s)<\xi>^{1/3})\ \bar{\tau}'(s)\ ds.$$

Observant que sur le support de $\partial_\tau g$ ou $\bar{\partial}_\tau g$ on a $|\tau^2+\zeta(x,\tilde{\xi})| \geqslant c > 0$, R est modulo $S^{-\infty}$ égal à :

$$\frac{1}{2\pi}\int_{L^{<\xi>^{1/3}}} e^{i(\tau^3/_3+\tau\zeta(x,\xi))}\ g(\tau<\xi>^{-1/3}\ \partial_\tau r(x,z',\xi,\tau)\ d\tau + S\ ,$$

où

$$(5.43)\quad S = \frac{i}{2\pi}<\xi>^{1/3}\int_{-1}^{+1} e^{i<\xi>(\tau^3(s)/3+\tau(s)\zeta(x,\tilde{\xi}))}\ g(\tau(s))\bar{\partial}_\tau r(x,z',\xi,\tau(s)<\xi>^{1/3})\ \bar{\tau}'(s)\ ds.$$

L'intégrande de (5.43) peut être estimée par :

$$C_M<\xi>^{m+m'-1/6}\ e^{-<\xi>|Im\tau(s)||\zeta(x,\tilde{\xi})|}\left(<\xi>\frac{|\zeta(x,\tilde{\xi})|}{|\xi|}|Im\tau(s)|\right)^M\quad \forall\, M \geqslant 0\ ,$$

et donc $S \in S^{-\infty}$.

Observant maintenant que $(\partial_\tau r)\ (x,z',\xi,\tau)$ satisfait à (5.35) et (5.36) avec μ remplacé par $\mu-1/2$, que c_o (resp d_o) est dans $S^{\mu}_{\bar{\rho}',\bar{\rho}'',\bar{\delta},\bar{\nu}}$ (resp $S^{\mu-1/6}_{\bar{\rho}',\bar{\rho}'',\bar{\delta},\bar{\nu}}$) et prenant des sommes asymptotiques on a :

$$\tilde{A}(b)\ (x,z',\xi) = c(x,z',\xi)\ A(\zeta(x,\xi)) + d(x,z',\xi)\ A'(\zeta(x,\xi))\ \text{mod.}\ S^{-\infty}$$

avec $c \in S^{\mu}_{\bar{\rho}',\bar{\rho}'',\bar{\delta},\bar{\nu}}$, $d \in S^{\mu-1/6}_{\bar{\rho}',\bar{\rho}'',\bar{\delta},\bar{\nu}}$ avec $\mu = m+m'$.

Pour achever la preuve de la proposition il nous reste à expliciter les parties principales des symboles c et d.

On a

$$b(x,z',\xi,\tau) = a(x,\xi',0)e(x,z',\xi)+\left[\sum_{j=1}^{N}\frac{\partial a}{\partial\xi_j}(x,\xi',0)\left(\frac{\partial\varphi^{(1)}}{\partial x_j}+\tau\frac{\partial\zeta}{\partial x_j}\right)\right]e(x,z',\xi)$$

$$\text{mod.}\ S^{m+m'-1+2\delta}_{\bar{\rho}',\bar{\rho}'',\bar{\delta},\bar{\nu}}$$

c.f.proposition (4.24) (ou plutôt sa preuve).

On en déduit :

$$c = \left[a(x,\xi',0) + \sum_{j=1}^{N} \frac{\partial a}{\partial \xi_j}(x,\xi',0)\frac{\partial \varphi^{(1)}}{\partial x_j}\right] e(x,z',\xi) \text{ mod. } S^{m+m'-1+2\delta}_{\bar\rho',\bar\rho'',\bar\delta,\bar\nu}$$

$$d = \left[\frac{1}{i}\sum_{j=1}^{N} \frac{\partial a}{\partial \xi_j}(x,\xi',0)\frac{\partial \zeta}{\partial x_j}\right] e(x,z',\xi) \text{ mod. } S^{m+m'-1+2\delta-1/6}_{\bar\rho',\bar\rho'',\bar\delta,\bar\nu}\ .$$

De plus un terme $e^{-i\varphi}\, a(x,D_y)\,(e^{i\varphi} A'(\zeta)e)$ s'estimera par la méthode ci-dessus, et au lieu de $\tilde A(b)$ on obtiendra $\tilde A(i\,\tau\, b)$; utilisant (5.38) on obtient :

$$e^{-i\varphi}\, a(x,D_y)\,(e^{i\varphi} A'(\zeta)e) = c'A(\zeta) + d'\,A'(\zeta) \text{ mod. } S^{-\infty}$$

avec

$$c' = \left[\frac{1}{i}\,\zeta\sum_{j=1}^{N} \frac{\partial a}{\partial \xi_j}(x,\xi',o)\frac{\partial \zeta}{\partial x_j}\right] e \text{ mod. } S^{m+m'-5/6+2\delta}_{\bar\rho',\bar\rho'',\bar\delta,\bar\nu}$$

$$d' = a(x,\xi',0)e(x,z',\xi) + \left[\sum_{j=1}^{N} \frac{\partial a}{\partial \xi_j}(x,\xi',0)\frac{\partial \varphi^{(1)}}{\partial x_j}\right] e \text{ mod. } S^{m+m'-1+2\delta}_{\bar\rho',\bar\rho'',\bar\delta,\bar\nu}$$

ce qui achève de prouver la proposition. ∎

Revenons aux relations (5.20) et (5.21) et observons que les deux premiers termes du membre de droite de (5.20) et de (5.21) sont les équations de phase que nous avons résolu à la proposition (5.1) ; nous voyons alors que nous obtenons comme équations de transports le système différentiel du 1er ordre formé par les 3e, 4e et 5e, lignes de (5.20) et de (5.21) ; nous désignerons ce système par $T\begin{pmatrix}\tilde a\\ \tilde b\end{pmatrix}$.

La résolution de ce système est conduite par une méthode analogue à celles de [6].

Proposition 5.44.

Il existe des familles $\{\Gamma'_i\}_{i=o}^{\infty}$, $\{\Gamma''_i\}_{i=o}^{\infty}$ de voisinages σ-coniques Γ'_i, Γ''_i de $(0, 0, \eta_o)$ dans $\mathbb{R}^{2N+1} \times (\mathbb{R}^N \setminus 0)$, $\Gamma'_i \subset \Gamma''_i$, formant des bases des voisinages σ-coniques de $(0, 0, \eta_o)$, des voisinages ω_i de 0 dans $\mathbb{R}^{N+1}$ tels que

Si $\rho' \leq 1$, $\rho'' \leq 1/2$, si $\tilde f \in S^m_{\rho',\rho'',0,0}$ supp $\tilde f \subset \Gamma'_i$, $\tilde g \in S^{m-1/6}_{\rho',\rho'',0,0}$ supp $\tilde g \subset \Gamma'_i$,

Si $\tilde{a}_o \in S^{m-1/2}_{\rho',\rho'',0}$ supp $\tilde{a}_o \subset \partial\Gamma'_i$,

le système

(5.45) $$T\begin{pmatrix}\tilde{a}\\ \tilde{b}\end{pmatrix} = \begin{pmatrix}\tilde{f}\\ \tilde{g}\end{pmatrix} \qquad x \in \omega_i \ , \qquad x_o \geqslant - X(\xi)$$

admet des solutions

$$\tilde{a} \in S^{m-1/2}_{\rho',\,\rho'',0,0} \quad \text{supp } \tilde{a} \subset \Gamma''_i \ , \ \tilde{b} \in S^{m-2/3}_{\rho',\rho'',0,0} \ \text{supp } \tilde{b} \subset \Gamma''_i \ ,$$

vérifiant les conditions intitiales :

(5.46) $$\tilde{a} = \tilde{a}_o \qquad \text{sur} \qquad x_o = - X(\xi)$$

Il est bien connu que l'on diagonalise le système T en posant :

$$e_{\pm} = \tilde{a} \pm i(-\zeta)^{1/2}\,\tilde{b} \ ,$$

$e_{\pm}$ vérifiant quand $x_o + X(\xi) > 0$ l'équation

$$(E_{\pm}) \ -2/i\ \phi'_{\pm\, x_o} \frac{\partial}{\partial x_o} e_{\pm} \ 1/i \sum_{j=1}^{p} \frac{\partial b}{\partial \xi''_j}(x,\xi',\phi'_{\pm x''}) \frac{\partial e_{\pm}}{\partial x''_j} + m_{\pm}(x,\xi)\ e_{\pm} = \tilde{f} \pm i(-\zeta)^{1/2}\ \tilde{g},$$

$$m_{\pm}(x,\xi) = i[(-D_o^2\varphi + b(x,\xi',D_{x''})\varphi) \pm (-\zeta)^{1/2}(-D_o^2\zeta + b(x,\xi',D_{x''})\zeta)] + (p^{(1)} \pm i(-\zeta)^{1/2} p^{(2)}.$$

(On a désigné par $\phi_{\pm} = \varphi \pm 2/3\ (-\zeta)^{3/2}$).

On effectue dans l'équation $(E_{\pm})$ le changement de variable $\rho = \pm(x_o + X(\tilde{\xi}))^{1/2}$ et l'on convient d'associer à une fonction $f(x_o,y,\xi)$ la fonction $\bar{f}(\rho,y,\xi)$ avec $\bar{f}(\rho,y,\xi) = f(\rho^2 - X(\tilde{\xi}),y,\xi)$. On observe qu'en vertu des relations (5.13) et (5.14) qu'il existe des fonctions $c_j(\rho,y,\xi)$ $j = 0,\ldots, p$, $\gamma(\rho,y,\xi)$, $d(\rho,y,\xi)$ de classe C^{∞} dans un voisinage σ-conique de $(0,0,\eta_o)$ dans $\mathbb{R} \times \mathbb{R}^N \times (\mathbb{R}^N \setminus 0)$ telles que pour $\rho \gtrless 0$ on ait les relations :

$$\bar{\phi}'_{\pm\, x_o}\ (\rho,y,\xi) = \rho\ c_o(\rho,y,\xi)\ ,\ c_o(0,0,\eta_o) \neq 0,$$

(5.47)

$$\bar{\phi}'_{\pm\, x''_j}\ (\rho,y,\xi) = c_j(\rho,y,\xi),$$

$$(-\bar{\zeta})^{1/2}\ (\rho,y,\xi) = \rho\ \gamma(\rho^2,y,\xi)\ ,\quad \gamma(0,0,\eta_o) \neq 0\ ,$$

$$\bar{m}_{\pm}\ (\rho,y,\xi) = d(\rho,y,\xi).$$

L'équation $(E_{\pm})$ devient alors :

$$(E)\quad -1/i\, c_o(\rho,y,\xi)\frac{\partial}{\partial\rho}\bar{e}_{\pm} + 1/i\sum_{j=1}^{p} c_j(\rho,y,\xi)\frac{\partial}{\partial y_j''}\bar{e}_{\pm} + d(\rho,y,\xi)\,\bar{e}_{\pm} = (\bar{\bar{f}} + i\,\rho\,\gamma\,\bar{\bar{g}})(\rho,y,z,\xi) \quad \text{pour} \quad \rho \gtrless 0.$$

Des conditions initiales $\bar{e}_{\pm}\,|_{\rho=o} = \tilde{a}|_{x_o=-X(\xi)}$ il vient que la fonction $\bar{e}(\rho,y,z,\xi)$ égale à $\bar{e}_+$ pour $\rho \geqslant 0$ et à $\bar{e}_-$ pour $\rho < 0$ est de classe C^∞. Si l'on décompose

$$\bar{e}(\rho,y,z,\xi) = \bar{a}(\rho^2,y,z,\xi) + i\,\gamma\,\rho\,\bar{b}(\rho^2,y,z,\xi),$$

avec $\bar{a}$, $\bar{b}$ de classe C^∞ pour $\rho \geqslant 0$, on trouve que l'on a :

$$\bar{a}(x_o + X(\xi),y,z,\xi) = \tilde{a}(x_o,y,z,\xi),\ \bar{b}(x_o + X(\xi),y,z,\xi) = \tilde{b}(x_o,y,z,\xi)$$

$$\bar{a}(0,y,z,\xi) = \bar{e}(0,y,z,\xi),\ \bar{b}(0,y,z,\xi) = \frac{1}{i\gamma(0,y,\xi)}\left(\frac{\partial}{\partial\rho}\bar{e}\right)(0,y,z,\xi)$$

Finalement pour résoudre le système T il suffira de résoudre l'équation (E) avec une condition initiale fixée sur $\rho = 0$.

On prouve que les fonctions $\tilde{a}$ et $\tilde{b}$ sont dans les classes de symboles indiquées en examinant le mode de construction décrit ci-dessus.

Remarque 5.48.

Si l'on désigne par ε' et c des réels > 0, ε' assez petit, et si l'on suppose $\tilde{f}$(resp. $\tilde{g}$) donné dans $S^{m}_{1-\varepsilon',1/2-\varepsilon',0,\varepsilon'}$ (resp. $S^{m-1/6}_{1-\varepsilon',1/2-\varepsilon',0,\varepsilon'}$) ayant son support dans $\Gamma_i' \cap (X(\xi) \geqslant c\,|\xi|^{-\varepsilon'})$ et $\tilde{a}_o$ (resp $\tilde{b}_o$) dans $S^{m-1/2}_{1-\varepsilon',1/2-\varepsilon',0}$ (resp. $S^{m-2/3}_{1-\varepsilon',1/2-\varepsilon',0}$) ayant son support dans $\partial\Gamma_i' \cap (X(\xi) \geqslant c|\xi|^{-\varepsilon'})$, on peut construire des solutions $\tilde{a}$ et $\tilde{b}$ au système :

$$T\begin{pmatrix}\tilde{a}\\ \tilde{b}\end{pmatrix} = \begin{pmatrix}\tilde{f}\\ \tilde{g}\end{pmatrix} \qquad x \in \omega_i', \qquad x_o \geqslant 0$$

$$\tilde{a}|_{x_o=o} = \tilde{a}_o\ ,$$

$$\tilde{b}|_{x_o=o} = \tilde{b}_o\ ,$$

$$\tilde{a} \in S^{m-1/2}_{1-\varepsilon',1/2-\varepsilon',0,\varepsilon'}\ \sup \tilde{a} \subset \Gamma_i''\ , \qquad \tilde{b} \in S^{m-2/3+\varepsilon'/2}_{1-\varepsilon'1/2-\varepsilon',0,\varepsilon'}\ \operatorname{supp}\tilde{b} \subset \Gamma_i''.$$

Pour obtenir ce résultat il suffit cette fois de résoudre l'équation (E) en prenant des conditions initiales sur $\rho = \pm\,(X(\xi))^{1/2}$ et d'examiner les solutions obtenues. La remarque 5.48 sera utilisée dans la section § 6.

Nous sommes en mesure de construire des symboles $a(x,z,\xi)$ (resp $b(x,z,\xi)$) dans $S^{o}_{1,1/2,0,0}$ (resp. $S^{-1/6}_{1,1/2,0,0}$) et un voisinage ω de 0 dans $\bar{\mathbb{R}}^{N+1}_{+}$ tels que

$$P(I(a,b))\Big|_{\omega \times \mathbb{R}^N \times \mathbb{R}^N} \in S^{-\infty},$$

et tels que $a_{|x_o=0}$ est elliptique dans un voisinage σ-conique de $(0,0,\eta_o)$. Il reste à ajuster les traces sur $x_o = 0$ des solutions asymptotiques ainsi obtenues.

Les opérateurs

$$B_{\pm}f(x) = \int\int e^{i(\varphi(x_o,y,\xi)-\varphi(0,z,\xi))} \frac{a(x,z,\xi)A_{\pm}(\zeta(x,\xi))+b(x,z,\xi)A'_{\pm}(\zeta(x,\xi))}{A_{\pm}(\zeta(0,z,\xi))} f(z)\, dz\, d\xi$$

peuvent, au moyen d'intégrations par parties, être définis ; ils appliquent $\mathcal{D}'(\mathbb{R}^N)$ (resp. $C^\infty(\mathbb{R}^N)$) dans $\mathcal{C}^\infty(\bar{\mathbb{R}}_+, \mathcal{D}'(\mathbb{R}^N))$ resp. $\mathcal{C}^\infty(\bar{\mathbb{R}}^{N+1}_+)$); nous donnerons quelques détails plus loin et préciserons leurs singularités.

Les opérateurs $D^j_o\, B_{\pm}|_{x_o=o}$ sont en fait des opérateurs pseudo-différentiels, le système $\begin{pmatrix} B_+|_{x_o=o} & B_-|_{x_o=o} \\ D_oB_+|_{x_o=o} & D_oB_-|_{x_o=o}\end{pmatrix}$ est "inversible" mod. $S^{-\infty}$ et l'on a :

<u>Proposition 5.49.</u>

Soit L' un voisinage conique fermé, assez petit, de $(0,\eta_o)$ dans $\mathbb{R}^N \times (\mathbb{R}^N \setminus 0)$, ε', $\frac{1}{T'}$ assez petits, et $k'(y,\xi) \in S^{o}_{1,\frac{1}{2},0}$ à support dans $L'^{T'}_{\varepsilon'}$,

pour $i = 0,1$,

il existe des symboles $\sigma^i_{\pm}(y,\xi) \in S^{-i/3}_{1,\frac{1}{3},0}$ tels que :

$$(5.50)\quad \begin{cases} (B_+|_{x_o=o})\, \sigma^i_+(y,D_y) + (B_-|_{x_o=o})\, \sigma^i_-(y,D_y) = \delta_{i,o}\, k'(y,D_y) \mod. S^{-\infty} \\ (D_o\, B_+|_{x_o=o})\, \sigma^i_+(y,D_y) + (D_o\, B_-|_{x_o=o})\, \sigma^i_-(y,D_y) = \delta_{i,1}\, k'(y,D_y) \mod. S^{-\infty}. \end{cases}$$

Soit $\chi(t) \in C^{\infty}(\mathbb{R})$ $\chi(t) = 1$ si $t \leq -3/2$, $\chi(t) = 0$ si $t \geq -1$, posons

$A_{\pm}(z) = \exp[\pm 2i/3\, \chi(z)(-z)^{3/2}]\, \phi_{\pm}(z)$, alors (cf (1.14)) $\phi_{\pm}(z)$ (resp $\phi_{\pm}^{-1}(z)$) est un symbole classique dans la variable $z \in \bar{\mathbb{R}}_{-}$, d'ordre $-\frac{1}{4}$ (resp $\frac{1}{4}$).

Posons

$$(5.51) \qquad \theta_{\pm}(y,\xi) = \varphi(0,y,\xi) \pm 2/3\, \chi(\zeta(0,g,\xi))\, (-\zeta(0,y,\xi))^{3/2},$$

et

$$(5.52) \qquad \psi_{\pm}(y,z,\xi) = \theta_{\pm}(y,\xi) - \theta_{\pm}(z,\xi).$$

On a

$$(5.53) \left[B_{\pm}(0)\right] f(y) = \iint e^{i\psi_{\pm}(y,z,\xi)} (\alpha_{\pm}(y,z,\xi)a_o(y,z,\xi)+\beta_{\pm}(y,z,\xi)b_o(y,z,\xi))f(z)dz\, d\xi,$$

$$(5.54) \left[D_o B_{\pm}(0)\right] f(y) = \iint e^{i\psi_{\pm}(y,z,\xi)} (\alpha_{\pm}(y,z,\xi)A_o(y,z,\xi)+\beta_{\pm}(y,z,\xi)B_o(y,z,\xi))f(z)dzd\xi,$$

$$(5.55) \qquad \text{avec} \quad \alpha_{\pm} = \frac{\phi_{\pm}(\zeta(0,y,\xi))}{\phi_{\pm}(\zeta(0,z,\xi))},$$

$$(5.56) \beta_{\pm} = \frac{\phi'_{\pm}(\zeta(0,y,\xi)) \pm i[2/3(-\zeta(0,y,\xi))^{3/2}\chi'(\zeta(0,y,\xi)) - (-\zeta(0,y,\xi))^{1/2}\chi(\zeta(0,y,\xi))]}{\phi_{\pm}(\zeta(0,z,\xi))} \times$$
$$\times\, \phi_{\pm}(\zeta(0,Y,\xi)),$$

$$(5.57) A_o = \frac{\partial\varphi^{(1)}}{\partial x_o}(0,y,\xi)a_o(y,z,\xi) + \frac{1}{i}\,\zeta(0,y,\xi)\frac{\partial\zeta}{\partial x_o}(0,y,\xi)b_o(y,z,\xi) + \frac{1}{i}\frac{\partial}{\partial x_o} a(0,y,z,\xi);$$

$$(5.58) B_o = \frac{\partial\varphi^{(1)}}{\partial x_o}(0,y,\xi)b_o(y,z,\xi) + \frac{1}{i}\frac{\partial\zeta}{\partial x_o}(0,y,\xi)a_o(y,z,\xi) + \frac{1}{i}\frac{\partial}{\partial x_o} b(0,y,z,\xi).$$

Pour composer ces opérateurs il est utile de les écrire avec la même fonction phase et d'avoir une description précise de la régularité des symboles obtenus ; aussi nous introduisons la classe:

$\mathcal{S}^{m,k}(\mathbb{R}^{2N} \times (\mathbb{R}^N \setminus 0), M)$ des symboles $a(y,z,\xi)$ satisfaisant aux estimations :

$$(5.59) \qquad \left|\left(\frac{\partial}{\partial y}\right)^{\alpha}\left(\frac{\partial}{\partial z}\right)^{\beta}\left(\frac{\partial}{\partial \xi'}\right)^{\gamma'}\left(\frac{\partial}{\partial \xi''}\right)^{\gamma''} a(y,z,\xi)\right| \lesssim |\xi|^{m-|\gamma'|-|\gamma''|}\, \delta_M^{k-|\gamma''|},$$

où

$$\delta_M(\xi) = \left(\frac{|\xi''|}{|\xi|} + |\xi|^{-2/3}\right).$$

On a

$$(5.60) \qquad \mathcal{S}^{m,k} \subset S^{m+2/3k_-}_{1,\frac{1}{3},0,0}.$$

Introduisons également l'application :

(5.61) $$\eta_\pm : (y,\xi) \to (y,\ \mu_\pm(y,\xi) = d_y\ \theta_\pm(y,\xi)),$$

posant

$$\partial L_\varepsilon^T = \{(y,\xi) \in \mathbb{R}^N \times (\mathbb{R}^N \setminus 0) \mid (y,y,\xi) \in L_\varepsilon^T\}\ .$$

on a :

Lemme (5.61)

Si L, ε et $1/T$ sont assez petits, $\eta_\pm$ est un difféomorphisme d'un voisinage de ∂L_ε^T sur son image. Soit $\bar\eta_\pm$ l'application inverse

$$\bar\eta_\pm : (y,\bar\eta) \to (y,\ \bar\mu_\pm(y,\bar\eta)).$$

Posons $\bar\mu_\pm(y,\bar\eta) = (\bar\eta' + \bar\rho'_\pm(y,\bar\eta),\ \bar\rho''_\pm(y,\bar\eta))$; alors si L, ε, et $1/T$ sont assez petits $\bar\rho'_\pm$ et $\bar\rho''_\pm$ vérifient des estimations de type $\mathcal{S}^{1,1}$ sur $\eta_\pm(\partial L_\varepsilon^T)$ et l'on a :

(i) $c'|\eta''| \leqslant |\bar\rho''_\pm(y,\eta)| \leqslant c\ |\eta''|$

(ii) $\forall K > 0$ si L,ε, et $1/T$ sont assez petits, on a sur $\eta_+(\partial L_\varepsilon^T) \cap \eta_-(\partial L_\varepsilon^T)$

$$|\bar\rho_+(y,\bar\eta) - \bar\rho_-(y,\bar\eta)| \leqslant K\ |\bar\eta''|\ .$$

Enfin si L', ε' et $1/_{T'}$ sont assez petits la zone $L_{\varepsilon'}^{T'}$ est contenue dans l'intérieur de $\eta_+(\partial L_\varepsilon^T) \cap \eta_-(\partial L_\varepsilon^T)$.

On a :

$$\mu_\pm(y,\xi) = \xi' + \varphi_y'^{(1)} \pm (-\zeta_o)^{1/2}\ \zeta'_{oy}\ \chi(\zeta_o) \pm 2/3(-\zeta_o)^{3/2}\ \zeta'_{o,y}\ \chi'(\zeta_o),$$

avec $\zeta_o(y,\xi) = |\xi''|^2/_{|\xi'|}\ g(y,\xi)$, g satisfaisant des $\frac{1}{3}\ (1,\ \frac{1}{2},\ 0)$ estimations dans L_ε^T. Observons que dans la zone $L_\varepsilon^T, |\xi|^{-2/3} \lesssim \delta_M \lesssim |\xi|^{-1/2}$ et que par conséquent ζ_o satisfait à des $\mathcal{S}^{4/3,2}$ estimations dans L_ε^T ; il en résulte que si $f(t)$, $t \in \mathbb{R}$, est un symbole de degré m, $f(\zeta_o(y,\xi))$ satisfait à des $\mathcal{S}^{4/3m,2m}$ estimations dans L_ε^T . De plus explicitant

$$\varphi^{(1)}(0,y,\xi) = \sum_{j=1}^{p} \xi''_j\ \varphi_j(y,\xi) + X(\xi)\langle\xi\rangle\ \psi^{(1)}(X(\xi),y,\xi)\ ,$$

on voit que $\mu_\pm(y,\xi) = \xi' + (\rho'_\pm,\rho''_\pm)(y,\xi)$ où les $\rho'_\pm$, $\rho''_\pm$ vérifient des $\mathcal{S}^{1,1}$ estimations.

D'autre part on a

$$(5.62)\qquad \left(\frac{\partial\mu_{\pm j}}{\partial\xi_k}\right) = \begin{pmatrix} I & \left(\dfrac{\partial^2\varphi^{(1)}}{\partial y'_j\,\xi''_k}\right) \\ & \\ 0 & \left(\dfrac{\partial^2\varphi^{(1)}}{\partial y''_j\,\xi''_k}\right) \end{pmatrix} + M'_{\pm}$$

où $M'_{\pm}$ est une matrice de symboles vérifiant des $\mathcal{S}^{o,o}$ estimations, avec de plus $\|M'_{\pm}\| \to 0$ quand $(\varepsilon, 1/T) \to 0$.

On déduit de (5.61) et de (5.62) que $\eta_{\pm}$ est un difféomorphisme local au voisinage de chaque point (y,ξ) de ∂L^T_ε ; pour obtenir le premier point du lemme il reste à montrer que $\eta_{\pm}$ est injective dans un voisinage de ∂L^T_ε. Il suffit, pour cela, d'établir (L,ε, $1/T$ assez petits)

$$|\mu_{\pm}(y,\xi^1) - \mu_{\pm}(y,\xi^2)| \geqslant c\,|\xi^1 - \xi^2|$$

avec $c > 0$, ξ^1 et ξ^2 dans un voisinage de ∂L^T_ε ; qui s'obtient par la formule de Taylor en observant que le 1er terme du membre de droite de (5.62) est σ-homogène de degré 0.

On calcule $\left(\dfrac{\partial\bar{\mu}_{\pm j}}{\partial\eta_k}\right) = \left(\dfrac{\partial\mu_{\pm j}}{\partial\xi_k}\right)^{-1}(y,\bar{\mu}_{\pm}(y,\eta))$; l'application $\eta_{\pm}$ induisant l'identité sur M, on a par la formule de Taylor $\bar{\rho}_{j\pm} = \sum\limits_{k=1}^{p} \eta''_k \displaystyle\int_o^1 \frac{\partial\bar{\mu}_{j\pm}}{\partial\eta''_k}(y,\eta',t\eta'')dt$, et on déduit les assertions (i) et (ii) de (5.61).

Soit $\eta_o = \mu_{\pm}(y,\xi_o)$, on peut résoudre l'équation $\eta = \mu_{\pm}(y,\xi)$, dans la boule de centre η_o et de rayon $\dfrac{1}{2}\,\dfrac{\beta}{\|\mu'_{\pm}(y,\xi_o)^{-1}\|}$, si pour tous ξ_1,ξ_2 de la boule de centre ξ_o et de rayon β on a :

$$(5.63)\qquad |\mu_{\pm}(y,\xi_1) - \mu_{\pm}(y,\xi_2) - \mu'_{\pm\xi}(y,\xi_o)\,(\xi_1-\xi_2)| \leqslant \frac{1}{2}\,\frac{|\xi_1-\xi_2|}{\|\mu'_{\pm}(y,\xi_o)^{-1}\|}\,.$$

Prenons $\eta_o \in M$ $|\eta_o| \geqslant T$ en sorte que $\xi_o = \eta_o$, et réécrivons le membre de gauche de (5.63) sous la forme :

$$(5.64)\; \Big|\Big(\int_o^1 \mu''_{j\pm}(y,\xi_o+t(\xi_2-\xi_o)).(\xi_1-\xi_2,\xi_2-\xi_o)dt + \frac{1}{2}\int_o^1 (1-t)\mu''_{j\pm}(y,\xi_2+t(\xi_2-\xi_1)).(\xi_1-\xi_2,\xi_1-\xi_2)\Big|$$

or

$$\frac{\partial^2\mu_{j\pm}}{\partial\xi_k\xi_\ell} = \frac{\partial^3\varphi^{(1)}}{\partial y_j\xi_k\xi_\ell} \pm 2/3 \ \frac{\partial^3}{\partial y_j\xi_k\xi_\ell}(\chi(\zeta_o)(-\zeta_o)^{3/2})$$ est la somme d'un terme de S^{-1-1} (et non seulement $\mathcal{S}^{-1-1}$) et d'un terme de $\mathcal{S}^{\infty,1}$, par suite

$$\left|\frac{\partial^2\mu_{j\pm}}{\partial\xi_k\xi_\ell}(y,\bar\xi)\right| \leqslant c\ |\xi_o|^{-1/2} \quad \text{pour} \quad |\bar\xi - \xi_o| \leqslant \varepsilon|\xi_o|^{1/2}$$

et (5.64) peut être estimé par $c\ \varepsilon\ |\xi_1-\xi_2|$ si $\beta = \varepsilon\ |\xi_o|^{1/2}$, et la dernière assertion du lemme en résulte si l'on prend ε' assez petit. ■

L'opérateur $C_o^\infty \ni f \to \displaystyle\iint e(y,z,\xi)\ e^{i(\theta_\pm(y,\xi)-\theta_\pm(z,\xi))} f(z)\, dz\, d\xi$

où

$$e(y,z,\xi) \in \mathcal{S}^{m,k}(\mathbb{R}^{2N}\times(\mathbb{R}^N\setminus 0),M) \quad \text{supp } e \subset L_\varepsilon^T,$$

s'écrit modulo un opérateur régularisant comme un opérateur pseudo-différentiel de symbole :

$$(5.65)\quad \bar e(y,\xi) = \iint e^{i(\theta_\pm(y,\theta)-\theta_\pm(z,\theta)-(y-z)\xi)}\chi(y-z)\ e(y,z,\theta)\, dz\, d\theta,$$

où $\chi(t) = 1$ si $|t| \leqslant \delta/2$, $\chi(t) = 0$ si $|t| \geqslant \delta$ (δ sera choisi assez petit).

On pose

$$\theta_\pm(y,\theta) - \theta_\pm(z,\theta) = (y-z)\ \lambda_\pm(y,z,\theta)$$

$$\lambda_\pm(y,z,\theta) = (\theta' + \lambda'_\pm(y,z,\theta),\ \lambda''_\pm(y,z,\theta)).$$

L'application $(y,z,\theta) \to (y,z,\lambda_\pm(y,z,\theta))$ est cf lemme (ou plutôt sa preuve) un difféomorphisme d'un voisinage de $L_\varepsilon^T \cap |y-z| \leqslant \delta$ sur son image qui induit encore l'identité sur M ; soit $(y,z,\eta) \to (y,z,\bar\lambda_\pm(y,z,\eta))$ l'application inverse.

On a

$$(5.66)\quad \bar e(y,\xi) = \iint e^{i(y-z)(\eta-\xi)}\chi(y-z)\ e(y,z,\bar\lambda_\pm(y,z,\eta))\ J_\pm(y,z,\eta)\, dz\, d\eta$$

où

$$J_\pm(y,z,\eta) = \left|\frac{D\bar\lambda_\pm}{D\eta}\right|(y,z,\eta).$$

Le symbole $e(y,z,\bar\lambda_\pm(y,z,\eta))$ est encore dans la classe $\mathcal{S}^{m,k}(\mathbb{R}^{2N}\times(\mathbb{R}^N\setminus 0),M)$ (cf (5.61)(i)). On peut au moyen d'intégration par parties écarter la contribution d'une région hors des points critiques de (5.66).

$$\bar{e}(y,\xi) \sim \int\int e^{iz\zeta} c(y,z,\xi,\zeta)\, dz\, d\zeta$$

$c(y,z,\xi,\zeta) = \chi_1(|\zeta|/_{|\xi|})\ \chi(z)\ e(y,y-z,\ \bar{\lambda}_{\pm}(y,y-z,\xi+\zeta))\ J_{\pm}(y,y-z,\xi+\zeta)$.

où

$\chi_1(t) \in C^{\infty}(\mathbb{R})$ $\chi_1(t) = 0$ pour $t \geqslant 2/3$, $\chi_1(t)=0$ pour $t \leqslant 1/2$, en sorte que sur le support de c on a $|z| + |\zeta|/_{|\xi|} \leqslant c$, $|\xi| \approx |\xi+\zeta| \approx |\xi|+|\zeta|$.

On a

$$e(y,y-z,\ \bar{\lambda}_{\pm}(y,y-z,\xi+\zeta)) = (e' \circ \phi)\ (y,z,\xi,\zeta)$$

où $e'(y,z,\xi,\zeta) = e(y,z,\ \bar{\lambda}_{\pm}(y,z,\xi))$ satisfait à des $\mathcal{S}^{m,k}$ estimations relatives à la variété M_1 $\xi'' = 0$ pour $(y,z,\xi,\zeta) \in$ supp c, et où ϕ est l'application

$$\phi : (y,z,\xi,\zeta) \longrightarrow (y,y-z,\ \xi+\zeta,\zeta).$$

On désigne par Δ le cône $z = \zeta = 0$ et on identifie M à $M_1 \cap \Delta$.

Observant $(\delta_{M_1} \circ \phi)^s \lesssim (\delta_M)^s\ (r^{2/3}\ \delta_{\Delta})^{s-}$ $s \in \mathbb{R}$, on prouve que la fonction $\bar{e}(y,z,\xi,\zeta) = e(y,y-z,\ \bar{\lambda}_{\pm}(y,y-z,\xi+\zeta))$ satisfait aux estimations

$$\left|\left(\frac{\partial}{\partial y}\right)^{\alpha} \left(r\frac{\partial}{\partial \xi'}\right)^{\beta'} \left(r\ \frac{\partial}{\partial \xi''}\right)^{\beta''} \left(\frac{\partial}{\partial z}\right)^{\gamma} \left(r\ \frac{\partial}{\partial \zeta}\right)^{\delta} \bar{e}(y,z,\xi,\zeta)\right| \lesssim$$

$$\lesssim r^m\ \delta_M^k (r^{2/3}\delta_{\Delta})^{k-} (r^{2/3}\delta_{\Delta})^{|\alpha|+|\beta'|} \left(r^{2/3}\ \frac{\delta_{\Delta}}{\delta_M}\right)^{|\beta''|} r^{\frac{1}{3}|\gamma| + \frac{2}{3}|\delta|}.$$

Il résulte alors de la proposition 2.4 de [17] que :

$$\bar{e}(y,\xi) \sim \int\int \bar{e}(y,z,\xi,\zeta)\ e^{iz\zeta}\ dz\, d\zeta \in \mathcal{S}^{m,k}(\mathbb{R}^N \times (\mathbb{R}^N \setminus 0),M). \tag{5.67}$$

De plus on a

$$\bar{e}(y,\xi) \sim \sum_{\alpha} \frac{1}{\alpha!}\ (D_z)^{\alpha}(i\ D_{\xi})^{\alpha}(e(y,z,\ \bar{\lambda}_{\pm}(y,z,\xi)J_{\pm}(y,z,\xi))_{|z=y}$$

et donc

$$\bar{e}(y,\xi) = e(y,y,\ \bar{\mu}_{\pm}(y,\xi)) \left|\frac{D\bar{\mu}_{\pm}}{D\xi}\ (y,\xi)\right| \text{ modulo } \mathcal{S}^{m-1/3,k}. \tag{5.68}$$

Considérons maintenant l'opérateur

$$\Delta = (B_+(0))\ (D_o\ B_-(0)) - (D_o\ B_+(0))\ (B_-(0)). \tag{5.69}$$

On a $\alpha_{\pm}(y,z,\xi)$ (resp. $\beta_{\pm}(y,z,\xi)$) est dans $\mathcal{S}^{0,0}$(resp. $\mathcal{S}^{2/3,1}$),

d'autre part observant $a_o \in S^{o}_{1,\frac{1}{2},0}$ (resp $b_o \in S^{-1/6}_{1,\frac{1}{2},0}$) on obtient $a_o \in \mathcal{S}^{o,o}$ (resp. $b_o \in \mathcal{S}^{-2/3,-1}$, en remarquant que sur le support de $b_o, \delta_M \lesssim r^{-1/2}$).
On déduit que le symbole de $B_\pm(0)$ (cf (5.53)) est dans $\mathcal{S}^{o,o}$. De même observant que ζ_o (resp. $\frac{\partial\varphi^{(1)}}{\partial x_o}$, resp. $\frac{\partial\zeta}{\partial x_o}$) est dans $\mathcal{S}^{4/3,2}$ (resp. $\mathcal{S}^{1,1}$, resp. elliptique dans $\mathcal{S}^{1/3,0}$) on déduit que le symbole de $D_o\, B_\pm(0)$ est dans $\mathcal{S}^{1,1}$.

Désignons par $\delta(y,\xi)$ le symbole réduit (cf (5.66)) de Δ, on a $\delta(y,\xi) \in \mathcal{S}^{1,1}$.

Nous désignerons par $\mathcal{O}(\varepsilon', \mathcal{S}^{m,k})$ un symbole q défini et satisfaisant à des estimations de type $\mathcal{S}^{m,k}$ dans un voisinage de $L^{T'_o}_{\varepsilon'_o}$, ε'_o, $1/T'_o$ assez petits, et tel que $\exists c > 0$ $|q(y,\xi)| \leq c\,\varepsilon' |\xi|^m\, \delta_M^k$ pour $(y,\xi) \in L^{T'}_{\varepsilon'}$, $\varepsilon' \leq \varepsilon'_o, T' \geq T'_o$.

$$\delta(y,\xi) = \left[\prod_{\sigma=\pm 1} a_o(y,y,\bar\mu_\sigma(y,\xi))\, J_\sigma(y,y,\xi)\right] \delta^{(1)}(y,\xi) + \mathcal{O}(\varepsilon', \mathcal{S}^{1,1}) \mod \mathcal{S}^{2/3,1},$$

avec

$$(5.70)\quad \delta^{(1)}(y,\xi) = \left[\varphi'_{x_o}(y,\bar\mu_+(y,\xi)) - \varphi'_{x_o}(y,\bar\mu_-(y,\xi))\right] + \left[\zeta'_{x_o}(y,\bar\mu_+(y,\xi))\frac{A'_+}{A_+}(\zeta_o(y,\bar\mu_+(y,\xi))) - \zeta'_{x_o}(y,\bar\mu_-(y,\xi))\frac{A'_-}{A_-}(\zeta_o(y,\bar\mu_-(y,\xi)))\right].$$

Explicitant

$$\zeta'_{x_o}(0,y,\xi) = g(y,\xi') + \sum_{j=1}^{p} \xi''_j\, g_j(y,\xi),$$

où g (resp g_j) satisfait à des $1/3$ (resp $-1/6$) $(1,\frac{1}{2},0)$ estimations dans L^T_ε avec de plus $|g(y,\xi')| \geq c\,|\xi'|^{1/3}$, on déduit :

$$(5.71)\quad \zeta'_{x_o}(y,\bar\mu_\pm(y,\xi)) = g_o(y,\xi') + O(\varepsilon', \mathcal{S}^{1/3,0}) \text{ dans } L^{T'}_{\varepsilon'},$$

avec $\quad |g_o(y,\xi')| \geq c\,|\xi'|^{1/3}$.

De même on prouve :

$$(5.72)\quad \varphi'_{x_o}(y,\bar\mu_\pm(y,\xi)) = \mathcal{O}(\varepsilon', \mathcal{S}^{1,1}).$$

Observons que $\beta_\pm(y,y,\xi) = \frac{A'_\pm}{A_\pm}(\zeta_o(y,\xi))$, et décomposons

$$(5.73)\ \beta_+(y,y,\bar\mu_+(y,\xi)) - \beta_-(y,y,\bar\mu_-(y,\xi)) = [\beta_+(y,y,\bar\mu_+(y,\xi)) - \beta_-(y,y,\bar\mu_+(y,\xi))] + [\beta_-(y,y,\bar\mu_+(y,\xi)) - \beta_-(y,y,\bar\mu_-(y,\xi))].$$

Le premier terme du membre de droite de (5.73) s'écrit

$$\frac{(A'_+ A_- - A_- A'_\pm)}{A_+ A_-}(\zeta_o(y,\bar{\mu}_+(y,\xi)).$$

Le Wonskien $A'_+ A_- - A_- A'_+$ est une constante non nulle, le terme $(A_+A_-)^{-1}(\zeta_o(y,\xi)))$ est elliptique dans $\mathcal{S}^{2/3,1}$, on a donc

$$(5.74) \qquad |(\beta_+ - \beta_-)(y,y,\bar{\mu}_+(y,\xi))| \geqslant c\,|\xi|^{2/3}\,\delta_M ,$$

tandis que

$$(5.75) \quad \beta_-(y,y,\bar{\mu}_+(y,\xi)) - \beta_-(y,y,\bar{\mu}_-(y,\xi)) = (\bar{\rho}_+(y,\eta) - \bar{\rho}_-(y,\eta)).\mathcal{S}^{-1/3,0} .$$

On déduit maintenant de (5.70), (5.71), (5.72), (5.74), (5.75) et du lemme 5.61 (ii) que si L',ε' et $1/T'$ sont assez petits on a

$$(5.76) \qquad |\delta^{(1)}(y,\xi)| \gtrsim |\xi|\,\delta_M \quad \text{dans} \quad L'^{T'}_{\varepsilon'} .$$

La proposition 5.49 résulte maintenant d'un choix convenable de a_o, de (5.76), et de ce que l'on dans les classes $\mathcal{S}^{m,k}$ un calcul symbolique satisfaisant. ■

b) LES TERMES COMPLEMENTAIRES.

Les relations (5.50) indiquent que les solutions asymptotiques précédentes ont leurs traces identiquement nulles hors d'une région $L'^{T'}_{\varepsilon'}$; aussi est-il nécessaire d'ajouter des termes complémentaires pour obtenir des solutions asymptotiques dont les traces soient non nulles dans un voisinage conique de $(0,\eta_o)$.

Si Γ est un voisinage conique fermé de $(0,\eta_o)$ dans $\bar{\mathbb{R}}^{N+1}_+ \times (\mathbb{R}^N \setminus 0)$ posons :

$$\Gamma^{\varepsilon'',T''} = \{(x_o,y,\xi) \in \bar{\mathbb{R}}^{N+1}_+ \times (\mathbb{R}^N \setminus 0) \mid (x_o,y,\xi) \in \Gamma \quad |\xi''|^2 \geqslant \varepsilon''|\xi'|, |\xi'| \geqslant T''\}.$$

Si G est un voisinage conique fermé de η_o assez petit dans $\mathbb{R}^N \setminus 0$ et si $\varepsilon''_o > 0$ est donné, on peut trouver un voisinage U de 0 dans $\bar{\mathbb{R}}^{N+1}_+$ tel que l'équation :

$$\begin{cases} \dfrac{\partial}{\partial x_o}\varphi^{(1)}_\pm = \pm\left(a\left(x,\xi' + \dfrac{\partial\varphi^{(1)}}{\partial x'}, \dfrac{\partial\varphi^{(1)}}{\partial x''}\right) + m(x,\xi')\right)^{1/2} \\ \varphi^{(1)}_\pm\big|_{x_o=o} = x''.\,\xi'' \end{cases}$$

a une solution dans un voisinage de $U \times G^{\varepsilon_0'',1}$.

La fonction $\varphi_{\pm}^{(1)}$ (cf proposition (4.17)) est déterminée sous la forme (pour $|\xi'| \geq 1$)

$$\varphi_{\pm}^{(1)}(x,\xi) = \langle\xi\rangle\, \tilde{\varphi}_{\pm}(x, \frac{\xi'}{|\xi'|}, \frac{\xi''}{\langle\xi\rangle}, \frac{|\xi'|^{1/2}}{\langle\xi\rangle}, \frac{\langle\xi\rangle}{|\xi'|}),$$

où $\tilde{\varphi}_{\pm}(x,w,z,\zeta) \in C^{\infty}(U \times \Omega')$, où Ω' est un voisinage de

$\Omega = \{(w,z,\zeta) \in S^{N-p-1} \times \mathbb{R}^{p+2}$ $w' \in$ voisinage fermé de $\eta_0'/|\eta_0'|$, $|z| \leq c$, $|w''| \leq c$, $|\zeta| \leq c$ et $|w''|^2 \geq \alpha_0 > 0\}$.

Il en résulte, en particulier, que $\varphi_{\pm}^{(1)}$ vérifie des $S^{1,1}$ estimations dans toute zone $U'' \times G''^{\varepsilon''}$, avec $U'' \times (G'' \cap S^{N-1}) \subset\subset U \times (\overset{\circ}{G} \cap S^{N-1})$, $\varepsilon_0'' < \varepsilon''$.

Posant $\varphi_{\pm} = \varphi_{\pm}^{(1)} + x'\xi'$, on cherche des solutions asymptotiques

$$e_{\pm}(x,y,\xi)\, e^{i\varphi_{\pm}(x,\xi)} \quad \text{avec } e_{\pm} \in S^{m,k} \quad \text{supp } e_{\pm} \subset U'' \times G^{\varepsilon'',T''},$$

et on va résoudre l'équation $\mathcal{L}_p$ (cf (4.30)).

Etant donné $\{\gamma_i'\}$ une famille de voisinages coniques, fermés, de $(0,\eta_0)$ dans $\bar{\mathbb{R}}_+^{N+1} \times (\mathbb{R}^N \setminus 0)$ formant une base des voisinages coniques de $(0,\eta_0)$, $\varepsilon'' > 0$, on peut trouver une famille $\{\Gamma_i\}$ de fermés, une famille $\{\gamma_i''\}$ de voisinages coniques fermés de $(0,\eta_0)$ avec

$$\gamma_i''^{\varepsilon'',1} \subset \Gamma_i \subset \gamma_i'^{\varepsilon'',1}, \text{ des } \varepsilon_i > 0 \text{ tels que :}$$

si $\tilde{f} \in S^{m+1,k+1}$ supp $\tilde{f} \subset \Gamma_i^{T''}$, si $\tilde{e} \in S^{m,k}$, supp $\tilde{e} \subset \partial\Gamma_i^{T''}$, il existe un symbole $e \in S^{m,k}$, supp $e \subset \Gamma_i^{T''}$ tel que :

$$(5.77)\quad \begin{cases} \mathcal{L}_p(e) = \tilde{f} & \text{pour } 0 \leq x_0 < \varepsilon_i \\ e|_{x_0=0} = \tilde{e}. \end{cases}$$

Maintenant, étant donné L'' un voisinage conique assez petit de $(0,\eta_0)$ dans $\mathbb{R}^N \times (\mathbb{R}^N \setminus 0)$, L'' ε'' et $1/T''$ assez petits, étant donné $\tilde{k}''(y,\xi) \in S^{0,0}$ supp $\tilde{k}'' \subset L''^{\varepsilon'',T''}$, on peut trouver $\bar{e}_{\pm}(x_0,y,\xi) \in S^{0,0}$ supp $\bar{e}_{\pm} \subset U'' \times G^{\varepsilon'',T''}$, un voisinage ω de 0 dans $\bar{\mathbb{R}}_+^{N+1}$

tels que :

$$\bar{e}^{-i\varphi_\pm} P(\bar{e}_\pm e^{i\varphi_\pm})\Big|_{\omega \times (\mathbb{R}^N \setminus 0)} \in S^{1,\infty}$$

$$\bar{e}_\pm\Big|_{x_o=o} = \tilde{k}''(y,\xi) \text{ mod } S^{-\infty} .$$

Il ne reste plus qu'à construire (cf (4.37)) $r_\pm \in S^o$ plat sur M, tel que

$e_\pm = \bar{e}_\pm + r_\pm$ vérifie (L", ω assez petits) :

$$e^{-i\varphi_\pm} P(e_\pm e^{i\varphi_\pm})\Big|_{\omega \times (\mathbb{R}^N \setminus 0)} \in S^{-\infty} \tag{5.78}$$

$$e_\pm\Big|_{x_o=o} = \tilde{k}''(y,\xi) \text{ mod } S^{-\infty} .$$

On dispose alors des opérateurs

$$f \to E_\pm f(x_o,y) = \int e^{i\varphi^\pm(x_o,y,\xi)} e_\pm(x_o,y,\xi) \hat{f}(\xi)\, d\xi, \tag{5.79}$$

étant donné $k''(y,\xi) \in S^{o,o}$ supp $k'' \subset L''^{\varepsilon'',T''}$, on peut trouver des opérateurs $\tau^i_\pm(y,D_y) \in S^{-i,-i}$ $i = 0,1$ tels que :

$$\begin{aligned} &E_+(0)\ \tau^i_+(y,D_y) + E_-(0)\ \tau^i_-(y,D_y) = \delta_{i,o}\ k''(y,D_y) \text{ mod. } S^{-\infty} \\ &D_o E_+(0)\ \tau^i_+(y,D_y) + D_o E_-(0)\ \tau^i_-(y,D_y) = \delta_{i,1}\ k''(y,D_y) \text{ mod. } S^{-\infty} . \end{aligned} \tag{5.80}$$

Prenant pour k' et k" une partition de l'unité (pour $|\xi|$ grand) d'un voisinage conique de $(0,\eta_o) \in \mathbb{R}^N \times (\mathbb{R}^N \setminus 0)$ et regroupant les opérateurs (cf (5.50) (5.80))

$$\sum_{\lambda=\pm 1} B_\lambda\, \sigma^i_\lambda + E_\lambda\, \tau^i_\lambda \qquad i = 0,1$$

nous avons achevé notre construction.

§ 6. LE CAS OU $P^S_1|_N < 0$.

On construit dans cette section des solutions du problème de Dirichlet pour l'opérateur P, dans $x_o \geq 0$, microlocales au voisinage d'un point $z_o \in T^\star\partial\Omega\backslash 0$ tel que

$$i^{\star -1}(\mathbb{R}_+ z_o) \cap p^{-1}(0) = \{\sigma_o\}$$

ie. $z_o \in M$.

On a classifié dans la section § 2 les points $(z,t) \in N(M)$ en catégories $\mathcal{E}$, $\mathcal{G}$, $\mathcal{H}$, on suppose ici

(6.0) $$P^s_1(\sigma_o) < 0 \,.$$

(6.1) Il existe un voisinage conique γ de z_o dans $T^\star\partial\Omega\backslash 0$ tel que

$$z \in \gamma \ (z,t) \in N(M) \Longrightarrow (z,t) \in \mathcal{E} \ , \ \mathcal{H} \text{ ou } \mathcal{G}_d \,.$$

(On verra qu'alors les points de diffraction $\mathcal{G}_d$ sont non dégénérés cf (2.5)). Après transformation canonique on est réduit au cas où

$\Omega = \bar{\mathbb{R}}_{+_{x_o}} \times \mathbb{R}^{N-p}_{x'} \times \mathbb{R}^p_{x''}$, $z_o = (0,\eta_o), \eta_o = (\eta'_o,\eta''_o)$, $\eta''_o = 0$, $\eta'_o = (1,0\ldots 0)$,

et où M est $\xi'' = 0$; la fonction q définie en (2.3) s'exprime alors par

$$q(x,\xi) = -\xi_o^2 + b(x,\xi',\xi'') + m(x,\xi')$$

où (ξ_o, ξ'') est un vecteur normal à N ; $\xi_o = \xi'' = 0$ au point $(x,0,\xi',0)$, identifiant ainsi $T^\star \mathbb{R}^{N+1}$ à $N(N)$.

Un point $(y,\eta) \in T^\star\mathbb{R}^N$, (y,η') dans un voisinage conique γ' de $(0,\eta'_o)$ assez petit, est donc dans $\mathcal{E}$(resp. $\mathcal{H}$, resp. $\mathcal{G}$) si $q(0,y,0,\eta) < 0$ (resp. $q(0,y,0,\eta) > 0$, resp. $q(0,y,0,\eta) = 0$), l'hypothèse (6.1) se traduit alors par :

(6.2) $$(y,\eta') \in \gamma', \ q(0,y,0,\eta) = 0 \Longrightarrow \frac{\partial q}{\partial x_o}(0,y,0,\eta) > 0.$$

Mais il est clair que (6.0) implique également

(6.3) $$(y,\eta') \in \gamma', \ q(0,y,0,\eta) = 0 \Longrightarrow d_{\eta''}q(0,y,0,\eta) \neq 0.$$

On désigne par L un voisinage conique fermé assez petit de $(0,\eta_o)$ dans $T^*\mathbb{R}^N\setminus 0$, se projettant parallèlement à $\xi' = 0$ en un voisinage conique fermé γ' de $(0,\eta'_o)$, et on décompose (par T assez grand)

$$L^T = L'^T \cup L''^T .$$

(6.4) $$L' = \{(y,\eta) \in \mathbb{R}^{2N} \quad (y,\eta') \in \gamma' , \ |\eta''|^2 \leqslant \rho\ |\eta'|\} ,$$

(6.5) $$L'' = \{(y,\eta) \in L \quad (y,\eta') \in \gamma' , \ |\eta''|^2 \geqslant \frac{\rho}{2}\ |\eta'|\} ,$$

le choix de $\rho > 0$ assez grand sera précisé plus loin, en particulier on imposera $L'' \subset \mathcal{H}$.

On va faire une construction "σ-microlocale" au voisinage de chaque point $(0,\tilde{\eta}) \in L'$, distinguant selon que $(0,\tilde{\eta}) \in \mathcal{E}$, $\mathcal{G}$ ou $\mathcal{H}$; on recollera les solutions construites et on ajoutera des termes de type hyperbolique pour la zone L''. Plus précisément, la première étape est de prouver que étant donné $(0,\tilde{\eta}_o) \in L'$: Il existe ω un voisinage de 0 dans $\overline{\mathbb{R}}^{N+1}_+$, un voisinage σ-conique $\tilde{\gamma}$ de $(0,\tilde{\eta}_o)$ dans $T^*\mathbb{R}^N\setminus 0$ et des $E'_\pm \in C^\infty(\overline{\mathbb{R}}_+, \mathcal{D}'(\mathbb{R}^{2N}))$ telles que :

(6.6) $$\begin{cases} P(x_o,y,D_{x_o},D_y)\ E'_\pm(x_o,y,z)|_{\omega \times \mathbb{R}^N} \in C^\infty(\omega \times \mathbb{R}^N) \\ E'_\pm(0,y,z) = K'(y,z) + C^\infty(\mathbb{R}^{2N}) \end{cases}$$

où K' est le noyau d'un opérateur pseudo-différentiel de symbole $k'(y,\xi) \in S^o_{1,\frac{1}{2},0}$ à support dans $\tilde{\gamma}^T$.

a) <u>LA CONSTRUCTION DU TERME FOURIER-AIRY.</u>

On va se contenter de décrire les solutions de (6.6) dans le cas où $(0,\tilde{\eta}_o) \in \mathcal{G}$ qui en un certain sens contient les deux autres ; on fera constamment référence à [21]. Le terme "principal" de (6.6) est encore constitué à l'aide des fonctions d'Airy $A_\pm$ de (1.15) :

(6.7) $$I_\pm(\tilde{a},\tilde{b}) = e^{i(\varphi(x_o,y,\xi)-\varphi(0,z,\xi))} \frac{\tilde{a}(x_o,y,z,\xi)A_\pm(\zeta(x_o,y,\xi))+\tilde{b}(a_o,y,z,\xi)A'_\pm(\zeta(x_o,y,\xi))}{A_\pm(\zeta(0,z,\xi))}$$

où $\tilde{a}$ (resp $\tilde{b}$) satisfait à des m(resp $m-\frac{1}{6}$)$(\frac{2}{3}, \frac{1}{6},0,0)$ estimations et est à support dans un voisinage σ-conique assez petit de $(0,\tilde{\eta}_o)$ dans $\mathbb{R}^{2N+1} \times (\mathbb{R}^N\setminus 0)$.

On choisit une fonction $X(\xi)$ σ-homogène de degré 0 vérifiant :

(6.8) $$X(\tilde{\eta}_o) = 0 \quad \text{et} \quad \exists\, 1 \leqslant j \leqslant p \quad \text{tel que} \quad X'_{\xi''_j}(\tilde{\eta}_o) \,.\, q'_{\xi''_j}(0,0,0,\tilde{\eta}_o) \neq 0.$$

Dans ces conditions si U (resp $\tilde{G}$) désigne un voisinage (resp voisinage σ-conique) assez petit de 0 dans $\mathbb{R}^{N+1}$ (resp $\tilde{\eta}_o$ dans $(\mathbb{R}^N \setminus 0)$, il existe des fonctions $\varphi(x,\xi)$ et $\zeta(x,\xi)$ C^∞ dans $U \times \tilde{G}$ vérifiant les équations (5.2) et (5.3) pour $x_o \geqslant X(\xi)$; de plus

(6.9) $\varphi(x,\xi) = \varphi^{(1)}(x,\xi) + x'.\xi'$ avec $\varphi^{(1)}$ σ-homogène de degré 1 et

$$\left|\det\left(\frac{\partial^2 \varphi^{(1)}}{\partial x''_j\, \xi''_k}\right)\right| \geqslant c > 0 \quad ,$$

(6.10) $\zeta(x,\xi) = (x_o - X(\xi))\, g(x,\xi)$, g σ-homogène de degré $2/3$ et

$$- c_1 \, |\xi'|^{1/3} \leqslant g(x,\xi) < - c_2 \, |\xi'|^{1/3} .$$

La preuve est identique à celle de la proposition (5.1) à la différence que cette fois la possibilité de résoudre :

$$q(X(\xi),y,0,\xi', \varphi^{(1)}_{oy''}) = 0 \qquad \varphi_o^{(1)}\Big|_{y''_{j}=o} = \sum_{k\neq j} y''_k\, \xi''_k \;, \quad (\varphi_o^{(1)})_{y''}(0,\tilde{\eta}_o) = \tilde{\eta}''_o \;,$$

est assurée par (6.3).

Il est utile de remplacer l'opérateur $P = - D_o^2 + A(x,D_y)$ par $- D_o^2 + \chi(x)\, A(x,D_y)$ où χ égale à 1 au voisinage de 0 et est à support dans U ce qui n'affectera pas le problème (6.6).

On observe que la proposition (5.25) est encore valable avec des symboles $e(x,z,\xi)$, $e'(x,z,\xi)$, à supports dans un voisinage σ-conique de $(0,\tilde{\eta}_o)$ dans $\mathbb{R}^{2N+1} \times (\mathbb{R}^N \setminus 0)$ satisfaisant à des m' (resp $m'-1/6$) $(\rho',\rho'',\partial,\nu)$ estimations pour $x_o \geqslant X(\xi)$.
Elle fournit des fonctions c,d satisfaisant des $m+m'$ (resp $m+m'-1/6$) estimations dans $x_o \geqslant X(\xi)$.

Prenant maintenant des symboles $\tilde{a}$ et $\tilde{b}$ satisfaisant (6.7), désignant encore par T le système différentiel du 1er ordre étudié en (5.45), à l'aide d'extensions puis de restrictions convenables on a :

il existe des symboles $R\begin{pmatrix}\tilde a\\ \tilde b\end{pmatrix} \in S^{m+2\sup(\delta,\nu)}_{\bar\rho',\bar\rho'',\bar\delta,\bar\nu} \times S^{m+2\sup(\delta,\nu)-1/6}_{\bar\rho',\bar\rho'',\bar\delta,\bar\nu}$ pour $x_o \geqslant 0$

(6.11)

tels que $P(I_\pm(\tilde a,\tilde b)) = I_\pm\left(T\begin{pmatrix}\tilde a\\ \tilde b\end{pmatrix}\right) + I_\pm\left(R\begin{pmatrix}\tilde a\\ \tilde b\end{pmatrix}\right)$ pour $x_o \geqslant X(\xi)$.

On ne peut résoudre l'équation de transport T que dans la zone hyperbolique $\zeta \leqslant 0$ ie $x_o \geqslant X(\xi)$, la proposition (5.4) est encore valable si l'on remplace (5.45) par

$$T\begin{pmatrix}\tilde a\\ \tilde b\end{pmatrix} = \begin{pmatrix}\tilde f\\ \tilde g\end{pmatrix} \qquad x \in \omega \ , \qquad x_o \geqslant X(\xi) \ ,$$

(6.12)

$$\tilde a|_{x_o = X(\xi)} = \tilde a_o \ .$$

On en déduit que si $a_o \in S^{o}_{\frac{2}{3},\frac{1}{6},0}$ est à support dans un voisinage σ-conique assez petit $\tilde\ell$ de $(0,\tilde\eta_o)$ dans $\mathbb{R}^{2N} \times (\mathbb{R}^N \setminus 0)$, et si $\sigma(z)$ est à support dans un voisinage de o dans $\mathbb{R}^{N+1}$ convenable, on peut construire une suite

$\tilde a_j \in S^{-j/2}_{2/3,1/6,0}$ (resp $\tilde b_j \in S^{-j/2-1/6}_{2/3,1/6,0}$) telle que on ait :

$$T\begin{pmatrix}\tilde a_o\\ \tilde b_o\end{pmatrix} = 0 \quad \text{pour} \quad x \in \omega \ , \quad x_o \geqslant X(\xi) \ ,$$

$$\tilde a_o|_{x_o = X(\xi)} = \tilde a^o \ .$$

$$T\begin{pmatrix}\tilde a_j\\ \tilde b_j\end{pmatrix} = -\sigma R\begin{pmatrix}\tilde a_{j-1}\\ \tilde b_{j-1}\end{pmatrix} \qquad x \in \omega \ , \quad x_o \geqslant X(\xi) \ ,$$

$$\tilde a_j|_{x_o = X(\xi)} = 0 \ .$$

Posant $\tilde a \sim \sum_{j\geqslant o} \tilde a_j$, $\tilde b \sim \sum_{j \geqslant o} \tilde b_j$

on a prouvé :

Il existe des symboles $\tilde a(x,z,\xi)$ (resp $\tilde b(x,z,\xi)$) de $S^{o}_{1/3,1/6,0,0}$ (resp $S^{-1/6}_{2/31/6,0,0}$) à support dans $\tilde\Gamma$, un symbole $\tilde r_\pm(x,z,\xi) \in S^{-\infty}(\mathbb{R}^{2N+1} \times (\mathbb{R}^N \setminus 0))$

et un voisinage ω de 0 dans $\mathbb{R}^{N+1}$ tels que :

$$P(I_{\pm}(\tilde{a},\tilde{b})) = \tilde{r}_{\pm} \quad \text{dans} \quad (\omega \times \mathbb{R}^N \times (\mathbb{R}^N \setminus 0)) \cap (x_o \geqslant X(\xi))$$

(6.13) $$\tilde{a}|_{x_o = X(\xi)} = a_o \mod. S^{-\infty}(\mathbb{R}^{2N} \times (\mathbb{R}^N \setminus 0))$$

b) LES OPERATEURS INTEGRAUX DE FOURIER-AIRY.

On doit maintenant abandonner le point de vue de solutions asymptotiques pour définir des opérateurs intégraux de Fourier-Airy, et étudier leur composition par des opérateurs pseudo-différentiels.

On posera

(6.14) $$B^{\pm}(a,b)f(x_o,y) = \iint e^{i(\varphi(x_o,y,\xi) - \varphi(0,z,\xi))} \frac{a(x,z,\xi)A_{\pm}(\zeta(x,\xi)) + b(x,z,\xi)A'_{\pm}(\zeta(x,\xi))}{A_{\pm}(\zeta(0,z,\xi))} \sigma(\zeta(0,z,\xi)\,|\xi|^{-t})\, f(z)dz\, d\xi ,$$

avec $(a,b) \in S^m_{\rho',\rho'',\partial,\nu} \times S^{m-1/6}_{\rho',\rho'',\partial,\nu}$ nuls pour $|\xi|$ petit et à support dans $\tilde{\Gamma}$, $f \in \mathcal{D}'(\mathbb{R}^N)$, $\sigma(z) \in C^{\infty}(\mathbb{R})$ $\sigma(z) = 1$ pour $z \leqslant 1/2$, $\sigma(z) = 0$ pour $z \geqslant 1$.

La formule (6.14) a cependant seulement une valeur "heuristique" car outre la convention, habituelle, de l'écriture intégrale oscillante, l'intégrande de (6.14) a une croissante exponentielle quand $\zeta(x,\xi) \gg 1$; et on devra donner un sens nettement différent à l'opérateur (6.14).

La nécessité d'étendre les solutions Fourier-Airy , à priori valables seulement dans la zone hyperbolique $\zeta(x_o,y,\xi) \leqslant 0$, à une zone $\zeta(0,z,\xi) \leqslant |\xi|^t$ $1/3 \geqslant t > 0$, sera expliquée dans la section suivante (voir bien entendu également [21]).

On justifiera ci-dessous la limitation sur l'exposant t : $0 < t < 1/9$.

1-b) LA DEFINITION DES OPERATEURS DE FOURIER-AIRY.

Commençons par quelques notations.

$\tilde{\Gamma}$ sera un voisinage σ-conique assez petit de $(0,0,\tilde{\eta}_o)$ dans $\bar{\mathbb{R}}^1_{+_{x_o}} \times \mathbb{R}^N_y \times \mathbb{R}^N_z \times (\mathbb{R}^N_\xi \setminus 0)$, ζ la fonction $\zeta(x_o,y,\xi)$, tandis que ζ_o sera $\zeta(0,z,\xi)$, $\chi(s)$ la fonction numérique $\chi(s) = \sigma(s+2)$, on posera également :

(6.15) $$T^\pm(a,b)\ (x,z,\xi) = \frac{a(x,z,\xi)\ A_\pm(\zeta) + b(x,z,\xi)\ A'_\pm(\zeta)}{A_\pm(\zeta_o)}\ \sigma(\zeta_o|\xi|^{-t})$$

(6.16) $$\theta_\pm(x_o,y,\xi) = \pm\ 2/3\ \ \chi(\zeta(x_o,y,\xi))\ (-\zeta(x_o,y,\xi))^{3/2}$$

(6.17) $$\Phi(x,z,\xi) = \varphi(x_o,y,\xi) - \varphi(0,z,\xi)$$

(6.18) $$\psi_\pm(x,z,\xi) = (\varphi(x_o,y,\xi) + \theta_\pm(x_o,y,\xi)) - (\varphi(0,z,\xi) + \theta_\pm(0,z,\xi)).$$

On décompose

(6.19) $$T^\pm = T_1^\pm + T_2^\pm$$

avec

(6.20) $$T_1^\pm(a,b) = \frac{a\ A_\pm(\zeta) + b\ A'(\zeta)}{A_\pm(\zeta_o)}\ \sigma(\zeta_o).$$

Proposition 6.21.

Il existe $e_\pm^{(1)}(a,b) \in S^m_{\bar{\rho}',\bar{\rho}'',\bar{\partial},\bar{\nu}}$, $\bar{\rho}' = \inf(\rho',2/3)$, $\bar{\rho}'' = \inf(\rho'',1/6)$, $\bar{\delta} = \sup((\delta,0)$ $\bar{\nu} = \sup(\nu,1/3)$ dépendant continûment de $(a,b) \in S^m_{\rho',\rho'',\partial,\nu} \times S^{m-1/6}_{\rho',\rho'',\partial,\nu}$ tel que

(6.22) $$T_1^\pm(a,b)\ (x,z,\xi) = e^{i(\theta_\pm(x_o,y,\xi) - \theta_\pm(0,z,\xi))}\ e_\pm^{(1)}(a,b)\ (x,z,\xi).$$

La preuve est très largement analogue à celle de [20] proposition 3.3 ; elle consiste à décomposer la fonction d'Airy en "phases-symboles", on découpe $T_1^\pm$ en trois termes :

$$T_1^\pm = T_1^\pm(1-\sigma(-\zeta))\ (1-\sigma(-\zeta_o)) + T_1^\pm(1-\sigma(-\zeta))\ \sigma(-\zeta_o) + T_1^\pm\ \sigma(-\zeta).$$

Sur le support du premier terme $T_1^{\pm 1}$ on a $\zeta \leq -1/2$, $\zeta_o \leq -1/2$, et on décompose $A_\pm(\zeta) = \phi_\pm(\zeta)\ e^{i\theta_\pm(\zeta)}$ où $\phi_\pm$ (resp $\phi_\pm^{-1}$) est un symbole de degré

-1/4(resp 1/4) dans la variable ζ pour $\zeta \leqslant -1/2$, et donc

$$T_1^{\pm 1} = e^{i(\theta_\pm(x_o,y,\xi) - \theta_\pm(0,z,\xi))} e_\pm^1(a,b) ;$$

par contre sur le support du second terme $T_1^{\pm 2}$ on a $\zeta \leqslant -1/2 \quad 1 \leqslant \zeta_o \leqslant 1$

et

$$T_1^{\pm 2} = e^{i\theta_\pm(x_o,y,\xi)} e_\pm^2 (a,b),$$

car pour $|\zeta|$ borné $A_\pm(\zeta)$ satisfait des $O(2/3,1/6,0,1/3)$ estimations; enfin sur le support du dernier terme $T_1^{\pm 3}$ on a $-1 \leqslant \zeta \leqslant 1 \quad -1 \leqslant \zeta_o \leqslant 1$ et

$$T_1^{\pm 3} = e_\pm^3(a,b).$$

Pour obtenir (6.22) il suffit de poser $e_\pm^{(1)}(a,b) = \sum_{j=1}^{3} e_\pm^j(a,b)$. ■

Soit maintenant $h \in S^m_{\rho',\rho'',\partial,\nu}$ à support dans $\tilde{\Gamma}$, nul pour $|\xi|$ petit, posons

(6.23) $\quad Op_\Phi(h) : h \longmapsto \iint e^{i\Phi(x_o,y,z,\xi)} h(x_o,y,z,\xi) f(z)\, dz\, d\xi$

(6.24) $\quad Op_{\psi_\pm}(h) : f \longrightarrow \iint e^{i\psi_\pm(x_o,y,z,\xi)} h(x_o,y,z,\xi) f(z)\, dz\, d\xi$.

(6.23) (resp (6.24)) n'a, à priori, de sens que pour $h \in S^{-\infty}$ et $f \in C_o^\infty(\mathbb{R}^N)$; cependant l'existence d'un opérateur d'intégration par parties $L = \sum_{j=1}^{N} a_j \frac{\partial}{\partial y_j} + a_o$, ${}^tL\, e^{i\phi} = e^{i\phi}$ (resp ${}^tL^\pm\, e^{i\psi_\pm} = e^{i\psi_\pm}$), a_j $j = 0\ldots N \in S^{-1}_{2/3,1/6,01/3}$, permet d'étendre $Op_\Phi(h)$ (resp $Op_{\psi_\pm}(h)$) pour $h \in S^m_{\rho',\rho'',\delta,\nu}$ $\delta < 1$, en un opérateur continu $\mathcal{D}'(\mathbb{R}^N)$ dans $C^\infty(\bar{\mathbb{R}}_\pm, \mathcal{D}'(\mathbb{R}^N))$; de plus l'existence d'un opérateur d'intégration par parties dans les variables z cette fois, prouve que $Op_\Phi(h)$ (resp $Op_{\psi_\pm}(h)$) applique $C^\infty(\mathbb{R}^N)$ dans $C^\infty(\bar{\mathbb{R}}_+^{N+1})$.

Par suite l'opérateur

(6.25) $$B_1^\pm(a,b) = Op_\Phi(T_1^\pm(a,b))$$

pour $(a,b) \in S^{-\infty} \times S^{-\infty}$ pourra être entendu continûment pour $(a,b) \in S^m_{\rho',\rho'',\delta,\nu} \times S^{m-1/6}_{\rho',\rho'',\delta,\nu}$ $\delta < 1$ au moyen de l'opérateur $Op_{\psi_\pm}(e_\pm^{(1)}(a,b))$.

Il reste par conséquent à étudier le terme $T_2^\pm(a,b) = \frac{aA(\zeta)+bA'(\zeta)}{A(\zeta_o)}(\sigma(\zeta_o|\xi|^{-t}) - \sigma(\zeta_o))$.

Il est commode d'introduire $\rho(x_o,\xi) = -(x_o - X(\xi))\ |\xi|^{1/3}$ et $\sigma'(t) \in C^\infty(\mathbb{R})$ $\sigma'(t) = 1$ pour $t \leq \gamma/2$ $\sigma'(t) = 0$ pour $t \geq \gamma$, la constante $\gamma > 0$ étant choisie en sorte que l'on ait $\zeta \leq -1/2$ sur supp $(1-\sigma'(-\rho))$.

On posera alors $\alpha(x_o,\xi) = \sigma'(\rho(x_o,\xi))$, puis on décomposera

$$T_2^{\pm}(a,b) = T_2'^{\pm}(a,b) + T_2''^{\pm}(a,b) \tag{6.26}$$

avec

$$T_2'^{\pm}(a,b) = \alpha\ T_2^{\pm}(a,b) \qquad T_2''^{\pm}(a,b) = (1-\alpha)\ T_2^{\pm}(a,b).$$

Observons que sur le support de $T_2'^{\pm}$ on a $\zeta \leq C$, $\zeta_o \geq c$ pour certains C et $c > 0$, et qu'alors le terme $\frac{1}{A_{\pm}(\zeta_o)}$ (utiliser la décroissance exponentielle pour $\zeta_o >> 1$) satisfait à des $O(2/3,\ 1/6,\ 0,0)$ estimations ; par ailleurs il est facile de voir que $\sigma(\zeta_o|\xi|^{-t})$ satisfait à des $O(2/3+t,\ 1/6+t,\ 0,0)$ estimations dans $\tilde{\Gamma}$.

Par suite décomposant à nouveau

$$T_2'^{\pm} = T_3'^{\pm} + T_4'^{\pm} \tag{6.27}$$

(6.28) avec $T_3'^{\pm} = (1-\sigma'(-\rho))\ \sigma'(\rho)\ T_2^{\pm}$,

(6.29) et $T_4'^{\pm} = \sigma'(-\rho)\ \sigma'(\rho)\ T_2^{\pm}$.

On a alors :

<u>Proposition 6.30.</u>

On a

(i) $$T_3'^{\pm} = e^{i\theta_{\pm}(x_o,y,\xi)}\ e_3'^{\pm}(a,b)$$

où $e_3'^{\pm}(a,b)$ qui dépend continûment de a,b est dans $S^m_{\bar{\rho}',\bar{\rho}'',\bar{\delta},\bar{\nu}}$.

(ii) $$T_4'^{\pm} \in S^m_{\bar{\rho}',\bar{\rho}'',\bar{\partial},\bar{\nu}} .$$

(iii) $T_2''^{\pm}$ s'écrit $T_2''^{\pm} = \exp -2/3(\zeta_o^{3/2} - \zeta^{3/2})\ e_2''^{\pm}(a,b)$,

où $e_2''^{\pm}(a,b)$ qui dépend continûment de a,b, vérifie les estimations

$$|D^{\alpha}_{x_o}\ D^{\beta}_{y}\ D^{\beta'}_{z} D^{\gamma'}_{\xi'} D^{\gamma''}_{\xi''} e_2''^{\pm}| \leq c(1+|\zeta-\zeta_o|^{1/4})\ |\xi|^{m-\bar{\rho}'|\gamma'|-\bar{\rho}''|\gamma''| + \bar{\delta}(|\beta|+|\beta'|) + \bar{\nu}|\alpha|}.$$

Pour prouver (i) il suffit de remarquer que sur le support de $e_3'^{\pm}$ on a $\zeta \leqslant 1/2$ et procéder comme à la proposition (6.21). Pour prouver (ii) il faut observer que le support de $T_4'^{\pm}$ on a $-c' \leqslant \zeta \leqslant c'$ pour $c' > 0$, et donc que sur le support de $T_4'^{\pm}$ $A(\zeta)$ satisfait à des $O(2/3,\ 1/6,\ 0,\ 1/3)$. Enfin pour obtenir (iii) il faut observer que sur le support de $T_2''^{\pm}$ on a $c \leqslant \zeta \leqslant C\ |\xi|^t$ $c \leqslant \zeta_o \leqslant C\ |\xi|^t$ pour des c et $C > 0$ et utilisez (1.14). ■

Le problème est finalement réduit au terme $T_2''^{\pm}$, en fait au terme $\exp -2/3(\zeta_o^{3/2} - \zeta^{3/2})$, dont la croissance peut être exponentielle, on va donc (voir [20]) mettre en évidence une notion de variété critique pour les opérateurs du type Op_ϕ sur laquelle le terme $T_7''^{\pm}$ perd sa croissance.

Soit $\tilde{\Gamma}_1$ un voisinage σ. conique de $(0,0,\tilde{\eta}_0)$ assez petit telque dans $\tilde{\Gamma}_1$ on ait $\Phi'_{\xi''}(x,y',z'',\xi) = g\cdot(Y''(x,\xi)-y'')$ avec g (resp. Y'') dans $S^0_{1,1/2,0}(\tilde{\Gamma}_1)$ et $|\det g| \geq c_1 > 0$ dans $\tilde{\Gamma}_1$. On pose $Y(x,\xi) = (y', Y''(x,\xi))$.

<u>Proposition 6.31</u>. Soit $\mathcal{B} \subset \tilde{\Gamma}_1$ un ouvert σ. conique $\mathcal{B} = \{(x,z,\xi) \mid (x,\xi) \in \tilde{\Gamma}\ |z - Y(x,\xi)| < \delta\}$, soit $\tilde{\Gamma}'$ (resp. U') un voisinage σ-conique fermé de $(0,\tilde{\eta}_0)$ (resp. de 0 dans $\mathbb{R}^N$) $\tilde{\Gamma}' \times U' \subset \mathcal{B}$. On designe par $QS^m_{\rho',\rho'',\delta,\nu}(\mathcal{B})$ l'ensemble des fonctions $h \in C^\infty(\mathcal{B})$ nulles hors de $\tilde{\Gamma}'$ et satisfaisant des m-$(\rho',\rho'',\delta,\nu)$ estimations avec $\rho' \leq 1$, $\rho'' \leq 1/2$, $\delta \leq \inf(1-\rho', 1/2-\rho'', \nu)$, enfin soit $g \in C_0^\infty(U')$, g etant égale à 1 sur un voisinage de $Y(\tilde{\Gamma}')$.
On designe pour h $QS^m_{\rho',\rho'',\delta,\nu}$ par $s_o h \in S^m_{\rho',\rho'',\delta,\nu}$ la fonction $(s_o h)(x,\xi) = h(x, Y(x,\xi), \xi)$.
Il existe un opérateur $R : QS^m_{\rho',\rho'',\delta,\nu} \rightarrow QS^{m-\inf(\rho',\rho'')}_{\rho',\rho'',\delta,\nu}$ tel que l'on ait :

$$Op_\Phi(h\,g) = Op_\Phi(s_o h\, g) + Op_\Phi(Rh\,g)\ . \tag{6.32}$$

La possibilité de résoudre $\phi'_{\xi''}(x_o,y,y',Y'',\xi) = 0$ résulte de $\det\left(\frac{\partial^2\varphi^{(1)}}{\partial y_j''\partial\xi_k'}\right)(0,\tilde{\eta}_o) \neq 0$; si $h \in QS^m_{\rho',\rho'',\delta,\nu}$, $s_o(h)\ (x_o,y,\xi) = h(x_o,y,Y,\xi)$ est encore dans $QS^m_{\rho',\rho'',\delta,\nu}$ (du moins si ρ',ρ'',δ,ν vérifient les conditions précisées) et la formule de Taylor permet d'écrire

$$h = s_o(h) + (z'-y').h' + (z''-Y''(x,\xi)).h'' \tag{6.33}$$

avec $h', h'' \in S^{m+\delta}_{\rho',\rho'',\delta,\nu}$.

Cependant il existe une matrice g de symboles de $S^o_{1,1/2,0,0}$, $|\det g| \geqslant c > 0$, telle que

$$\phi'_{\xi''} = g.(Y'' - z'')\ .$$

Ecrivant $\phi = (y'-z').\xi' + \phi^{(1)}$ avec $\phi^{(1)} \in S^{1/2}_{1,1/2,0,0}$, (6.33) s'écrit donc

$$h = s_o(h) + \phi'_{\xi'}.\, h' + \phi'_{\xi''}.({}^t g^{-1}\, h'') + \phi'_{\xi'} \cdot q k' + c'k' + c''k''$$

et si l'on désigne par R l'opérateur :

$$R(h) = i\, \partial_{\xi'}.h' + i\, \partial_{\xi''}.({}^t g^{-1} h'') + i\,\partial_{\xi'} q k' + c'k' + c''k'', \tag{6.34}$$

R applique $S^m_{\rho',\rho'',\partial,\nu}$ dans $S^{m-\inf(\rho',\rho'')+\delta}_{\rho',\rho'',\partial,\nu}$ et satisfait à (6.32). ∎

Il résulte de la proposition que si l'on pose

$$s(h) \sim \sum_{j\geq 0} s_o\, R^j h \tag{6.35}$$

sous réserve que $\delta < \inf(\rho',\rho'')$, on a $op_\phi(hg) = op_\phi(s(h)g) \bmod. L^{-\infty}$.

Les ensembles $\tilde{\Gamma}'$ et U' etant eventuellement diminués afin que la Proposition (6.62) soit verifiée, on designe par $\tilde{\Gamma}_0$ un σ-sous cône ouvert de $\tilde{\Gamma}'$, par $\tilde{\Gamma}_1$ un σ-sous cône fermé $\subset \tilde{\Gamma}_0$ et par V_1 un voisinage de 0 dans $\mathbb{R}^N$ $V_1 \subset Y(\tilde{\Gamma}')$. On supposera desormais que $\tilde{\Gamma} \subset \{(x,z,\xi) \in \overline{\mathbb{R}}^{2N+1}_+ \times (\mathbb{R}^N \setminus 0) \mid (x,\xi) \in \tilde{\Gamma}_1,\, z \in V_1\}$ et on prouve:

<u>Proposition 6.36.</u>

Avec les notations de la proposition (6.31) et sous les conditions $0 \leq t < 1/6$, $1/6 \leq \rho' \leq 1$, $1/6 \leq \rho'' < 1/2$, $\nu \leq 1/3$, $\delta \leq \inf(1-\rho', \frac{1}{2} - \rho'', \nu, 3t/2)$

$$s_o\, R^j\, T_2''^{\pm} \in S^{m-j(1/6-3t/2)}_{1/6,1/6,3t/2,1/3+t/2}. \tag{6.37}$$

Si $\tilde{\Gamma}$ est assez petit on peut voir que sur le support de $T_2''^{\pm}$ on a

$$\zeta^{3/2}(0,Y(x,\xi),\xi) - \zeta^{3/2}(x_o,y,\xi) \geq c\, x_o\, |\xi|^{1/3}, \tag{6.38}$$

de plus on a par récurrence (voir [20]) :

$$D^k_{x_o}\, D^\beta_y\, D^{\beta'}_z\, D^\alpha_\xi \exp(-2/3(\zeta_o^{3/2} - \zeta^{3/2})) = \tag{6.39}$$

$$= \exp(-2/3(\zeta_o^{3/2} - \zeta^{3/2})) \sum_{\gamma\leq\alpha} (\zeta_o^{1/2}\, \partial_\xi\, \zeta_o - \zeta^{1/2}\, \partial_\xi \zeta)^\gamma\, \mu_\gamma^{(k,\alpha,\beta,\beta')}$$

où $\mu_\gamma^{k,\alpha,\beta,\beta'}$ satisfait des $\frac{3t+1}{2}\,\frac{k}{3} - \frac{|\alpha-\gamma|}{6} + \frac{3}{2}\, t(|\beta|+|\beta'|)$ $(2/3, 1/6, 0, 1/3)$ pour $c \leq \zeta$, $\zeta_o \leq c\, |\xi|^t$ (observez qu'alors ζ satisfait des $t(2/3,1/6,0,1/3)$ estimations et utilisez $t < 1/6$).

D'autre part on peut également expliciter

$$s_o(R^j h) = \sum_{\substack{|\alpha|\leq j \\ |\alpha|+|\beta|\leq 2j}} r^{\alpha,\beta}_{j(x,\xi)}\, D^\beta_z\, D^\alpha_\xi h(x_o, y, Y(x,\xi),\xi) \tag{6.40}$$

où $r_j^{\alpha,\beta} \in S_{1,1/2,0,0}^{\frac{|\alpha|}{2}-\frac{j}{2}}$,

et on peut prouver que pour $z = Y(x,\xi)$ $c \leq \zeta$, $\zeta_o \leq C\ |\xi|^t$ on a

(6.41) $$\exp -2/3(\zeta_o^{3/2} - \zeta^{3/2})\ |\zeta_o^{1/2}\ \partial_\xi\ \zeta_o - \zeta^{1/2}\ \partial_\xi \zeta|^k \leq c_k\ |\xi|^{-k/6}$$

Pour obtenir (6.37) il suffit de réunir (6.38), (6.39) (6.40) et (6.41). ∎

Donnons nous désormais $(a,b) \in S^m_{2/3,1/6,0,0} \times S^{m-1/6}_{2/3,1/6,0,0}$, la proposition (6.36) et la restriction $t < 1/9$ permet de donner un sens à la somme asymptotique

(6.42) $$s(T_2^{''\pm}(a,b)) \sim \sum_{j\geq 0} s_o(R^j\ T_2^{''\pm}(a,b))$$

avec $\mathrm{supp}\, a$, $\mathrm{supp}\, b \subset \tilde{\Gamma}$ et $\mathrm{supp}\ s(T_2^{''\pm}(a,b)) \subset \tilde{\Gamma}_1$,

et nous permet de définir :

(6.43) $$B^{\pm}(a,b) = B_1^{\pm}(a,b) + B_2^{'\pm}(a,b) + B_2^{''\pm}(a,b).$$

$B_1^{\pm}(a,b)$ est défini en (6.25), $B_2^{'\pm}(a,b)$ est défini, de façon analogue, par $Op_\Phi(T_2^{'\pm}(a,b) = Op_{\psi_\pm}(e_2^{'\pm}(a,b))$, et pour $B_2^{''\pm}(a,b)$ on pose

(6.44) $$B_2^{''\pm}(a,b) = Op_\Phi(s(T_2^{''\pm}(a,b)g)\ ,$$

la fonction $g \in C_o^\infty(\mathbb{R}^N)$ étant choisie comme indiqué ci-dessus.

(On suppose qu'un choix, unique bien entendu mod $S^{-\infty}$, a été fait de la somme asymptotique de (6.42) ou plus précisément que l'on a construit une application

$$\bigcup_{m\in\mathbb{R}} S^m_{2/3,1/6,0,0} \times S^{m-1/6}_{2/3,1/6,0,0} \ni (a,b) \to s(T_2^{''\pm}(a,b)) \in \bigcup_{m\in\mathbb{R}} S^m_{1/6,1/6,3t/2,1/3+t/2}$$

qui respecte la filtration.

La définition (6.43) peut apparaître arbitraire, mais elle conserve cependant (modulo C^∞) les propriétés formelles de la définition heuristique (6.14) ; en effet on peut voir que si P est un opérateur <u>différentiel</u>, et si c et d sont des symboles obtenus en regroupant les termes en $A_\pm$ et $A'_\pm$ après dérivation sous l'intégrale (6.14), on a $P\ B(a,b) = B(c,d)$ mod C^∞ ; nous allons étudier en détail, le cas où P est un opérateur <u>pseudo-différentiel</u>.

2-b) LE CALCUL SYMBOLIQUE DES OPERATEURS DE FOURIER-AIRY.

Soit $Q(x,D_y)$ un opérateur pseudo-différentiel classique de degré m', $a(x,z,\xi) \in S^m_{\rho',\rho'',\delta,\nu}$, $0 \leq \rho' \leq 1$ $0 < \rho'' \leq 1/2$ $0 \leq \delta < 1$, nul hors de $\tilde{\Gamma}$

le développement esquissé dans la preuve de la proposition (4.25) s'écrit :

$$(6.45)\quad e^{-i\varphi(x,\xi)}Q(x,D_y)(a\, e^{i\varphi}) = \sum_{|\lambda|<N} q^{(\lambda)}(x,\varphi'_y)D^{\lambda}_{y'}(e^{i\rho(x_o,y,y',\xi)}\, a(x_o,y',z,\xi))\Big|_{y'=y} + S^{m+m'-(1-\delta)N/2}_{\rho',\rho'',\partial,\nu},$$

où $\rho(x_o,y,y',\xi) = \varphi^{(1)}(x_o,y',\xi) - \varphi^{(1)}(x_o,y,\xi) - (y'-y)\,\varphi'^{(1)}_y(x_o,y,\xi)$

qui est un symbole de $S^{1/2}_{1,1/2,0,0}$ nul à l'ordre 2 sur $y = y'$.

On écrira la somme précédente sous la forme

$$\sum_{\substack{\lambda,\mu,k \\ |\lambda|<N\mu\leq\lambda,\, k\leq\frac{|\lambda|-|\mu|}{2}}} q^{(\lambda)}(x,\varphi'_y)\ \varphi^k_{\lambda\mu}(x,\xi)\ D^{\mu}_y\, a(x,z,\xi)$$

où $\varphi^k_{\lambda\mu}$ est σ-homogène de degré k (et donc un symbole de $S^{k/2}_{1\ 1/2,0,0}$).

Observons d'autre part que si $q(x,\xi)$ est une fonction homogène de degré m' on a le développement

$$q(x,\varphi'_y) \sim \sum_{\alpha\geq o} \frac{1}{\alpha!}\, (\varphi'^{(1)}_y)^{\alpha}\ q^{(\alpha)}(x,\xi',0)$$

en fonctions σ-homogènes de degré $2m'-|\alpha|$, développement valide au voisinage de $\tilde{\Gamma}$ pourvu que $\tilde{\Gamma}$ ne rencontre pas la variété $\xi' = 0$ (voir [15]).

Développant $q(x,\xi) \sim q_{m'}(x,\xi) + q_{m'-1}(x,\xi) + \ldots$ le symbole complet $q(x,\xi)$ de $Q(x,D_y)$ en termes homogènes, et regroupant les termes pour $\ell \geq 0$:

$$(6.46)\quad Q_{\ell} = \sum_{\substack{\lambda,\mu,\alpha,j,k\geq o \\ |\lambda|\leq 2/3\ell\ \ \mu\leq\lambda,\, k\leq \frac{|\lambda|-|\mu|}{2} \\ 2|\lambda|+2j+|\alpha|-k=\ell}} 1/\alpha!\ \ q^{(\alpha)+(\lambda)}_{m'-j}(x,\xi')\ (\varphi'^{(1)}_y)^{\alpha}\ \varphi^k_{\lambda,\mu}\ D^{\mu}_y$$

(la condition $k \leq \frac{|\lambda|-|\mu|}{2}$ assure que cette somme est finie et que l'on a $2|\mu| \leq \ell$). On a alors

$$(6.47)\qquad e^{-i\varphi}\, Q(x,D_y)\ (a\, e^{i\varphi}) \sim \sum_{\ell=o}^{\infty} Q_{\ell}(a)$$

où $a \in S^m_{\rho',\rho'',\partial,\nu}$, $\rho' \leq 1$, $\rho'' \leq \frac{1}{2}$, $\delta < 1$, $\operatorname{supp} a \subset \tilde{\Gamma}$ et où

$Q_{\ell}(a) \in S^{m+m' - \frac{\ell}{2}(1-\delta)}_{\rho',\rho'',\delta,\nu}$. Désignons par $\sigma^{\mu}_{\tilde{\Gamma}}$ l'espace des fonctions $a(x,z,\xi)$ $\mathcal{C}^{\infty}$, σ-homogènes de degré μ et à support dans $\tilde{\Gamma}$, et observons que Q_{ℓ} applique $\sigma^{\mu}_{\tilde{\Gamma}}$ dans $\sigma^{2m'+\mu-\ell}_{\tilde{\Gamma}}$.

Introduisons maintenant l'espace (pour $t < 1/9$)

(6.48) $\mathcal{C}_t^m = \Big\{ T(x_o,y,z,\xi) \in \mathcal{C}^\infty(\bar{\mathbb{R}}_+^{2N+1} \times (\mathbb{R}^N \setminus 0))$ à support dans $\tilde{\Gamma}$ dont les dérivées sur $z = Y(x,\xi)$ vérifient

$$|D_{x_o}^\alpha D_y^\beta D_z^{\beta'} D_\xi^\gamma T(x_o,y,Y(x_o,y,\xi),\xi)| \leq c_{\alpha,\beta,\gamma} |\xi|^{m-|\gamma|/6+\frac{3}{2}t(|\beta|+|\beta'|)+(\frac{1}{3}+3t/2)|\alpha|} \text{ pour } |\xi| \geq 1. \Big\}$$

Il est facile de voir qu'alors :

(6.49) $T \in \mathcal{C}_t^m \Rightarrow s_o(T) \in S^m_{\rho'_t,\rho''_t,\delta_t,\nu_t}$ $\quad \rho'_t = \rho''_t = 1/6,\ \delta_t = 3/2t,\ \nu_t = 1/3+3t/2$

(Remarquez que l'on a $\delta_t \leq \nu_t$ $\quad \delta_t \leq 1-\rho'_t$, $\delta_t \leq \frac{1}{2} - \rho''_t$).

De plus si $T \in \mathcal{C}_t^m$ le symbole $s(T) \sim \sum_{j=o} s_o(R^j T)$ est bien défini (modulo $S^{-\infty}$) dans $S^m_{\rho'_t\rho''_t\delta_t\nu_t}$.

Il sera cependant commode de réordonner la somme asymptotique définissant $s(T)$ en remarquant (cf (6.34)) que R s'écrit :

$$R = R_1 + R_2$$

où R_1 (resp R_2) applique $QS^m_{\rho',\rho'',\delta,\nu}$ sur $QS^{m-\rho''+\delta}_{\rho',\rho'',\delta,\nu}$ (resp $S^{m-\rho'+\delta}_{\rho',\rho'',\delta,\nu}$), du moins si $\delta \leq \inf(1-\rho', \frac{1}{2} - \rho'', \nu)$, ainsi que $\sigma^\mu_{\tilde{\Gamma}}$ sur $\sigma^{\mu-1}_{\tilde{\Gamma}}$ (resp $\sigma^{\mu-2}$).

Or si $h \in S^m_{\rho',\rho'',\partial,\nu}$ on a pour tout $N \geq 0$ $Op_\Phi(hg) = Op_\Phi(\sum_{j=o}^N s_o R^j h + gR^N h)$,

et réordonnant la somme $\sum_{j=o}^N s_o R^j = \sum_{j=o}^{2N} s_o S_j$ en posant :

(6.50) $$S_j = \sum_{o\leq k\leq j} \sum_{(j_1,\dots j_k)\in \mathcal{S}_{j,k}} R_{j_1} R_{j_2} \dots R_{j_k}$$

où $\mathcal{S}_{j,k}$ est l'ensemble des $(j_1,\dots j_k) \in \{1,2\}^k$ tels que $\sum_{p=o}^k j_p = j$ en sorte que

on peut prouver que $s_o S_j$ est de la forme

$$s_o S_j = \sum_{o\leq k\leq j} \sum_{\substack{|\alpha|\leq k,\ |\alpha'|\leq -k+j \\ |\alpha|+|\beta|\leq 2k}} r_{\alpha,\beta}^{(j_1,\dots,j_k)}(x,\xi)\, s_o D_\xi^\alpha D_z^\beta \text{ , où } r_{\alpha,\beta}^{(j_1,\dots,j_k)} \in \sigma^{-j+2|\alpha'|+|\alpha''|}(\tilde{\Gamma}_o).$$

$s_o S_j$ applique $S^m_{\rho',\rho'',\partial,\nu}$ (resp σ^μ) sur $S^{m-j/2(\inf(\rho',\rho'')-\delta)}_{\rho',\rho'',\partial,\nu}$ (resp $\sigma^{\mu-j}$),

on a $Op_\Phi(hg) = Op_\Phi(s(h)g) \bmod L^{-\infty}$ où $s(h) \sim \sum_{j\geq o} s_o S_j h$.

Et on voit donc que si $T \in \mathcal{C}_t^m$ la fonction $Q_\ell(T) \in \mathcal{C}_t^{m+m'-\ell/2(1-3t/2)}$

tandis que $s_o(S_jT) \in S^{m-j/2(1/6-3t/2)}_{\rho'_t,\rho''_t,\delta_t,\nu_t}$.

Afin d'étudier $Q(x,D_y)\ Op_\Phi(s(T))$ nous introduisons les applications :

(6.51) $T \ni \mathcal{C}^m_t \xrightarrow{s_{form}} (s_o(S_jT))_j \xrightarrow{Q_{form}} (Q^{(1)}_\ell(T) =$

$= \sum_{j+k=\ell} Q_j\ s_o\ S_k(T))_\ell \longrightarrow q^{(1)}(T) \sim \sum_{\ell=o} Q^{(1)}_\ell(T)$

et

(6.52) $T \ni \mathcal{C}^m_t \xrightarrow{Q_{form}} (Q_j(T))_j \xrightarrow{s_{form}} (Q^{(2)}_\ell(T) =$

$= \sum_{j+k=\ell} s_o\ S_k\ Q_j(T))_\ell \longrightarrow q^{(2)}(T) \sim \sum_{\ell=o}^{\infty} Q^{(2)}_\ell(T)$

qui consistent à opérer dans un ordre ou dans l'autre formellement les applications s ou Q ; remarquant que $Q^{(1)}_\ell(T)$ (resp $Q^{(2)}_\ell(T)) \in S^{m+m'-\ell/2(1/6-3t/2)}_{\rho'_t\rho''_t\delta_t\nu_t}$ on voit que la somme $q^{(1)}(T)$ (resp $q^{(2)}(T)$) est définie modulo $S^{-\infty}$.

Prouvons qu'alors

(6.53) $$q^{(1)}(T) = q^{(2)}(T) \text{ modulo } S^{-\infty} .$$

Les opérateurs $T \to Q^{(1)}_\ell(T)$ et $T \to Q^{(2)}_\ell(T)$ sont (cf (6.34) (6.46) et (6.50)) des opérateurs différentiels dans les variables y,z,ξ d'ordre $\leq 2\ell$, composés à gauche par l'opérateur s_o, dont nous allons prouver qu'ils coïncident sur l'espace σ^m pour tout m et l'on en déduira alors facilement (6.53).

Soit $T \in S^m_{1,1/2,0,0}$ $T \sim T_m$ où T_m est une fonction donnée de σ^m, $\operatorname{supp} T_m \subset \tilde{\Gamma}_o \times V_o$ T nul pour $|\xi|$ petit. (où V_o est un voisinage de o tel que $\Upsilon(\tilde{\Gamma}') \subset V_o \subset U'$)

On a $$Q(Op_\Phi(T)) = Op_\Phi(Q_\varphi(T)) ,$$

désignant par Q_φ l'opérateur $T \to e^{-i\varphi}\ Q(x,D_y)\ (Te^{i\varphi})$, mais on a aussi $Op_\Phi(Tg) = Op_\Phi(s(T)g) \bmod L^{-\infty}$ ainsi que $Q_\varphi(T) = T'+g'$ avec $\operatorname{supp} T' \subset \{(x,z,\xi) \mid (x,\xi) \in \tilde{\Gamma}'\}$, $g' \in S^{-\infty}$, et $Q_\varphi(s(T)) = T''+g''$ avec $\operatorname{supp} T'' \subset \tilde{\Gamma}'$, $g'' \in S^{-\infty}$.

(6.54) Par suite de $Op_\Phi(Q_\varphi(T)g) = Op_\Phi(Q_\varphi(s(T))g) \bmod L^{-\infty}$ il vient $Op_\Phi(T'g) = Op_\Phi(s(T')g) \bmod L^{-\infty}$.

Observons alors que $\sum_{\ell=o}^{\infty} Q^{(1)}_\ell(T_m)$ (resp $\sum_{\ell=o}^{\infty} Q^{(2)}_\ell(T_m)$) est le développement asymptotique en termes σ-homogènes de degré $m+2m'-\ell$ de $Q_\varphi(s(T))$ (resp. $s(Q_\varphi(T))$)

et il nous suffit donc de prouver

$$Q_\varphi(s(T)) = s(Q_\varphi(T)) \bmod S^{-\infty},$$

qui résulte de (6.54) et du résultat ci-dessous qui est pour les opérateurs Op_ϕ l'analogue du développement de la phase stationnaire.

<u>Proposition 6.62.</u>

Soit $a(x,\xi) \in S^{m}_{\rho',\rho'',\partial,\nu}$ à support dans un voisinage σ-conique $(0,\tilde{\eta}_o)$ assez petit, nul pour $|\xi|$ petit, avec

$$1/2 < \rho' \leq 1,\ 1/4 < \rho'' \leq 1/2,\ \rho'' < \rho',\ \delta \leq \inf(1-\rho', \tfrac{1}{2} - \rho'', \nu),$$

Soit $g(z) \in C_o^\infty(U')$ g étant égale à 1 sur un voisinage de $Y(\tilde{\Gamma}')$; soit $\chi(\xi) \in S^{o}_{1,1/2,\ldots}$ à support dans $G^{T'}$, T' assez grand, χ étant égale à 1 pour $|\xi|$ grand dans un voisinage de $\tilde{\Gamma}'$; enfin soit $g_1 \in C_o^\infty(\mathbb{R}^N)$ g_1 étant égale à 1 sur le support de g.
On pose $h(z,\xi) = g_1(z)\chi(\xi)$ et on prouve : Si $\tilde{\Gamma}'$ et U' sont assez petits

il existe des symboles $a_j(x,\xi) \in S^{m_j}_{\rho',\rho'',\delta,\nu}$ $m_j = m - j\inf(\rho'-\rho'', \rho''-1/4, \rho'-1/2)$ tels que

$$(6.63)\qquad Op_\Phi(ag)(he^{i\varphi(o,z,\xi)}) \sim \sum_{j\geq o} e^{i\varphi(x,\xi)}\, a_j(x,\xi),$$

avec de plus $a_o(x,\xi) = c_o(x,\xi)\, a(x,\xi)$, où c_o est un symbole elliptique de $S^{o}_{1,1/2,0,0}$.

On explicite (avec la convention de l'écriture intégrale oscillante justifiée en (6.23))

$$(6.64)\qquad e^{-i\varphi(x,\xi)}\, Op_\phi(ag)(he^{i\varphi(o,z,\xi)}) = \iint e^{i\psi(x_o,y,z,\xi,\theta)}\, a(x_o,y,\theta) g(z)\chi(\theta)\, dz\, d\theta$$

où

$$(6.65)\qquad \psi(x_o,y,z,\xi,\theta) = (y'-z')\cdot(\theta'-\xi') + \varphi^{(1)}(x,\theta) - \varphi^{(1)}(0,z,\theta) + \varphi^{(1)}(0,z,\xi) - \varphi^{(1)}(x,\xi)$$

On détermine les points critiques (en z,θ) de ψ à un sens adéquat (cf proposition (6.31)), on a :

$$(6.66)\qquad \psi'_z = (\xi'-\theta' + \varphi'^{(1)}_{z'}(0,z,\xi) - \varphi'^{(1)}_{z'}(0,z,\theta),\ \varphi'^{(1)}_{z''}(0,z,\xi) - \varphi'^{(1)}_{z''}(0,z,\theta)),$$

or pour $|\xi'|$, $|\theta'| \geq T > 0$ assez grand on a pour $|x| < \varepsilon$, $\xi, \theta \in G_\varepsilon$: $\eta'\cdot\tilde{\eta}'_o \geq (1-\varepsilon)|\eta'|$, $\left|\frac{\eta''}{|\eta'|^{1/2}} - \tilde{\eta}''_o\right| < \varepsilon$

$$(6.67)\qquad |\varphi'^{(1)}_{z''}(0,z,\xi) - \varphi'^{(1)}_{z''}(0,z,\theta)| \geq c\,|\xi''-\theta''| - O(1/T^{1/2})\ |\xi'-\theta'| - O(\varepsilon)|\xi''-\theta''|,$$

(c indépendant de ε).

en vertu de (6.9), on a aussi

(6.68) $|\varphi_{z'}'^{(1)}(0,z,\xi) - \varphi_{z'}'^{(1)}(0,z,\theta)| \leq O(\frac{1}{T^{1/2}})\ |\xi'-\theta'| + C\ |\xi''-\theta''|$.

Cependant de (6.66), (6.67) et (6.68) on voit que si T est assez grand on a sur $\operatorname{supp}(a(x,\theta)\,h(z,\xi))$:

(6.70) $|\psi_z'(x_o,y,z,\xi,\theta)| \geq c\ |\xi-\theta|, c > 0\ , |\xi'|,\ |\theta'| \geq T > 0$.

Il n'est pas restrictif de supposer que a est nul pour $|\theta| \leq T$, et à l'aide d'une troncature et d'intégrations par parties à l'aide de l'opérateur

$$L = \sum_{j=1}^{N} \frac{\psi_{z_j}'}{|\psi_z'|^2}\ \frac{\partial}{\partial z_j}\ ,$$

on prouve que la contribution dans l'intégrale (6.64) d'une région $|\xi-\theta| \geq \beta\ |\xi|$, $\beta > 0$, est à décroissance rapide (observer que dans ces conditions on a $|\psi_z'| \geq c\ (|\xi|+|\theta|)$).

Par contre dans une région $|\xi-\theta| \leq \alpha\ |\xi|, 0 < \alpha < 1$, les $O(1/T^{1/2})$ des formules (6.67) et (6.68) peuvent être précisés en $O(1/_{|\xi|}1/2)$ (utiliser que $\varphi_{z,\xi'}'^{(1)} \in S^{-1/2}_{1,1/2,\,0}$), l'intégrale (6.64) portant maintenant sur une région compacte $|z| + \frac{|\xi-\theta|}{|\xi|} \leq c$ dans laquelle $|\theta| \approx |\xi|$. Il résulte également de (6.70) que l'on peut alors écarter la contribution d'une zone $|\xi''-\theta''| \geq \alpha\ |\xi|^{1/2}$, en procédant encore par des intégrations par parties à l'aide de L, et en observant que l'on a $\delta < 1/2$.

En résumé en négligeant une contribution à décroissance rapide on peut remplacer a dans (6.64) par $\chi(\xi,\theta)\ a$, où $\chi \in S^{o}_{1,1/2,0}$ est telle que sur le support de χa on ait :

$$|\theta'\langle\xi\rangle^{-2} - \tilde{\xi}'| + |\theta''\langle\xi\rangle^{-1} - \tilde{\xi}''| \leq \alpha\ ,$$

$\alpha > 0$ sera choisi assez petit plus loin et où $\xi = (\tilde{\xi}'\langle\xi\rangle^2,\ \tilde{\xi}''\langle\xi\rangle)),\ \tilde{\xi} \in S^{N-1}$.

On a posant

(6.71) $$\psi^{(1)}(x,z,\xi,\theta) = \varphi^{(1)}(x,\theta) - \varphi^{(1)}(0,z,\theta) + \varphi^{(1)}(0,z,\xi) - \varphi^{(1)}(x,\xi)\ ,$$

et faisant dans l'intégrale (6.64) le changement de variables $\theta' = \langle\xi\rangle^2\ \tilde{\theta}'$, $\theta'' = \langle\xi\rangle\ \tilde{\theta}''$,

(6.72) $$\psi^{(1)}(x,z,\xi,\ \langle\xi\rangle^2\ \tilde{\theta}',\ \langle\xi\rangle\ \tilde{\theta}'') = \langle\xi\rangle\ \tilde{\psi}^{(1)}(x,z,\tilde{\xi},\ \tilde{\theta}',\ \tilde{\theta}''),$$

et par la formule de Taylor

(6.73) $\tilde{\psi}^{(1)}(x_o,y,z,\tilde{\xi},\tilde{\theta}) = \tilde{\psi}^{(2)}(x_o,y,z'',\tilde{\xi}',\theta'') + (y'-z')\,\tilde{\psi}^{(3)}(x_o,y,z,\tilde{\xi},\tilde{\theta}) +$

$$+ (\tilde{\xi}'-\tilde{\theta}')\,\tilde{\psi}^{(4)}(x_o,y,z,\tilde{\xi},\tilde{\theta}).$$

Considérant les $(x_o,y,z',\tilde{\xi},\tilde{\theta}')$ comme des paramètres, on détermine les points critiques de $\tilde{\psi}^{(1)}$, $z''_c(x_o,y,z',\tilde{\xi},\tilde{\theta}')$ et $\tilde{\theta}''_c(x_o,y,z',\tilde{\xi},\tilde{\theta}')$ pour $(z'',\tilde{\theta}'')$ voisins de $(Y''(x_o,y,\tilde{\xi}),\tilde{\xi}'')$, observant que $\tilde{\psi}^{(2)}$ a pour valeurs critiques $z'' = Y''(x_o,y,\tilde{\xi}), \tilde{\theta}'' = \tilde{\xi}''$ on a :

(6.74)
$$\begin{aligned} z''_c &= Y''(x_o,y,\tilde{\xi}) + O(|y'-z'| + |\tilde{\xi}'-\tilde{\theta}'|) \\ \theta''_c &= \tilde{\xi}'' + O(|y'-z'| + |\tilde{\xi}'-\tilde{\theta}'|). \end{aligned}$$

La propriété (6.9) assure que l'on peut appliquer à $\tilde{\psi}^{(1)}$ le lemme de Morse ; d'où l'on déduit l'existence d'une application

$u \ni \mathbb{R}^{2p} \longrightarrow (z''(x_o,y,z',\tilde{\xi},\tilde{\theta}',u), \tilde{\theta}''(x_o,y,z',\tilde{\xi},\tilde{\theta}',u)), z''(0) = z''_c, \tilde{\theta}''(0) = \theta''_c$,

et d'une forme quadratique Q, telles que sur le support de χ a g (éventuellement réduit) on ait

(6.75) $\tilde{\psi}^{(1)}(x_o,y,z',z''(u),\tilde{\xi},\tilde{\theta}',\tilde{\theta}''(u)) = \tilde{\psi}^{(1)}(x_o,y,z',z''_c,\tilde{\xi},\tilde{\theta}',\tilde{\theta}''_c) + \frac{1}{2}\langle Qu,u\rangle$.

Posons

(6.76) $\tilde{\psi}^{(1)}(x_o,y,z',z''_c,\tilde{\xi},\tilde{\theta}',\tilde{\theta}''_c) = \tilde{\psi}^{(1)}(x_o,y,y',Y'',\tilde{\xi},\tilde{\xi}',\tilde{\xi}'') + (y'-z')G_1(x_o,y,z',\tilde{\xi},\tilde{\theta}') +$

$$+ (\tilde{\xi}'-\tilde{\theta}')G_2(x_o,y,z',\tilde{\xi},\tilde{\theta}'),$$

puis

(6.77) $F(x_o,y,z',\xi,\tilde{\theta}') = (y'-z')(\tilde{\theta}'-\tilde{\xi}') + \langle\xi\rangle^{-1}(y'-z')G_1(x_o,y,z',\tilde{\xi},\tilde{\theta}') +$

$$+ \langle\xi\rangle^{-1}(\tilde{\xi}'-\tilde{\theta}')G_2(x_o,y,z',\tilde{\xi},\tilde{\theta}').$$

L'équation $F'_{z'} = F'_{\tilde{\theta}'} = 0$ conduit à

(6.78)
$$\begin{aligned} z'_c &= y' + O(\langle\xi\rangle^{-1}) \\ \tilde{\theta}'_c &= \tilde{\xi}' + O(\langle\xi\rangle^{-1}), \end{aligned}$$

et le lemme de Morse permet encore de construire une application

$v \ni \mathbb{R}^{2(N-p)} \longrightarrow (z'(x_o,y,\tilde{\xi},\langle\xi\rangle^{-1},v), \tilde{\theta}'(x_o,y,\tilde{\xi},\langle\xi\rangle^{-1},v))\ z'(0) = z'_c,\ \tilde{\theta}'(0) = \tilde{\theta}'_c$, et une forme quadratique Q' telles que sur supp χag on ait :

(6.79) $$F(x_o,y,z'(v),\xi,\tilde{\theta}(v)) = F(x_o,y,z'_c,\xi,\tilde{\theta}'_c) + \frac{1}{2} <Q'v,v> ,$$

avec compte tenu de (6.78) $F(x_o,y,z'_c,\xi,\tilde{\theta}'_c) = O(<\xi>^{-2})$, plus précisément on a établi que :

(6.80) $$\alpha(x_o,y,\xi) = <\xi>^2 F(x_o,y,z'_c,\xi,\tilde{\theta}'_c) \in S^o_{1,\frac{1}{2},0}.$$

Regroupant les résultats précédents (6.75) (6.79) on a

(6.81) $$\psi(x_o,y,z'(v),z''(u,v),\xi,\tilde{\theta}'(v)<\xi>^2, \tilde{\theta}''(u,v)<\xi>) =$$

$$= \psi^{(1)}(x_o,y,y',Y'',\xi,\xi)+\alpha(x_o,y,\xi)+<\xi>^2/_2<Q'v,v>+<\xi>/_2 <Qu,u> .$$

On a $\psi^{(1)}(x_o,y,y',Y'',\xi,\xi) = 0$, et compte tenu de (6.80) $e^{i\alpha(x_o,y,\xi)}$ est un symbole elliptique de $S^o_{1,1/2,0}$.

On désigne par $b = \chi\, a\, g$ et par $J(x_o,y,\xi,u,v)$ le Jacobien $\left|\frac{D(z,\tilde{\theta})}{D(u,v)}\right|$, $J(x_o,y,\xi,0,0)$ est un symbole elliptique de $S^o_{1,1/2\ 0}$, et on a :

(6.82) $$e^{-i\varphi(x,\xi)}\ Op_\phi(ag)(e^{i\varphi(0,z,\xi)}) \sim e^{i\alpha(x,\xi)}<\xi>^{2N-p} \times$$

$$\times \iint e^{i<\xi>^2/_2(Q'v,v)+i<\xi>/_2<Qu,u>} c(x_o,y,\xi,u,v)\ du\ dv \quad ,$$

où

$$c(x_o,y,\xi,u,v) = b(x_o,y,z'(v),z''(u,v),\xi,<\xi>^2\ \tilde{\theta}'(v),<\xi>\tilde{\theta}''(u,v))\,J(x_o,y,\xi,u,v)$$

est à support compact comme fonction de (u,v).

On écrit

(6.83) $$\iint e^{i<\xi>^2/_2(Q'v,v)+i<\xi>/_2<Qu,u>} <\xi>^{2N-p}c(x_o,y,\xi,u, v)\ du\ dv =$$

$$=(2\pi)^{-N}\exp \pi i/4(\mathrm{sgn}\ Q+\mathrm{sgn}\ Q')\,|\det Q|^{-1/2}|\det Q'|^{-1/2} \times$$

$$\times \iint e^{-i<\xi>^{-2}(Q'^{-1}\mu,\mu)-i<\xi>^{-1}(Q^{-1}\lambda,\lambda)}\ \tilde{c}(x_o,y,\xi,\lambda,\mu)\ d\lambda\ d\mu \quad ,$$

où $\tilde{c}$ désigne la transformée de Fourier partielle de c dans les variables u,v.

Appliquant la formule de Taylor au terme exponentiel du membre de droite de (6.83), et étudiant les restes obtenus, on obtient que le membre de gauche de (6.82) admet le développement asymptotique

$$(6.84) \qquad \sim \sum_{\alpha\geq 0} <\xi>^{-|\alpha'|-|\alpha''|/2} K^{\star}\left(\frac{\partial}{\partial v}\right)^{\alpha'} \left(\frac{\partial}{\partial u}\right)^{\alpha''} c(x_o,y,\xi,u,v)\big|_{u=v=o}.$$

Or on a (les $K^{\star}$ désignant des constantes) :

$$(6.85) \quad (D_{uv})^{\alpha} b = \sum K^{\star} D_z^{\beta} D_{\theta}^{\gamma} b \sum \prod_{\substack{1\leq i\leq N \\ 1\leq j_i\leq \beta_i}} K^{*} (D_{uv})^{\beta^i_{j_i}} z_i \times \prod_{\substack{1\leq i\leq N-p \\ 1\leq k_i\leq \gamma_i}} K^{*} (D_{uv})^{\gamma^i_{k_i}} (<\xi>^2 \tilde{\theta}'_i(v)) \times$$

$$\times \prod_{\substack{N-p+1\leq i\leq N \\ 1\leq k_i\leq \gamma_i}} K^{*} (D_{uv})^{\gamma^i_{k_i}} (<\xi> \tilde{\theta}''_i(u,v)) \,,$$

avec

$$\sum_{j_1=1}^{\beta_1} \beta^1_{j_1} + \dots + \sum_{j_N=1}^{\beta_N} \beta^N_{j_N} + \sum_{k_1=1}^{\gamma_1} \gamma^1_{k_1} + \dots + \sum_{k_N=1}^{\gamma_N} \gamma^N_{k_N} = \alpha,$$

où les $\beta^i_{j_i}$ et $\gamma^i_{k_i}$ désignent des multi-indices de longueur > 0.

Observant que pour $1 \leq i \leq N-p$ on a $\gamma^i_{k_i} = \gamma'^i_{k_i}$, on déduit

$$|\alpha'| \geq \sum_{i=1}^{N-p} \sum_{k_i=1}^{\gamma_i} |\gamma'^i_{k_i}| \geq \sum_{i=1}^{N-p} \gamma_i = |\gamma'|,$$

par ailleurs on a aussi $|\alpha| \geq |\gamma|$.

Le terme courant de la somme (6.85) est (sur $u = v = 0$) un symbole de type ρ',ρ'',δ,ν d'ordre

$$m + \delta|\beta| - \rho'|\gamma'| - \rho''|\gamma''| + |\gamma'| + \frac{1}{2}|\gamma''| \leq m + |\alpha'|(\tfrac{1}{2} + \rho''-\rho') + |\alpha''|(\tfrac{1}{2} - \rho'').$$

Par suite le terme courant de la somme (6.84) est dans $S^{m-|\alpha'|(\rho'-\rho'')-|\alpha''|(\rho''-1/4)}_{\rho',\rho'',\delta,\nu}$, on en déduit que le membre de gauche de (6.82) admet le développement asymptotique annoncé, le premier terme étant de la forme $c_o(x,\xi)\, a(x,\xi)$ où c_o est elliptique dans $S^{o}_{1,1/2,0,0}$, ce qui achève la preuve de la proposition (6.62). ∎

La preuve de (6.53) étant maintenant complète, remarquons que la fonction $T_2^{\pm}(a,b) = \dfrac{a\, A_{\pm}(\zeta)+b\, A'_{\pm}(\zeta)}{A_{\pm}(\zeta_o)}(1-\theta)(\sigma(\zeta_o|\xi|^{-t}) - \sigma(\zeta_o))$ satisfait aux estimations (6.48) et l'on a

$$(6.86) \qquad Q_{\varphi}(s(T_2^{\pm}(a,b)) \sim q^{(1)}(T_2^{\pm}(a,b)).$$

Nous allons trouver des symboles $c,d \in S^{m+m'}_{2/3,1/6,0,0} \times S^{m+m'-1/6}_{2/3,1/6,0,0}$ tels que $s(T_2^{\pm''}(c,d)) \sim q^{(2)}(T_2^{\pm''}(a,b))$ et on en déduira donc

(6.87) $$Q_\varphi(s(T_2^{\pm''}(a,b))) \sim s(T_2^{\pm''}(c,d)) .$$

Pour cela on exprime à l'aide de la relation $A''(z) = z\,A(z)$ les dérivées :

(6.88) $$D_y^\mu(T_2^\pm(a,b))(x,z,\xi) = T_2^\pm(P_\mu(a,b),\ Q_\mu(a,b))\ (x,z,\xi) ,$$

où

$$P_\mu(a,b) = \sum_{\nu\leq\mu} \tilde{q}_\nu(\zeta, \frac{\partial\zeta}{\partial y})\ D_y^{\mu-\nu} a + \tilde{q}'_\nu(\zeta, \frac{\partial\zeta}{\partial y})\ D_y^{\mu-\nu} b$$

où $\tilde{q}_\nu$ (resp $\tilde{q}'_\nu$) est un polynôme en ζ et $\frac{\partial\zeta}{\partial y}$ de degré $\leq |\nu| + [|\nu|/2]$ (resp, $\left[\frac{|\nu|+1}{2}\right] + |\nu|$ avec $|\nu| \geq 1$).

$Q_\mu(a,b)$ a une description analogue à celle de P_μ.

On pose alors, utilisant les notations de (6.46), pour $\ell \geq 0$:

(6.89) $$\begin{pmatrix} c_\ell \\ d_\ell \end{pmatrix} = \sum_{\substack{\lambda,\mu,\alpha,j,k \\ \mu\leq\lambda\ \ k\leq \frac{|\lambda|-|\mu|}{2} \\ 2|\lambda|+2j+|\alpha|-k=\ell}} 1/\alpha!\ q_{j(x,\xi')}^{(\alpha)+(\lambda)}\ (\varphi_y'^{(1)})^\alpha\ \varphi^k_{\lambda,\mu} \times \begin{pmatrix} P_\mu(a,b) \\ Q_\mu(a,b) \end{pmatrix}$$

On a $P_\mu(a,b)$ (resp $Q_\mu(a,b)$) $\in S^{m+1/2|\mu|}_{2/3,1/6,0,0}$ (resp $S^{m+1/2|\mu|-1/6}_{2/3,1/6,0,0}$), et donc c_ℓ (resp d_ℓ) est un symbole de $S^{m+m'-\ell/4}_{2/3,1/6,0,0}$ (resp $S^{m+m'-\ell/4-1/6}_{2/3,1/6,0,0}$), et on posera :

(6.90) $$c \sim \sum_{\ell=0}^\infty c_\ell \qquad d \sim \sum_{\ell=0}^\infty d_\ell .$$

On a pour tout j $Q_j(T_2^\pm(a,b)) = T_2^\pm(c_j,d_j)$ et donc

$$s(T_2^{\pm''}(c,d)) \sim q^{(2)}(T_2^{\pm''}(a,b)),$$

qui compte tenu de (6.52) fournit (6.87).

On revient maintenant à l'opérateur

(6.93) $$P(x,D_x) = -D_{x_o}^2 + A(x,D_y)$$

avec

$$A(x,D_y) = \sum_{|\alpha|\leq 2} A_\alpha(x,D_y)\, D_{y''}^{\alpha} + M(x,D_y)$$

où $A_\alpha(x,D_y)$ (resp $M(x,D_y)$) est un opérateur pseudo-différentiel classique de degré 0(resp 1). Ajoutant les termes correspondants aux opérateurs $-D_{x_o}^2$, $D_{y''}^{\alpha}$, A_α, M on obtient des symboles $c,d \in S^{m+1}_{2/3,1/6,0,0} \times S^{m+5/6}_{2/3,1/6,0,0}$ tels que :

$$e^{-i\varphi}\, P(x,D_x)\, (e^{i\varphi(x,\xi)}\, T^{\pm}(a,b)(x,z,\xi)) \sim T^{\pm}(c,d)\,(x,z,\xi) \quad \text{pour } \zeta \leq c$$

Désignant par P_φ l'opérateur $a \to e^{-i\varphi}\, P(x,D_x)\, (a\, e^{i\varphi})$ et revenant aux définitions (6.25), (6.26), (6.43) et (6.44) on a

(6.94) $$PB^{\pm}(a,b)-B^{\pm}(c,d) \sim Op_\Phi([P_\varphi,\alpha]T_2^{\pm}(a,b)+P_\varphi(s(1-\alpha)T_2^{\pm}(a,b))-s((1-\alpha)T_2^{\pm}(c,d))).$$

Si l'on désigne par c_o,d_o (resp c_A,d_A) la contribution aux symboles c,d de l'opérateur $-D_{x_o}^2$ (resp $A(x,D_y)$) on a

$$[A_\varphi,\alpha] = 0, \quad A_\varphi(s(1-\alpha)T_2^{\pm}(a,b)) = s(T_2^{\pm}((1-\alpha)\, c_A,(1-\alpha)d_A),$$

ainsi que bien entendu $c = c_o + c_A$, $d = d_o + d_A$, et l'étude de (6.94) est réduite au cas où P est l'opérateur différentiel $-D_{x_o}^2$.

On remarque que dans ces conditions on a $[P_\varphi,\alpha]\; T_2^{\pm}(a,b) \in S^{\mu}_{2/3,1/6,0,1/3}$ pour un μ, car sur le support des dérivées de α on a $0 < c \lesssim \zeta \lesssim c'$ et donc

(6.95) $$Op_\Phi([P_\varphi,\alpha]\; T_2^{\pm}(a,b)) \sim Op_\Phi(s([P_\varphi,\alpha]\; T_2^{\pm}(a,b)).$$

De plus si P est un opérateur différentiel $s(P_\varphi(1-\alpha)\; T_2^{\pm}(a,b))$ est défini sans ambiguités ($P_\varphi((1-\alpha)\; T_2^{\pm}(a,b))$ étant alors dans $\mathcal{C}_t^{\mu}$ pour un μ), et la relation (6.53) montre dans ces conditions :

(6.96) $$s(P_\varphi(1-\alpha)\; T_2^{\pm}(a,b)) \sim P_\varphi(s(1-\alpha)\; T_2^{\pm}(a,b))$$

Compte tenu de (6.95) et de (6.96), (6.94) s'écrit maintenant.

$$P\,B^{\pm}(a,b) - B^{\pm}(c,d) \sim Op_{\tilde\phi}(s([P_{\varphi},\alpha]\;T_2^{\pm}(a,b) + P_{\varphi}(1-\alpha)T_2^{\pm}(a,b) - (1-\alpha)P_{\varphi}(T_2^{\pm}(a,b)) \sim 0$$

Résumant les résultats de cette section on peut énoncer :

Proposition 6.97.

Soit $a,b \in S^{m}_{2/3,1/6,0,0}(\bar{\mathbb{R}}^{2N+1}_{+} \times (\mathbb{R}^N \setminus 0)) \times S^{m-1/6}_{2/3,1/6,0,0}(\bar{\mathbb{R}}^{2N+1}_{+} \times (\mathbb{R}^N \setminus 0))$ nuls en dehors d'un voisinage σ-conique $\tilde\Gamma$ de $(0,0,\tilde\eta_o)$ assez petit et pour $|\xi|$ petit ; soit $B^{\pm}(a,b)$ l'opérateur $\mathcal{D}'(\mathbb{R}^N) \to C^{\infty}(\bar{\mathbb{R}}_+, \mathcal{D}'(\mathbb{R}^N))$ défini en (6.43).

Il existe des symboles

$$c,d \in S^{m+1}_{2/3,1/6,0,0}(\bar{\mathbb{R}}^{2N+1}_{+} \times (\mathbb{R}^N \setminus 0)) \times S^{m+5/6}_{2/3,1/6,0,0}(\bar{\mathbb{R}}^{2N+1}_{+} \times (\mathbb{R}^N \setminus 0)$$

tels que :

$$P\,B^{\pm}(a,b) = B^{\pm}(c,d) \text{ mod. } L^{-\infty}.$$

De plus si T est le système différentiel défini en (5.45) on a :

$$T\begin{pmatrix} a \\ b \end{pmatrix} = \begin{pmatrix} c \\ d \end{pmatrix} \text{ mod } S^{m}_{2/3,1/6,0,0} \times S^{m-1/6}_{2/3,1/6,0,0}.$$

c) CONSTRUCTION DES TERMES COMPLEMENTAIRES.

Nous commençons d'abord par achever la preuve de (6.6).

Soit $\tilde{a}$ et $\tilde{b}$ les symboles déterminés en (6.13) on a

$$P(B^{\pm}(\tilde{a},\tilde{b})) = B^{\pm}(c,d) \quad \text{mod } L^{-\infty}$$

avec

$$(c,d) \in S^{-\infty} \times S^{-\infty} \quad \text{dans} \quad \bar{\omega} \times \mathbb{R}^N \times (\mathbb{R}^N \setminus 0) \cap (\zeta \leqslant 0),$$

et il ne sera pas restrictif de supposer que pour $x \in \omega$, c et d sont à support dans $\zeta \geqslant 0$. Il est clair qu'alors $P(B^{\pm}(\tilde{a},\tilde{b})) \in C^{\infty}((\omega \times \mathbb{R}^N) \cap (x_o > 0))$ (car si $x_o \geqslant \varepsilon > 0$ et $|\xi| \geqslant c_{\varepsilon}$ on a $\zeta < 0$), montrons qu'en fait $P\, B^{\pm}(\tilde{a},\tilde{b})$ est C^{∞} jusqu'au bord. Par la formule de Taylor sur $x_o = X(\xi)$, on a pour tout $M \geqslant 0$, et pour $x \in \omega' \subset\subset \omega$:

$$|D^{\alpha}_{x_o} D^{\beta}_{y} D^{\beta'}_{z} D^{\gamma}_{\xi} c(x,z,\xi)| \leqslant c_{\alpha,\beta,\gamma,M} |\xi|^{m_{\alpha,\beta,\gamma}} (X(\xi))^M ,$$

et donc $c \in S^{-\infty}$ dans toute zone $\zeta_o \leqslant c\, |\xi|^t$ $t < 1/3$, $x \in \omega' \subset\subset \omega$. Par suite $B^{\pm}(c,d) = B^{\pm}(c',d')$ avec $c',d' \in S^{-\infty}(\omega \times \mathbb{R}^N \times (\mathbb{R}^N \setminus 0))$; il en résulte

(6.98) $$P\, B^{\pm}(\tilde{a},\tilde{b})|_{\omega \times \mathbb{R}^N} \in C^{\infty}(\omega \times \mathbb{R}^N).$$

Il reste à règler le problème des traces.

Soit $K'(y,D_y)$ un opérateur pseudo-différentiel de symbole $k'(y,z,\xi) \in S^{o}_{1,1/2,0}$ à support dans un voisinage σ-conique $\tilde{\gamma}$ de $(0,\tilde{\eta}_o)$ assez petit, nul pour $|\xi|$ petit.

On décompose

$$K'(y, D_y) = \tilde{K}'_{\pm}(y, D_y) + R_{\pm}(y, D_y) \qquad (6.99).$$

où

(6.100) $$R_{\pm}(y,D_y)f(y) = \iint e^{i(\varphi(0,y,\xi)-\varphi(0,z,\xi))}\, r_{\pm}(y,z,\xi)\, (1-\sigma(\zeta_o|\xi|^{-t'}))f(z)dz\, d\xi,$$

le symbole $r_{\pm}(y,z,\xi)$ a son support dans $\partial\tilde{\Gamma} = \{(y,z,\xi) \in \mathbb{R}^{2N} \times (\mathbb{R}^N \setminus 0) | (0,y,z,\xi) \in \tilde{\Gamma}\}$, est nul pour $|\xi|$ petit, et satisfait aux estimations (pour $|\xi| \geqslant 1$) :

(6.101) $$|D^{\beta} D^{\beta'}_{z} D^{\gamma}_{\xi} r_{\pm}(y,z,\xi)| \leqslant c_{\beta,\beta'\gamma} |\xi|^{\mu-|\gamma'|-1/2|\gamma''|} \delta_Z^{k-|\gamma|}(\xi)$$

avec $\mu = k = 0$ et

(6.102) $$\delta_Z(\xi) = |\xi|^{-1/3} + |X(\xi)|.$$

L'exposant t' de (6.100) sera astreint à $0 < t' < t < 1/9$.

On désigne par Z la variété $X(\xi) = 0$, par $\mathcal{S}_Z^{m,k}$ l'ensemble des symboles $r(y,z,\xi)$ satisfaisant aux estimations (6.101). Pour obtenir (6.99) on commence par écrire l'opérateur $K'(y,D_y)$ à l'aide de la phase $\psi_\pm(0,y,\xi) - \psi_\pm(0,z,\xi)$, où $\psi_\pm$ est définie en (6.18).

Posant $\psi_\pm(0,y,\xi) - \psi_\pm(0,z,\xi) = (y.z).\lambda_\pm(y,z,\xi)$, on vérifie que l'application

$$\eta_\pm : \partial\tilde{\Gamma}^T \ni (y,z,\xi) \longrightarrow (y,z,\ \lambda_\pm(y,z,\xi))$$

est un difféomorphisme d'un voisinage de $\partial\Gamma^T$ sur son image par des arguments analogues à ceux du lemme (5.61). Prouvons également si $\partial\tilde{\Gamma}$, $1/T$, $1/T'$ sont assez petits, il existe un voisinage σ-conique $\tilde{\gamma}$ de $(0,0,\tilde{\eta}_o)$ tel que

(6.103) $$\tilde{\gamma}^{T'} \subset \eta_\pm(\partial\tilde{\Gamma}^T).$$

On prouve d'abord (nous omettons les détails) que si $(y,z,\bar{\xi}) \in \partial\Gamma^T$, $\bar{\xi} \in Z$, si $\bar{\eta} = \lambda_\pm(y,z,\bar{\xi})$ on peut résoudre l'équation

$\eta = \lambda_\pm(y,z,\xi)$ pour η dans $|\eta'-\bar{\eta}'| \leqslant \varepsilon\,|\bar{\eta}'|$, $|\eta''-\bar{\eta}''| \leqslant \varepsilon\,|\bar{\eta}'|^{1/2}$

(ε, $1/T$, $\partial\Gamma$ assez petits).

Choisissant $\bar{\xi} = (t^2\,\tilde{\eta}_o',\ t\,\tilde{\eta}_o'')$, $t \geqslant T$ assez grand, et observant que

$\bar{\eta} = \lambda_\pm(y,z,\bar{\xi}) = (t^2\,\tilde{\eta}_o' + O(t),\ t\,\tilde{\eta}_o'') + t\,O(y,z) = (\eta_o', \eta_o'')$

on déduit que $\eta_\pm(\partial\Gamma^T)$ contient un ensemble :

$$\{\ (y,z,\eta)\ |\ (y,z) \in \partial\mathcal{U}\times\partial\mathcal{U}\ ,\ |\eta'-\eta_o'| \leq \varepsilon t^2\ ,\ |\eta''-\eta_o''| \leq \varepsilon t\ ,\ t \geq T\ \},$$

et par suite un ensemble du type $\tilde{\gamma}^{T'}$; ce qui achève d'établir (6.103).

Par conséquent on a

$$K'(y,D_y)f(y) = \iint e^{i(\psi_\pm(0,y,\xi)\ -\ \psi_\pm(0,z,\xi))}\ k_\pm'(y,z,\xi)f(z)\,dz\,d\xi \mod L^{-\infty},$$

avec

$$k'_{\pm}(y,z,\xi) = k'(y,z,\lambda_{\pm}(y,z,\xi)) \left|\frac{D\lambda_{\pm}(y,z,\xi)}{D(\xi)}\right| \chi(y-z)$$

χ ayant son support près de l'origine.

On a $\lambda_{\pm}(y,z,\xi) = (\xi'+\lambda'_{\pm}(y,z,\xi), \lambda''_{\pm}(y,z,\xi))$ avec $\lambda'_{\pm}, \lambda''_{\pm} \in \mathcal{S}_Z^{1/2,0}$.

Il en résulte

$$k'_{\pm}(y,z,\xi) \in \mathcal{S}_Z^{m,o}.$$

En effet

$$(6.104)\quad D^{\alpha}_{y,z} D^{\beta}_{\xi} k'_{\pm}(y,z,\xi) = \sum K^{*} D^{\gamma}_{y,z} D^{\delta}_{\xi} k' \sum \prod_{\substack{1\leq i\leq N\\ 1\leq j_i\leq \gamma_i}} K^{*} D^{\alpha^i_{j_i}}_{y,z}(y_i) \times \prod_{\substack{N1\leq i\leq 2N\\ 1\leq j_i\leq\gamma_i}} K^{*} D^{\alpha^i_{j_i}}_{y,z}(z_i) \times$$

$$\times \prod_{\substack{1\leq i\leq N-p\\ 1\leq k_i\leq\delta_i}} K^{*} D^{\alpha^i_{k_i}}_{y,z} D^{\beta^i_{k_i}}_{\xi}(\xi'_i+\lambda'_{\pm_i}) \times \prod_{\substack{N-p+1\leq i\leq N\\ 1\leq k_i\leq\delta_i}} K^{*} D^{\alpha^i_{k_i}}_{y,z} D^{\beta^i_{k_i}}_{\xi}(\lambda''_{\pm_i})$$

avec

$$\alpha = \sum_{\substack{1\leq i\leq 2N\\ 1\leq j_i\leq\gamma_i}} \alpha^i_{j_i} + \sum_{\substack{1\leq i\leq N\\ 1\leq k_i\leq\gamma_i}} \alpha^i_{k_i},\quad \beta = \sum_{\substack{1\leq i\leq N\\ 1\leq k_i\leq\delta_i}} \beta^i_{k_i}.$$

Utilisant $\xi' + \lambda'_{\pm}$ (resp $\lambda''_{\pm}$) $\in \mathcal{S}_Z^{1,0}$ (resp $\mathcal{S}_Z^{1/2,0}$) on obtient pour le terme courant de (6.104) l'estimation :

$$|\xi|^{-|\delta'|-\frac{1}{2}|\delta''|} \times |\xi|^{|\delta'|+\frac{1}{2}|\delta''|} \times |\xi|^{-|\beta'|-\frac{1}{2}|\beta''|} \times (\delta_Z(\xi))^{-|\beta|}.$$

On a $r_{\pm}(y,z,\xi) = k'_{\pm}(y,z,\xi)$ qui satisfait donc (6.100).

Sur le support de $1-\sigma(\zeta_o|\xi|^{-t'})$, on a $X(\xi) \geq c\,|\xi|^{-1/3+t'}$ et il résulte de (6.101) :

$$(6.105)\qquad (1-\sigma(\zeta_o|\xi|^{-t'}))\, r_{\pm}(y,z,\xi) \in S^{o}_{2/3+t',1/6+t',0}.$$

On va construire un opérateur de Fourier-Airy $B^{\pm}(a,b)$ tel que $P\,B^{\pm}(a,b)$ est C^{∞} au voisinage de 0 et dont la trace $\partial B^{\pm}(a,b)$ sur $x_o = 0$ est égale modulo un opérateur de $L^{-\infty}$ à $\tilde{K}'_{\pm}(y,D_y)$.

Il résulte de la section § 6 b) que :

$$\partial B^{\pm}(a,b) = Op_{\Psi_{\pm}}((a_o(y,z,\xi)\,\alpha_{\pm}(y,z,\xi) + b_o(y,z,\xi)\,\beta_{\pm}(y,z,\xi))\,\sigma(\zeta_o)) +$$

$$+ Op_{\Phi}[(a_o(y,y,\xi) + b_o(y,y,\xi)\,\frac{A'_{\pm}(\zeta_o(y,\xi))}{A_{\pm}(\zeta_o(y,\xi))})\,(\sigma(\zeta_o|\xi|^{-t}) - \sigma(\zeta_o))] +$$

$$+ \rho_{\pm}(a_o,\, b_o) \quad \text{mod } L^{-\infty}, \qquad (6.105)$$

où

$$\rho_{\pm}(a_o,\, b_o) \in S^{m-(1/6-3t/2)}_{2/3,1/6,0} \;.$$

Les symboles $\alpha_{\pm}$ (resp $\beta_{\pm}$) sont explicités en (5.55) (resp. 5.56) et l'on a :

$$\alpha_{\pm}\,\sigma(\zeta_o) \in \mathcal{S}_Z^{0,0} \qquad (\text{resp. } \beta_{\pm}\,\sigma(\zeta_o) \in \mathcal{S}_Z^{1/6,1/2}).$$

On vérifie également que

$$(\sigma(\zeta_o|\xi|^{-t}) - \sigma(\zeta_o))\,\frac{A'_{\pm}(\zeta_o)}{A_{\pm}(\zeta_o)}\,(y,\xi) \in \mathcal{S}_Z^{1/6,1/2} \;.$$

On écrit (6.105) sous la forme :

$$\partial B^{\pm}(a,b) = Op_{\Psi_{\pm}}(a_o\, d_{\pm}) + Op_{\Psi_{\pm}}(b_o\, e_{\pm}) + Op_{\Psi_{\pm}}(\rho'_{\pm}(a_o,\, b_o)) \text{ mod } L^{-\infty}, \quad (6.106)$$

où

$$\rho'_{\pm}(a_o,\, b_o) \in S^{m-(1/6-3t/2)}_{2/3,1/6,0}$$

où

$$d_{\pm} = \alpha_{\pm}\,\sigma(\zeta_o) + \sigma(\zeta_o\,|\xi|^{-t}) - \sigma(\zeta_o),$$

et où

$$e_{\pm} \in \mathcal{S}_Z^{1/6,1/2} \;.$$

On décompose encore :

$$\tilde{K}'_{\pm} = \tilde{K}'_1 + \tilde{K}'_2 = Op_{\Psi_{\pm}}(\tilde{k}'_{\pm 1}) + Op_{\Psi_{\pm}}(\tilde{k}'_{\pm 2}) \;,$$

où pour $i = 1,2$ $\tilde{k}'_{\pm i} \in \mathcal{S}_Z^{0,0}$ $\quad$ $\mathrm{supp}\ \tilde{k}'_{\pm 1} \subset (X(\xi) \leqslant -C|\xi|^{-\varepsilon'})$

$\mathrm{supp}\ \tilde{k}'_{\pm 2} \subset (-C'|\xi|^{-\varepsilon'} \leqslant X(\xi) \leqslant C''|\xi|^{t'-1/3})$

On construit d'abord à l'aide de la remarque (5.48) des symboles

$$a_1,\ b_1 \in S^{o}_{1-\varepsilon',1/2-\varepsilon',0,\ \varepsilon'} \times S^{1/6+\varepsilon'/2}_{1-\varepsilon',1/2-\varepsilon',0,\varepsilon'}$$

tels que :

$$PB^{\pm}(a_1,\ b_1)|_{\omega \times \mathbb{R}^{2N}} \in C^{\infty}(\omega \times \mathbb{R}^{2N})$$

$$\partial B^{\pm}(a_1,\ b_1) = \tilde{K}'_1 \quad \mathrm{mod}\ L^{-\infty},$$

en réalisant les conditions initiales $a_1|_{x_o=o} \sim \tilde{k}'_{\pm 1}/\alpha_{\pm}$ mod $S^{-\infty}$, $b_1|_{x_o=o} \sim 0$ mod $S^{-\infty}$.

On remarque maintenant que si les symboles $a,\ b \in S^{m}_{2/3,1/6,0,0} \times S^{m-1/6}_{2/3,1/6,0,0}$ ont leurs supports dans une zône $|X(\xi)| \leqslant C|\xi|^{-\varepsilon'}$, on peut écrire (6.106) sous la forme :

$$\partial B^{\pm}(a,b) = Op_{\Psi_{\pm}}(\tilde{a}\ d_{\pm}) + Op_{\Psi_{\pm}}(\rho''_{\pm}(a,b)) \quad \mathrm{mod}\ L^{-\infty},$$

où

$$\tilde{a} = a_{|x_o=X(\xi)},$$

et où

$$\rho''_{\pm}(a,b) \in S^{m-\varepsilon'/2}_{2/3,1/6,0}.$$

On peut alors construire à l'aide de la proposition (5.44) des symboles

$$a_2,\ b_2 \in S^{o}_{2/3,1/6,0,0} \times S^{-1/6}_{2/3,1/6,0,0}$$

tels que : $\quad PB^{\pm}(a_2,\ b_2)|_{\omega \times \mathbb{R}^{2N}} \in C^{\infty}(\omega \times \mathbb{R}^{2N}),$

$$\partial B^{\pm}(a_2,\ b_2) = \tilde{K}'_2 \quad \mathrm{mod}\ L^{-\infty},$$

pour cela on détermine $\tilde{a}_2$ par son développement asymptotique $\tilde{a}_2 \sim \sum_{j=o}^{\infty} \tilde{a}^j$ en résolvant les équations :

$$\tilde{a}^o \sim \tilde{k}'_{\pm 2}/d_{\pm}, \quad \tilde{a}^j \sim -\rho''_{\pm}(a^{j-1},\ b^{j-1})/d_{\pm} \quad j \geqslant 1.$$

On ajoute un terme (du type parametrix du problème de Dirichlet pour un opérateur elliptique) afin d'éliminer la contribution de $R_{\pm}$ aux traces.

Proposition 6.106.

Soit $R(y,D_y)$ un opérateur pseudo-différentiel

$$R(y,D_y)f(y) = \iint e^{i(\varphi(0,y,\xi) - \varphi(0,z,\xi))} r(y,z,\xi)\, f(z)\, dz\, d\xi$$

où

$$r(y,z,\xi) \in S^{m}_{\rho',\rho'',\delta}(\mathbb{R}^{2N} \times (\mathbb{R}^N \setminus 0)) ,$$

avec

$$\rho' \leq \frac{1}{2} + \rho'', \ \rho'' \leq \frac{1}{2}, \ \delta \leq \frac{1}{2} - \rho'', \ \rho' > \frac{1}{4}, \ \rho'' > \frac{1}{4}, \ \delta < \inf(\rho',\rho'').$$

De plus $r(y,z,\xi)$ a son support dans $\partial\tilde{\Gamma}$, est nul pour $X(\xi) \leq 0$ et pour $|\xi|$ petit.

Il existe un opérateur $E' : \mathcal{D}'(\mathbb{R}^N) \longrightarrow C^\infty(\bar{\mathbb{R}}_+, \mathcal{D}'(\mathbb{R}^N))$

$$E'f(x) = \iint e^{i(\varphi(x_o,y,\xi) - \varphi(0,z,\xi))} e'(x,z,\xi)\, f(z)\, dz\, d\xi$$

où

$e'(x,y,\xi) \in S^{m}_{\rho',\rho'',\frac{1}{2}-\rho'',\frac{1}{2}}$ a son support dans $\tilde{\Gamma}'$ et est nul pour $|\xi|$ petit, et un voisinage ω de 0 dans $\bar{\mathbb{R}}^{N+1}_+$ tels que :

(i) $P\, E'|_{\omega \times \mathbb{R}^N} \in C^\infty(\omega \times \mathbb{R}^N)$

(ii) $E'|_{x_o=o} = R(y,D_y) \mod. L^{-\infty}$

(iii) $E'|_{(\omega \times \mathbb{R}^N) \cap (x_o > 0)} \in C^\infty((\omega \times \mathbb{R}^N) \cap (x_o > 0))$.

La preuve est analogue à celle de la proposition (9.18) de [21], elle consiste également à voir que la construction ordinaire à l'aide d'intégrales dans le domaine complexe s'applique moyennant quelques complications.

Pour $\lambda \in \mathbb{C}$, écrivons :

$$q(x,\varphi'_{x_o} + \lambda,\xi', \varphi'_{x''}) = \lambda^2 + \lambda(x_o - X(\xi))\, g_2(x,\xi) + (x_o - X(\xi))g_1(x,\xi) ,$$

où g_1 (resp g_2) satisfait à des 1 (resp $\frac{1}{2}$) $(1, \frac{1}{2}, 0)$ estimations ; l'équation $q(x,\varphi'_{x_o} + \lambda, \xi', \varphi'_{x''} + \lambda) = 0$ a deux racines $\lambda_\pm(x,\xi)$ vérifiant

$$\text{(6.107)} \qquad c_2(-(x_o - X(\xi)))^{1/2} |\xi|^{1/2} \leq \pm \operatorname{Im} \lambda_\pm(x,\xi) \leq c_1(-(x_o - X(\xi)))^{1/2} |\xi|^{1/2} ,$$

$$|\lambda_\pm(x,\xi)| \leq c_1 |x_o - X(\xi)|^{1/2} |\xi|^{1/2}$$

pour $(x,\xi) \in \mathcal{U} \times \tilde{\mathcal{G}}$ ($\mathcal{U}$, $\tilde{\mathcal{G}}$ assez petits.)

On désigne par $\gamma(x,\xi)$ le cercle (de $\mathbb{C}$) centré en $\lambda_{\pm}(x,\xi)$ de rayon $\frac{1}{2}\,\mathrm{Im}\,\lambda^{+}(x,\xi)$, et on cherche e', pour $x_o < X(\xi)$, comme combinaisons de fonctions du type :

$$(6.108) \qquad e'_k = \frac{1}{i\pi}\int_{\gamma(x,\xi)} e^{i\lambda x_o}\,\lambda^k\, e(x,z,\xi,\lambda)\, d\lambda$$

avec $k = 0,1$; e C^∞ en x,z,ξ, méromorphe en λ pour $\lambda \in \mathbb{C}$ avec pour pôles les $\lambda_\pm$, que l'on peut expliciter sous la forme :

$$\lambda_\pm = -\varphi'_{x_o} \pm i\,(X(\xi) - x_o)^{1/2}\,(f(x,\xi)^{1/2}),\; f(x,\xi) \geqslant c\,|\xi| \quad \text{dans } \mathcal{U}\times\widetilde{G}.$$

ayant posé

$$q(x,0,\xi',\varphi'_{x''}) = (x_o - X(\xi))\, f(x,\xi).$$

On introduit (utilisant la possibilité de déformer le contour d'intégration) l'opérateur $\widetilde{P} = -D_o^2 + \widetilde{A}(x,D_y)$ dans (6.108), $\widetilde{A} = A \bmod L^{-\infty}$, $\mathrm{supp}\,K_{\widetilde{A}} \subset |y-z| \leq \delta$,

$$(6.109) \qquad e^{-i\varphi}\,\widetilde{P}(e^{i\varphi}e'_k) = \frac{1}{i\pi}\int_\gamma e^{i\lambda x_o}\,\lambda^k\big(-(D_o+\lambda+\varphi'_{x_o})^2\, e + e^{-i\varphi}\widetilde{A}(x,D_y)(e^{i\varphi}e(x,z,\xi,\lambda))\big)\, d\lambda \quad \bmod S^{-\infty}.$$

On pose

$$-(D_o+\lambda+\varphi'_{x_o})^2\, e + e^{-i\varphi}\widetilde{A}(x,D_y)(e^{i\varphi}e(x,y,z,\xi,\lambda) = q(x,\varphi'_{x_o}+\lambda,\xi',\varphi'_{x''})e + T_\lambda e(x,z,\xi,\lambda).$$

Soit $\sigma(x) \in C_o^\infty(\overline{\mathbb{R}}_+^{N+1})$ $\sigma(x) \equiv 1$ au voisinage de 0, et soit $\sigma'(x_o,\xi) \in S^0_{\rho',\rho'',0,\frac{1}{2}-\rho''}$ $\mathrm{supp}\,\sigma' \subset \{0 \leq x_o \leq \frac{1}{2}X(\xi),\; X(\xi) \geq c\,|\xi|^{-(\frac{1}{2}-\rho'')}\}$. On pose

$$e_o = \sigma(x)\frac{\sigma'(x_o,\xi)\, r(y,z,\xi)}{q(x,\lambda+\varphi'_{x_o},\xi',\varphi'_{x''})},$$

(6.110)

$$e_j = -\sigma(x)\,\frac{\sigma'(x_o,\xi)\,(T_\lambda e_{j-1})(x,z,\xi,\lambda)}{q(x,\lambda+\varphi'_{x_o},\xi',\varphi'_{x''})}.$$

Pour estimer les e_j on utilisera le lemme :

<u>Lemme (.111).</u>

Soit $h_o \in S^m_{\rho',\rho'',\delta}(\mathbb{R}^{2N}\times(\mathbb{R}^N\setminus 0))$ nulle pour $X(\xi) \leqslant 0$, à support dans $\partial\widetilde{\Gamma}$, avec $\rho'' \leqslant \frac{1}{2}$ $\rho' \leqslant \frac{1}{2}+\rho''$, alors $\forall\, k \geqslant 0$ il existe $h_k \in S^{m+k(\frac{1}{2}-\rho'')}_{\rho',\rho'',\delta}$ nulle pour $X(\xi) \leqslant 0$ telle que :

$$(6.112) \qquad h_o = (X(\xi))^k\, h_k.$$

Supposons par exemple que dans $\partial\tilde{\Gamma}$ $X'_{\xi''_1}(\xi) \neq 0$, et faisons le changement de variable $(y,z,\xi) \to (y,z,\xi',\varphi(\xi',\xi''))$ $\varphi(\xi',\xi'') = (X(\xi)\langle\xi\rangle\ ,\ \xi''_2,\dots\ \xi''_p)$, d'inverse $(y,z,\bar{\xi}) \to (y,z,\bar{\xi}',\bar{\varphi}(\bar{\xi}',\bar{\xi}''))$;$\bar{\varphi}$ vérifie des $\frac{1}{2}$ $(1,\frac{1}{2},0)$ estimations. La fonction $\bar{h}_o(y,z,\bar{\xi}) = h_o(y,z,\bar{\xi}',\bar{\varphi}(\bar{\xi}',\bar{\xi}'')) \in S^m_{\underline{\rho}',\rho'',\underline{\delta}}$ si $\rho'' \leq 1/2$, $\rho' \leq \frac{1}{2} + \rho''$ et la formule de Taylor appliquée à l'ordre k à $\bar{h}_o$ sur $\bar{\xi}''_1 = 0$ fournit (6.112). ■

Montrons qu'alors $e_o(x,z,\xi,\lambda)$ satisfait aux estimations :

$$(6.113)\quad \left|\left(\frac{\partial}{\partial x_o}\right)^{\alpha}\left(\frac{\partial}{\partial y}\right)^{\beta}\left(\frac{\partial}{\partial z}\right)^{\beta'}\left(\frac{\partial}{\partial \xi}\right)^{\gamma} e_o(x,z,\xi,\lambda)\right| \leq$$

$$\leq c_{\alpha,\beta,\gamma,M}\ |X(\xi)|^M\ |\xi|^{\mu_o-\rho'|\gamma'|-\rho''|\gamma''|+(\frac{1}{2}-\rho'')(M+|\alpha|+|\beta|+|\beta'|)}$$

avec $\mu_o = m-1/2-\rho''$,

pour tout $M \geq 0$, $\lambda \in D(\varepsilon,(x,\xi))$, $|\xi| \geq 1$, $0 \leq x_o \leq \frac{1}{2} X(\xi)$, $D(\varepsilon,(x,\xi)) = \{\lambda \in \mathbb{C} \mid 1/2 - \varepsilon \leq \frac{|\lambda-\lambda_1(x,\xi)|}{\operatorname{Im}\lambda(x,\xi)} \leq 1/2+\varepsilon\}$

Ecrivons en effet $e_o = \dfrac{h_o}{q(x,\lambda+\varphi'_{x_o},\xi',\varphi'_{x''})}$, où h_o satisfait aux conditions du lemme précédent, observons que pour $\lambda \in D(\varepsilon,(x,\xi))$, $0 \leq x_o \leq \frac{1}{2} X(\xi)$, $(x,\xi) \in \mathcal{U}\times\tilde{G}$, $q(x,\lambda + \varphi'_{x_o},\ \xi',\varphi'_{x''})$ vérifie :

$$(6.114)\quad \begin{aligned} &c_1|\xi|\ \ |X(\xi)| \leq |q(x,\lambda + \varphi'_{x_o},\ \xi',\ \varphi'_{x''})| \leq c_2\ |\xi|\ |X(\xi)|\ , \\ &|D^{\alpha}_{x_o}\ D^{\beta}_y\ D^{\beta'}_z\ D^{\gamma}_{\xi}\ q(x,\lambda + \varphi'_{x_o},\ \xi',\varphi'_{x''})| \leq c_{\alpha,\beta,\beta',\gamma}\ |\xi|^{1-|\gamma'|-\frac{1}{2}|\gamma''|}\ . \end{aligned}$$

Et explicitons :

$$(6.115)\quad \left(\frac{\partial}{\partial x_o}\right)^{\alpha}\left(\frac{\partial}{\partial yz}\right)^{\beta}\left(\frac{\partial}{\partial \xi}\right)^{\gamma}\left(\frac{h_o}{q}\right) =$$

$$= \sum K \left(\frac{\partial}{\partial x_o}\right)^{\alpha_1}\left(\frac{\partial}{\partial yz}\right)^{\beta_1}\left(\frac{\partial}{\partial \xi}\right)^{\gamma_1} h_o\,\frac{1}{q^{\ell+1}}\ \prod_{j=1}^{\ell}\left(\frac{\partial}{\partial x_o}\right)^{\alpha_j^2}\left(\frac{\partial}{\partial yz}\right)^{\beta_j^2}\left(\frac{\partial}{\partial \xi}\right)^{\gamma_j^2} q\ ,$$

sommant pour

$\alpha_1+\alpha_2 = \alpha$, $\beta_1+\beta_2 = \beta$, $\gamma_1+\gamma_2 = \gamma$, $1 \leq \ell \leq |\alpha_2|+|\beta_2|+|\gamma_2|$, $\sum_{j=1}^{\ell} \alpha_j^2 = \alpha_2$, $\sum_{j=1}^{\ell} \beta_j^2 = \beta_2$ et $\sum_{j=1}^{\ell} \gamma_j^2 = \gamma_2$.

Pour tout $M \geq 0$, on estime le terme courant de (6.115) par $|X(\xi)|^M\ |\xi|^{m^{\star}}$

avec

$$m^* = m+(\frac{1}{2}-\rho'')|\alpha_1|+\delta|\beta_1|-\rho'|\gamma_1'|-\rho''|\gamma_1''|-1+\frac{1}{2}-\rho''-|\gamma_2'|-\frac{1}{2}|\gamma_2''|+(\frac{1}{2}-\rho'')(M+|\alpha_2|+|\beta_2|+|\gamma_2|)$$

d'où

$$m^* \leqslant m-\frac{1}{2}-\rho''-\rho'|\gamma_1'|-\rho''|\gamma_1''|-(\rho''+\frac{1}{2})|\gamma_2'|-\rho''|\gamma_2''|+(\frac{1}{2}-\rho'')(M+|\alpha|+|\beta|)$$

et

$$m^* \leqslant m-\frac{1}{2}-\rho''-\rho'|\gamma'|-\rho''|\gamma''|+(\frac{1}{2}-\rho'')(M+|\alpha|+|\beta|)$$

ce qui achève la preuve de (6.115).

De plus on voit que si e vérifie (6.113) avec l'exposant μ, $T_\lambda e$ vérifie (6.113) avec l'exposant $\mu+1-\rho''$ et par récurrence il vient que les e_j vérifient (6.113) avec $\mu_j = m-\frac{1}{2}-\rho''+j(\frac{1}{2}-2\rho'')$.

D'autre part on constate que les $X(\xi)^{1/2}\, e_j$ (resp $X(\xi)\, e_j$) vérifient (6.113) avec μ_j remplacé par $m-3/4-\frac{1}{2}\rho''+j(\frac{1}{2}-2\rho'')$ (resp $m-1+j(\frac{1}{2}-2\rho'')$).

Posant

$$(6.116) \qquad \tilde{e}_{j,k}(x,z,\xi) = \frac{1}{i\pi}\int_{\gamma(x,\xi)} e^{i\lambda x_o}\lambda^k e_j(x,z,\xi,\lambda)\,d\lambda,$$

on calcule

$$D^\alpha_{x_o} D^\beta_y D^{\beta'}_z D^\gamma_\xi \tilde{e}_{j,k} = \frac{1}{i\pi}\sum_{\alpha'+\alpha''=\alpha} K^*\int_{\gamma(x,\xi)} e^{i\lambda x_o}\lambda^{k+\alpha'} D^{\alpha''}_{x_o} D^\beta_y D^{\beta'}_z D^\gamma_\xi e_j(x,z,\xi,\lambda)\,d\lambda,$$

et on prouve (nous omettons les détails) que les $\tilde{e}_{j,k}$ satisfont pour $0 \leqslant x_o \leqslant \frac{1}{2}X(\xi)$ à des $m-\frac{1}{2}(\frac{1}{2}+\rho'')+\frac{k}{2}+j(\frac{1}{2}-2\rho'')$ $(\rho',\rho'',\frac{1}{2}-\rho'',\frac{1}{2})$ estimations. Mais pour $x_o \geq c\, X(\xi)$ la décroissance de l'exponentielle dans (6.116) fournit $\forall M \geqslant 0$:

$$|D^\alpha_{x_o} D^\beta_y D^{\beta'}_z D^\gamma_\xi \tilde{e}_{j,k}| \leqslant c_{\alpha,\beta,\gamma,j,k,M}\, |\xi|^{m_{\alpha,\beta,\gamma,j,k}+\frac{3}{2}M(\frac{1}{2}-\rho'')-\frac{1}{2}M},$$

par suite pour $\rho'' > 1/6$ les $\tilde{e}_{j,k}|_{x_o \geq c X(\xi)}$ sont dans $S^{-\infty}$,

On voit que tout point $(x_o,y,z,\xi) \notin \tilde{\Gamma}'$, $x_o > 0$ admet un voisinage σ-conique dans lequel $\tilde{e}_{j,k}$ est dans $S^{-\infty}$.

D'autre part la condition $\rho'' > 1/4$ permet de définir les sommes asymptotiques, k fixé,

$$\tilde{e}_k \sim \sum_{j} \tilde{e}_{j,k} .$$

On pose $e'(x,z,\xi) \sim \sum_{j\geq 0} \tilde{e}_{j,1}(x,z,\xi) + \varphi'_{x_o}(0,z,\xi)\, \tilde{e}_{j,o}(x,z,\xi)$.

Il est clair que si ω est un petit voisinage de 0 dans $\mathbb{R}_+^{N+1}$ on a

$$e^{-i\varphi} P(e'\, e^{i\varphi})\big|_{\omega \times \mathbb{R}^N \times \mathbb{R}^N \setminus 0} \in S^{-\infty}.$$

Pour étudier $e(0,y,z,\xi)$ on explicite :

$$\tilde{e}_{o,o}(0,y,z,\xi) = \sigma(0,y)\, \sigma'(0,\xi) \times \frac{r(y,z,\xi)}{i\, X(\xi)^{1/2} (f(0,y,\xi))^{1/2}} \in S^{m-\frac{1}{2}+\frac{1}{2}(\frac{1}{2}-\rho'')}_{\rho',\rho'',\delta}$$

$$\tilde{e}_{o,1}(0,y,z,\xi) = \sigma(0,y)\, \sigma'(0,\xi) \times \frac{r(y,z,\xi)}{i\, X(\xi)^{1/2} (f(0,y,\xi))^{1/2}} \times$$

$$\times\, (-\varphi'_{x_o}(0,y,\xi) + i(X(\xi))^{1/2} f^{1/2}(0,y,\xi)) \in S^{m+\frac{1}{2}(\frac{1}{2}-\rho'')}_{\rho',\rho'',\delta}$$

par suite

(6.114) $\tilde{e}_{o,1} + \varphi'_{x_o}(0,z,\xi)\, e_{o,o} = \sigma\sigma' r + (\varphi'_{x_o}(0,y,\xi) - \varphi'_{x_o}(0,z,\xi))\, \dfrac{\sigma\ \ r}{(X(\xi))^{1/2} f^{1/2}}$.

Observant que $\varphi'_{x_o|x_o=o}$ est nul sur $X(\xi) = 0$ on voit que le second terme de (6.114) est dans $S^m_{\rho',\rho'',\delta}$ et est nul sur $y = z$, par suite l'opérateur (pseudo-différentiel) associé à la phase $\varphi(0,y,\xi) - \varphi(0,z,\xi)$ qu'il détermine peut être défini (avec la même phase) avec un symbole (cf (6.31)) de $S^{m-\inf(\rho',\rho'')+\delta}_{\rho',\rho'',\delta}$.

Etudions maintenant un terme

$$\int_{\gamma(x,\xi)} e^{i\lambda x_o} (\lambda + \varphi'_{x_o}(0,z,\xi))\, e_j(x,z,\xi,\lambda)\, d\lambda, \ j \geq 1,$$

décomposons le en :

(6.115) $$\int_{\gamma(x,\xi)} e^{i\lambda x_o} \frac{\lambda + \varphi'_{x_o}}{q(x,\lambda+\varphi'_{x_o},\xi',\varphi'_{x''})} \times -(\sigma\sigma') \times T_\lambda\, e_{j-1}\, d\lambda +$$

$$+ \int_{\gamma(x,\xi)} e^{i\lambda x_o} (\varphi'_{x_o}(0,z,\xi) - \varphi'_{x_o}(0,y,\xi))\, e_j\, d\lambda.$$

Le premier terme de (6.115) vérifie des

$\frac{1}{2} - \frac{1}{2} + \frac{1}{2}(\frac{1}{2} - \rho'') + \mu_{j-1} - \frac{1}{2}(\frac{1}{2} - \rho'') + 1 - \rho'' \leqslant m + \frac{1}{2} - 2\rho'' < m, (\rho', \rho'', \frac{1}{2} - \rho'', \frac{1}{2})$

estimations, le second fournit un opérateur qui peut être exprimé avec un symbole d'ordre $\frac{1}{2} + \frac{1}{2} - (\frac{1}{2} - \rho'') + \mu_j - \inf(\rho', \rho'') \leqslant m + 1 - 3\rho'' - \inf(\rho', \rho'') < m.$

Par conséquent l'opérateur

$$E'f = \iint e'(x,z,\xi)\, e^{i\,\varphi(x,y,\xi) - \varphi(0,z,\xi)} f(z)\, dz\, d\xi, \quad \text{avec } e' \in S^m_{\rho,\rho'',\frac{1}{2}-\rho'',\frac{1}{2}},$$

vérifie (si σ et σ' sont convenables) :

$$E'f_{|x_o=o} = \iint (r(y,z,\xi) + r'((y,z,\xi))\, e^{i\,\varphi(0,y,\xi) - \varphi(0,z,\xi)} f(z)\, dz\, d\xi,$$

où r' est d'ordre $< m$ et il suffit d'itérer la méthode pour achever de prouver la proposition (6.106). ■

Choisissant les paramètres t, t' tels que $\frac{1}{12} < t' < t < 1/9$, on en vertu de (6.105), appliquer la proposition précédente à l'opérateur R de (6.99), et posant $E'_{\pm} = B^{\pm} - E'$ on achève de prouver (6.6) ce qui termine la construction "σ-microlocale" annoncée.

On construit maintenant les termes correspondants à la zone L'' précisée en (6.5). L'équation de phase (4.13) n'est plus singulière dans L'' si ρ est choisi assez grand.

Si G est un voisinage conique fermé de η_o dans $\mathbb{R}^N \setminus 0$ et si $\rho > 0$ est assez grand, on peut trouver un voisinage U de 0 dans $\bar{\mathbb{R}}^{N+1}_+$ tel que l'équation :

$$\begin{cases} \frac{\partial}{\partial x_o}\varphi^{(1)}_{\pm} = \pm(a(x, \xi' + \frac{\partial \varphi^{(1)}}{\partial x'}, \frac{\partial \varphi^{(1)}}{\partial x''}) + m(x,\xi'))^{1/2} \\ \varphi^{(1)}_{\pm}\,|_{x_o=o} = x''.\xi'' \end{cases}$$

a une solution dans un voisinage de $U \times G^{\rho,1}$.

(On désigne par $G^{\rho} = \{\eta \in G \mid |\eta''|^2 \geqslant \rho\, |\eta'|\}$)

$\varphi^{(1)}_{\pm}$ est déterminée, pour $|\xi'| \geqslant 1$, sous la forme

$$\varphi^{(1)}_{\pm}(x,\xi) = |\xi''|\, \tilde{\varphi}_{\pm}(x, \frac{\xi'}{|\xi'|}, \frac{\xi''}{|\xi''|}, \frac{|\xi'|^{1/2}}{|\xi''|}, |\xi''|/_{|\xi'|})$$

où $\tilde{\varphi}_\pm(x,w,z,\zeta) \in C^\infty(U \times \Omega'),\Omega'$ étant un voisinage de

$\Omega = \{(w,z,\zeta) \in S^{N-p-1} \times \mathbb{R}^{p+2}$ $w' \in$ voisinage fermé γ' de

$\eta'_o/|\eta'_o|$, $|w''| \leqslant c, |z| \leqslant \rho_c, |\zeta| \leqslant c$, et $|w''| \geqslant \frac{1}{2}$ $\}$

$c > 0$, γ' étant fixés, $\delta > 0$ étant pris assez petit, $\rho_o > 0$ est choisi assez petit pour que pour

$$|x| \leqslant \delta,\ |\xi'| \leqslant \delta,\ \frac{1}{4} \leqslant |\xi''| \leqslant c\ ,\ w' \in \gamma',\ |w''| \leqslant 2c,\ |z| \leqslant \frac{\rho_o}{2}, |\zeta| \leqslant 2c\ ,$$

$$\left| \sum_{|\alpha|=2} a_\alpha(x,w'+\zeta\xi',\ \zeta\xi'')\ \xi''^\alpha + z^2\ m(x,w') \right| \geqslant c' > 0\ .$$

Pour le reste les arguments sont identiques à ceux du § 5 , et on a :

Si $K''(y,D_y)$ est un opérateur pseudo-différentiel de symbole $k''(y,\xi) \in S^{o,o}$ à support dans L''^T, on peut trouver un voisinage ω de 0 dans $\bar{\mathbb{R}}^{N+1}_+$, des opérateurs $E''_\pm$ $\mathcal{D}'(\mathbb{R}^N) \longrightarrow C^\infty(\bar{\mathbb{R}}_+, \mathcal{D}'(\mathbb{R}^N))$ tels que :

(6.116)
$$P\, E''_\pm\Big|_{\omega \times \mathbb{R}^N} \in C^\infty(\omega \times \mathbb{R}^N)$$
$$E''_\pm|_{x_o=o} = K''(y,D_y) \bmod L^{-\infty}\ .$$

Pour achever la construction d'une paramétrice microlocale au voisinage de $(0,\eta_o)$, il faut remarquer que la zone L'^T peut être recouverte par la réunion d'un nombre fini d'ensembles $\tilde{\gamma}^T_i$, $\tilde{\gamma}_i$ satisfaisant à (6.6) ; si l'on impose à la somme $\sum_{\text{finie}} k'_j(y,\xi) + k''(y,\xi)$ d'être égale à 1, pour $|\xi|$ grand, dans un voisinage conique γ de $(0,\eta_o)$, alors l'opérateur

(6.117)
$$E_\pm = \sum_{\text{finie}} E'_{\pm i} + E''_\pm$$

vérifie dans un voisinage ω de 0 dans $\bar{\mathbb{R}}^{N+1}_+$ assez petit :

(6.118)
$$P\ E_\pm(f) \in C^\infty(\omega), f \in \mathcal{D}'(\mathbb{R}^N)$$
$$E_\pm(f)\big|_{x_o=o} = f \text{ mod. } C^\infty, \text{si } WF(f) \subset \gamma.$$

§ 7. CALCUL DU WF' DES PARAMETRICES.

Commençons par les opérateurs E_i $i = 0,1$, construits à la fin de la section § 4. E_i est une combinaison des solutions "pures" $E_\pm$ par des opérateurs pseudo-différentiels sur le bord agissant à gauche. On a

$$(7.0) \qquad E_\pm f(x) = \iint e^{i(\varphi_\pm(x,\theta) - \varphi_\pm(0,z,\theta))} e_\pm(x,z,\theta) f(z)\, dz\, d\theta.$$

La fonction phase $\varphi_\pm(x,\theta)$ est construite dans un voisinage conique $U \times G$ de $(0,\eta_o)$ dans $\bar{\mathbb{R}}_+^{N+1} \times (\mathbb{R}^N \setminus 0)$ sous la forme $\varphi_\pm(x,\theta) = \varphi_\pm^{(1)}(x,\theta) + x'.\theta'$, où $\varphi_\pm^{(1)}$ est un symbole de $S^{1,1}(U \times G, M)$ satisfaisant à l'équation (4.13) ; le symbole $e_\pm$ est nul hors d'un voisinage conique fermé Γ de $(0,0,\eta_o)$ assez petit et pour $|\theta|$ petit, il vérifie des $m(\rho',\rho'',\delta,\nu)$ estimations avec $\rho' > 0$, $\rho'' > 0$, $\delta < 1/2$, $\nu < 1/2$.

La formule (7.0) n'a à priori de sens que pour $f \in C_o^\infty(\mathbb{R}^N)$ et $e_\pm \in S^{-\infty}$; cependant l'existence d'un opérateur $L = \sum_{j=1}^N a_j \frac{\partial}{\partial y_j} + a_o$ (resp $L' = \sum_{j=1}^N b_j \frac{\partial}{\partial z_j} + b_o$) tel que

$$^tL\, e^{i\varphi_\pm(x,\theta)} = e^{i\varphi_\pm(x,\theta)} \quad (\text{resp } ^tL'\, e^{-i\varphi_\pm(0,z,\theta)} = e^{-i\varphi_\pm(0,z,\theta)}),$$

avec a_j (resp b_j) $j = 0\ldots N \in S^{-1}_{1,1/2,0,0}$ (resp $S^{-1}_{1,1/2,0}$), permet de définir $E_\pm$ pour $e_\pm \in S^m_{\rho',\rho'',\delta,\nu}$ $\delta < 1$, comme un opérateur continu $\mathcal{D}'(\mathbb{R}^N)$ dans $C^\infty(\bar{\mathbb{R}}_+, \mathcal{D}'(\mathbb{R}^N))$ (resp. et qui applique $C^\infty(\mathbb{R}^N)$ dans $C^\infty(\bar{\mathbb{R}}_+^{N+1})$).

Nous désignons encore par $\phi_\pm$, $\psi_\pm$ et $\Psi_\pm$ les solutions des équations (4.15), (4.14) et (4.16) ; remarquons au passage que la fonction $\psi_\pm$ (resp $\Psi_\pm$) vérifie (4.14) (res (4.16)) dans un ensemble $U \times G' \times \mathbb{R}^p$ (resp $U \times G' \times (\mathbb{R}^p \setminus 0)$) où G' est un voisinage conique de $\eta'_o/|\eta'_o|$ dans $(\mathbb{R}^{N-p} \setminus 0)$, et supposons que Γ se projette parallèlement à $\xi' = 0$ sur un voisinage conique fermé Γ' de $(0,0,\eta'_o)$ assez petit.

Nous noterons $K_\pm(x,z)$ le noyau de l'opérateur $E_\pm$, et considérant $K_\pm$ comme un élément de $\mathcal{D}'(\mathbb{R}_+^{N+1} \times \mathbb{R}^N)$, nous allons décrire $WF'(K_\pm)$; de la même façon on pourrait étudier les $WF'(K_\pm(x_o,.))$, $x_o \geqslant 0$.

On a le résultat :

Proposition 7.1.

$$(7.2)\quad WF'(K_\pm) \subset \{(x,\xi,z,\eta) \in T^*\mathbb{R}_+^{N+1}\setminus 0 \times T^*\mathbb{R}^N\setminus 0 \,|\, \eta''\neq 0, z=\phi'_{\pm\theta}(x,\eta), \xi=\phi'_{\pm x}(x,\eta), (x,z\eta)\in\Gamma\}$$

$$\cup \{(x,\xi,z,\eta) \in T^*\mathbb{R}_+^{N+1}\setminus 0 \times T^*\mathbb{R}^N\setminus 0 \,|\, \eta''=0, \xi_o=\xi''=0 \text{ et } \exists\theta\in\mathbb{R}^N\setminus 0, \theta'=\eta'$$

$$z'' = \psi'_{\pm\theta''}(x,\theta),\ z' = x',\ \xi' = \eta',\ (x,z,\eta')\in\Gamma'\}$$

$$\cup \{(x,\xi,z,\eta) \in T^*\mathbb{R}_+^{N+1}\setminus 0 \times T^*\mathbb{R}^N\setminus 0 \,|\, \eta''=0,\ \xi_o=\xi''=0 \text{ et } \exists\theta\in\mathbb{R}^N\setminus 0, \theta'=\eta', \theta''\neq 0$$

tel que $$z'' = \Psi'_{\pm\theta''}(x,\theta),\ z' = x',\ \xi' = \eta',\ (x,z,\eta')\in\Gamma'\}$$

Fixons un point $(\bar{x},\bar{\xi},\bar{z},\bar{\eta}) \in T^*\mathbb{R}_+^{N+1}\setminus 0 \times T^*R^N\setminus 0$ et étudions pour $(\xi.\eta)$ dans un voisinage conique de $(\bar{\xi},\bar{\eta})$:

$$(7.3)\qquad F(\xi,\eta) = \langle K_\pm,\ v(x,z)\ e^{-i\xi x+iz\eta}\rangle ,$$

où $v \in C_o^\infty(\mathbb{R}_+^{2N+1})$ a son support dans un voisinage que nous supposerons toujours assez petit de $(\bar{x},\bar{z})$.

$$(7.4)\qquad F(\xi,\eta) = \iint e^{i(\varphi_\pm(x,\theta)-\varphi_\pm(0,z,\theta))}\ L^k(e_\pm\ ve^{-i\xi.x+iz\eta})dx\ dz\ d\theta$$

k étant choisi assez grand pour que l'intégrale (7.4) converge absolument. Désignons par $G(x,z,\xi,\eta,\theta)$ la "phase" de (7.4) soit

$$(7.5)\ G(x,z,\xi,\eta,\theta) = -\ x'(\xi'-\theta') + z'.(\eta'-\theta') - x_o\xi_o + \varphi_\pm^{(1)}(x,\theta) - x''.\ \xi''+ z''.(\eta''-\theta'')$$

et par C_+(resp. $C'_\pm$, resp $C''_\pm$) l'ensemble défini par la première (resp deuxième, resp. troisième) ligne de (7.2).

Supposons, pour commencer, que l'on ait $\bar{x}' \neq \bar{z}$, et donc que sur le support de v on ait $|x'-z'| > c > 0$, cependant l'on a :

$$G'_{\theta'} = x' - z' + \varphi'^{(1)}_{\theta'}(x,\theta),$$

observant que $\varphi'^{(1)}_{\theta'} \in S^{o,1}$, on peut trouver un symbole $h_o(\theta) \in S^o$ nul pour $|\theta|$ petit, à support dans un voisinage conique assez petit de $\theta'' = 0$, égal à 1 pour $|\theta|$ grand dans un voisinage conique (plus petit) de $\theta'' = 0$, tel que décomposant :

$$(7.6)\qquad e_\pm = e_\pm^I + e_\pm^{II} \qquad e_\pm^I = h_o\ e_\pm\ ,\ e_\pm^{II} = (1-h_o)\ e_\pm\ ,$$

on ait sur le support de $e_\pm^I\ v\ |G'_{\theta'}| \geqslant c' > 0$.

On en déduit une décomposition

$$F(\xi,\eta) = F^I(\xi,\eta) + F^{II}(\xi,\eta)$$

avec

$$F^I = \langle K^I_\pm, v\, e^{-i\xi x+iz\eta}\rangle, \text{ où } K^I_\pm = \int e^{i(\varphi_\pm(x,\theta)-z\theta)} e^I_\pm(x,z,\theta)\, d\theta.$$

On prouve que $K^I_\pm$ est C^∞ au voisinage du support de v au moyen d'intégrations par parties par rapport à θ', et donc que F^I est à décroissance rapide.

Par contre on a $F^{II} = \langle K^{II}_\pm, v\, e^{-i\xi x+iz\eta}\rangle$

avec

(7.7)
$$K^{II}_\pm = \int e^{i(\varphi_\pm(x,\theta)-z\theta)} e^{II}_\pm(x,z,\theta)\, d\theta.$$

Le résultat de la proposition (4.17) b)(ii) nous permet d'écrire

$$e^{i\varphi_\pm(x,\theta)} e^{II}_\pm = e^{i\phi_\pm(x,\theta)} \bar{e}_\pm$$

où $\bar{e}_\pm \in S^m_{\rho',\rho'',\delta,\nu}$ est à décroissance rapide dans un voisinage conique de $\theta'' = 0$ et à son support dans Γ.

Il en résulte facilement

$$WF'(K^{II}_\pm) \subset \{(x,\xi,z,\eta) \mid \eta'' \neq 0,\ z = \phi'_{\pm_\theta}(x,\eta),\ \xi = \phi'_{\pm_x}(x,\eta),\ (x,z,\eta) \in \Gamma\}$$

On a donc prouvé :

(7.8)
$$(\bar{x},\bar{\xi},\bar{z},\bar{\eta}) \in WF'(K_\pm)\quad \bar{x}' \neq \bar{z}' \Longrightarrow (\bar{x},\bar{\xi},\bar{z},\bar{\eta}) \in C_\pm .$$

Supposons maintenant $\bar{\xi}' \neq \bar{\eta}'$, pour (ξ,η) dans un voisinage conique de $(\bar{\xi},\bar{\eta})$ on a :

$$|G'_{z'}| + |G'_{x'}| \geqslant |\eta'-\theta'| + |\xi'-\theta'| - |\varphi'^{(1)}_{x'}(x,\theta)| \geqslant c(|\xi|+|\eta|+|\theta|) - c'|\theta|d_M(\theta).$$

On peut faire un découpage analogue à (7.6) en sorte que sur le support de $e^I_\pm$ et pour (ξ,η) dans un voisinage conique de $(\bar{\xi},\bar{\eta})$ on ait :

$$|G'_{z'}| + |G'_{x'}| \geqslant c''(|\xi|+|\eta|+|\theta|),$$

et au moyen d'intégrations par parties en (x',z') on obtient que $F^I(\xi,\eta)$ est à décroissance rapide dans un voisinage conique de $(\bar{\xi},\bar{\eta})$.

Le terme F^{II} se décrivant comme (7.7) on a prouvé

(7.9) $\quad (\bar{x},\bar{\xi},\bar{z},\bar{\eta}) \in WF'(K_{\pm}), \bar{\xi}' \neq \bar{\eta}' \Longrightarrow (\bar{x},\bar{\xi},\bar{z},\bar{\eta}) \in C_{\pm}$.

Supposons cette fois $\bar{\eta}'' \neq 0$, $\bar{\xi}'' \neq 0$, ou $\bar{\xi}_o \neq 0$, pour (ξ,η) dans un voisinage conique de $(\bar{\xi},\bar{\eta})$ on a :

$$|G'_x| + |G'_z| \geqslant |\xi_o| + |\xi''| + |\eta''| + |\xi'-\theta'| + |\eta'-\theta'| - c'|\theta| \; d_M(\theta).$$

Observant que pour (ξ,η) dans un voisinage conique assez petit de $(\bar{\xi},\bar{\eta})$ on a $|\xi_o| + |\xi''| + |\eta''| \geqslant c(|\xi|+|\eta|)$, on prouve en procédant comme ci-dessus

(7.10) $(\bar{x},\bar{\xi},\bar{z},\bar{\eta}) \in WF'(K_{\pm}), \bar{\eta}'' \neq 0,\ \bar{\xi}'' \neq 0,$ ou $\bar{\xi}_o \neq 0 \Longrightarrow (\bar{x},\bar{\xi},\bar{z},\bar{\eta}) \in C_{\pm}$.

Supposons maintenant que $(\bar{x},\bar{\xi},\bar{z},\bar{\eta}) \in WF'(K_{\pm})$ avec $\bar{x}'=\bar{z}'$, $\bar{\xi}'=\bar{\eta}'$, $\bar{\xi}''=\bar{\xi}_o=\bar{\eta}''=0$ et montrons $(\bar{x},\bar{\xi},\bar{z},\bar{\eta}) \in C'_{\pm}$ ou $(\bar{x},\bar{\xi},\bar{z},\bar{\eta}) \in C''_{\pm}$; pour cela supposons que $(\bar{x},\bar{\xi},\bar{z},\bar{\eta}) \notin C''_{\pm}$ et prouvons qu'alors $(\bar{x},\bar{\xi},\bar{z},\bar{\eta}) \in C'_{\pm}$. Examinons d'abord le cas où $(\bar{x},\bar{z},\bar{\eta}') \notin \Gamma', \bar{\eta}' \neq 0$, si le support de v est assez petit on a pour $(x,z,\theta) \in \text{supp}\,(e_{\pm}v)$ $\xi,\eta \in$ voisinage conique assez petit de $(\bar{\xi},\bar{\eta})$, $\eta'-\theta' \neq 0$, soit par homogénéité $|\eta'-\theta'| \geqslant c\,(|\xi|+|\eta|+|\theta|)$, et donc $|G'_{z'}| \geqslant c(|\xi|+|\eta|+|\theta|)$; par suite $F(\xi,\eta)$ est (au moyen d'intégration par parties) à décroissance rapide dans un voisinage conique de $(\bar{\xi},\bar{\eta})$, ce qui contredit notre hypothèse $(\bar{x},\bar{\xi},\bar{z},\bar{\eta}) \in WF'(K_{\pm})$.

Par conséquent si $(\bar{x},\bar{\xi},\bar{z},\bar{\eta}) \notin C''_{\pm}$ c'est que $\forall\, \theta'' \in \mathbb{R}^p \setminus 0$ on a

(7.11) $$\bar{z}'' - \Psi'_{\pm_{\theta''}}(\bar{x},\bar{\eta},\theta'') \neq 0 \,.$$

Cependant la relation (4.22) prouve que $\Psi^{(1)}_{\pm}$ est une fonction homogène de degré 1 en ξ'', ne dépendant de ξ' que par $\frac{\xi'}{|\xi'|}$, d'autre part dérivant (4.21) on obtient :

(7.12) $$\phi^{(1)'}_{\pm_{\xi''}} = \frac{\xi''}{|\xi''|}\tilde{\varphi}_{\pm} + \tilde{\varphi}'_{\pm_{w''}} - \frac{\xi''}{|\xi''|}\,\frac{\xi''}{|\xi''|} \cdot \tilde{\varphi}'_{\pm_{w''}} - \frac{\xi''}{|\xi'|}\,\tilde{\varphi}'_{\pm_{\xi}} ,$$

d'où l'on déduit qu'existent les limites

(7.13) $$\lim_{\substack{\frac{\xi''}{|\xi''|} \to \eta'' \\ |\xi''| \to 0}} \phi^{(1)'}_{\pm_{\xi''}}(x,\eta',\xi'') = \tilde{\psi}_{\pm}(x,\eta) ,$$

où $\tilde{\psi}_{\pm}$ est une fonction C^{∞} de $x,\eta'/_{|\eta'|}$ (voisins de $0,\eta'_o/_{|\eta'_o|}$) et $\eta'' \in S^{p-1}$.

Par ailleurs par la formule de Taylor on obtient

$$\phi_{\pm}^{(1)}(x,\xi) = \Psi_{\pm}^{(1)} + |\xi''|^2/_{|\xi'|}\tilde{\rho}_{\pm}(x, \frac{\xi'}{|\xi'|}, \frac{\xi''}{|\xi''|}, |\xi''|/_{|\xi'|})$$

où $\tilde{\rho}_{\pm}(x,w,z,\zeta) \in C^{\infty}$;

(7.14) d'où l'on déduit $\tilde{\Psi}_{\pm}(x,\eta) = \Psi'_{\pm\xi''}(x,\eta), \quad \eta'' \in S^{p-1}$.

Les relations (7.11), (7.12), (7.13) et (7.14) entraînent par un argument de continuité et de compacité l'existence d'un voisinage ω de $(\bar{x},\bar{z})$ dans $\mathbb{R}_+^{2N+1}$ et d'un voisinage conique L de $(\bar{\eta}',0)$ dans $\mathbb{R}^N \setminus 0$ tels que

(7.15) $\quad |\phi'_{\pm\xi''}(x,\theta) - z''| \geqslant c > 0 \quad$ pour $(x,z) \in \omega$, $\theta \in L$, $\theta'' \neq 0$.

On supposera que $v(x,z)$ est à support dans ω et on décompose

$$e_{\pm} = e_{\pm}^{I} + e_{\pm}^{II}$$

où $e_{\pm}^{II}$ est à support dans L, tandis que $e_{\pm}^{I}$ est identiquement nul dans un voisinage conique de $(\bar{\eta}',0)$.

Sur le support de $e_{\pm}^{I}$ et pour η dans un voisinage conique assez petit de $(\bar{\eta}',0)$ on a :

$$|G'_{z'}| + |G'_{z''}| \geqslant |\eta'-\theta'| + |\eta''-\theta''| \geqslant c\,(|\theta|+|\eta|),$$

il en résulte que si $F^{I} = \langle K_{\pm}^{I}, v\, e^{-i\xi x+iz\eta}\rangle$, F^{I} est à décroissance rapide dans un voisinage conique de $(\bar{\xi},\bar{\eta})$.

Par suite $(\bar{x},\bar{z},\bar{\xi},\bar{\eta}) \in WF'(K_{\pm}^{II})$, $K_{\pm}^{II}$ étant construite avec un symbole $e_{\pm}^{II}$ tel que sur le support de $e_{\pm}^{II}\, v$ on ait (7.15).

Nous avons $G'_{\theta''} = -z'' + \varphi'^{(1)}_{\pm\theta''}(x,\theta)$, or il résulte de la proposition (4.17) que dans une zone $\Gamma''(x,\theta) \in U \times G$ $|\theta''|^2 \geqslant c''|\theta'|$, $\varphi'^{(1)}_{\pm\theta''} - \phi'^{(1)}_{\pm\theta''}$ satisfait des $S^{-1,-2}$ estimations ; par suite de (7.15) il vient que l'on peut trouver $c > 0$ assez grand pour que

(7.16) $\quad |z'' - \varphi'^{(1)}_{\pm\theta''}(x,\theta)| \geqslant c' > 0 \quad$ pour $(x,z) \in \omega$, $\theta \in L$, $|\theta''|^2 \geqslant c\,|\theta'|$.

On décompose une fois encore

(7.17) $$e_{\pm}^{II} = e_{\pm}^{III} + e_{\pm}^{IV}$$

$e_{\pm}^{III}$, $e_{\pm}^{IV}$ satisfaisant des $m(\inf(\rho',1), \inf(\rho'',\frac{1}{2}), \delta,\nu)$ estimations, le support de $e_{\pm}^{III}$ étant contenu dans la zone $\theta \in L$, $|\theta''|^2 \geqslant c\,|\theta'|$, tandis que celui de $e_{\pm}^{IV}$ est contenu dans une zone $\theta \in L$, $|\theta''|^2 \leqslant 2c\,|\theta'|$.

De (7.16) il vient que $F^{III} = \langle K_{\pm}^{III}, v\, e^{-i\xi x+iz\eta}\rangle$ est à décroissance rapide ; par suite l'on a $(\bar{x},\bar{z},\bar{\xi},\bar{\eta}) \in WF'(K_{\pm}^{IV})$, $K_{\pm}^{IV}$ étant construite avec un symbole $e_{\pm}^{IV}$ à support dans une zone $(x,z,\theta) \in \Gamma\ |\theta''|^2 \leqslant c'|\theta'|$.

Il résulte alors de la proposition (4.17) que l'on a

$$e_{\pm}^{IV}\, e^{i\varphi_{\pm}(x,\theta)} = \tilde{e}_{\pm}\, e^{i\psi_{\pm}(x,\theta)}$$

(7.17) $\tilde{e}_{\pm} \in S^m_{\inf(\rho',1),\inf(\rho'',1/2),\delta,\nu}$ $\operatorname{supp} \tilde{e}_{\pm} \subset \{(x,z,\theta) \in \Gamma\ |\theta''|^2 \leqslant c'|\theta'|\}$,

et il nous reste à préciser le WF' d'une distribution

(7.18) $$\tilde{K}_{\pm}(x,z) = \int e^{i(\psi_{\pm}(x,\theta)-z\theta)}\, \tilde{e}_{\pm}(x,z,\theta)\, d\theta$$

$\tilde{e}_{\pm}$ satisfaisant à (7.17).

Nous allons établir

(7.19) $$WF'(\tilde{K}_{\pm}) \subset C'_{\pm}\ .$$

Il sera utile d'obtenir une version précisée de (7.19) en terme d'une notion de front d'onde quasi-homogène introduite dans [14], nous n'en rappellerons pas ici la définition en termes d'opérateurs pseudo-différentiels, mais nous dirons simplement qu'il s'agit d'étudier la croissance de :

(7.20) $$\tilde{F}(\xi,\eta) = \langle \tilde{K}_{\pm}\ , v\, e^{-i\xi x+iz\eta}\rangle\ ,$$

pour (ξ,η) dans un petit voisinage σ-conique d'un point $(\tilde{\xi},\tilde{\eta}) \in \mathbb{R}^{N+1} \times \mathbb{R}^N \setminus 0$. La notion de σ-homogénéité sur $\mathbb{R}^{N+1} \times \mathbb{R}^N \setminus 0$ est (ici) relative aux dilatations

$$\sigma_t(\xi,\eta) = (t\,\xi_0,\ t^2\,\xi',\ t\,\xi'',\ t^2\,\eta',\ t\,\eta'')\ t > 0,$$

et si $\tilde{F}$ est à décroissance rapide dans un voisinage σ-conique de $(\tilde{\xi},\tilde{\eta})$ on aura $(x,z,\tilde{\xi},\tilde{\eta}) \notin \widetilde{WF}'(K_{\pm})$. On utilisera le résultat : $u \in \mathcal{D}'(\mathbb{R}_+^{2N+1})$, si $\widetilde{WF}(u)$ est disjoint de la variété $\xi' = \eta' = 0$ on a

(7.21) $WF(u) = \{(x,z,0,\xi',0,\eta',0) \mid \exists\, \tilde{\xi}_0,\tilde{\xi}'',\tilde{\eta}''$ tels que $(x,z,\tilde{\xi}_0,\xi',\tilde{\xi}'',\eta',\tilde{\eta}'') \in \widetilde{WF}(u)\}$.

On peut alors prouver

(7.22) $\widetilde{WF}'(\tilde{K}_\pm) \subset \{(x,z,\xi,\eta) \in T^*\mathbb{R}_+^{N+1} \setminus 0 \times T^*\mathbb{R}^N \setminus 0 \mid \exists \theta \in \mathbb{R}^N \setminus 0\ \theta' = \eta'$ tel que

$z'' = \psi'_{\pm\theta''}(x,\theta),\ \eta'' = \theta''\quad z' = x',\ \xi' = \eta',\ \xi_o = \psi'_{\pm x_o}(x,\theta),$

$,\ \xi'' = \psi'_{\pm x''}(x,\theta),\ (x,z,\theta) \in \sigma$-conique supp $\tilde{e}_\pm\}$.

Exprimons $\tilde{F}$ par une formule analogue à (7.4) la phase G étant remplacée par

$$H(x,z,\xi,\eta,\theta) = - x'(\xi'-\theta') + z'(\eta'-\theta') - x_o\,\xi_o + \psi_\pm^{(1)}(x,\theta) - x''\xi'' + z''(\eta''-\theta'').$$

On prouve d'abord $\bar{x}' \neq \bar{z}' \Longrightarrow (\bar{x},\bar{z},\bar{\xi},\bar{\eta}) \notin \widetilde{WF}'(\tilde{K}_\pm)$, en observant que $H'_{\theta'} = x'-z' + O(|\theta|^{-1/2})$ et qu'une zone $|\theta|$ borné n'a pas de contribution aux singularités de $\tilde{K}_\pm$; de même on prouve que $\bar{\xi}' \neq \bar{\eta}' \Longrightarrow (\bar{x},\bar{z},\bar{\xi},\bar{\eta}) \notin \widetilde{WF}'(\tilde{K}_\pm)$, en observant cette fois que $|H'_{z'}| + |H'_{x'}| = |\eta'-\theta'| + |\xi'-\theta'| + O(|\theta|^{1/2})$.

Fixons maintenant un point $(\bar{x},\bar{z},\bar{\xi},\bar{\eta})$ avec $\bar{x}' = \bar{z}'$, $\bar{\xi}' = \bar{\eta}'$ et $(\bar{\xi},\bar{\eta}) \in S^{2N+1}$.

Posons

$$F(\xi,\eta) = \iint a(x,z,\xi,\eta,\theta)\, e^{iH(x,z,\xi,\eta,\theta)}\, dz\, dx\, d\theta.$$

Soit

$$\chi(t) \in C_o^\infty(\mathbb{R}),\ \chi(t) = 1 \text{ pour } |t| \leqslant \bar{\delta}/2,\ \chi(t) = 0 \text{ pour } |t| \geqslant \bar{\delta},$$

posons $\rho = \langle\xi,\eta\rangle$ et décomposons :

(7.23) $a = a_I + a_{II}\qquad a_I = (1-\chi)\left(\frac{|\eta'-\theta'|}{\rho^2}\right) a,\ a_{II} = \chi\left(\frac{|\eta'-\theta'|}{\rho^2}\right) a,$

puis $\tilde{F} = \tilde{F}_I + \tilde{F}_{II}$.

Sur le support de a_I on a $|H'_{z'}| \geqslant c\,(1+|\theta|+\rho^2)$ et à l'aide d'intégrations par parties ($\delta < 1$) on prouve $\tilde{F}_I \in S^{-\infty}$, par contre se souvenant que sur le support de $\tilde{e}_\pm$ on a $|\theta''|^2 \leqslant c\,|\theta'|$, on voit que le support de a_{II} est contenu dans une région $|x| + |z| + \langle\theta\rangle/_\rho \leqslant c$.

Prouvons maintenant que si $\bar{\xi}' = \bar{\eta}' = 0 \Longrightarrow (\bar{x},\bar{z},\bar{\xi},\bar{\eta}) \notin \widetilde{WF}'(\tilde{K}_\pm)$; pour cela remarquons que pour (ξ,η) dans un voisinage σ-conique γ de $(\bar{\xi},\bar{\eta})$ on a sur le support de a_{II} :

(7.24) $\quad |\xi_o - \psi'_{\pm x_o}(x,\theta)| + |\xi'' - \psi'_{\pm x''}(x,\theta)| + |\eta''-\theta''| \geqslant c\,\rho$, et effectuant des intégrations par parties dans les variables x_o, x'', z'', on obtient le résultat indiqué car $\delta < 1/2$, $\nu < 1/2$. On peut donc se restreindre au cas où $\bar{\eta}' \neq 0$ et où (pour $\bar{\delta}$ assez petit) $|\theta'| \approx \rho^2$ sur le support de a_{II} ; on peut également supposer que $(\bar{x},\bar{z},\bar{\eta}')$ est dans la projection parallèlement à $\xi' = 0$ de σ-conique supp $\tilde{e}_{\pm}$, sans quoi des intégrations par parties en z' conduisent à $(\bar{x},\bar{z},\bar{\xi},\bar{\eta}) \notin \widetilde{WF}'(\tilde{K}_{\pm})$.

Supposons alors que $(\bar{x},\bar{z},\bar{\xi},\bar{\eta})$ est tel que $\forall\ \theta'' \in \mathbb{R}^p$ tel que $(\bar{x},\bar{z},\bar{\eta}',\theta'') \in \sigma$-conique supp $\tilde{e}_{\pm}$, on ait :

$$|\bar{\xi}_o - \psi'_{\pm x_o}(x,\bar{\eta}',\theta'')| + |\bar{\xi}'' - \psi'_{\pm x''}(x,\bar{\eta}',\theta'')| + |\bar{\eta}''-\theta''| + \rho|\bar{z}'' - \psi'_{\pm\theta''}(x,\bar{\eta}',\theta'')| \neq 0.$$

On peut trouver un voisinage ω de $(\bar{x},\bar{z})$, un voisinage σ-conique γ de $(\bar{\xi},\bar{\eta})$ tels que sur le support de a_{II}, on ait (imposant supp $v \subset \omega$, $\bar{\delta}$ assez petit)

$$m = |H'_{x_o}|^2 + |H'_{x''}|^2 + |H'_{z''}|^2 + \rho^2|H'_{\theta''}|^2 \geqslant c\,\rho^2 \quad \text{pour } (\xi,\eta) \in \gamma.$$

Posant

$${}^t\mathcal{L} = \frac{1}{m}\left[H'_{x_o}\frac{\partial}{\partial x_o} + H'_{x''}\frac{\partial}{\partial x''} + H'_{z''}\frac{\partial}{\partial z''} + \rho^2 H'_{\theta''}\frac{\partial}{\partial \theta''}\right]$$

on prouve $\forall\ M \geqslant 0$

$$|\mathcal{L}^M(a_{II})| \leqslant c_M(1+\rho^2)^{\mu+M(-\frac{1}{2}+\sup(\delta,\nu,\frac{1}{2}-\rho''))}, (x,z,\theta) \in \text{supp } a_{II},\ (\xi,\eta) \in \gamma\ ;$$

ce qui achève de prouver (7.22) puis (7.19), et qui termine la preuve de la proposition. ∎

Interprètons maintenant la relation (7.2).

Désignons par $C_{\pm}$ l'ensemble de la première ligne de (7.2), il est facile de voir que $(x,\xi,z,\eta) \in C_{\pm}$ si $(x,z,\eta) \in \Gamma$ et si (x,ξ) est atteint à un temps $\lessgtr 0$ sur une bicaractéristique de p issue d'un point $(0,z,\lambda,\eta) \in p^{-1}(0) \setminus N$. Si $C'_{\pm}$(resp. $C''_{\pm}$) désigne l'ensemble de la deuxième (resp troisième) ligne de (7.2) on a, par symétrie, $C'_+ = C'_- = C'$ (resp $C''_+ = C''_- = C''$) avec $(x,\xi,z,\eta) \in C'$(resp C'') si $(x,z,\eta') \in \Gamma'$, $x' = z'$, $\xi' = \eta'$, $\xi_o = \xi'' = \eta'' = 0$ et si ils existent des points $(x,\lambda_o,\xi',\lambda'')$, $(0,z,\mu_o,\eta',\mu'')$ (resp. et $\mu'' \neq 0$) joints par une courbe intégrale de $\mathcal{H}_q$(resp $\mathcal{H}_Q$).

D'autre part remarquant que l'on a

$$\lim_{\substack{\frac{\xi''}{|\xi''|} \to \eta'' \\ |\xi''| \to +\infty}} \psi'_{\pm\xi''}(x,\xi'/|\xi'|, \xi'') = \Psi'_{\pm\xi''}(x, \frac{\xi'}{|\xi'|}, \eta'')$$

on déduit, compte tenu également de (4.21), (7.13) et (7.14) :

(7.25) $C \cup C' \cup C''$ est une partie conique fermée de $(T^*\mathbb{R}_+^{N+1} \times T^*\mathbb{R}^N)\setminus 0$,

en sorte que les génératrices de C'' apparaissent comme des limites de celles de C' et de C.

Passons maintenant au cas des paramétrixes de la section § 6 ; les singularités des paramétrixes construites en § 5 pourront s'analyser d'une façon tout à fait analogue à celle décrite ci-dessus. Etudions pour commencer un terme du type $E'_{\pm,i}$ de la somme (6.117) définissant $E_\pm$; quand l'indice i est relatif à un terme σ-microlocal de type $\mathcal{E}$ il n'y a pas de propagation pour $x_o > 0$ et le problème le plus délicat provient des termes de types $\mathcal{G}$.

Soit $E'_\pm = B_\pm - E'$ une paramétrixe σ-microlocale au voisinage d'un point $(0,\tilde{\eta}_o) \in \mathcal{G}$, E' n'ayant aucune contribution (cf proposition (6.106)) pour $x_o > 0$ aux singularités de $E'_\pm$, il suffit d'étudier les singularités du noyau $K'_\pm$ de l'opérateur de Fourier-Airy $B_\pm$.

On remarque que dans une région $\zeta_o \leqslant c\,|\xi|^t$, $t < 1/9$, $x_o > \varepsilon > 0$, on peut trouver $c_\varepsilon > 0$, $c'_\varepsilon > 0$ tels que pour $|\xi| \geqslant c_\varepsilon$ on ait $\zeta(x,\xi) \leqslant -c'_\varepsilon|\xi'|^{1/3}$, et se reportant à la définition (6.43) on peut décomposer :

$$(7.26)\quad B_\pm f\big|_{x_o>\varepsilon} = \iint e^{i\Theta_\pm(x,y,\theta)} a_\pm(x,z,\theta) f(z)\,dz\,d\theta + \iint e^{i\tilde{\Theta}_\pm(x,z,\theta)} \tilde{a}_\pm(x,z,\theta) f(z)\,dz\,d\theta + R_\varepsilon f,$$

où

$$(7.27)\qquad \Phi_\pm(x,\theta) = \varphi(x,\theta) \pm 2/3\,(-\zeta)^{3/2}(x,\theta)$$

et

$$(7.28)\qquad \Theta_+(x,z,\theta) = \Phi_\pm(x_o,y,\theta) - \Phi_\pm(0,z,\theta)$$

$$(7.29)\qquad \tilde{\Theta}_\pm(x,z,\theta) = \varphi(x_o,y,\theta) - \varphi(0,z,\theta) \pm 2/3\,(-\zeta)^{3/2}(x,\theta).$$

Le symbole $a_\pm$ (resp $\tilde{a}_\pm$) est dans une classe

$S^\mu_{1/6,1/6,3t/2,1/3-3t/2}(\mathbb{R}_+^{2N+1} \times \mathbb{R}^N \setminus 0))$, il est nul près de $|\theta| = 0$ et hors d'un voisinage σ-conique fermé $\tilde{\Gamma}$ de $(0,0,\tilde{\eta}_o)$ assez petit, de plus on a $\operatorname{supp} \tilde{a}_\pm \subset \zeta_o(z,\theta) \leqslant -c/2$, $\zeta(x,\theta) \leqslant -c'_\varepsilon\,|\theta'|^{1/3}$ alors que

$\operatorname{supp} \tilde{a}_\pm \subset -c \leqslant \zeta_o(z,\theta) \leqslant c\,|\theta|^t$, $\zeta(x,\theta) \leqslant -c'_\varepsilon\,|\theta'|^{1/3}$.

R_ε désigne dans (7.26) un opérateur $\mathcal{D}'(\mathbb{R}^N) \longrightarrow C^\infty(\mathbb{R}_+^{N+1})$

Il est à remarquer que l'on a choisi d'écrire $B_\pm$ dans (7.26) à l'aide des phases $\Theta_\pm$ et $\tilde{\Theta}_\pm$ de classe C^1 sur les supports σ-coniques de $a_\pm$ et $\tilde{a}_\pm$ respectivement, mais de classe C^∞ et satisfaisant des (2/3,1/6,0,1/3) estimations sur un voisinage des supports de $a_\pm$ et $\tilde{a}_\pm$ respectivement.

On a

Proposition 7.28.

Désignant par $K'_\pm$ le noyau de l'opérateur $B_\pm$,

(7.30) $WF'(K'_\pm) \subset \{(x,\xi,z,\eta) \in T^*\mathbb{R}_+^{N+1} \setminus 0 \times T^*\mathbb{R}^N \setminus 0 \mid \eta'' = 0,\ \xi_o = \xi'' = 0,\ x' = z', \xi' = \eta'$

et $\exists \theta \in \mathbb{R}^N \setminus 0,\ \theta' = \eta',\ \phi'_{\pm_{\theta''}}(x,\theta) = \phi'_{\pm_{\theta''}}(0,z,\theta),\ X(\theta) \leq 0,\ (x,z,\theta) \in \tilde{\Gamma}\}$

Comme dans la preuve de la proposition(7.1) on fait usage du front d'onde $\widetilde{WF}$, et on prouve que $\widetilde{WF}'(K'_\pm)$ est contenu dans l'ensemble indiqué dans le membre de droite de (7.29), la condition $\eta'' = \xi_o = \xi'' = 0$ étant remplacée par

$$\xi_o = \phi'_{\pm_{x_o}}(x,\theta),\ \xi'' = \phi'_{\pm_{x''}}(x,\theta),\ \eta'' = \phi'_{\pm_{z''}}(0,z,\theta).$$

Fixant un point $(\bar{x},\bar{\xi},\bar{z},\bar{\eta})$ avec $\bar{x} > \varepsilon > 0$, on étudie pour $v(x,z)$ à support près de $(\bar{x},\bar{z})$ et (ξ,η) dans un voisinage σ-conique de $(\bar{\xi},\bar{\eta})$:

$$F(\xi,\eta) = \langle K'_\pm,\ v\, e^{-i\xi x + iz\eta}\rangle$$

que l'on exprimera comme une somme de deux termes analogues à (7.4) (et un terme de $S^{-\infty}$ que nous négligerons d'indiquer), écrits avec des phases H et $\tilde{H}$ avec

$$H(x,z,\xi,\eta,\theta) = -x'(\xi'-\theta') + z'(\eta'-\theta') - x_o\cdot\xi_o + \Theta_\pm^{(1)}(x,z,\theta) - x''\cdot\xi'' + z''\cdot\eta'',$$

$$\tilde{H}(x,z,\xi,\eta,\theta) = -x'(\xi'-\theta') + z'(\eta'-\theta') - x_o\cdot\xi_o + \tilde{\Theta}_\pm^{(1)}(x,z,\theta) - x''\cdot\xi'' + z''\cdot\eta''.$$

De $H'_{\theta'}$ (resp $\tilde{H}'_{\theta'}$) $= x'-z' + S^{-1/6}_{2/3,1/6,0,1/3}$ sur un voisinage du support de $a_\pm$(resp $\tilde{a}_\pm$) on déduit $\bar{x}' \neq \bar{z}' \Longrightarrow (\bar{x},\bar{z},\bar{\xi},\bar{\eta}) \notin \widetilde{WF}'(K'_\pm)$.

De même si $\bar{\xi}' \neq \bar{\eta}'$, pour (ξ,η) dans un voisinage σ-conique assez petit de $(\bar{\xi},\bar{\eta})$ et pour $|\theta|$ assez grand, posant $\rho = \langle\xi,\eta\rangle$, $|H'_{x'}|+|H'_{z'}|$ ou $|\tilde{H}'_{x'}|+|\tilde{H}'_{z'}|$ domine $c(\rho^2+|\theta|)$, ce qui conduit à $\bar{\xi}' \neq \bar{\eta}' \Longrightarrow (\bar{x},\bar{z},\bar{\xi},\bar{\eta}) \notin \widetilde{WF}'(K'_\pm)$.

On prouve comme en (7.24) $\bar{\xi}' = \bar{\eta}' = 0 \Longrightarrow (\bar{x},\bar{z},\bar{\xi},\bar{\eta}) \notin WF'(K_\pm)$.

Posant

$$F(\xi,\eta) = \iiint\left[e^{iH(x,z,\xi,\eta,\theta)}b(x,z,\xi,\eta,\theta) + e^{i\tilde{H}(x,z,\xi,\eta,\theta)}\tilde{b}(x,z,\xi,\eta,\theta)\right]dx\,dz\,d\theta \mod S^{-\infty}$$

où b et $\tilde{b}$ sont des polynômes en ξ,η, à coefficients symboles en θ de degré assez petits, décomposons comme en (7.23) $b = b_I + b_{II}$, avec $b_I = (1-\chi)(\frac{|\eta'-\theta'|}{\rho^2})b$, puis $\tilde{b} = \tilde{b}_I + \tilde{b}_{II}$, $F = F_I + F_{II}$.

Sur le support de b_I (resp $\tilde{b}_I$), $|H'_{z'}|$ (resp $|\tilde{H}'_{z'}|$) domine encore $c(\rho^2+|\theta|)$, et donc F_I est à décroissance rapide, alors que le support de b_{II} ou $\tilde{b}_{II}$ est dans une région K_δ :

(7.31) $$|x| + |z| + \frac{\langle\theta\rangle}{\rho} < C,\ |\theta'| \approx \rho^2, |\theta'-\eta'| \leqslant \delta\,\rho^2 .$$

Posons

$f(x,z,\xi,\eta,\theta) = |H'_{x_o}| + |H'_{x''}| + |H'_{z''}| + \rho\,|H'_{\theta''}|$ de classe C^o pour $X(\theta) \leqslant 0$.

Montrons

(7.32) $\forall\theta \in \mathbb{R}^N\backslash 0, (\bar{x},\bar{z},\bar{\eta}',\theta'') \in \tilde{\Gamma},\ X(\theta) \leqslant 0,\ \bar{\eta}' = \theta',\ f(\bar{x},\bar{z},\bar{\xi},\bar{\eta},\theta) \neq 0$

alors $(\bar{x},\bar{\xi},\bar{z},\bar{\eta}) \notin \widetilde{WF}'(K'_\pm)$.

Par homogénéité et compacité on prouve qu'il existe un voisinage ω de $(\bar{x},\bar{z})$, un voisinage σ-conique γ de $(\bar{\xi},\bar{\eta})$, tels que si δ est assez petit on ait :

(7.33) $|f(x,z,\xi,\eta,\theta)| \geqslant c\rho, (x,z) \in \omega, (\xi,\eta) \in \gamma, (x,z,\theta) \in \tilde{\Gamma}, X(\theta) \leqslant 0, (x,z,\xi,\eta,\theta) \in K_\delta$,

et donc :

pour $(\xi,\eta) \in \gamma$, $|f(x,z,\xi,\eta,\theta)| \geqslant c\,\rho$, sur le support de b_{II}.

On doit étudier également $\tilde{f}(x,z,\xi,\eta,\theta) = |\tilde{H}'_{x_o}| + |\tilde{H}'_{x''}| + |\tilde{H}'_{z''}| + \rho|H'_{\theta''}|, x_o \geqslant X(\theta)$, qui prolonge continûment f pour $0 \leqslant X(\theta) \leqslant x_o$; or si l'on remarque que sur le support de $\tilde{b}_{II}$ on a $X(\theta) \leqslant c\,\rho^{2(t-1/3)}$, on obtient pour $(\xi,\eta) \in \gamma$ $\rho \geqslant c$, $|\tilde{f}(x,z,\xi,\eta,\theta)| \geqslant c\,\rho$ sur le support de $\tilde{b}_{II}$.

La preuve de la proposition se termine comme celle de la proposition (7.1). ∎

Avant d'en terminer, prouvons que si $(x,\xi,z,\eta) \in \widetilde{WF}'(\tilde{K}'_{\pm})$, alors (x,ξ) est atteint à un temps $\lessgtr 0$ sur la courbe intégrale de $\mathcal{H}_q$, issue à l'instant initial d'un point $(0,z,\lambda,\eta) \in q^{-1}(0)$.

Supposons, en effet, que pour $(x,\theta) \in U \times (\tilde{G} \cap S^{N-1})$, $(0,z,\theta) \in \partial U \times (\tilde{G} \cap S^{N-1})$ on ait :

$$\xi_o = \phi'_{\pm x_o}(x,\theta),\ \xi'' = \phi'_{\pm x''}(x,\theta),\ \eta'' = \phi'_{\pm x''}(0,z,\theta),\ \phi'_{\pm\theta''}(x,\theta) = \phi'_{\pm\theta''}(0,z,\theta),$$

avec bien entendu $\eta' = \xi' = \theta'$, $x' = z'$.

On a (cf (5.13)) :

$$(7.34) \qquad \phi'_{\pm x_o}(x_o,y,\theta) = \bar{\xi}_o(\mp(x_o - X(\theta)))^{1/2},y,\theta),\ \phi'_{\pm x''_j}(x_o,y,\theta) = \bar{\xi}''_j(\mp(x_o - X(\theta))^{1/2},y,\theta).$$

Par conséquent le point (x,ξ) est sur une courbe intégrale de $\mathcal{H}_q$ issue d'un point $(X(\theta), \bar{y}_o, 0, \bar{\eta}_o)$, $\bar{y}'_o = x'$, $\bar{\eta}'_o = \theta'$, $\bar{\eta}''_o = \varphi'_{o_{y''}}(\bar{y}_o,\theta)$; de même le le point $(0,z, \phi'_{\pm x_o}(0,z,\theta),\eta)$ est sur une courbe intégrale de $\mathcal{H}_q$ issue d'un point $(X(\theta), \bar{y}_1, 0, \bar{\eta}_1)$; or sur une courbe intégrale de $\mathcal{H}_q(x(s,\bar{y},\theta), \xi(s,\bar{y},\theta))$, la quantité $\phi'_{\pm\theta''}(x(s),\theta)$ est constante en vertu de (7.34) et de $q(x,\phi'_{\pm x_o}, \theta', \phi'_{\pm x''}) = 0$ $x_o \geqslant X(\theta)$; par suite de $\phi'_{\pm\theta''}(x,\theta) = \phi'_{\pm\theta''}(0,z,\theta)$ on déduit $\varphi'_{o_{\theta''}}(\bar{y}_o,\theta) = \varphi'_{o_{\theta''}}(\bar{y}_1,\theta)$, et par (6.9) (on a $\bar{y}'_o = \bar{y}'_1 = x'$) $\bar{y}_o = \bar{y}_1$, d'où le résultat souhaité.

On achèvera l'étude des singularités de l'opérateur $E_{\pm}$ de (6.117) en observant que le terme complémentaire $E''_{\pm}$ s'analyse comme le noyau $K_{\pm}$ de la proposition (7.1).

Enfin nous laisserons au lecteur le soin de vérifier les assertions des théorèmes 1,2,3 concernant le WF' des paramétrices sur $x_o = 0$.

§ 8. PREUVE DU THEOREME 4.

a) LE CAS $P^S_{1}|_N > 0$.

La construction de l'opérateur E, sous l'hypothèse (1.9) (i), s'obtient à l'aide des résultats de la section § 4 et du très classique principe de Duhamel.

Posons $\sigma_o = (0\ ;\ 0,\eta_o)$ $\eta''_o = 0$, $\eta'_o \neq 0$, faisons remarquer d'abord que les constructions de la section § 4 sont valides, sans aucun changement, dans un voisinage conique de $(0,\eta_o)$ dans $\mathbb{R}^{N+1} \times (\mathbb{R}^N \setminus 0)$. On en obtient d'abord une version avec paramètre :

(8.0) Il existe $X_o > 0$, un voisinage U de 0 dans $\mathbb{R}^{N+1}$, un voisinage conique L de $(0,\eta_o)$ dans $\mathbb{R}^N \times (\mathbb{R}^N \setminus 0)$, tels que si $K(y,z)$ est le noyau d'un opérateur pseudo-différentiel de symbole $k(y,\xi) \in S^{o,o}$ à support dans L, il existe des applications $C^\infty\ ]-X_o,X_o[\ \ni s \to E_2(s,x,z) \in \mathcal{D}'(\mathbb{R}^{2N+1})$ et $]-X_o,X_o[\ \ni s \to R(s,x,z) \in C^\infty(U \times \mathbb{R}^N)$ telles que :

$$(8.1)\qquad \begin{aligned} &P(x,D_x)\, E_2(s,x,z) = R(s,x,z)\\ &E_2(s,s,y,z) = 0\\ &D_o\, E_2(s,s,y,z) = K(y,z). \end{aligned}$$

L'opérateur $E_2(s)$ est, bien entendu, décrit à l'aide d'opérateurs

$$(8.2)\qquad E_\pm(s)f(x) = \iint e^{i(\varphi_\pm(s,x_o,y,\eta)-\varphi_\pm(s,s,z,\eta))}\, e_\pm(s,x,z,\eta)\, f(s)\, dz\, d\eta,$$

avec $\varphi_\pm = \varphi^{(1)}_\pm + x'.\eta'$, $\varphi^{(1)}_\pm$ satisfait à (4.13) la condition initiale étant prise sur $x_o = s$, et $e_\pm \in S^{o,o}(]-X_o,X_o[\ \times \mathbb{R}^{2N+1} \times (\mathbb{R}^N \setminus 0),M)$.

On pose alors

$$(8.3)\qquad Ef(x) = \varphi(x) \int_{-\infty}^{x_o} \chi(s)\, E_2(s)\, (f(s,.))(x)\, ds,\ f \in C^\infty_o(\mathbb{R}^{N+1}),$$

où $\chi \in C^\infty_o(\mathbb{R})$ est à support dans $]-X_o,X_o[$, et égale à 1 pour $|s| \leq X'_o < X_o$, et où $\varphi \in C^\infty_o(U)$ est égale à 1 au voisinage de 0.

On note $(x,\xi) = (x_o,y,\xi_o,\eta)$ le point courant de $T^*\mathbb{R}^{N+1}$, et considérant $E_2(s,x,\bar{y})$ comme une distribution de $\mathcal{D}'((\mathbb{R} \times \mathbb{R}^{N+1}) \times \mathbb{R}^N)$

on peut établir :

$$WF(Ef) \subset \{(x,\xi) \in T^*\mathbb{R}^{N+1}\setminus 0 \mid \exists(\bar{x},\bar{\xi}) \in WF(f) \text{ tel que } \bar{x}_o \leq x_o,\ |\bar{x}_o| < X_o \text{ et}$$

$$(8.4)\quad \begin{aligned} &\text{ou } x_o = \bar{x}_o,\ \exists \mu \in \mathbb{R} \text{ tel que } (x_o,x,\bar{y},\mu-\bar{\xi}_o,\xi-\mu e_o,\bar{\eta}) \in WF'(E_2) \\ &\text{ou } x_o = \bar{x}_o,\quad \eta = \bar{\eta} = 0,\ \xi_o = \bar{\xi}_o \\ &\text{ou } (\bar{x}_o,x,\bar{y},-\bar{\xi}_o,\xi,\bar{\eta}) \in WF'(E_2)\}. \end{aligned}$$

Pour obtenir une formulation plus explicite de (8.4) il faut étendre les résultats de la proposition (7.1) aux opérateurs (8.2) en considérant s comme une variable supplémentaire, (en fait, les rôles des variables s et x_o sont très similaires).

Usant du fait que $\varphi_{\pm|s=x_o} = y\eta$, on prouve que $(x_o,x,\bar{y},\mu-\bar{\xi}_o,\xi-\mu e_o,\bar{\eta}) \in WF'(E_2)$ $\bar{x}_o = x_o$ entraîne $x = \bar{x}$, $\xi = \bar{\xi}$, on prouve aussi que $(\bar{x}_o,x,\bar{y},-\bar{\xi}_o,\xi,\bar{\eta}) \in WF'(E_2)$ entraîne si $\bar{\eta} \notin M$, que $(x,\xi) \in$ bicaractéristique nulle de p issue de $(\bar{x},\bar{\xi})$, et si $\bar{\eta} \in M$, (x,ξ) et $(\bar{x},\bar{\xi})$ appartiennent à la même feuille de N et il existe des points $(x,\lambda_o,\xi',\lambda'')$, $(\bar{x},\bar{\lambda}_o,\bar{\xi}',\bar{\lambda}'')$ joints par une courbe intégrale de $\mathcal{H}_q$ ou $\mathcal{H}_Q$.

De plus on conviendra de remplacer E par $E\,\psi$, où $\psi(x,D_x)$ est un opérateur pseudo-différentiel dont le symbole est à support dans une partie conique fermée G, disjointe de $\eta = 0$, se projettant parallèlement à $\eta = 0$ sur un voisinage assez petit de $(0,\eta_o)$ et est égal à 1, pour $|\xi|$ grand, dans un autre ensemble conique analogue à G. La contribution à $WF'(E)$ des termes $x_o = \bar{x}_o$, $\eta = \bar{\lambda} = 0$, $\xi = \bar{\xi}_o$ est ainsi éliminée.

Enfin c'est un fait classique que de déduire de (8.2) et de (8.3) que E est une paramétrice microlocale de P dont nous venons de vérifier qu'elle possède le WF' annoncé dans le théorème 4. ■

b) LE CAS $P^S_{1|N} < 0$.

Soit L un voisinage conique fermé de $(0,\eta_o)$ dans $\mathbb{R}^{N+1} \times (\mathbb{R}^N \setminus 0)$, assez petit, dont nous désignons par γ' la projection parallèlement à $\eta' = 0$, on décompose comme en (6.4)

$$L^T = L'^T \cup L''^T, \quad \text{pour } T \text{ assez grand,}$$

(8.4) $L' = \{(x,\eta) \in \mathbb{R}^{N+1} \times (\mathbb{R}^N \setminus 0),\ (x,\eta') \in \gamma'\ |\eta''|^2 \leq \rho\ |\eta'|\}$

(8.5) $L'' = \{(x,\eta) \in L,\ (x,\eta') \in \gamma'\qquad |\eta''|^2 \geq \frac{1}{2}\rho\ |\eta'|\}$.

Soit $K''(x,D_y)$ un opérateur pseudo-différentiel dont le symbole $k''(x,\eta) \in S^o_{1,\frac{1}{2},o}(\mathbb{R}^{N+1} \times (\mathbb{R}^N \setminus 0))$ est supporté dans L''^T. On peut, par la méthode ci-dessus, si ρ est choisi assez grand, trouver un voisinage U de 0 dans $\mathbb{R}^{N+1}$ et construire un opérateur $E'' : \mathcal{E}'(\mathbb{R}^{N+1}) \to \mathcal{D}'(\mathbb{R}^{N+1})$ tel que, $\psi(x,D_x)$ étant comme ci-dessus,

(8.6) $$P(x,D_x)\, E''f - K''(x,D_y)\ \psi(x,D_x)f \in C^\infty(U).$$

(Il est montré dans Sjöstrand [21] que la composition $K''\psi$ a un sens et conduit à un opérateur pseudo-différentiel dans $\mathbb{R}^{N+1}$.)

Soit maintenant $k'(x,\eta) \in S^o_{1,\frac{1}{2},o}$ à support dans L'^T et tel que la somme $k'(x,\eta) + k''(x,\eta)$ soit égale à 1, pour $|\eta|$ grand, dans un voisinage conique de $(0,\eta_o)$, désignons par $K'(x,D_y)$ l'opérateur associé.

Décomposons le symbole $\psi(x,\xi)$ de ψ en $\psi(x,\xi) = \psi_1(x,\xi) + \psi_2(x,\xi)$ le support de ψ_1 étant contenu dans une zone $|\xi_o|^2 \leq 2\delta\ |\xi'|\ (x,\xi) \in G$, celui ψ_2 contenu dans une zone $|\xi_o|^2 \geq \delta\ |\xi'|(x,\xi) \in G$; $\delta > 0$ sera choisi plus loin. On écrit

(8.7) $$K'\psi = K'_1 + K'_2 \quad \text{posant } K'_i = K'\ \psi_i,\ i = 1,2 .$$

Le symbole $k'_1(x,\xi)$ de K'_1 (cf [21]) est à décroissance rapide hors d'un voisinage σ-conique $\Lambda \subset T^*\mathbb{R}^{N+1} \setminus 0$ de $(0\ ;\ 0,\eta_o)$, Λ étant contenu dans une zone

(8.8) $$\Omega' : |\xi_o|^2 + |\xi''|^2 \leq c'\ |\xi'|,\ \xi' \in \text{voisinage conique de } \eta'_o .$$

Le symbole $k'_2(x,\xi)$ de K'_2 est lui, à décroissance rapide hors de

(8.9) $$G_{\rho,\delta} : (x,\xi) \in G,\quad |\xi''|^2 \leq \rho\ |\xi'|,\ |\xi_o|^2 \geq \delta\ |\xi'|.$$

Montrons que P est "hypoelliptique dans $G_{\rho,\delta}$" pour ρ,δ convenable ; pour cela choisissons G' un voisinage de G, et un symbole $h(x,\xi) \in S^o_{1,\frac{1}{2},o}(\mathbb{R}^{N+1} \times (\mathbb{R}^{N+1} \setminus 0))$ (le poids 1 s'applique aux variables ξ',

$\frac{1}{2}$ aux variables (ξ_o,ξ'') et 0 aux variables x), égal à 1, pour $|\xi|$ grand, dans un voisinage de $G_{\rho,\delta}$ et à support dans $G'_{\rho',\delta'}$, $\rho' = 2\rho$, $\delta' = \delta/2$.

Désignons par $P(x,\xi)$ le symbole total de $P(x,D_x)$, on a :

(8.10) $$P(x,\xi) = q(x,\xi) + \sum_{|\alpha|=3} c_\alpha \xi''^\alpha + \sum_{|\beta|=1} d_\beta \xi''^\beta + e ,$$

c_α, d_β, e sont dans G' des symboles de degré -1,0, et 0 respectivement, $q(x,\xi)$ désignant toujours

$$q(x,\xi) = - \xi_o^2 + \sum_{|\alpha|=2} a_\alpha(x,\xi',0)\, \xi''^\alpha + m(x,\xi').$$

Il existe $M > 0$ indépendant de ρ,δ tel que on ait dans $G'_{\rho',\delta'}$

$$q(x,\xi) \leq - \xi_o^2(1 - M\rho_{/\delta}),$$

et choisissant δ assez grand devant ρ, on a dans $G'_{\rho',\delta'}$:

$$|q(x,\xi)| \geq c\, (|\xi_o|^2 + |\xi''|^2 + |\xi'|) ,$$

puis compte tenu de (8.10) :

$$|P(x,\xi)| \geq c\, (|\xi_o|^2 + |\xi''|^2 + |\xi'|) \quad (x,\xi) \in G'_{\rho',\delta'},\ |\xi| \geq T \text{ assez grand} ,$$

et

(8.11) $$\left|\left(\frac{\partial}{\partial x}\right)^\alpha \left(\frac{\partial}{\partial \xi_o}\right)^{\beta_o} \left(\frac{\partial}{\partial \xi'}\right)^{\beta'} \left(\frac{\partial}{\partial \xi''}\right)^{\beta''} P(x,\xi)\right| \leq c_{\alpha,\beta}(1+|\xi'|)^{-|\beta'|-\frac{1}{2}|\beta_o|-\frac{1}{2}|\beta''|} |P(x,\xi)|.$$

On déduit de (8.11) l'existence d'un opérateur pseudo-différentiel Q_2' de classe $S^{-1}_{1,\frac{1}{2},0}$ tel que

$$PQ_2' = H \bmod L^{-\infty} ,$$

puis d'un opérateur pseudo-différentiel E_2' tel que

(8.12) $$PE_2' = K_2' \bmod L^{-\infty} .$$

Pour achever la construction de E il reste à construire un opérateur $E_1' : \mathcal{D}'(\mathbb{R}^{N+1}) \to \mathcal{D}'(\mathbb{R}^{N+1})$ tel que

(8.13) $$PE_1' \equiv K_1' \quad \text{au voisinage de } 0 .$$

On va déterminer E_1' sous forme d'une somme

$$E_1' = E_1'' + E_1''' ,$$

où E_1'' est encore un opérateur pseudo-différentiel.

On décompose

$$K_1' = K_1'' + K_1''',$$

où le support de K_1'' est contenu dans une zone Ω''

(8.15) $$\Omega'' : |\xi_o|^2 + |\xi''|^2 \leqslant 3\alpha/_2 |\xi'|, \quad \xi' \in \text{voisinage conique de } \eta_o' ,$$

celui de K_1''' dans une zone Ω'''

(8.16) $$\Omega''' : \alpha|\xi'| \leqslant |\xi_o|^2 + |\xi''|^2 \leqslant c' \ |\xi'|, \quad \xi' \in \text{voisinage conique de } \eta_o' ,$$

$\alpha > 0$ étant choisi assez petit pour que l'on ait

$$q(x,\xi) \leqslant - c \ |\xi'|, \quad (x,\xi) \in G , \quad |\xi_o|^2 + |\xi''|^2 \leqslant 2\alpha \ |\xi'|,$$

en utilisant cette fois l'hypothèse $m(x,\xi') \leqslant - c' \ |\xi'|$ dans G .

On peut trouver que les estimations (8.11) tiennent encore pour $(x,\xi) \in G$, $|\xi_o|^2 + |\xi''|^2 \leqslant \alpha \ |\xi'|, |\xi| \geqslant T$, et en déduire l'existence d'un opérateur pseudo-différentiel E_1'' tel que :

(8.17) $$PE_1'' = K_1'' \mod L^{-\infty}.$$

On désigne Λ''' la zone $\Lambda''' = \Lambda \cap \Omega'''$, puis par $D_{-1/2}$ un opérateur pseudo-différentiel, proprement supporté, elliptique positif de degré $-1/2$ et l'on pose

(8.18) $$\tilde{P} = PD_{-1/2} ,$$

afin d'ajuster degré $\tilde{P} = 3/2$.

On va utiliser la méthode de [18] afin de résoudre

(8.19) $$\begin{cases} (D_t + \tilde{P}(x,D_x)) \ Q(t,x,y) \in C^\infty(\tilde{U} \times \mathbb{R}^{N+1}) \\ Q(0,x,y) = L(x,y) \mod C^\infty(\mathbb{R}^{N+1} \times \mathbb{R}^{N+1}), \end{cases}$$

où $t \longrightarrow Q(t,x,y) \in C^\infty(\mathbb{R}, \mathcal{D}'(\mathbb{R}^{2N+1}))$, où $\tilde{\mathcal{U}}$ désigne un voisinage ouvert de 0 dans $\mathbb{R}^{N+2}$, et où $L(x,y)$ est le noyau d'un opérateur pseudo-différentiel $L'(x,D_x)$ de symbole $\ell(x,\xi) \in S^o_{1,\frac{1}{2},0}(\mathbb{R}^{N+1} \times (\mathbb{R}^{N+1} \setminus 0))$ égal à 1, pour $|\xi|$ grand, dans un voisinage de Λ''' et à support dans un voisinage σ-conique T de Λ''' contenu dans $|\xi_o|^2 + |\xi''|^2 \geqslant \alpha/2 \ |\xi'|$, $|\xi_o|^2 + |\xi''|^2 \leqslant c'|\xi'|$.

On détermine $Q(t,x,y)$ sous la forme

(8.20) $$Q(t,x,y) = \int e^{i(\varphi(t,x,\xi) - \varphi(0\ ,y,\xi))}\ e(t,x,y,\xi)\ d\xi\ ,$$

où

$$\varphi(t,x,\xi) = x'.\xi' + \varphi^{(1)}(t,x,\xi), \varphi^{(1)} \text{ vérifiant } \begin{cases} \frac{\partial}{\partial t}\varphi^{(1)} + \tilde{q}(x, \varphi'^{(1)}_{x_o}, \xi', \varphi'^{(1)}_{x''}) = 0 \\ \varphi^{(1)}|_{t=o} = x''\xi'' + x_o\xi_o \end{cases},$$

le symbole $e(t,x,y,\xi)$ est obtenu par une somme asymptotique de symbole vérifiant des équations de transports :

$$\left[\frac{1}{i} \frac{\partial}{\partial t} + \mathcal{L}_{\tilde{q}}(x,\xi, \frac{\partial}{\partial x_o}, \frac{\partial}{\partial x''}) \right] e_j = f_j \ .$$

Nous renvoyons pour les détails à [18] , ainsi qu'à la section § 4.

Posons, pour t_o assez petit,

(8.21) $$F'_1 = \sigma(x) \left(\frac{1}{i} \int_o^{t_o} Q_t\ dt\right) \sigma'(x,D_x),$$

où $\sigma \in C_o^\infty(\mathbb{R}^{N+1})$ est égale à 1 au voisinage de 0 et a son support Σ assez petit, $\sigma'(x,D_x)$ est un opérateur pseudo-différentiel de symbole $\sigma'(x,\xi) \in S^o_{1,\frac{1}{2},0}$ à support dans une zone σ-conique $\Sigma' \subset T$, σ' étant égal à 1 pour $|\xi|$ grand dans un voisinage de Λ''' .

On a

(8.22) $$\tilde{P}\ F'_1 = \sigma\ L\ \sigma' + \sigma\ Q_{t_o}\ \sigma' + [\tilde{P},\sigma]\left(\int_o^{t_o} Q_t\ dt\right)\sigma' \quad \text{mod } L^{-\infty}\ .$$

On prouve par la méthode de (7.22)

(8.23) $((x,\xi), (\bar{x},\bar{\xi})) \in \widetilde{WF}'(Q_t) \Longrightarrow (x,\xi)$ est atteint à l'instant t sur la courbe intégrale de $\mathcal{H}_{\tilde{q}}$ partant à l'origine des temps de $(\bar{x},\bar{\xi})$.

Désignons par $\tilde{C}'_t$ le flot à l'instant t de $\mathcal{H}_{\tilde{q}}$, et montrons que l'on peut choisir t_o, Σ, Σ' en sorte que

(8.24) $$\tilde{C}'_{t_o}(\Sigma') \cap \pi^{-1}(\Sigma) = \phi.$$

En effet, on a $\tilde{q} = d_{-1/2}(x,\xi',0)\ q$, et les courbes intégrales de $\mathcal{H}_{\tilde{q}}$ issues de $(0,\xi)$, $\xi \in$ région $\alpha/2|\xi'| \leqslant |\xi_o|^2+|\xi''|^2 \leqslant c'\ |\xi'|$, (plutôt leurs projections sur la base) partent avec une vitesse non nulle,et on pourra réaliser

(8.24) si la base de Λ est un voisinage assez petit de 0. Il résulte de (8.23) que $\sigma Q_{t_o} \sigma'$ est régularisant.

On pose alors $E_1''' = D_{-\frac{1}{2}} F_1' K_1'''$, et on a

$$(8.25) \qquad P E_1''' = K_1''' \mod L^{-\infty} \text{ au voisinage de } 0,$$

si l'on pose $E_1' = E_1'' + E_1'''$, (8.13) est vérifiée, puis si l'on pose $E' = E_1' + E_2'$, pour un voisinage $\mathcal{U}$ de 0 assez petit on a (cf (8.12) et (8.7))

$$(8.26) \qquad P(x,D_x)\, E'f - K'(x,D_y)\, \psi(x,D_x)\, f \in C^\infty(\mathcal{U}) .$$

Enfin par (8.6) et (8.26) $E = E' + E''$ est une paramétrice microlocale de P. Pour prouver que E a les singularités annoncées, il reste à préciser la contribution du terme F_1' de (8.21) ; or on peut établir :

$((x,\xi),(\bar{x},\bar{\xi})) \in \widetilde{WF}'(F_1')$ si $x \in \Sigma$, $(\bar{x},\bar{\xi}) \in \Sigma'$ et si $(x,\xi) = \tilde{C}_t'(\bar{x},\bar{\xi})$ $0 < t < t_o$ $q(\bar{x},\bar{\xi}) = 0$, ou si $(x,\xi) = (\bar{x},\bar{\xi})$, ou si $(x,\xi) = \tilde{C}_{t_o}'(\bar{x},\bar{\xi})$,

par conséquent F_1', compte tenu de (8.24), apporte une contribution soit à la diagonale soit à la relation C'. Cette vérification achève la preuve du théorème 4 dans le cas $P_1^S|_N < 0$. ■

c) LE CAS OU $P_1^S|_N$ EST NUL SUR $\partial\Omega$.

On va seulement se contenter d'indiquer les changements à apporter à la preuve du b). Pour x dans un voisinage compact $\mathcal{U}$ de 0, ξ dans une zone Ω' $|\xi''|^2 + |\xi_o|^2 \leq c' |\xi'|$, $\xi' \in$ voisinage conique γ' de η_o'; on intègre les équations

$$\left(\frac{dX}{dt}, \frac{d\Xi}{dt}\right) = \mathcal{H}_{\tilde{q}}(X,\Xi),\ X(0) = x,\ \Xi(0) = \xi,$$

les solutions sont définies pour $t \in]-T_o, T_o[$ (T_o assez petit), $(x,\xi) \in U \times \Omega'$ et sont σ-homogènes de degré 0 et 1 par rapport à ξ.

On peut écrire par la formule de Taylor

$$X_o = x_o + t\,\alpha(x,\xi) + t^2\,\beta(t,x,\xi),$$

avec

$$\alpha(x,\xi) = -2\xi_o\, d_{-1/2}(x,\xi'),\ \beta(0,x,\xi) = 2d_{-1/2}(x,\xi')^2 \frac{\partial q}{\partial x_o}(x,\xi) + \xi_o\, \gamma(x,\xi'),$$

l'hypothèse $\frac{\partial q}{\partial x_o}(0,0,\eta'_o,0) > 0$ implique que l'on peut trouver $\mathcal{U},\gamma',T_o,\delta_o$, assez petits pour que pour $x \in \mathcal{U}, |t| < T_o,\ \xi' \in \gamma',\ |\xi_o|^2+|\xi''|^2 \leq \delta_o\ |\xi'|$ on ait :

$$\beta(t,x,\xi) \geq c > 0\ ,$$

posant $t_o = 1/2\ T_o$, et diminuant encore δ_o, on peut réaliser de plus :

(8.27) $$|X_o(t_o,x,\xi) - x_o| \geq c > 0.$$

On peut fixer $\rho > 0$ assez petit, $\delta > 0$ assez petit, $\frac{\delta}{\rho}$ assez grand pour que le symbole k'_1 de (8.7) soit à décroissance rapide hors d'un voisinage σ-conique de $(0\ ;\ 0,\eta_o)$ contenu dans la zone $\xi' \in \gamma',\ |\xi_o|^2+|\xi''|^2 \leq \delta_o\ |\xi'|$, et pour que les estimations (8.11) soient encore valables pour $(x,\xi') \in \mathcal{U} \times \gamma',\ |\xi''|^2 \leq 2\rho\ |\xi'|,\ |\xi_o|^2 \geq \delta/2\ |\xi'|$, ($\mathcal{U}$ étant convenablement diminué).

On construit comme en (8.12) E'_2 tel que

$$P\ E'_2 = K'_2 \mod L^{-\infty},$$

puis E'_1 tel que

$$P\ E'_1 = K'_1 \mod L^{-\infty} \text{ au voisinage de } 0 \cdot$$

la condition (8.24) étant cette fois assurée par (8.27).

La construction de E'' vérifiant (8.6) est encore possible à condition de prendre $\mathcal{U}$ assez petit, ρ étant fixé $(m(x,\xi'/_{|\xi'|}) = \sigma(x_o))$.

On obtient encore E par

$$E = E'_1 + E'_2 + E'',$$

qui possède encore les singularités annoncées. ■

Terminons cette section en rappelant que par le procédé classique de prolongement à l'aide d'un opérateur pseudo-différentiel et de coupure au bord, on peut à l'aide des paramétrices ci-dessus, étudier le problème au limite non-homogène :

$$Pu = f \quad \text{dans } \Omega$$

$$D_o^j\, u|_{\partial\Omega} = g_j \qquad j = 0 \ \text{ ou } \ j \in \{0,1\}\ .$$

§ 9. PROPAGATION DES SINGULARITES.

Nous commencerons par remarquer les théorèmes 1,2 (resp 3, resp 4 (i)) sont encore valables si ω (resp $\mathcal{U}$) est l'ensemble $0 \leq x_o < \varepsilon$ (resp $-\varepsilon < x_o < \varepsilon$), $\varepsilon > 0$ assez petit, γ(resp Γ) suffisamment diminués et si les E_i $i = 0,1$ (resp $E_\pm$, resp E) sont remplacés par $\varphi E_i \psi$ (resp $\varphi E_\pm \psi$, resp $\varphi E \psi$) pour des fonctions de troncature φ,ψ convenables.

Dans le cas où le problème de Cauchy sur $x_o = 0$ est bien posé, on peut obtenir une représentation de u à l'aide de $f = Pu$ et des $D_o^j u|_{x_o=0}$ $j = 0,1$.

Plaçons nous dans le cas (1.9) (i) et soit $u \in \mathcal{E}'(\mathbb{R}^{N+1})$ telle que $WF(u) \subset \Gamma$, Γ satisfaisant aux conditions du théorème 4, $i^*\Gamma$ assez petit, posons

$$L(\Gamma') = C(\Gamma') \cup C'(\Gamma') \cup C''(\Gamma') \cup \Delta^*(\Gamma') \quad ,$$

pour $\sigma \in \Gamma'$

$$L_+(\sigma) = \{\sigma' \in L(\Gamma') \circ \{\sigma\}, x_o(\sigma') \geqslant x_o(\sigma)\} ,$$

et pour $z \in i^*\Gamma'$

$$L_\partial(z) = L_\partial(\Gamma') \circ \{z\} .$$

Si $T > 0$ est assez petit on a

$$WF(u) \cap (0 \leqslant x_o \leqslant T) \subset \bigcup_{\substack{\sigma \in WF(f) \\ 0 \leqslant x_o(\sigma) \leqslant T}} L_+(\sigma) \bigcup_{\substack{z \in WF(D_o^j u|_{x_o=0}) \\ j=0,1}} L_\partial(z) \bigcup_{z \in i^{*-1}(WF(f))} L_\partial(z). \tag{9.1.}$$

Pour obtenir (9.1) modifions l'opérateur E de (8.3) de façon à ce qu'il fournisse des traces nulles sur $x_o = 0$, et posons

$$v = u - \sum_{j=0,1} E_j(D_o^j u|_{x_o=0}) - Ef .$$

On a $v \in \mathcal{E}'(\mathbb{R}^{N+1})$, $Pv \in C^\infty$ pour $0 \leqslant x_o < \varepsilon$, $\gamma_o v \in C^\infty(\mathbb{R}^n)$, désignant par $\gamma_o v$ les deux premiers traces de v sur $x_o = 0$.

Soit $g \in C_o^\infty(\mathbb{R}^{N+1})$ égal à Pv pour $0 \leqslant x_o < \delta$ $\delta < \varepsilon$, et supposons que nous avons, au préalable, modifié l'opérateur $P = -D_o^2 + A(x,D_y)$ en sorte que pour x hors d'un voisinage compact de l'origine on ait $A = \tilde{A} = \sum_{|\alpha|=2} \delta_\alpha D_{y''}^\alpha$, les δ_α étant des constantes convenables. On peut alors prouver que si $f \in C_o^\infty(\mathbb{R}^{N+1})$, f_j $l = 0,1$ sont dans $C_o^\infty(\mathbb{R}^N)$, on peut trouver une solution $u \in C_o^\infty(\mathbb{R}^{N+1})$ telle que $Pu = f$ pour $0 \leq x_o < \delta, \gamma_o u = (f_o, f_1)$, car on peut résoudre sur tout ouvert relativement compact, par exemple à l'aide d'estimations d'énergie (cf [10]), et controler la propagation du support sur forme explicite des solutions :

$$v(x) = \chi(x_o) \int_o^{x_o} \int \frac{\sin\left[(x_o - t)\left[\tilde{a}(\xi'')\right]^{1/2}\right]}{2\left[\tilde{a}(\xi'')\right]^{1/2}} e^{iy\xi}\hat{f}(t,\xi)\, dt\, d\xi ,$$

de $(-D_o^2 + \tilde{A})\, v = f$, $0 \leq x_o < \delta$, $\gamma_o v = 0$.

Résolvant

$$Pw = g \quad 0 \leq x_o < \delta, \ \gamma_o w = \gamma_o v \quad w \in C_o^\infty(\mathbb{R}^{N+1}),$$

et utilisant l'unicité (globale) du problème de Cauchy pour P sur $x_o = 0$ dans les bandes $0 \leq x_o < \delta'$, $\delta' < \delta$, on déduit :

$$u = \sum_{j=0,1} E_j(D_o^j u|_{x_o=o}) + Ef + C^\infty([0,\delta[\times \mathbb{R}^N),$$

ce qui fournit (9.1). ∎

On aborde maintenant la preuve du théorème 5, elle est largement reliée à l'argument d'unicité microlocale de [21].

Soit $u \in \mathcal{D}'_{\partial}(\Omega)$, prolongeant u par zéro hors de Ω, on obtient une distribution $u_c \in \mathring{\mathcal{D}}'(\Omega)$ (ie supportée par Ω) et on a

$$P(u_c) = (Pu)_c + 2i(D_o u|_{x_o=o}) \otimes \delta(x_o) + (u|_{x_o=o}) \otimes \delta'(x_o) \quad .$$

Pour $\psi \in C^\infty_{(o)}(\Omega)$ (i.e. à support compact dans Ω) on a

(9.2) $\langle P(u_c),\psi\rangle = \langle f_c,\psi\rangle + 2i \langle D_o u|_{x_o=o}, \psi|_{x_o=o}\rangle + i \langle u|_{x_o=o}, D_o\psi|_{x_o=o}\rangle$,

on introduit dans (9.2) $\psi = \rho(x_o)\, {}^tE\, \mu$, où où ${}^tE$ est la paramétrice microlocale au point $-z_o \in T^*(\partial\Omega) \setminus 0$ de l'opérateur ${}^tP$; plus précisément ${}^tE$ sera la solution de type E_1 du théorème 1 ou 2 ou l'une des solutions $E_\pm$ du théorème 3 ; où $\mu \in C_o^\infty(\mathbb{R}^N)$, et où $\rho(x_o) = 1$ pour $0 \leq x_o \leq \delta'$, $\rho(x_o) = 0$ $x_o \geq \delta$, δ',δ assez petits.

On désigne par $\mathcal{D}'(\partial\Omega, \gamma)$ l'ensemble des distributions $\mu \in \mathcal{D}'(\partial\Omega)$, $WF(\mu) \subset \gamma$ où γ est un voisinage conique fermé de $-z_o$ dans $T^*\partial\Omega \setminus 0$, muni de la topologie introduite par L. Hörmander dans [9].

Si δ et γ sont assez petits, l'hypothèse $z_o \notin WF_b(f)$ permet d'étendre continûment la forme linéaire $\mu \to \langle f_c, \rho\, {}^tE\mu\rangle$ à $\mathcal{D}'(\partial\Omega,\gamma)$; l'hypothèse $z_o \notin WF(u_{|x_o=0})$, ou le choix de l'opérateur ${}^tE$, permet d'étendre $\mu \to \langle u_{|x_o=0}, D_o\, \rho\, {}^tE\mu_{|x_o=0}\rangle$ à $\mathcal{D}'(\partial\Omega,\gamma)$. Ecrivons le membre de gauche de (9.2) sous la forme $\langle u_c, {}^tP\psi\rangle$, et calculons :

$$ {}^tP(\rho\, {}^tE\mu) = \rho\, {}^tP\, {}^tE\mu + [{}^tP,\rho]\, {}^tE\mu \quad , $$

$\mu \to \rho\, {}^tP\, {}^tE$ est continu de $\mathcal{D}'(\partial\Omega,\gamma)$ dans $C^\infty(\Omega)$, tandis que $R\mu = [{}^tP,\rho]\,{}^tE\mu$ est dans $\overset{o}{\mathcal{D}}'(\Omega)$. On a cependant

$$ WF(R\mu) \subset (-C_\partial \cup -C'_\partial \cup -C''_\partial) \circ WF(\mu),\ \delta' \leq x_o \leq \delta, $$

avec par hypothèse

$$ (C_\partial \cup C'_\partial \cup C''_\partial)\ (z_o) \cap WF(u) = \phi. $$

L'ensemble $(C_\partial \cup C'_\partial \cup C''_\partial)\ (z_o)$ est un fermé de $T^*\mathbb{R}^{N+1}_+ \setminus 0 \times T^*\mathbb{R}^N \setminus 0$ (cf (7.25)), et on peut trouver un voisinage compact K de $(C_\partial \cup C'_\partial \cup C''_\partial)\ (z_o) \cap (\delta' \leq x_o \leq \delta)$ dont l'enveloppe conique Σ est telle que $\Sigma \cap WF(u) = \phi$.

Soit Σ' un voisinage conique ouvert de $(-C_\partial \cup -C'_\partial \cup -C''_\partial)\ (-z_o) \cap (\delta' \leq x_o \leq \delta)$, il résulte d'arguments généraux que si γ est assez petit on a

$$ WF(R\mu) \subset \Sigma', $$

par suite si l'on impose $T' = \overline{\Sigma}' \subset -\Sigma$ on a

$$ \mu \to R\mu \quad \text{applique } \mathcal{D}'(\partial\Omega,\gamma) \text{ dans } \overset{o}{\mathcal{D}}'(\Omega,T'), \text{ avec } WF(u_c) \cap -T' = \phi. $$

L'application $\mu \to \langle u_c, {}^tP\rho\, {}^tE\mu\rangle$ se prolonge alors à $\mathcal{D}'(\partial\Omega,\gamma)$, il va de même de $\mu \to \langle D_o u_{|x_o=0}\ \mu\rangle$ en vertu de (9.2), et donc $z_o \notin WF(D_o u_{|x_o=0})$.

La conclusion (3.10) est obtenue par des arguments analogues à ceux de [1] Proposition (4.16), et on achève ainsi la preuve du théorème 5. ■

Nous terminerons cet article par quelques remarques au sujet des solutions singulières.

(9.3) Soit $\sigma_o \in N$, $\rho = (\sigma_o, \zeta) \in T^*_{\sigma_o}F$, $q(\rho) = 0$, si P vérifie l'une des conditions (1.9) (i), (ii) ou (iii) et si l'on désigne par ℓ'_ρ la projection sur N de la courbe intégrale de $\mathcal{H}_q$, il existe Γ un voisinage conique de σ_o, une distribution $u \in \mathcal{D}'(X)$ telle que :

$$WF(Pu) \cap \Gamma = \phi \text{ , } WF(u) \cap \Gamma = \ell'_\rho \cap \Gamma .$$

Nous ne donnerons pas de détails ici, la preuve est à rapprocher de celle d'un résultat de [16].

Pour ce qui est du propagateur C'', nous donnerons une construction dans le cas particulier où $p = 1$ mais qui nous paraît bien expliquer le mode de propagation.

On a

$$p(x,\xi) = - \xi_o^2 + a(x,\eta)\, \eta''^2,$$

il y a alors deux courbes $\ell''_{\rho_\pm}$ associées à $\rho_\pm = (\sigma_o \; ; \pm a^{1/2}(\sigma_o), 1)$, par ailleurs $\ell''_{\rho_\pm}$ coïncide la bicaractéristique de $H_{\xi_o \mp a^{1/2}(x,\eta)\eta''}$ issue de σ_o.

Soit $\chi \in C_o^\infty(\mathbb{R})$ supp $\chi \subset [1/2,3/2]$ $\chi(t) = 1$ pour $\frac{3}{4} \leq t \leq \frac{5}{4}$, $\varphi \in \mathcal{S}(\mathbb{R})$, $\varphi \neq 0$, $\rho \in C^\infty(\mathbb{R})$ $\rho(t) = 1$ $t \geq 1$, $\rho(t) = 0$ $t \leq 1/2$.

On décompose les variables η' en $\eta' = (\eta'_1, \eta'^{(1)})$ avec $\eta'_o = (1,0\ldots0)$, et on définit une distribution $v \in \mathcal{D}'(\mathbb{R}^N)$

$$(9.4) \qquad v(y) = \int e^{iy\eta}\, \chi(\eta''/|\eta'|^{1-\delta})\, \varphi(|\eta'^{(1)}|/\eta_1'^{1/2})\, \rho(\eta'_1)\, d\eta$$

avec $0 < \delta < 1/2$.

On vérifie facilement

$$WF(v) \subset \{(y,\eta) \in \mathbb{R}^N \times (\mathbb{R}^N \setminus 0), y = 0,\ \eta'_1 > 0,\ \eta'' = \eta'^{(1)} = 0\} .$$

Soit $E''_\pm$ l'un des opérateurs figurant au titre de terme complémentaire dans la section § 4, § 5, ou § 6 ; $E''_\pm$ étant constitué sous la forme

$$(9.5) \qquad E''_\pm f(x) = \int e^{i\varphi_\pm(x,\eta)}\, e_\pm(x,\eta)\, \hat{f}(\eta)\, d\eta$$

où $\varphi_\pm^{(1)}$ est une solution de l'équation (5.13) dans une zone $|\eta''|^2 \geq \rho\, |\eta'|$, le support de $e_\pm$ étant contenu dans une zone $|\eta''|^2 \geqslant c\,|\eta'|$, $|\eta| \geqslant T$, (x,η) dans un voisinage conique de $(0,\eta_o)$.

Mais dans une zone $\eta'' \geqslant c\,|\eta'|^{1-\delta}$ on a

$$(9.6)\qquad e^{i\varphi_\pm(x,\eta)} = q_\pm(x,\eta)\, e^{i\Phi_\pm(x,\eta)}$$

avec $q_\pm$ $S^o_{1-\delta,1-2\delta,\delta,\delta'}$ et où $\phi_\pm$ satisfait à

$$(9.7)\qquad \phi'_{\pm x_o} = \pm\, a^{1/2}(x,\phi'_{\pm y})\,\phi'_{\pm x''}\,,\quad \phi_\pm|_{x_o=0} = y\eta\,.$$

Introduisant v dans (9.5), on obtient une distribution $u_\pm$ telle que en vertu de (9.6) et de (9.7) on ait

$Pu_\pm \in C^\infty$ au voisinage de 0, $\sigma_o \in WF(u_\pm) \subset \ell''_{\rho_\pm}$ c.q.f.d.

=-=-=-=-=-=-=-=-=-=-=-=-=

REFERENCES.

[1] Andersson K.G.. Melrose R.
The Propagation of singularities along gliding rays. Inventiones Math. 41 197-232. 1977.

[2] Alinhac S.
Paramétrixe pour un système hyperbolique à multiplicité variable Comm. in Partial Diff. Eq.

[3] Alinhac S.
Parametrixe pour un problème de Cauchy singulier. Séminaire Goulaouic-Schwartz Ecole Polytechnique 1977.

[4] Bony J.M.
Une Extension du th. de Holmgren. Seminaire Goulaouic-Schwartz. Ecole Polytechnique 1976.

[5] Boutet de Monvel L.
Hypoelliptic operators with double characteristics and related pseudo-diffential operators. Comm. on Pure and Applied. Math. 27 1974.

[6] Eskin G.
A parametrix for mixed problems for strictly hyperbolic equations of arbitrary order.Comm. in Partial Diff. Eq. 1(6) 521-560 (1976).

[7] Eskin G.
A parametrix for interior mixed Problems for strictly hyperbolic equations. Journal. Anal.

[8] Friedlander F.G.
The wave front set of the solution of a simple initial boundary value problem with glancing rays. Math. Proc. Camb. Phil. Soc. 79-145 1976.

[9] Hörmander L.
Fourier Integral operators. Acta. Math. 127 1971 79-183.

[10] Hörmander L.
The Cauchy Problem for differential equations with double characteristics. Journal. Anal. Math.

[11] Ivrii V.J.
Wave front of solutions of certain pseudo-differential Equations. Funksion.Anal. Ego. Pril. 1976 vol 10 n°2.

[12] Ivrii V.J.
Wave front sets of solutions of some microlocally hyp. pseudo-diff. equ. Sov. Math. Dokl 1976 T. 226.

[13] Ivrii V.J.
Wave fronts of solutions of symmetric pseudo. diff. systems. Sov. Math. Dokl 1978 T. 18.

[14] Ivrii V.J - Petkov.V.
Necessary cond. for the correctness of the Cauchy problem for non strictly hyp. eq. USp. Math. Nauk. n°5 1974.

[15] Lascar R.
Propagation des singularités des solutions d'équations pseudo-différentielles quasi-homogènes. Ann. Inst. Fourier. Tome 27 Fas. 2 1977.

[16] Lascar R.
Propagation des singularités pour des opérateurs pseudo-différentiels à multiplicité variable. à paraître.

[17] Lascar R.
Propagation des singularités et hypoellipticité pour des opérateurs pseudo-différentiels à caractéristiques doubles. Comm. in Partial. Diff. Eq. 3. 201-247 1978.

[18] Lascar R.
Distributions intégrales de Fourier et classes de Denjoy Carleman à paraître.

[19] Lascar R.
Parametrices pour des opérateurs pseudo-différentiels hyperboliques à caractéristique de multiplicité variable. à paraître

[20] Melrose R.
Local Fourier Airy intégrals operators. Duke Math. J. 42 1975.

[21] Melrose R.
Microlocal Parametrices for diffractive boundary values problems. Duke Math. J. 42 1975.

[22] Sjöstrand J.
Operators of principal type with interior boundary conditions Acta Math. 130 p. 1-51 1973.

[23] Sjöstrand J. - Melin A.
Fourier Integral operators with complex phase. Proceed. Congrès Nice 1974 Springer Verlag.

[24] Taylor M.
Grazing. Rays and Reflection of singularities of solutions to wave Equation. Comm. Pure Appl. Math. vol 29 n°1 1-38 1976.

CHAPITRE IV

UNE RELATION ENTRE LA PROPAGATION DES SINGULARITES ET LA PROPAGATION DU SUPPORT POUR DES OPERATEURS HYPERBOLIQUES

§1 Enoncé des résultats .... p 223
§2 La preuve des théorèmes .... p 227
Références .... p 236

Cet article traite d'équations hyperboliques $P(x,D)$ sur un ouvert X de $\mathbb{R}^{N+1}$ à caractéristiques de multiplicité variable au plus double. Il peut être considéré comme la suite de [11].

Nous faisons sur le symbole principal $p(x,\xi)$ de $P(x,D)$ la même hypothèse que dans [11], c'est-à-dire que nous supposons que l'ensemble N des points critiques de $p(x,\xi)$ est un cône involutif lisse de $T^*X\backslash 0$, mais nous ne supposons pas que les racines caractéristiques de p sont C^∞. Nous complétons les résultats de [11] en considérant ici le cas où le symbole sous-principal de $P(x,D)$ vérifie la condition de Levi usuelle.

Cependant, le point de vue adopté ici diffère nettement de celui de [11] dans la mesure où il établit un lien entre la propagation du front d'onde des solutions de P et la propagation du support des solutions d'équations hyperboliques sur les feuilles de la variété N. Ce résultat se rapproche donc de celui de [14], le cas traité ici étant un cas de type "hyperbolique" tandis que celui de [14] est un cas de type "elliptique". Toutefois, le fait que l'opérateur $P(x,D)$ n'est pas elliptique hors de N mais a des caractéristiques réelles crée des différences sensibles avec la situation étudiée dans [14].

Pour résumer la méthode utilisée nous dirons qu'elle est à base des ingrédients suivants : des paramétrices dont la propagation des singularités est précisée, des inégalités de Carleman dans l'esprit de celles de [14], et enfin des arguments de géométrie infinitésimale.

§ 1.- ENONCE DES RESULTATS

Soient Y un ouvert de $\mathbb{R}^N$, $X_o > 0$ et X le cylindre

$$X = (-X_o, X_o) \times Y$$

la variable x de X est notée $x = (x_o, y) = (x_o, x_1, \ldots, x_N)$.

Nous considérons un opérateur pseudo-différentiel P(x,D) de la forme

$$P(x,D) = D_o^2 - 2\,A_1(x,D_y)D_o - A_2(x,D_y)$$

où $A_i(x,D_y)$ désigne un opérateur pseudo-différentiel classique sur Y de degré i, dépendant régulièrement de $x_o \in (-X_o, X_o)$. Nous supposons l'opérateur A_i proprement supporté. On note $a_i(x,\eta)$ le symbole principal de A_i, $p(x,\xi)$ la fonction :

$$p(x,\xi) = \xi_o^2 - 2\,a_1(x,\eta)\xi_o - a_2(x,\eta).$$

Nous faisons l'hypothèse d'hyperbolicité par rapport aux hypersurfaces $X_t = \{t\} \times Y$ de X :

(1.1) $\quad (a_1^2 + a_2)(x,\eta) \geqslant 0 \qquad (x,\eta) \in X \times (\mathbb{R}^N \backslash 0)$.

On désigne par N l'ensemble des points critiques de p

$$N = \left\{ (x,\xi) \in T^*X\backslash 0,\ \eta \neq 0,\ p(x,\xi) = dp(x,\xi) = 0 \right\} .$$

Nous faisons comme dans [11] les hypothèses :

(1.2) N est une sous-variété et en chaque point de N le rang du hessien Q de p est égal à la codimension de N.

De plus, on suppose que en chaque point de N le radical de Q contient son propre orthogonal pour la forme symplectique et que N n'est pas orthogonale en champ radial.

Nous allons étudier les singularités des solutions de l'équation :

(1.3) $\quad u \in \mathcal{D}'(X) \quad P(x,D)u = f,$

microlocalement près d'un point $\sigma_0 \in N$. Soit Γ un voisinage conique convenable de σ_0

Cependant à la différence de [11] nous supposons sur le symbole sous-principal P_1^S de l'opérateur $P(x,D)$ satisfaite la condition :

(1.4) $\quad P_1^S\big|_N$ est nul dans un voisinage de σ_0.

La condition (1.4) est une condition nécessaire et suffisante pour que le problème de Cauchy soit bien posé au sens de [6], [5] pour l'opérateur P, du moins si cette condition est satisfaite en tout point de N et si l'opérateur P est différentiel.

Nous désignons par (p+1) la codimension de N et nous rappelons que la condition (1.2) permet de munir la variété N d'un (p+1) feuilletage.

Nous rappelons aussi que si $\sigma_X = \sum_{j=0}^{N} d\xi_j \wedge dx_j$ désigne la 2-forme symplectique sur T^*X, en tout point z de T^*X σ_X définit un isomorphisme (canonique) de $T_z(T^*X)$ sur $T_z^*(T^*X)$.

Il en résulte que si l'on désigne par Γ la (p+1) feuille de N dans Γ passant par le point z, on obtient par passage au quotient un isomorphisme de :

(1.5) $\quad z \in F \quad T_z(T^*X\backslash 0)/T_z(N) \simeq T_z^*F$,

par exemple si f est une fonction C^1 sur $T^*X\backslash 0$ et si H_f est le champ hamiltonien de f, la classe de $H_f(z)$ modulo $T_z(N)$ est identifiée à $df(z)|_{T_zF}$.

Observons maintenant que les hypersurfaces X_t intersectent transverslament les feuilles F de N car l'on a :

$$\sigma \in X_t \cap F \qquad \nu(\sigma) = d(x_0 - t)(\sigma) \notin (T_\sigma F)^0,$$

en vertu de :

$$H_{\xi_0 - a_1}(\sigma) \in T_\sigma F \quad \text{et} \quad \langle \nu(\sigma), H_{\xi_0 - a_1}(\sigma) \rangle \neq 0 .$$

On désigne par $F_t = F \cap X_t$ l'hypersurface de F ainsi obtenue.

Par le transport de structure (1.5) on définit à l'aide du hessien Q de p, quand σ varie dans F, une fonction $Q_F(\sigma,\zeta)$ de classe C^∞ sur T^*F. $Q_F(\sigma,.)$ est une forme quadratique sur T_σ^*F qui a la signature de Lorentz (1,p).

On note $\nu_F(\sigma) \in T^*_\sigma F\backslash 0$, $\sigma \in F_t$, le covecteur obtenu en restreignant $\nu(\sigma)$ à $T_\sigma F$.

$Q_F(\sigma,.)$ est hyperbolique dans la direction $\nu_F(\sigma)$, i.e. l'équation :

$$(1.6) \qquad Q_F(\sigma,\zeta + \tau \nu_F(\sigma)) = 0 \ , \quad \zeta \in T F 0, \quad \tau \in \mathbb{C}$$

a des racines réelles et distinctes quand ζ n'est pas colinéaire à $\nu_F(\sigma)$.
Nous allons montrer que les propriétés du front d'onde dans F des solutions de l'équation P sont reliées aux propriétés du support des solutions d'un opérateur différentiel P_F sur F de symbole principal Q_F.

On définit en chaque point σ de F l'ensemble des directions de type temps de Q_F :

$$(1.7) \qquad C_\sigma = \left\{ \zeta \in T^*_\sigma F\backslash 0 \;\middle|\; \zeta \text{ appartient à la composante connexe de } \nu_F(\sigma) \text{ dans le complémentaire de } Q_F(\sigma,.) = 0 \right\}.$$

C_σ est un cône ouvert convexe, on désigne par C^*_σ son polaire :

$$(1.8) \qquad C^*_\sigma = \left\{ z \in T_\sigma F \mid \langle z, \zeta \rangle \geq 0 \text{ pour tout } \zeta \text{ de } C_\sigma \right\}.$$

D'une façon tout à fait classique, on introduit ainsi l'émission progressive $\mathcal{E}_+(T)$ d'un sous-ensemble T de F :

$$\mathcal{E}_+(T) = \left\{ \sigma' \in F \;\middle|\; \text{il existe un arc } C^1 \ t \in [0,1] \to \sigma(t) \in T \text{ tel que : } \sigma(0) \in T,\ \sigma(1) = \sigma', \text{ et pour tout } t \in [0,1]\ \frac{d\sigma}{dt}(t) \in C^*_{\sigma(t)} \right\}. \qquad (1.9)$$

Nous pouvons maintenant énoncer nos résultats.

<u>Théorème 1</u>.- Soient σ_0 un point de N, F la (p+1) feuille de N contenant σ_0, et soit Γ' un voisinage conique de σ_0.
Si $u \in \mathcal{D}'(X)$ est telle que :

$$\sigma_0 \notin WF(Pu) \ , \qquad (\mathcal{E}_+(\sigma_0)\backslash\{\sigma_0\}) \cap WF(u) \cap \Gamma' = \emptyset,$$

alors

$$\sigma_0 \notin WF(u).$$

Le théorème 1 est obtenu en combinant des arguments de géométrie infinitésimale et le résultat ci-dessous qui s'obtient par une méthode d'estimations de Carleman et qui indique quel est le type des fonctions de poids utilisées.

Théorème 2.- Soient σ_0 un point de N, F la (p+1) feuille de N contenant σ_0, et soit ω un voisinage ouvert conique assez petit de σ_0.
Soit φ une fonction de classe C^∞ sur F telle que :

(1.10) $\quad \forall\, \sigma \in F, \quad d\varphi(\sigma) \in C_\sigma.$

Si $u \in \mathcal{D}'(X)$ est telle que :

(1.11) $\quad WF(u) \cap \partial\omega \cap \{\sigma \in F, \ \varphi(\sigma) > 0\} = \emptyset$

$$WF(Pu) \cap \omega \cap \{\sigma \in F, \ \varphi(\sigma) > 0\} = \emptyset,$$

alors :

$$WF(u) \cap \omega \cap \{\sigma \in F, \ \varphi(\sigma) > 0\} = \emptyset .$$

Avant d'indiquer le schéma de la preuve des théorèmes 1 et 2, nous ferons quelques observations. Nous remarquerons d'abord que le théorème 1 généralise au cas des caractéristiques non C^∞(i.e. $p \geq 1$) le résultat de R. Lascar [10], du moins dans le cas de caractéristiques au plus doubles (i.e. le cas $k_1 = k_2 = 1$ avec les notations de [10]).
Cependant le résultat de [10] est plus précis en raison des propriétés particulières de cette situation (par exemple le nombre des composantes connexes du complémentaire de $Q_F(\sigma,\zeta) = 0$ n'est 2 que si $p > 1$).

D'autre part, la forme sous laquelle nous avons énoncé le théorème 2 est proche des formulations qu'utilise V. Ja. Ivrii [7],[3] dans des cas voisins, nous faisons remarquer aussi que la condition (1.10) signifie que les hypersurfaces de F d'équations $\varphi = t$ sont de type espace.

Enfin, pour faire le lien avec les résultats de R. Lascar [11] , nous rappelons la propriété des émissions prouvée par J. Leray [12] :

(1.12) la frontière de $\mathcal{E}_+(\sigma_0)$ est constituée de courbes bicaractéristiques nulles de Q_F issues de σ.

§2. La preuve des théorèmes

D'une façon générale nous allons essayer de donner une synthèse des arguments en renvoyant pour certains détails à [14],[10],et [11].

La nature microlocale des théorèmes 1 et 2 nous permet de nous ramener au cas où le front d'onde de la distribution u est contenu dans un cône fermé à base compacte disjoint de $\eta = 0$, en sorte que le fait que l'opérateur P n'est pas un opérateur pseudo-différentiel au sens usuel ne fait pas de difficultés particulières.

En utilisant des opérateurs Fourier Intégraux nous pouvons supposer :

X est l'espace $\mathbb{R}^{N+1}$ dont le point courant x est désigné par

$x = (x_0,\dots,x_N) = (x'',x')$, $x'' = (x_0,x_1,\dots,x_p) = (x_0,y'')$, $x' = (x_{p+1},\dots,x_N)$, $y = (y'',x')$, le point courant de $(\mathbb{R}^{N+1})^*$ étant noté

$\xi = (\xi_0,\dots,\xi_N) = (\xi'',\xi')$, $\xi'' = (\xi_0,\xi_1,\dots,\xi_p) = (\xi_0,\eta'')$,

$\xi' = (\xi_{p+1},\dots,\xi_N)$, $\eta = (\xi'',\xi')$; $P(x,D)$ est l'opérateur

$$P(x,D) = D_0^2 - A(x,D_y), \tag{2.1}$$

où $A(x,D_y)$ est un opérateur pseudo-différentiel sur $\mathbb{R}^N$ de degré 2; N est la sous-variété $\xi'' = 0$;

σ_0 est le point $\sigma_0 = (x^0,\xi^0)$, $\xi''^0 = 0$, $\xi'^0 = (0,\dots,0,1)$.

Les hypothèses (1.1), (1.2), et (1.4) indiquent que $A(x,D_y)$ s'écrit

$$A(x,D_y) = \sum_{|\alpha|\leq 2} A_\alpha(x,D_y)D_{y''}^\alpha \tag{2.2}$$

où A_α est un opérateur pseudo-différentiel de degré 0, et que si l'on note a_α le symbole principal homogène de A_α la forme quadratique $\lambda \in \mathbb{R}^p \to \sum_{|\alpha|=2} a_\alpha(x,0,\xi')\lambda^\alpha$ est positive définie pour (x,ξ') dans un voisinage conique de (x^0,ξ'^0).

La $(p+1)$ feuille F de N contenant σ_0 est la variété linéaire :

$$F = \{(x,\xi) \in T^*\mathbb{R}^{N+1}\setminus 0,\ x'' \in \mathbb{R}^{p+1},\ x' = x'^0,\ \xi'' = 0,\ \xi' = \xi'^0\}.$$

Désignons par $Q_{(x',\xi')}(x'',D_{x''})$ l'opérateur hyperbolique sur $\mathbb{R}^{p+1}$:

$$Q_{(x',\xi')}(x'',D_{x''}) = D_0^2 - \sum_{|\alpha|\leq 2} a_\alpha(x,0,\xi')D_{y''}^\alpha \tag{2.3}$$

Notons $q_{(x',\xi')}(x'',\xi'')$ le symbole principal de $Q_{(x',\xi')}$.

L'opérateur différentiel P_F sur F mentionné plus haut sera l'opérateur $Q_{(x'^0,\xi'^0)}$. Pour énoncer la première étape de la preuve nous avons besoin de quelques discussions préalables.

Soit $0 < l < 1$, U(resp. G) un voisinage ouvert (resp. ouvert conique) de x^0

(resp. ξ^o) dans $\mathbb{R}^{N+1}$ (resp. $\mathbb{R}^{N+1} \setminus 0$), et soit m et k deux réels.

Nous désignons par $\mathcal{S}^{m,k}(U \times G, N)$ l'ensemble des fonctions $a(x,\xi)$ de classe C^∞ dans $U \times G$ satisfaisant aux estimations :

$$\left| \left(\frac{\partial}{\partial x}\right)^\alpha \left(\frac{\partial}{\partial \xi}\right)^\beta a(x,\xi) \right| \leq c_{k,\alpha,\beta} \, |\xi|^{m-|\beta|} \, (\delta_N(\xi))^{k-|\beta''|} \qquad (2.4)$$

pour $x \in K \subset\subset U$, $\xi \in G$, $|\xi| \geq 1$,

où $\delta_N(\xi)$ désigne la fonction :

$$\delta_N(\xi) = \left(\frac{|\xi''|^2}{|\xi|^2} + |\xi|^{-2+2l} \right)^{1/2} \qquad (2.5)$$

La classe $S^{m,k}$ de L. Boutet de Monvel [1] correspond au choix $l = 1/2$, on a l'inclusion dans les classes $S^{\mu}_{\rho',\rho'',\delta}$ de type Hörmander

$$\mathcal{S}^{m;k} \subset S^{m+(1-l)k-}_{1,l,o}$$

Si P est un opérateur pseudo-différentiel classique de degré m dont le symbole principal p_m s'annule à l'ordre 2 sur N, on a (p désignant le symbole de P) :

$$p \in S^{m,2}(\mathbb{R}^{N+1} \times (\mathbb{R}^{N+1} \setminus 0), N),$$

si de plus le symbole sous-principal de P s'annule sur N on a :

$$p \in \mathcal{S}^{m,2}(\mathbb{R}^{N+1} \times (\mathbb{R}^{N+1} \setminus 0), N).$$

Nous utiliserons également un raffinement de la notion de front d'onde.
En utilisant une sous-algèbre convenable de la classe $\mathcal{S}^{o,o}(\mathbb{R}^{N+1} \times (\mathbb{R}^{N+1} \setminus 0), N)$
On peut associer à chaque distribution $u \in \mathcal{D}'(\mathbb{R}^{N+1})$, par analogie avec le front d'onde usuel, un sous-ensemble fermé $\widetilde{WF}(u) \subset T^*\mathbb{R}^{N+1} \setminus 0$ (qui dépend de l) stable par les dilatations $\sigma_t(x,\xi) = (x, t\xi'', t^{1/l}\xi')$,
et qui se projette sur le support singulier de u. Nous renvoyons à [9] pour les détails, nous expliciterons cependant le point suivant :
Soit Γ' un voisinage conique fermé de (x^o, ξ'^o) dans $\mathbb{R}^{N+1} \times (\mathbb{R}^{N-p} \setminus 0)$, $\rho > 0$, et soit :

$$\Gamma'_\rho(N) = \{ (x,\xi) \in T^*\mathbb{R}^{N+1} \setminus 0 , \quad (x,\xi') \in \Gamma', \ |\xi''| \leq \rho |\xi'|^{l} \} . \qquad (2.6)$$

Si $u \in \mathcal{D}'(\mathbb{R}^{N+1})$ on a

$$\widetilde{WF}(u) \subset \Gamma'_\rho(N) \qquad (2.7)$$

si pour tout voisinage Γ'^1 de Γ', $\rho_1 > \rho$, et tout opérateur pseudo-différentiel K^1 proprement supporté de symbole $k^1(x,\xi) \in \mathcal{S}^{o,o}$ à décroissance rapide dans $\Gamma'^1_{\rho_1}(N)$ on a :

$$K^1 u \in C^\infty(\mathbb{R}^{N+1}).$$

Il est à remarquer que si $\widetilde{WF}(u) \subset \Gamma'_\rho(N)$ on a :

$$WF(u) \subset N$$

la réciproque n'étant bien entendu pas vraie.

Nous pouvons énoncer maintenant la Proposition (2.8).

Proposition (2.8). Soit $u \in \mathcal{D}'(\mathbb{R}^{N+1})$, P l'opérateur (2.1), $0 < l \leq 1/2$. Si u vérifie les conditions (1.11) il existe une distribution $u' \in \mathcal{D}'(\mathbb{R}^{N+1})$ telle que :

(2.9) $\widetilde{WF}(u') \subset \Gamma'_\rho(N)$ pour un $\rho > 0$ et un voisinage conique Γ' de (x^0, ξ'^0),

(2.10) $WF(u')\cap\omega\cap\{\sigma\in F,\ \varphi(\sigma) > 0\} = WF(u)\cap\omega\cap\{\sigma\in F,\ \varphi(\sigma) > 0\}$,

et telle que u' satisfait aux conditions (1.11).

Preuve. On désigne par Γ un voisinage conique assez petit de σ_0, et on rappelle la définition des ensembles $C_\pm(\Gamma)$ et $C''_\pm(\Gamma)$ utilisés dans [11]

$C_\pm(\Gamma) = \{(\sigma',\sigma) \in T^*\mathbb{R}^{N+1}\setminus 0 \times T^*\mathbb{R}^{N+1}\setminus 0 \mid \sigma'\in\Gamma,\ \sigma\in\Gamma,\ x_0(\sigma') \gtrless x_0(\sigma),\ \sigma\notin N$ et il existe un segment de bicaractéristique nulle de p joignant σ' et $\sigma\}$,

$C''_\pm(\Gamma) = \{(\sigma',\sigma) \in T^*\mathbb{R}^{N+1}\setminus 0 \times T^*\mathbb{R}^{N+1}\setminus 0 \mid \sigma'\in\Gamma,\ \sigma\in\Gamma,\ x_0(\sigma') \gtrless x_0(\sigma),\ \sigma\in N$, $\sigma' \in$ (p+1) feuille F de N contenant σ et il existe un point $(\sigma,\zeta) \in T^*_\sigma F$ (resp. $(\sigma',\zeta') \in T^*_{\sigma'} F$) et un segment de bicaractéristique nulle de Q_F joignant (σ,ζ) et $(\sigma',\zeta')\}$. Le point essentiel de la preuve est la construction d'une paramètrice "partielle" de P propageant le WF selon la relation $C''_\pm(\Gamma)$ dans N.

Soit $K(x,D)$ un opérateur pseudo différentiel de $OPS^0(\mathbb{R}^{N+1})$, L un voisinage conique fermé de $\widetilde{\omega}$,

$$WF(K) \subset \Gamma \quad \text{et} \quad WF(I-K)\cap L = \emptyset \ .$$

On décompose $K = K' + K''$ avec K', $K'' \in OP\mathcal{S}^{0,\rho}(\mathbb{R}^{N+1})$, le support du symbole total $k'(x,\zeta)$ de K' étant contenu dans une zone $\Gamma'_\rho(N)$.

Utilisant une méthode analogue à celle de [11], basée cette fois sur un calcul symbolique dans les classes $\mathcal{S}^{m,k}$, on peut construire un opérateur E'' (resp. R'') linéaire continu de $\mathcal{D}'(\mathbb{R}^{N+1})$ dans $\mathcal{D}'(\mathbb{R}^{N+1})$ tel que

i/ $E''P = K'' + R''$

(2.11) ii/ $WF'(R'')\cap(T^*\mathbb{R}^{N+1}\setminus 0)\times L = \emptyset$

iii/ $WF'(E'') \subset C_-(\Gamma)\cup C''_-(\Gamma)\cup\Delta^*(\Gamma)$,

$\Delta^*(\Gamma)$ désignant la diagonale de Γ.

Il serait trop long de donner des détails sur ces constructions , nous allons seulement montrer comment elles permettent de réaliser les conditions (2.9) et (2.10).

Posant

(2.12) $u' = K'(x,D)u$,

$u'' = K''(x,D)u$,

on a

$$u = u' + u'' + w \quad \text{avec} \quad WF(w) \cap L = \emptyset.$$

La distribution u' vérifie par construction la condition (2.9).

Soit $\bar{\sigma} \in F \cap \omega$, $\varphi(\bar{\sigma}) > 0$, en vertu de (1.10) et de (1.12) on a $K_{\bar{\sigma}} = C_+^{*}(\Gamma) \circ \{\bar{\sigma}\} \subset (\varphi > 0)$. et on va prouver que si u vérifie (1.11) alors $\bar{\sigma} \notin WF(u'')$.

Soit W un voisinage dans F de $K_{\bar{\sigma}} \cap \partial\omega$ disjoint de $WF(u) \cap F$, pour $\varepsilon > 0$ assez petit on a $(K_{\bar{\sigma}} \cap \partial\omega)_\varepsilon \subset W$, en convenant de désigner pour $K \subset F$ par K_ε (resp. K^ε) l'ensemble des points de F dont la distance à K est $\leq$ (resp. $\geq$) à ε.

D'autre part pour $\eta > 0$ assez petit on a :

$$K_{\bar{\sigma}} \cap \partial\omega = K_{\bar{\sigma}} \cap \partial\omega \cap \{\varphi \geq \eta\}$$

et on peut trouver $\partial > 0$ tel que :

$$K_{\bar{\sigma}} \cap (\varphi \geq \eta) \cap (F \cap \partial\omega)_\delta \subset [K_{\bar{\sigma}} \cap (\partial\omega) \cap (\varphi \geq \eta)]_\varepsilon \subset W \tag{2.13}$$

On choisit des réels positifs η_i, δ_i $i = 0,1$ tel que $\eta_0 > \eta_1 > \eta$, $\delta > \delta_0 > \delta_1$ et on introduit les ouverts de F :

$$\Omega_i = \{z \in F,\ z \in \omega,\ d(z, \partial\omega) > \delta_i,\ \varphi(z) > \eta_i\}, \tag{2.14}$$

et on suppose qu'il a été fait en sorte que $\bar{\sigma} \in \Omega_0$.

On a bien entendu :

$$\Omega_0 \subset \bar{\Omega}_0 \subset \Omega_1 \subset \bar{\Omega}_1 \subset (\varphi > 0) \cap \omega,$$

et en observant que si $z \in K_{\bar{\sigma}}$ on a $\varphi(z) \geq \varphi(\bar{\sigma})$ on prouve :

$$K_{\bar{\sigma}} \cap (\bar{\Omega}_1 \setminus \Omega_0) \subset K_{\bar{\sigma}} \cap (\varphi \geq \eta) \cap (F \cap \partial\omega)_\delta \subset W \tag{2.15}$$

On désigne par T_i $i = 0,1$ un voisinage conique de $(x'^0, 0, \xi'^0)$ dans $\mathbb{R}^{N-P} \times (\mathbb{R}^{N+1} \setminus 0)$, on suppose $T_0 \subset T_1$ et on suppose que T_1 est assez petit pour que si l'on pose :

$$\Sigma_i = \{(x,\xi) \in T^*\mathbb{R}^{N+1} \setminus 0,\quad x'' \in \bar{\Omega}_i,\ (x',\xi) \in T_i\}$$

$$\Sigma = \{(x,\xi) \in T^*\mathbb{R}^{N+1} \setminus 0,\quad x'' \in \bar{W};\ (x',\xi) \in T_1\}, \tag{2.16}$$

on ait :

$$WF(Pu) \cap \Sigma_1 = \emptyset,$$
$$WF(u) \cap \Sigma = \emptyset. \tag{2.17}$$

Soit $\Psi(x,D) \in OPS^0(\mathbb{R}^{N+1})$, $WF(\Psi) \subset \Sigma_1$, $WF(I-\Psi) \cap \Sigma_0 = \emptyset$.

Introduisant la distribution $v = \Psi u$ dans (2.11)(i), on obtient :

$$E''Pv = K''v \mod C^\infty,$$

si l'on avait $\bar{\sigma} \in WF(K''v)$ il existerait en vertu de (2.11) (iii) un point $\sigma \in K_{\bar{\sigma}} \cap WF(Pv)$, et donc un point σ dans :

$$K_{\bar{\sigma}} \cap (\bar{\Omega}_1 \setminus \Omega_0) \cap WF(u) \subset W \cap WF(u) = \emptyset \tag{2.17}$$

en vertu de (2.15) et du choix de Ψ ; on déduit donc

$$\sigma \notin WF(K''v) \qquad (2.18)$$

Soit $\tilde{\Psi} \in OPS^{0}(\mathbb{R}^{N+1})$, $WF(\tilde{\Psi}) \subset \Sigma_0$. décomposant

$$\tilde{\Psi} K''v = \tilde{\Psi} K''u + \tilde{\Psi} K''(\Psi-1)u,$$

On déduit également de (2.18) $\bar{\sigma} \notin WF(\check{\Psi} u'')$ et donc $\bar{\sigma} \notin WF(u'')$, on déduit de

$$WF(Pu - Pu' - Pu'') \cap \bar{\omega} = \emptyset ,$$

et de

$$\sigma \notin (WF(u'') \cup WF(Pu)),$$

que

$$\sigma \notin WF(Pu').$$

La preuve de la Proposition (2.8) est donc achevée.

L'intérêt de le proposition (2.8), particulièrement de (2.9), est de permettre de réduire le problème de la propagation des singularités de la solution u de l'équation P à celle du support d'une solution de l'équation hyperbolique (strictement) $Q_{(x'^0,\xi'^0)}(x'',D_{x''})$ déduite de u'.

Cette réduction est effectuée à l'aide de la méthode de J. Sjöstrand [14], on évite de cette façon l'utilisation des méthodes microlocales (et techniquement complexes) d'estimations de Carleman de [2], [9], [10].

Nous prouvons maintenant :

<u>Proposition (2.19)</u> Soit $u \in \mathcal{D}'(\mathbb{R}^{N+1})$ satisfaisant aux conditions (1.11) et à (2.9) avec $l < 1/2$, alors :

$$WF(u) \cap \omega \cap \{\sigma \in F,\ \ \varphi(\sigma) > 0\} = \emptyset$$

<u>Preuve de la Proposition (2.19)</u>

Désignons par $a^{0}_{\alpha}(x,D')$ un opérateur pseudo-différentiel sur $\mathbb{R}^{N-p}$, proprement supporté, dont le symbole (total) est $a_{\alpha}(x,0,\xi')$ modulo $S^{-\infty}(\mathbb{R}^{N+1} \times (\mathbb{R}^{N-p} \setminus 0))$, puis par $P_0(x,D)$ l'opérateur :

$$P_0(x,D) = D_0^2 - \sum_{|\alpha| \leq 2} a^{0}_{\alpha}(x,D') D^{\alpha}_{y''} .$$

L'opérateur $P_0(x,D)$ approxime l'opérateur P convenablement sur l'espace des distributions u telles que $\widetilde{WF}(u) \subset \Gamma'_{\varepsilon}(N)$.

En effet si pour $u \in \mathcal{D}'(\mathbb{R}^{N+1})$, $(x,\xi) \in T^{*}\mathbb{R}^{N+1} \setminus 0$, on pose :

$$s_u(x,\xi) = \sup\{ s \in \mathbb{R} \ ;\ \ u \text{ est } H^{s} \text{ microlocalement près de } (x,\xi)\} ,$$

(s_u est la fonction de régularité microlocale de u),

On a si $\widetilde{WF}(u) \subset \Gamma'_{\rho}(N)$ et $(x,\xi) \in N$:

$$S_{D^{\alpha}_{x''}u}(x,\xi) \geq -1|\alpha| + S_u(x,\xi) ,$$

et donc par la formule de Taylor :

$$S_{(P-P_0)u}(x,\xi) \geq 1-21 + \inf_{|\alpha|\leq 1} S_{D^{\alpha}_{x''}u}(x,\xi) . \qquad (2.20).$$

La méthode de [14] consiste à associer à la distribution u la fonction

$$v(x,\xi') = (T_{\chi}u)(x,\xi') = \int \chi(x',y',\xi')e^{i(x'-y')\xi'} u(y',x'')\,dy' ,$$

où $\chi(x',y',\xi') = \psi((x'-y')|\xi'|^{1/2})|\xi'|^{\frac{N-p}{4}}(1-\psi)(\xi')$,

$\psi(t)$ étant une fonction de $C_0^{\infty}(R^{N-p})$ égale à 1 pour t petit, la croissance de v dans un voisinage conique de (x,ξ') mesurant la régularité microlocale de u en $(x,0,\xi')$, et à introduire la fonction v dans une estimation de Carleman pour l'opérateur $Q_{(x',\xi')}(x'',D_{x''})$.

Soit Ω un voisinage de $\bar{\omega} \cap F$, T' un voisinage conique de (x'^0, ξ'^0), si T' est assez petit on a :

$$q_{(x',\xi')}(x'',\varphi'_{x''}(x'')) > 0 \qquad x''\in\bar{\Omega} , \ (x',\xi')\in T', \qquad (2.21)$$

et donc l'hypersurface $\varphi = 0$ est strictement pseudo-convexe. (voir [43]) pour l'opérateur $Q_{(x',\xi')}$.

Une version avec paramètres du théorème (8.4.3) de [4] prouve qu'il existe $c > 0$ et $\tau_0 > 0$ tels que :

$$\sum_{|\alpha|\leq 1} \int e^{2\tau\Psi}|D^{\alpha}_{x''}u|^2\,dx'' \leq c/\tau \int e^{2\tau\Psi}|Q_{x',\xi'}(x'',D'')u|^2\,dx'' \qquad (2.22)$$

pour tous $\tau \geq \tau_0$, $(x',\xi') \in \bar{T}'$, $u \in C_0^{\infty}(\bar{\Omega})$,

la fonction de poids Ψ étant de la forme $\Psi(x'') = e^{\lambda\varphi(x'')}$ la constante λ étant choisie assez grande. L'estimation (2.22) est encore vraie avec Ψ remplacée par $\alpha\Psi+\beta$, $\alpha > 0$ si l'on remplace τ_0 par τ_0/α et c par $c\alpha$.

Fixons à nouveau un point $\sigma \in \omega\cap(\varphi>0)\cap F$, un réel $\eta > 0$ assez petit. L'hypothèse $WF(u) \cap \partial\omega \cap (\varphi > 0) = \emptyset$ permet de construire un voisinage ouvert W dans F de $\partial\omega\cap F\cap\{\varphi\geq\eta\}$, W disjoint de $WF(u)\cap F$, puis un réel $\delta > 0$ assez petit pour que :

$$\{z \in \bar{\omega} \ , \ z\in F \ , \ \varphi(z)\geq\eta \ , \ d(z,\partial\omega)\leq\delta\} \subset W.$$

Construisons encore deux ouverts Ω_0, Ω_1 de ω comme en (2.14), des cônes Σ_0, Σ_1 et Σ comme en (2.16) vérifiant (2.17).

On désigne maintenant par Ψ la fonction $\Psi(x'') = \alpha\,(e^{\lambda(\varphi(x'')-\eta_0)}-1)$, α étant choisi assez petit. La fonction Ψ a la propriété d'être > 0 dans Ω_0 et d'être ≤ 0 dans $\bar{\Omega}_1 \setminus (\Omega_0 \cup W)$.

Posons $v = T_\chi u$, $w = T_\chi(Pu)$; $Au = Q_{(x',\xi')} v - w$.

De l'égalité (2.22) on déduit, avec une nouvelle constante $C > 0$:

$$\sum_{|\alpha|\leq 1} \int_{\bar{\Omega}_0} e^{2\tau\Psi} |D^\alpha_{x''} v|^2 dx'' \leq C \Big[\int_{\bar{\Omega}_1} e^{2\tau\Psi} |w|^2 dx'' + \int_{\bar{\Omega}_1} e^{2\tau\Psi} |Au|^2 dx'' + \sum_{|\alpha|\leq 1} \int_{\bar{\Omega}_1 \setminus \Omega_0} e^{2\tau\Psi} |D^\alpha_{x''} v|^2 dx'' \Big] \qquad (2.23)$$

Il est commode, pour mesurer la croissance des différents termes de (2.23), d'associer comme dans [14] à une fonction $f(x,\xi')$ la fonction :

$F_f(\bar{x},\bar{\xi}') = \sup\{ s \in \mathbb{R};\ f(x,\xi')(1+|\xi'|)^s$ est de carré intégrable dans un voisinage conique de $(\bar{x},\bar{\xi}')\}$.

La propriété (2.20) se traduit par :

$$F_{Au}(x,\xi') \geq \frac{1}{2} - 1 + \inf_{|\alpha|\leq 1} F_{D^\alpha_{x''} v}(x,\xi') .$$

On choisira donc α en sorte que l'on ait $\Psi < \frac{1}{2} - 1$ dans $\bar{\omega}$.

Pour le reste on procède comme dans [14] , on introduit $\tau = \nu \operatorname{Log}(1+|\xi'|) \nu \in \mathbb{N}^*$ dans (2.23), on utilise la décroissance rapide de v(resp. w) dans $\bar{W} \times \bar{T}'$ (resp. $\bar{\Omega}_1 \times \bar{T}'$), les propriétés de Ψ , et on obtient :

$$\inf_{|\alpha|\leq 1} F_{D^\alpha_{x''} v}(x,\xi') > s + (\nu-1)\Psi(x'') \text{ dans } \bar{\Omega}_1 \times \bar{T}' \text{ entraine } \inf_{|\alpha|\leq 1} F_{D^\alpha_{x''} v}(x,\xi') > s + \nu\Psi(x'') \text{ dans } \bar{\Omega}_1 \times \bar{T}' \qquad (2.24)$$

De la relation (2.24) et de $\Psi(\bar{\sigma}) > 0$ on déduit $\bar{\sigma} \notin WF(u)$ à l'aide d'arguments classiques.

La preuve de la Proposition (2.19) est donc terminée.

De la proposition (2.8) et de la proposition (2.19) on déduit le théorème 2.

On va maintenant établir le théorème 1 à l'aide du théorème 2.

On désigne par Ω un voisinage ouvert de σ_0 dans F assez petit et par

$$C_\Omega = \bigcap_{z\in\bar{\Omega}} C_z ,$$

(à chaque point z on a attaché en (1.7) un cône ouvert convexe C_z de $T^*_z F \setminus 0$ que l'on considère maintenant comme un cône de sommet d'origine dans $\mathbb{R}^{p+1} \setminus 0$), C_Ω est encore un cône ouvert convexe non vide, son polaire, auquel pour des raisons de commodités est adjoint le vecteur 0, est noté C^*_Ω .

Pour l'essentiel le théorème 1 se déduit du théorème 2 par un argument classique concernant les intégrales de champs de demi-cônes convexes; nous commencerons par rappeler la définition :

(2.25) Soit S un sous-ensemble d'un espace euclidien E, x un point adhérent à S, $t \in T_x E$ $t \neq 0$. t est dit une <u>demi-tangente à S en x</u> si pour tout voisinage conique Γ de t, on peut trouver dans le cône $x+\Gamma$ de sommet x des points de S distincts de x, aussi voisins de x que l'on veut.
On prouve maintenant un résultat intermédiaire.

<u>Proposition (2.26)</u> Soit $u \in \mathcal{D}'(\mathbb{R}^{N+1})$ et soit $S = WF(u) \cap F$. En tout point $\bar{\sigma} \in S$, $\bar{\sigma} \in \Omega$, $\bar{\sigma} \notin WF(Pu)$, S a au moins une demi-tangente dans le cône C^*_Ω.

<u>Preuve</u>. Supposons la proposition fausse au point $\bar{\sigma}$. On peut, alors, trouver $r > 0$ tel que :

$$\forall x \in S, \quad \forall e \in C^*_\Omega \quad |e| = 1, \quad x \neq \bar{\sigma}, \quad |x-\bar{\sigma}| + \left|\frac{x-\bar{\sigma}}{|x-\bar{\sigma}|} - e\right| > 2r . \tag{2.27}$$

Si x_0 est un point de F et si $\rho > 0$, on désigne par $B'(x_0,\rho)$ (resp. $B(x_0,\rho)$) la boule fermée (resp. ouverte) de centre x_0 et de rayon ρ.
Il résulte de (2.27) que :

$$(\bar{\sigma} + C^*_\Omega) \cap B'(\bar{\sigma},r) \cap S = \{\bar{\sigma}\} ,$$

on prendra $r > 0$ assez petit pour que :

$$(WF(Pu) \cap F) \cap B'(\bar{\sigma},2r) = \emptyset .$$

Désignant par T un voisinage conique assez petit de $(x'^0, 0, \xi'^0)$ dans $\mathbb{R}^{N-p} \times (\mathbb{R}^{N+1} \setminus 0)$ nous allons appliquer le théorème 2 à l'ouvert conique :

$$\omega = \{(x,\xi) \in T^*\mathbb{R}^{N+1} \setminus 0, \quad x'' \in B(\sigma,r), \ (x',\xi) \in T\},$$

à une fonction φ que nous allons construire et, bien sûr, à la distribution u.
C^*_Ω est un cône convexe fermé d'intérieur non vide, soit α_Ω une équation homogène de degré 1 de C^*_Ω :

$$\alpha_\Omega(y) = \inf_{\xi \in C_\Omega, |\xi| = 1} (y.\xi) . \tag{2.28}$$

Soit χ une fonction de $C^\infty_0(\mathbb{R}^n)$, $0 \leq \chi$, $\|\chi\|_{L^1} = 1$, à support dans $(-C^*_\Omega)$, et soit χ_ε la fonction $\chi_\varepsilon(x) = \varepsilon^{-p-1}\chi(\frac{x}{\varepsilon})$.

Désignons par ψ_ε la fonction régularisée de α_Ω obtenue par convolution avec χ_ε :

$$\psi_\varepsilon(x) = \int \chi_\varepsilon(x-y)\,\alpha_\Omega(y)dy,$$

$\varepsilon > 0$ étant choisi assez petit plus loin.
La fonction α_Ω est lipschitzienne de rapport 1 et vérifie :

$$\alpha_\Omega(y+z) \geq \alpha_\Omega(y) + \alpha_\Omega(z).$$

On obtient les relations :

$$\|\psi_\varepsilon - \alpha_\Omega\|_\infty \leq C\varepsilon,$$

$$C^*_\Omega \subset (\psi_\varepsilon > 0),$$

$$\forall x \in F, \quad u \in T_x F, \quad d\psi_\varepsilon(x).u \geq \alpha_\Omega(u),$$

et donc

$$\forall x \in F \qquad d\psi_\varepsilon(x) \in \overline{C_\Omega} .$$

On désigne par φ la fonction :

$$\varphi(x) = \Psi_\varepsilon(x-\bar{\sigma}) + \rho\,\nu\,(x-\bar{\sigma}), \qquad \rho > 0,$$

vérifie :

$$\forall \sigma \in \bar{\Omega} \quad , \quad d\varphi(\sigma) \in C_\Omega \subset C_\sigma \;, \qquad \varphi(\bar{\sigma}) > 0 \;.$$

Etant donné V(resp. W) un voisinage de $(\bar{\sigma} + C^*_\Omega) \cap B'(\bar{\sigma},r)$ (resp. $(\bar{\sigma}+C^*_\Omega) \cap \partial B'(\bar{\sigma},r)$) on peut choisir $\varepsilon > 0$ et $\rho > 0$ assez petits pour que :

$$(\varphi > 0) \cap B'(\bar{\sigma},r) \text{ (resp. } (\varphi > 0) \cap \partial B'(\bar{\sigma},r))$$

soit contenu dans V (resp. W).

Les conditions requises pour appliquer le théorème 2 avec l'ouvert ω et la fonction φ définis ci-dessus sont remplies. On en déduit :

$$\bar{\sigma} \notin WF(u),$$

ce qui est en contradiction avec $\bar{\sigma} \in S$ et achève de prouver la Proposition (2.26).

Une conséquence de la Proposition (2.26) est :

(2.29) Si $u \in \mathcal{D}'(\mathbb{R}^{N+1})$ et si $\sigma_0 \in S$, $\sigma_0 \notin WF(Pu)$ alors S a en σ_0 une demi-tangente dans le cône $C^*_{\sigma_0}$.

Pour obtenir (2.29) il suffit d'appliquer la Proposition (2.26) avec $\Omega_j = B(\sigma_0, 1/j)$, $j \in \mathbb{Z}_+$, $j \to +\infty$, et d'observer que les $C^*_{\Omega_j} \cap S^p$ tendent vers $C^*_{\sigma_0} \cap S^p$ pour la topologie définie sur les sous-ensembles fermés de S^p par la métrique de Hausdorff (remarquer que les cônes C^*_σ dépendent continument de σ et sont contenus dans un cône convexe fermé propre de révolution autour de e_0).

Soit T un sous ensemble de F et soit $\mathcal{E}_-(T)$ l'émission rétrograde de T ie. la réunion des arcs de type temps ayant leur extrémité dans T.

Le résultat de A. Marchaud [13] (voir aussi [12]) permet de déduire de (2.29), en désignant par Γ un voisinage conique de σ_0 assez petit :

(2.30) Si $v \in \mathcal{D}'(\mathbb{R}^{N+1})$, $WF(v) \subset \Gamma$, $WF(v) \cap F \subset \mathcal{E}_-(WF(Pv) \cap F)$.

Le théorème 1 est maintenant déduit de (2.30) au moyen du procédé classique de troncature.

°°°

REFERENCES

[1] L. BOUTET de MONVEL : Hypoelliptic operators in the double characteristics and related pseudo-differential operators; Comm on Pure and Applied Math 27(1974).

[2] J.J. DUISTERMAAT : On Carleman estimates for pseudo-differential operators Inventiones Math. 17 (1972), p. 31-43.

[3] J.J. DUISTERMAAT et L. HÖRMANDER : Fourier Integral Operators II. Acta Math. 128 (1972), p. 183-269.

[4] L. HÖRMANDER : Linear Partial Differential. Springer Verlag (1969).

[5] L. HORMANDER: The Cauchy problem for differential equations with double characteristics. Journal Anal. Math (1977).

[6] Ja. IVRII - V. PETKOV : Necessary conditions for the correction of the Cauchy problem for non strictly hyperbolic operators. Vsp. Math. Nauk N°5 (1974).

[7] Ja. IVRII : Wave front of solutions of some hyperbolic equations and conical refraction. Soviet. Math. Dokl (1976) T 226 N°6.

[8] Ja. IVRII : Wave front set of some hyperbolic pseudo differential operators. Soviet Math. Dokl (1976) T 229 N°2.

[9] R. LASCAR : Propagation des singularités des solutions d'équations pseudo différentielles quasi-homogènes. Anal. Inst. Fourier Grenoble T 27 Fas. 2 (1977).

[10] R. LASCAR : Propagation des singularités pour des opérateurs pseudo-différentiels à multiplicité variable. A paraître.Note C.R.A.S. (1976) T 283.

[11] R. LASCAR : Parametrices microlocales de problèmes aux limites pour une classe d'équations pseudo différentielles à caractéristiques de multiplicité variable. Séminaire Goulaouic-Schwartz 1978-1979 exp. IV.

[12] J. LERAY : Hyperbolic differential operations. The Institute for advanced Study, Princeton (1953).

[13] A. MARCHAUD : Sur les champs continus de demi-cônes convexes et leurs intégrales. Compositio. Math. (1936) N°3 p.90-127.

[14] J. SJOSTRAND : Propagation of singularities for operators with multiple involutive characteristics. Anal. Inst. Fourier, Grenoble T 26, Fas. 1, p. 141-155 (1976).

INDEX

Airy (Fonctions d'Airy) II2 .
Bicaractéristique (courbe bicaractéristique) I,6,2I,24,32,33,II6,II7,226 .
Caractéristique (variété caractéristique) III,VI,etc...
Cauchy (problème de Cauchy) V,33,II7,II8.
Critique (variété critique) V,3I,II0,223.
Crochet de Poisson VI,2,8.
Demi-tangente 234.
Dirichlet (problème de Dirichlet) III,II7,II8.
Elliptique (opérateur elliptique) III,3.
Emission 225.
Feuilletage canonique d'une variété involutive 6,II3,II6,II7,224.
Forme symplectique (canonique) III,30.
Fourier (transformation de Fourier) III,2I6,2I8.
Front d'onde (d'une distribution) III,7,etc...
Hyperbolique (opérateur hyperbolique) V,30,II0,223,225.
Hamiltonien. Champ hamiltonien III,V,30.
Application hamiltonienne V,30.
Hessien (d'une fonction) V,30,II3,224.
Involutive (variété involutive) 2,8,I09,223.
Opérateur. Opérateur pseudo-différentiel III,I,27,etc...
Opérateur intégral de Fourier 5,37,I20,227.
Opérateur intégral de Fourier-Airy I66.
Opérateur transposé 2I6.
Paramétrice IV,33,II6.
Points elliptiques, hyperboliques, glancing II4.
Symbole. Classes de symboles I6,38,86,90,II2,I52,I83,228.
d'un opérateur pseudo-différentiel IV,28.
principal d'un opérateur pseudo-différentiel 28.
sous-principal d'un opérateur pseudo-différentiel V,4,32,III,224.

Vol. 759: R. L. Epstein, Degrees of Unsolvability: Structure and Theory. XIV, 216 pages. 1979.

Vol. 760: H.-O. Georgii, Canonical Gibbs Measures. VIII, 190 pages. 1979.

Vol. 761: K. Johannson, Homotopy Equivalences of 3-Manifolds with Boundaries. 2, 303 pages. 1979.

Vol. 762: D. H. Sattinger, Group Theoretic Methods in Bifurcation Theory. V, 241 pages. 1979.

Vol. 763: Algebraic Topology, Aarhus 1978. Proceedings, 1978. Edited by J. L. Dupont and H. Madsen. VI, 695 pages. 1979.

Vol. 764: B. Srinivasan, Representations of Finite Chevalley Groups. XI, 177 pages. 1979.

Vol. 765: Padé Approximation and its Applications. Proceedings, 1979. Edited by L. Wuytack. VI, 392 pages. 1979.

Vol. 766: T. tom Dieck, Transformation Groups and Representation Theory. VIII, 309 pages. 1979.

Vol. 767: M. Namba, Families of Meromorphic Functions on Compact Riemann Surfaces. XII, 284 pages. 1979.

Vol. 768: R. S. Doran and J. Wichmann, Approximate Identities and Factorization in Banach Modules. X, 305 pages. 1979.

Vol. 769: J. Flum, M. Ziegler, Topological Model Theory. X, 151 pages. 1980.

Vol. 770: Séminaire Bourbaki vol. 1978/79 Exposés 525–542. IV, 341 pages. 1980.

Vol. 771: Approximation Methods for Navier-Stokes Problems. Proceedings, 1979. Edited by R. Rautmann. XVI, 581 pages. 1980.

Vol. 772: J. P. Levine, Algebraic Structure of Knot Modules. XI, 104 pages. 1980.

Vol. 773: Numerical Analysis. Proceedings, 1979. Edited by G. A. Watson. X, 184 pages. 1980.

Vol. 774: R. Azencott, Y. Guivarc'h, R. F. Gundy, Ecole d'Eté de Probabilités de Saint-Flour VIII-1978. Edited by P. L. Hennequin. XIII, 334 pages. 1980.

Vol. 775: Geometric Methods in Mathematical Physics. Proceedings, 1979. Edited by G. Kaiser and J. E. Marsden. VII, 257 pages. 1980.

Vol. 776: B. Gross, Arithmetic on Elliptic Curves with Complex Multiplication. V, 95 pages. 1980.

Vol. 777: Séminaire sur les Singularités des Surfaces. Proceedings, 1976-1977. Edited by M. Demazure, H. Pinkham and B. Teissier. IX, 339 pages. 1980.

Vol. 778: SK1 von Schiefkörpern. Proceedings, 1976. Edited by P. Draxl and M. Kneser. II, 124 pages. 1980.

Vol. 779: Euclidean Harmonic Analysis. Proceedings, 1979. Edited by J. J. Benedetto. III, 177 pages. 1980.

Vol. 780: L. Schwartz, Semi-Martingales sur des Variétés, et Martingales Conformes sur des Variétés Analytiques Complexes. XV, 132 pages. 1980.

Vol. 781: Harmonic Analysis Iraklion 1978. Proceedings 1978. Edited by N. Petridis, S. K. Pichorides and N. Varopoulos. V, 213 pages. 1980.

Vol. 782: Bifurcation and Nonlinear Eigenvalue Problems. Proceedings, 1978. Edited by C. Bardos, J. M. Lasry and M. Schatzman. VIII, 296 pages. 1980.

Vol. 783: A. Dinghas, Wertverteilung meromorpher Funktionen in ein- und mehrfach zusammenhängenden Gebieten. Edited by R. Nevanlinna and C. Andreian Cazacu. XIII, 145 pages. 1980.

Vol. 784: Séminaire de Probabilités XIV. Proceedings, 1978/79. Edited by J. Azéma and M. Yor. VIII, 546 pages. 1980.

Vol. 785: W. M. Schmidt, Diophantine Approximation. X, 299 pages. 1980.

Vol. 786: I. J. Maddox, Infinite Matrices of Operators. V, 122 pages. 1980.

Vol. 787: Potential Theory, Copenhagen 1979. Proceedings, 1979. Edited by C. Berg, G. Forst and B. Fuglede. VIII, 319 pages. 1980.

Vol. 788: Topology Symposium, Siegen 1979. Proceedings, 1979. Edited by U. Koschorke and W. D. Neumann. VIII, 495 pages. 1980.

Vol. 789: J. E. Humphreys, Arithmetic Groups. VII, 158 pages. 1980.

Vol. 790: W. Dicks, Groups, Trees and Projective Modules. IX, 127 pages. 1980.

Vol. 791: K. W. Bauer and S. Ruscheweyh, Differential Operators for Partial Differential Equations and Function Theoretic Applications. V, 258 pages. 1980.

Vol. 792: Geometry and Differential Geometry. Proceedings, 1979. Edited by R. Artzy and I. Vaisman. VI, 443 pages. 1980.

Vol. 793: J. Renault, A Groupoid Approach to C*-Algebras. III, 160 pages. 1980.

Vol. 794: Measure Theory, Oberwolfach 1979. Proceedings 1979. Edited by D. Kölzow. XV, 573 pages. 1980.

Vol. 795: Séminaire d'Algèbre Paul Dubreil et Marie-Paule Malliavin. Proceedings 1979. Edited by M. P. Malliavin. V, 433 pages. 1980.

Vol. 796: C. Constantinescu, Duality in Measure Theory. IV, 197 pages. 1980.

Vol. 797: S. Mäki, The Determination of Units in Real Cyclic Sextic Fields. III, 198 pages. 1980.

Vol. 798: Analytic Functions, Kozubnik 1979. Proceedings. Edited by J. Ławrynowicz. X, 476 pages. 1980.

Vol. 799: Functional Differential Equations and Bifurcation. Proceedings 1979. Edited by A. F. Izé. XXII, 409 pages. 1980.

Vol. 800: M.-F. Vignéras, Arithmétique des Algèbres de Quaternions. VII, 169 pages. 1980.

Vol. 801: K. Floret, Weakly Compact Sets. VII, 123 pages. 1980.

Vol. 802: J. Bair, R. Fourneau, Etude Géometrique des Espaces Vectoriels II. VII, 283 pages. 1980.

Vol. 803: F.-Y. Maeda, Dirichlet Integrals on Harmonic Spaces. X, 180 pages. 1980.

Vol. 804: M. Matsuda, First Order Algebraic Differential Equations. VII, 111 pages. 1980.

Vol. 805: O. Kowalski, Generalized Symmetric Spaces. XII, 187 pages. 1980.

Vol. 806: Burnside Groups. Proceedings, 1977. Edited by J. L. Mennicke. V, 274 pages. 1980.

Vol. 807: Fonctions de Plusieurs Variables Complexes IV. Proceedings, 1979. Edited by F. Norguet. IX, 198 pages. 1980.

Vol. 808: G. Maury et J. Raynaud, Ordres Maximaux au Sens de K. Asano. VIII, 192 pages. 1980.

Vol. 809: I. Gumowski and Ch. Mira, Recurences and Discrete Dynamic Systems. VI, 272 pages. 1980.

Vol. 810: Geometrical Approaches to Differential Equations. Proceedings 1979. Edited by R. Martini. VII, 339 pages. 1980.

Vol. 811: D. Normann, Recursion on the Countable Functionals. VIII, 191 pages. 1980.

Vol. 812: Y. Namikawa, Toroidal Compactification of Siegel Spaces. VIII, 162 pages. 1980.

Vol. 813: A. Campillo, Algebroid Curves in Positive Characteristic. V, 168 pages. 1980.

Vol. 814: Séminaire de Théorie du Potentiel, Paris, No. 5. Proceedings. Edited by F. Hirsch et G. Mokobodzki. IV, 239 pages. 1980.

Vol. 815: P. J. Slodowy, Simple Singularities and Simple Algebraic Groups. XI, 175 pages. 1980.

Vol. 816: L. Stoica, Local Operators and Markov Processes. VIII, 104 pages. 1980.